“十四五”职业教育国家规划教材

电工电子技术基础

（第七版）

◎主　编　陆玉姣　邢迎春
　　　　　王　晓
◎副主编　吴凤云　冷　芳
　　　　　刘丽霞　任迎春
　　　　　张雅光

大连理工大学出版社

图书在版编目(CIP)数据

电工电子技术基础 / 陆玉姣，邢迎春，王晓主编.
7版. -- 大连 ：大连理工大学出版社，2024.8(2025.2 重印)
ISBN 978-7-5685-5104-5

Ⅰ. TM；TN

中国国家版本馆 CIP 数据核字第 20242W3X51 号

大连理工大学出版社出版

地址:大连市软件园路 80 号　邮政编码:116023
营销中心:0411-84707410　84708842　邮购及零售:0411-84706041
E-mail:dutp@dutp.cn　URL:https://www.dutp.cn

大连图腾彩色印刷有限公司印刷　　大连理工大学出版社发行

幅面尺寸:185mm×260mm　印张:17.75　字数:432 千字
2006 年 1 月第 1 版　2024 年 8 月第 7 版
2025 年 2 月第 3 次印刷

责任编辑:吴媛媛　责任校对:陈星源
封面设计:方　茜

ISBN 978-7-5685-5104-5　定　价:57.80 元

前　言

本教材在第六版的基础上，根据高等职业教育专业人才培养目标的要求，结合课程改革的成果，进行了具有创新意义的修订。本次修订力求突出以下特色：

1. 全面贯彻落实党的二十大精神，完善"知识目标"、"技能目标"和"素质目标"，深入发掘课程的思政育人内涵，引领学生建立正确思政意识。

2. 教材结构合理、脉络清晰，内容编排由简到繁、由易到难，通俗易懂，梯度明晰。

3. 选取典型案例，利用案例引领，围绕案例设置相关知识内容，实现理论与实践、知识与技能的有机结合。

4. 突出知识的应用性、实践性和对实践技能的培养，使教材内容更贴近高职教育教学改革的实际，同时力求反映电工电子技术的最新动态。

5. 遵照职业标准和岗位要求，使学生与生产实际零距离对接。

本教材共 13 章，分别为：电路的基本概念与基本定律；直流电路的分析方法；正弦交流电路；磁路与变压器；异步电动机与控制；安全用电；半导体器件；交流放大电路；集成运算放大器；直流稳压电源；逻辑代数基础与组合逻辑电路；触发器与时序逻辑电路；555 集成定时器与模拟量和数字量的转换。最后附有 17 个实验课题。

本教材由重庆工程职业技术学院陆玉姣、大连海洋大学应用技术学院邢迎春和闽西职业技术学院王晓任主编，厦门华天涉外职业技术学院吴凤云、大连海洋大学应用技术学院冷芳、黑龙江农垦科技职业学院刘丽霞、六盘水职业技术学院任迎春及国网辽宁省电力有限公司阜新供电公司张雅光任副主编。具体编写分工如下：第 1、2 章及附录 1～5 由刘丽霞编写；第 3 章由任迎春编写；第 4～6 章及附录 6、7 由王晓编写；第 7 章及附录 8～10 由冷芳编写；第 8、13 章由陆玉

姣编写；第9、10章及附录11、12由吴凤云编写；第11、12章及附录13～17由邢迎春编写；各章的案例部分由张雅光编写。重庆西门雷森精密装备制造研究院有限公司胡月为本教材的编写提供了技术指导，在此表示衷心的感谢！

为方便教师教学和学生自学，本教材配有微课、教案、课件和习题参考答案等数字资源，其中微课视频可扫描书中的二维码进行观看，其他资源可登录职教数字化服务平台进行下载。

在编写本教材的过程中，我们参考、引用和改编了国内外出版物中的相关资料以及网络资源，在此对这些资料的作者表示深深的谢意！请相关著作权人看到本教材后与出版社联系，出版社将按照相关法律的规定支付稿酬。

尽管我们在教材特色的建设方面做出了许多努力，但由于时间仓促，教材中仍可能存在一些疏漏和不妥之处，恳请各教学单位和读者在使用本教材时批评指正，以便下次修订时改进。

编　者

2024年7月

所有意见和建议请发往：dutpgz@163.com

欢迎访问职教数字化服务平台：https://www.dutp.cn/sve/

联系电话：0411-84707424　84708979

目　录

第1章

电路的基本概念与基本定律

知识目标

1. 理解电路模型和理想电路元件的概念、电流和电压参考方向的含义，掌握功率的计算。

2. 掌握电压源、电流源的特点及端口的伏安关系。

3. 掌握电路中电位的分析与计算。

4. 掌握基尔霍夫定律。

技能目标

1. 认识常用测量仪器，会用稳压电源。

2. 会用万用表测量直流电压、交流电压、直流电流及电阻。

素质目标

1. 结合电工电子技术发展及应用，培养学生爱国主义情怀及勇于探索的精神。

2. 通过学习科学家安培、伏特的故事，激励学生树立远大理想，刻苦学习，不怕困难和失败。

3. 以案例——手电筒电路导入，提高学生学习积极性。

案例

手电筒电路

手电筒在日常生活中常用于临时照明，具有结构简单、使用方便等特点。

1. 电路及工作过程

如图1-1所示电路是一个典型的手电筒电路。由电源、开关、灯泡及导线组成，当开关接通后，灯泡发光。

2. 电路元器件

手电筒灯泡2.4 V/0.5 A一个；开关一个；1.5 V电池两节；连接导线若干。

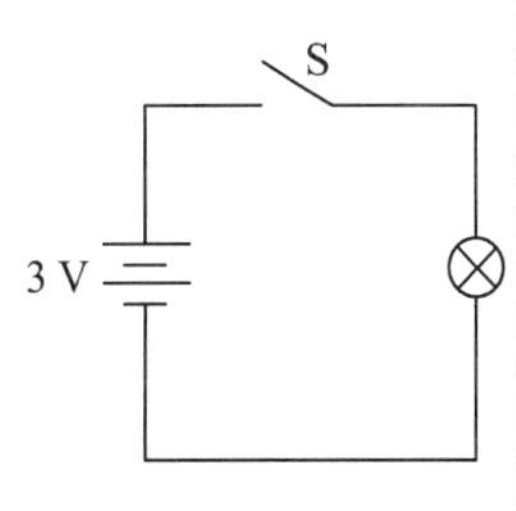

图1-1 手电筒电路

3. 案例实施

(1)检查开关、灯泡,确保元器件完好。

(2)按电路图接线,检查无误后,接通开关,灯泡发光。如灯泡不发光,应查找故障,直至正常为止。

4. 案例思考

若想使手电筒实现可调光,应如何改进电路?

带着案例思考中的问题进入本章内容的学习。

本章的基本概念与基本定律是分析和计算电路的基础。

1.1 电路与电路模型

电路是由若干电气设备或元器件按一定方式用导线连接而成的电流通路,通常由电源、负载及中间环节三部分组成。

电源是将其他形式的能转换为电能的装置,如发电机、干电池、蓄电池等将各种非电能(如动能、化学能等)转换为电能。将各种物理量信号转变为电信号的装置称为信号源,信号源也是电源的一种。

另外,将某种电能转换成特殊需要电能的装置也称为电源。例如,广泛应用于计算机网络、办公自动化、通信、航空航天等中的 UPS 不间断电源,可将质量较差的市电转换成电压、频率稳定的高质量的交流电源,而且一旦市电供电中断,它能保持一段时间(一般为 15～30 min)的供电。

负载是取用电能的装置,通常也称为用电器,如白炽灯、电炉、电视机、电动机等。它们将电能转换成其他形式的能。在现代日趋复杂的各种电路中,负载和电源都应被视作广义而相对的概念,例如电视接收机中,某一级放大电路对于它的前一级放大电路而言可被看作负载,而对于它的后一级电路则又可被看作信号源。

中间环节是传输、控制电能的装置,可以把电能或信号从电源传输到负载。它可以很简单(如两根导线),也可以是一个具有极其复杂的控制功能的传输网。

电路的种类繁多,具体功能各异,从电路的基本功能上分,可将其分为两类:一类是信号的产生和处理电路;另一类是电能的传输和转换电路。各种物理量的测量电路、放大电路,声音、图像或文字处理电路等属于前者;电力系统把发电厂发电机组产生的电能,通过变压器、输电线送到工厂和千家万户的电路属于后者。

为了便于对电路进行分析和计算,将实际元器件近似化、理想化,使每一种元器件只集中表现一种主要的电或磁的性能,这种理想化元器件就是实际元器件的模型。

理想化元器件简称电路元件。实际元器件可用一种或几种电路元件的组合来近似地表示。由电路元件构成的电路,称为电路模型,电路元件用国标规定的图形符号及文字符号表示。

电路理论研究的对象是电路模型而不是实际电路。只要电路模型建立得足够精确，通过对电路模型的研究所获得的结论就能足够正确地反映出实际电路中所出现的情况。人们习惯上也将电路模型简称为电路。

1.2 电路的基本物理量

一、电流

电荷有规则地定向运动就形成了电流。长期以来，人们习惯规定正电荷运动的方向为电流的实际方向。电流的大小用电流强度(简称电流)来表示。电流强度在数值上等于单位时间内通过导线某一截面的电荷量，用符号 i 表示，即

$$i=\frac{\mathrm{d}Q}{\mathrm{d}t} \tag{1-1}$$

式中，$\mathrm{d}Q$ 为时间 $\mathrm{d}t$ 内通过导线某一截面的电荷量。

大小和方向都不随时间变化的电流称为恒定电流，简称直流电流，用大写字母 I 表示，即

$$I=\frac{Q}{t} \tag{1-2}$$

电流的单位是安培(简称安)，用符号 A 表示。常用的单位还有千安(kA)、毫安(mA)。

电流不但有大小，而且还有方向。在简单电路中，可以直接判断电流的方向。即在电源内部电流由负极流向正极，而在电源外部电流则由正极流向负极，形成一闭合回路。

为了分析、计算的需要，引入了电流的参考方向。在电路分析中，任意选定一个方向作为电流的方向，这个方向称为电流的参考方向，或称为电流的正方向。当电流的参考方向与实际方向相同时，电流为正值；反之，电流为负值。这样，电流的值就有正有负，是一个代数量，其正负可以反映电流的实际方向与参考方向的关系。

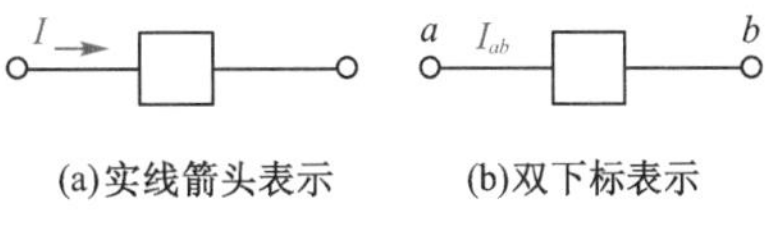

(a)实线箭头表示　(b)双下标表示

图 1-2　电流参考方向的标注方法

电流的参考方向一般用实线箭头表示，如图1-2(a)所示；也可以用双下标表示，如图 1-2(b)所示，其中 I_{ab} 表示电流的参考方向是由 a 点指向 b 点。

二、电压

电路中 a、b 两点间的电压，在数值上等于电场力将单位正电荷从电路中 a 点移到电路中 b 点所做的功，用 u_{ab} 表示，即

$$u_{ab}=\frac{\mathrm{d}W_{ab}}{\mathrm{d}Q} \tag{1-3}$$

同时规定：电压的方向为电场力做功使正电荷移动的方向。

大小和方向都不随时间变化的电压称为恒定电压，简称直流电压，用大写字母 U 表示，如 a、b 两点间的直流电压为

$$U_{ab}=\frac{W_{ab}}{Q} \tag{1-4}$$

电压的单位为伏特(简称伏)，用符号 V 表示。常用的单位还有千伏(kV)、毫伏(mV)、微伏(μV)。

分析、计算电路时，也要预先设定电压的参考方向。当电压的参考方向与实际方向相同时，电压为正值；反之，电压为负值。参考方向下的电压也是一个代数量。

电压的参考方向既可以用正(+)、负(−)极性表示，如图 1-3(a)所示，正极性指向负极性的方向就是电压的参考方向；也可以用双下标表示，如图 1-3(b)所示，其中 U_{ab} 表示 a、b 两点间的电压参考方向由 a 点指向 b 点。

某一元件上，如果电流的参考方向与电压的参考方向一致，称电压与电流为关联参考方向；反之，称为非关联参考方向。

如果电阻元件上电压和电流的参考方向一致，如图 1-4(a)所示，有

$$U=RI \tag{1-5}$$

如果电阻元件上电压和电流的参考方向不一致，如图 1-4(b)所示，则有

$$U=-RI \tag{1-6}$$

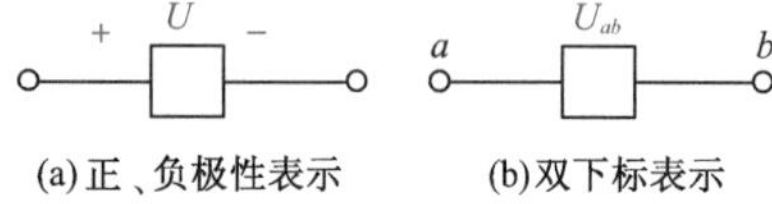

(a) 正、负极性表示　(b) 双下标表示

图 1-3　电压参考方向的标注方法

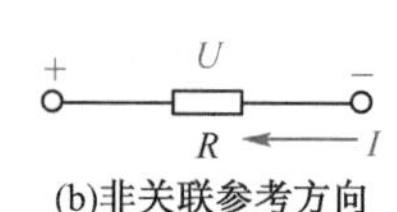

(a) 关联参考方向　(b) 非关联参考方向

图 1-4　电阻元件上电压、电流方向

三、电功率与电能

单位时间内电场力所做的功称为电功率，简称为功率，用大写字母 P 表示。常用单位是瓦(W)、千瓦(kW)。

$$P=\pm\frac{QU}{t}=\pm UI \tag{1-7}$$

用式(1-7)计算电路吸收的功率时，若电压、电流的参考方向关联，则等式的右边取正号，否则取负号。当 $P>0$ 时，表明元件吸收功率；当 $P<0$ 时，表明元件释放功率。

电阻元件的功率为

$$P=UI=RI^2=\frac{U^2}{R} \tag{1-8}$$

电阻元件的功率总为正值，即电阻元件总是吸收功率，是耗能元件。

电能等于电场力所做的功，用大写字母 W 表示。

$$W=Pt \tag{1-9}$$

电能的单位是焦耳，简称焦(J)，实际中还常用千瓦・时或千瓦小时(kW・h)的电能单位，称为 1 度电。

例1-1

如图 1-5 所示，用方框代表某一电路元件，其电压、电流如图中所示。求图中各元件功率，并说明该元件实际上是吸收还是释放功率。

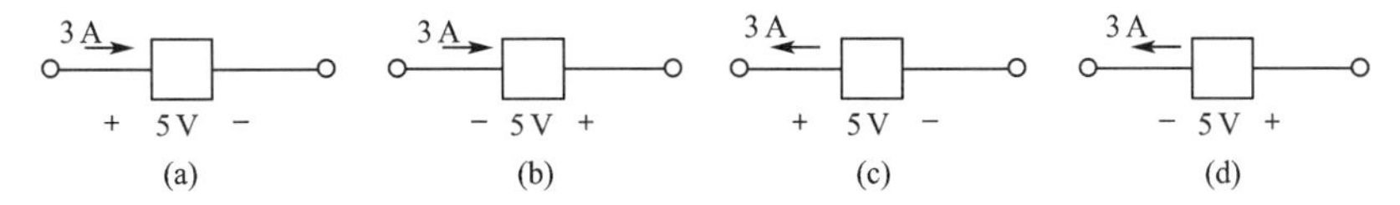

图 1-5 【例 1-1】图

解：(a)电压、电流的参考方向关联，元件的功率为

$P=UI=5\times3\ \text{W}=15\ \text{W}>0$，元件实际上是吸收功率。

(b)电压、电流的参考方向非关联，元件的功率为

$P=-UI=-5\times3\ \text{W}=-15\ \text{W}<0$，元件实际上是释放功率。

(c)电压、电流的参考方向非关联，元件的功率为

$P=-UI=-5\times3\ \text{W}=-15\ \text{W}<0$，元件实际上是释放功率。

(d)电压、电流的参考方向关联，元件的功率为

$P=UI=5\times3\ \text{W}=15\ \text{W}>0$，元件实际上是吸收功率。

1.3 电压源与电流源

一、电压源

1. 理想电压源

理想电压源简称电压源，其端电压恒定不变或者按照某一固有的函数规律随时间变化，与其流过的电流无关。

电压源的符号如图 1-6 所示。对于直流电压源，通常用 U_S 表示。有时直流电压源是干电池，可用图 1-7 所示的符号表示。

直流电压源的伏安特性曲线是一条不通过原点且与电流轴平行的直线，其端电压不随电流变化，如图 1-8 所示。

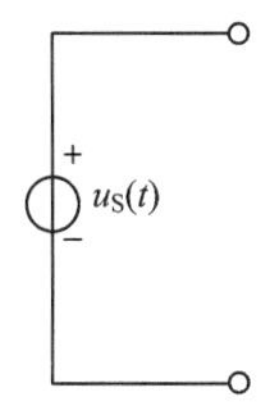

图 1-6 电压源

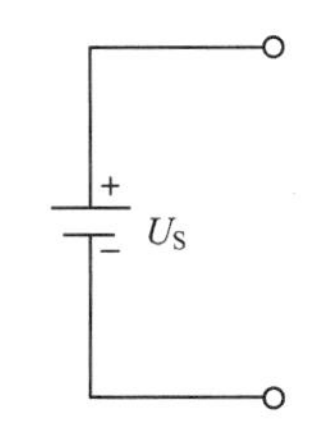

图 1-7 直流电压源

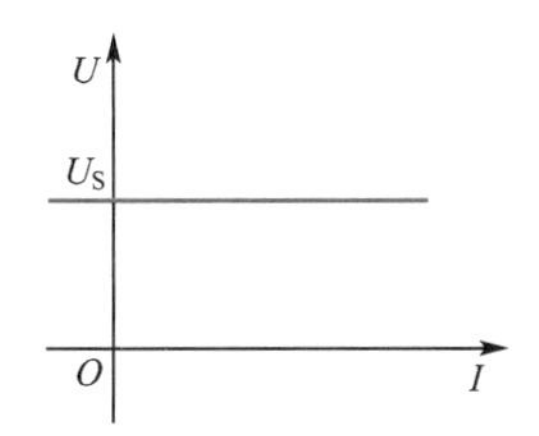

图 1-8 直流电压源的伏安特性曲线

电压源的电流是由电压源本身及与之连接的外电路共同决定的。电压源中电流的实际方向可以从电压的高电位流向低电位,也可以从低电位流向高电位。前者电压源吸收功率,后者电压源释放功率。

2. 实际电压源

实际中理想电压源是不存在的,电压源内部总有一定的电阻。实际直流电压源可以用理想电压源与一个电阻串联的电路模型来表示,如图 1-9 所示。由电路模型可得

$$U=U_S-R_OI \tag{1-10}$$

实际直流电压源的伏安特性曲线如图 1-10 所示,其端电压 U 随电流 I 的增大而降低。内阻越小,则实际电压源越接近于理想电压源。

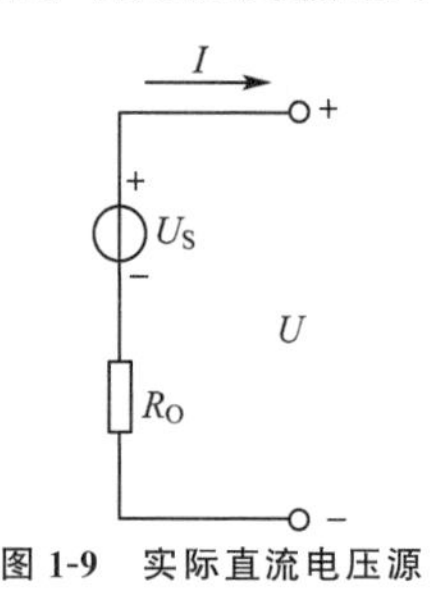

图 1-9 实际直流电压源

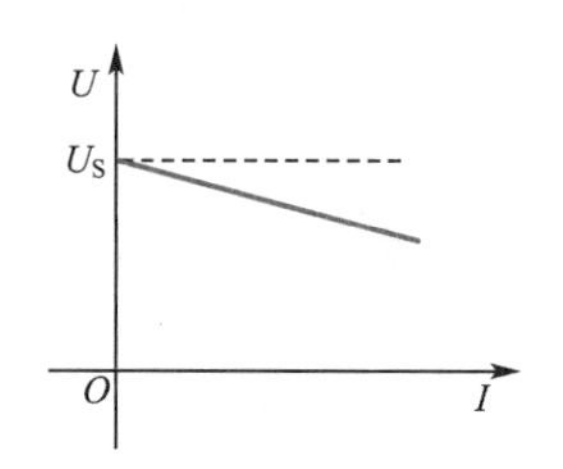

图 1-10 实际直流电压源的伏安特性曲线

二、电流源

1. 理想电流源

理想电流源简称电流源,其输出电流恒定不变或者按照某一固有的函数规律随时间变化,与其端电压无关。

理想电流源的符号如图 1-11 所示,箭头的方向为电流源电流的参考方向。当理想电流源电流为常量时,其伏安特性曲线是一条与电压轴平行的直线,如图 1-12 所示。

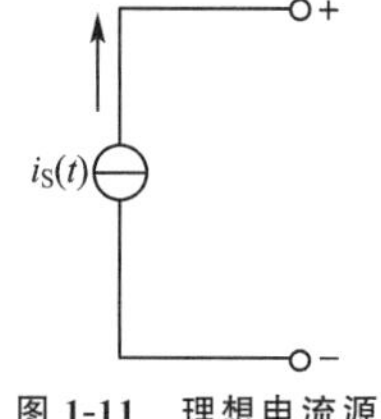

图 1-11 理想电流源

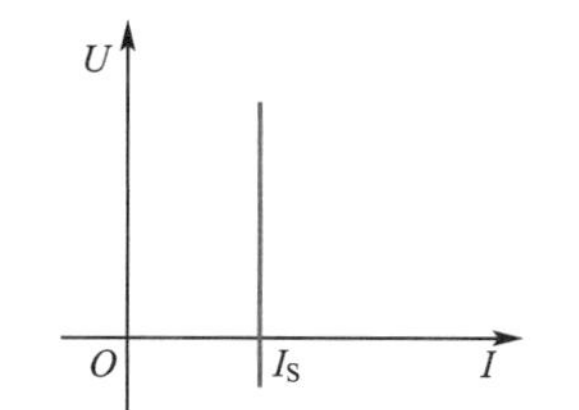

图 1-12 理想电流源的伏安特性曲线

电流源的端电压由电流源及与之相连的外电路共同决定。电流源端电压的实际方向可与电流源电流的实际方向相反,也可与电流源电流的实际方向相同。

2. 实际电流源

在实际电路中,理想电流源也是不存在的,实际直流电流源可用理想电流源与电阻并联的电路模型来表示,如图 1-13 所示。由电路模型可得

$$I=I_S-\frac{U}{R_O} \tag{1-11}$$

实际直流电流源的伏安特性曲线如图 1-14 所示,其电流 I 随电压 U 的增大而减小。内阻越大,实际电流源越接近于理想电流源。

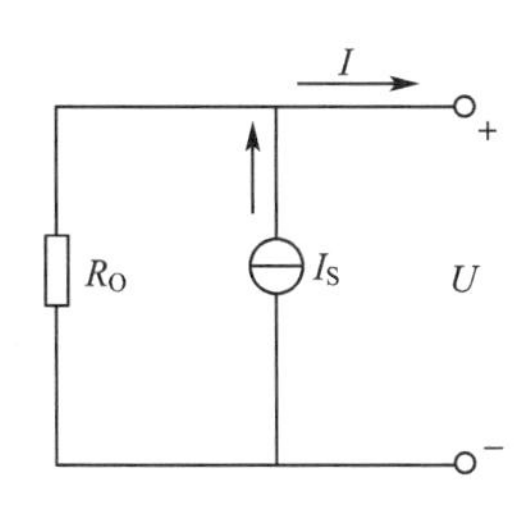

图 1-13 实际直流电流源

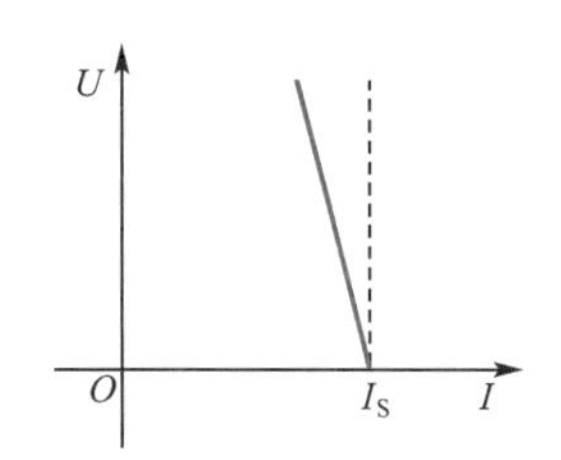

图 1-14 实际直流电流源的伏安特性曲线

1.4 电路的基本定律

欧姆定律、基尔霍夫定律和焦耳定律是电路的三个基本定律，这三个定律揭示了电路中各物理量之间的关系，是分析电路的依据。

当电路元件及电路本身的尺寸远小于电路工作时电磁波的波长时，称这些元件为集中元件或集中参数元件。由集中参数元件连接而成的电路，称为集中参数电路。读者已经了解的欧姆定律体现了电阻元件自身经过理想化了的物理特征；基尔霍夫定律则描述了电路元件在互相连接之后电路中各电流的约束关系和各电压的约束关系。

支路、节点、回路

先介绍几个有关电路结构的名词。

支路：由单个或几个电路元件串联而成的电路分支称为支路，如图 1-15 中 abc、ac、adc 支路，a、c 之间有三条支路。

节点：三条或三条以上支路的连接点称为节点。图1-15 中的 a、c 都是节点。

回路：电路中任意一个由若干支路组成的闭合路径称为回路。图 1-15 中的 $abca$、$adca$、$abcda$都是回路。

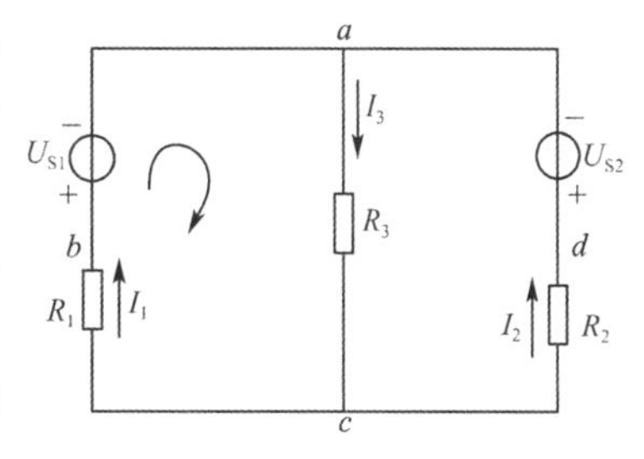

图 1-15 支路、节点、回路举例

一、基尔霍夫电流定律(KCL)

基尔霍夫电流定律

基尔霍夫电流定律(KCL)又称为基尔霍夫第一定律。在集中参数电路中，任何时刻，流出(或流入)一个节点的所有支路电流的代数和恒等于零。KCL 的数学表达式为

$$\sum I = 0 \tag{1-12}$$

对图 1-15 所示电路的节点 a 应用 KCL 有

$$I_1 + I_2 - I_3 = 0$$

式中，电流流入节点取“+”，电流流出节点取“−”，而电流是流出还是流入节点均按电流的参考方向来判定。上式可改写成

$$I_1+I_2=I_3$$

上式表明，在集中参数电路中，任意时刻流入节点的电流之和等于流出该节点的电流之和。上式写成一般式为

$$\sum I_i=\sum I_o \tag{1-13}$$

式中，I_i 为流入节点的电流；I_o 为流出节点的电流。

KCL 还可以运用于任意假设的封闭面，这种封闭面也称为广义节点。如图 1-16 所示电路，对于虚线封闭面所包围的电路，可以列出其对外连接的三条支路电流的 KCL 方程为

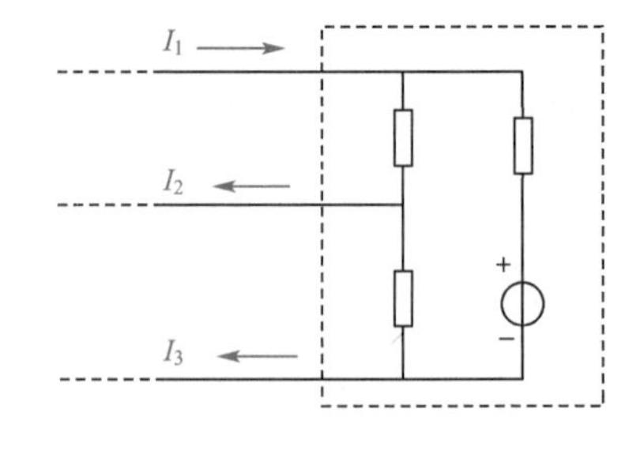

图 1-16　广义节点

$$I_1-I_2-I_3=0$$

KCL 反映了电流具有连续性这一基本规律。

二、基尔霍夫电压定律(KVL)

基尔霍夫电压定律(KVL)又称为基尔霍夫第二定律。在集中参数电路中，任何时刻沿着一个回路的所有支路电压的代数和恒等于零。KVL 的数学表达式为

基尔霍夫电压定律

$$\sum U=0 \tag{1-14}$$

应用上式时，先要任意规定回路的绕行方向，凡支路电压的参考方向与回路绕行方向一致者，此电压前面取"+"号；反之，此电压前面取"－"号。回路的绕行方向可用箭头表示，也可用闭合节点序列来表示。如图 1-15 所示，回路 $acba$ 的绕行方向如图中箭头所示，应用 KVL 有

$$R_3I_3+R_1I_1+U_{S1}=0$$

在集中参数电路中，任意时刻沿任意闭合路径的全部电压升之和等于电压降之和，这是 KVL 的另一种形式。

如果一个闭合节点序列不构成回路，节点之间有开路电压，KVL 同样适合。由此可见，电路中任意两点间的电压与计算路径无关，是单值的。

KCL 和 KVL 只与电路中元件互相连接的方式有关，而与元件的性质无关。不论电路中的元件是线性的还是非线性的，时变的还是非时变的(定常的)，只要是集中参数电路，KCL 和 KVL 总是成立的。

例1-2

如图 1-17 所示电路，已知 $U_{S1}=2\ \text{V}$，$U_{S2}=6\ \text{V}$，$U_{S3}=5\ \text{V}$，$R_1=3\ \Omega$，$R_2=1\ \Omega$，$R_3=2\ \Omega$。按图示电流参考方向，若 $I_1=1\ \text{A}$，$I_2=-3\ \text{A}$，试求：(1)电流 I_3；(2)电压 U_{ac} 和 U_{cd}。

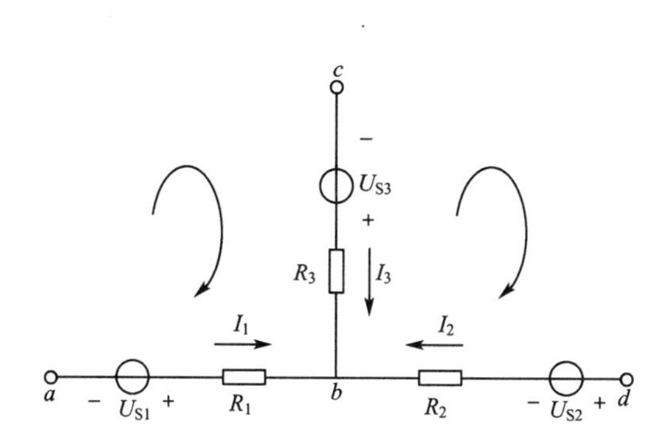

图 1-17 【例 1-2】图

解:对于节点 b,根据 KCL,有

$$I_1+I_2+I_3=0$$

所以

$$I_3=-I_1-I_2=[-1-(-3)]\ \text{A}=2\ \text{A}$$

由 KVL 定律可以写出

$$U_{ac}-U_{S3}+R_3I_3-R_1I_1+U_{S1}=0$$

$$U_{cd}+U_{S2}+R_2I_2-R_3I_3+U_{S3}=0$$

因此得

$$U_{ac}=U_{S3}-R_3I_3+R_1I_1-U_{S1}=(5-2\times2+3\times1-2)\ \text{V}=2\ \text{V}$$

$$U_{cd}=-U_{S2}-R_2I_2+R_3I_3-U_{S3}=[-6-1\times(-3)+2\times2-5]\ \text{V}=-4\ \text{V}$$

值得注意的是,在应用基尔霍夫电压定律时,方程中各项前的符号由各元件电压的参考方向与绕行方向是否一致而定,一致取正号,相反取负号。

1.5 电路的状态

实际应用中,电源与负载不能任意连接,如果连接不当,会使电源或负载损毁。为了正确选用电源和负载,必须知道它们的额定值。

一、电路的三种状态

了解电路的状态及特点,对正确而安全地用电有非常重要的指导作用。综合实际电路,电路有通路、开路和短路三种状态。

1. 通路

如图 1-18(a)所示,将开关 S 闭合,电源和负载接通,称为通路或有载状态。通路时,电源向负载提供电流,电源的端电压与负载端电压相等。

2. 开路

如图 1-18(b)所示，将开关 S 打开或由于其他原因切断电源与负载间的连接，称为电路的开路状态。显然，电路开路时，电路中电流 $I=0$，因此负载的电流、电压和得到的功率都为零。对电源来说称为空载状态，不向负载提供电压、电流和功率。

3. 短路

由于工作不慎或负载的绝缘破损等原因，致使电源两端被阻值近似为零的导体连通的状态，称为短路，如图 1-18(c)所示。

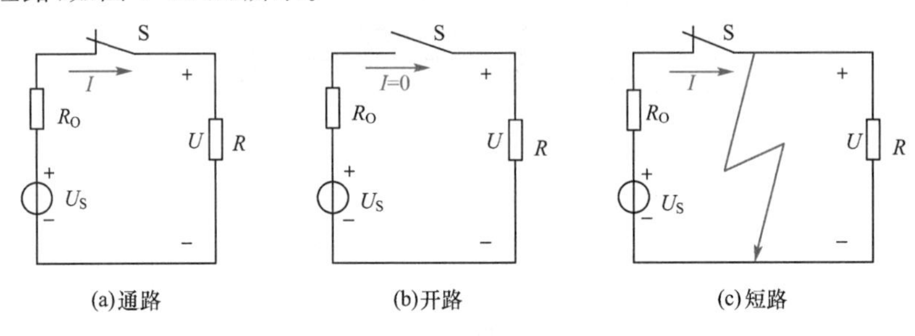

图 1-18 电路的状态

电路短路时，电源的端电压即负载的电压 $U=0$，负载的电流与功率也为零。此时，通过电源的电流最大，电源产生的功率很大，且全部被内阻所消耗。若不采取防范措施，将会使电源设备烧毁，导致火灾事故的发生。因此，短路一般是一种事故，要尽量避免。严格遵守操作规程和经常检查电气设备及线路的绝缘情况，是避免出现短路事故的重要安全措施。另外，为了防止一旦出现短路而造成严重后果，通常在电路中接入熔断器进行短路保护。

注意

在某些情况下是需要电路短路的，如测量变压器的铜损是通过变压器短路实验完成的，但必须给变压器施加很小的电压。有时，为了某种需要，也常将电路中的某一部分短路，这种情况常称为“短接”，以示区别。

二、电气设备的额定值

电气设备的额定值是指导用户正确使用电气设备的技术数据，在设备的铭牌上或在说明书中给出。

电气设备的绝缘材料是根据其额定电压设计选用的。施加的电压太高，超过其额定值时，绝缘材料可能被击穿。绝缘材料的绝缘强度随材料的老化变质而降低，温度越高，材料老化得越快，当老化到一定程度时，材料会丧失绝缘性能。

设备运行时，电流在导体电阻上产生的热量和其他原因产生的热量一起将使设备的温度升高。多数绝缘材料是可燃体，温度过高会迅速碳化燃烧，引起火灾，因此电气设备的额定值主要有额定电压、额定电流、额定功率和额定温升等。温升是指在规定的冷却方式下高出周围介质的温度(周围介质温度定为 40 ℃)。本教材中额定值用表示物理量的符号加下标“N”表示，例如额定电压 U_N 和额定电流 I_N。某些额定值间有着某种确定的、简单的数学关系，因此某些设备的额定值并不一定全部标出。例如电阻上常标出其阻值和额定功率，额

定电流可由 $P_N=RI_N^2$ 关系得出。

电源设备的额定功率标志着电源的供电能力，是其长期运行时允许的上限值。电源在有载状态工作时，输出的功率由其外电路决定，并不一定等于电源的额定功率。电力工程中，电源向负载提供近似恒定的电压，因此电源的负荷大小可用供出的电流来表达。当电流等于额定电流时称为满载，超过额定电流时称为过载，小于额定电流时称为欠载。电源设备通常工作于欠载或满载状态，只有满载时才能被充分利用。

负载设备通常工作于额定状态，小于额定值时达不到预期效果，超过额定值运行时设备将遭到毁坏或缩短使用寿命，甚至有可能造成事故。只有按照额定值使用才最安全可靠、经济合理，所以使用电气设备之前必须仔细阅读其铭牌或说明书。

1.6 电路中电位的概念及计算

电路中某一点的电位是这点到参考点的电压。计算电路中某一点的电位时，必须选定电路中某一点作为参考点，它的电位称为参考电位，通常设参考电位为零，参考点也称零电位点。而其他各点的电位都同它比较，比它高的为正，比它低的为负。正数值越大则电位越高，负数绝对值越大则电位越低。

电路中电位的概念及计算

参考点在电路图中标上接地符号，常用“⊥”标注。所谓“接地”，并非真与大地相接。在图 1-19(a)中，设 a 点为参考点，即 $V_a=0$ V，则可得出

$$V_b=U_{ba}=-60\ \text{V}$$

$$V_c=U_{ca}=+80\ \text{V}$$

$$V_d=U_{da}=+30\ \text{V}$$

$$U_{cd}=U_{ca}+U_{ad}=U_{ca}-U_{da}=V_c-V_d=+50\ \text{V}$$

由此可见，b 点的电位比 a 点低 60 V，而 c 点和 d 点的电位比 a 点分别高 80 V 和 30 V。

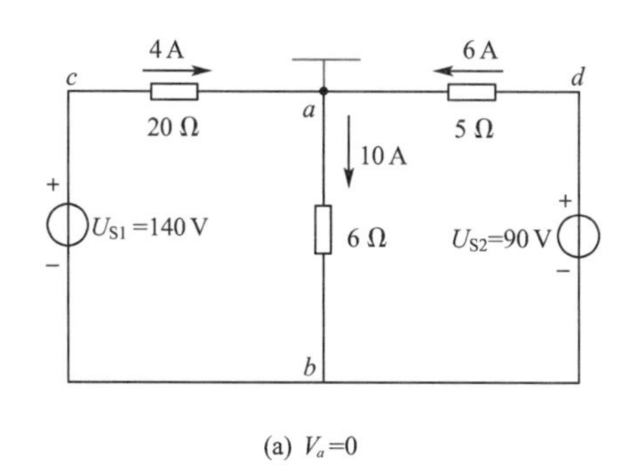

(a) $V_a=0$

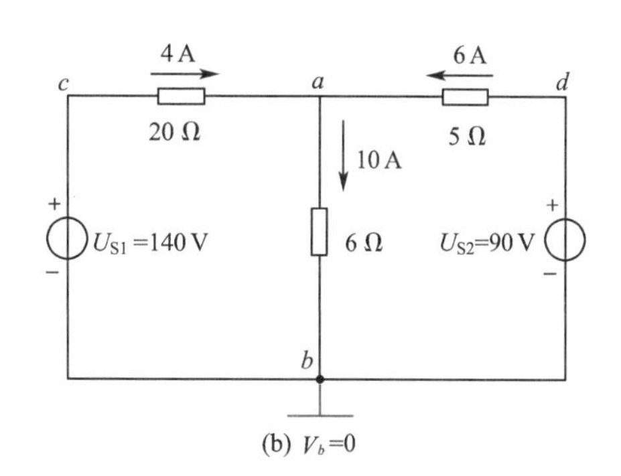

(b) $V_b=0$

图 1-19 电路电位

如果设 b 点为参考点，即 $V_b=0$ V，如图 1-19(b)所示，则可得出

$$V_a=U_{ab}=+60\ \text{V}$$

$$V_c=U_{cb}=+140\ \text{V}$$

$$V_d=U_{db}=+90\ \text{V}$$

$$U_{cd}=U_{cb}+U_{bd}=U_{cb}-U_{db}=V_c-V_d=+50\ \text{V}$$

电路中两点的电压也等于该两点的电位之差。

从上面的结果可以看出：参考点选得不同，电路中各点的电位值也不同，但是任意两点间的电压值是不变的，所以各点电位的高低是相对的，而两点间的电压值是绝对的。

图 1-19(b)也可简化为图 1-20 所示电路，不画电源，各端标以电位值。

值得注意的是，在有的电路中采用了电气隔离技术，可能会出现不同的接地符号，对应的电位标注应以相应的“地”为基准，不可以混为一谈。

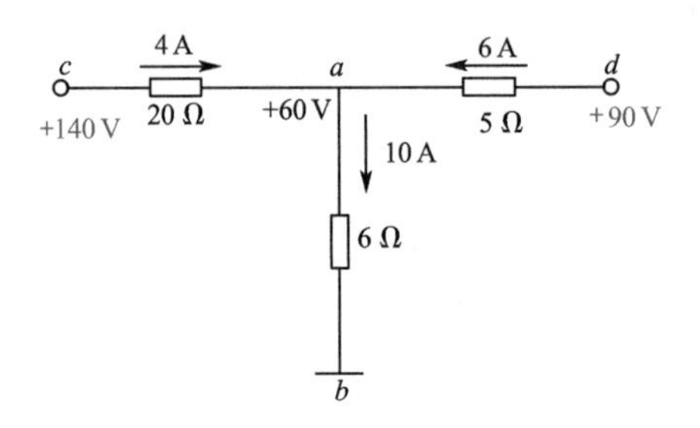

图 1-20　图 1-19(b)的简化电路

例1-3

计算如图 1-21 所示电路中 b 点的电位。

解：

$$I=\frac{V_a-V_c}{R_1+R_2}=\frac{6-(-9)}{(100+50)\times 10^3}\ \text{A}=0.1\ \text{mA}$$

$$U_{ab}=V_a-V_b=R_2 I$$

故

$$V_b=V_a-R_2 I=(6-50\times 10^3\times 0.1\times 10^{-3})\ \text{V}=+1\ \text{V}$$

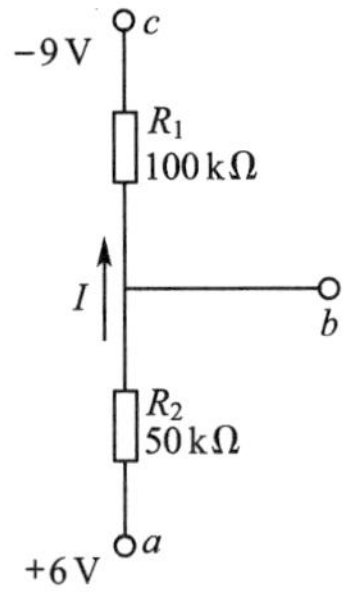

图 1-21　【例 1-3】图

思考题与习题

1. 电路由哪几部分组成？电路的作用有哪些？请举出两个生活中常见的电路。

2. 为什么要规定电流和电压的参考方向？何谓电流和电压的关联参考方向？

3. 如图 1-22 所示，电路中有三个元件，电流和电压的参考方向如图所示，实测得 $I_1=3$ A，$I_2=-3$ A，$I_3=-3$ A，$U_1=-120$ V，$U_2=70$ V，$U_3=-50$ V。试指出各元件电流和电压的实际方向，计算各元件的功率，并指出哪个元件吸收功率、哪个元件释放功率。

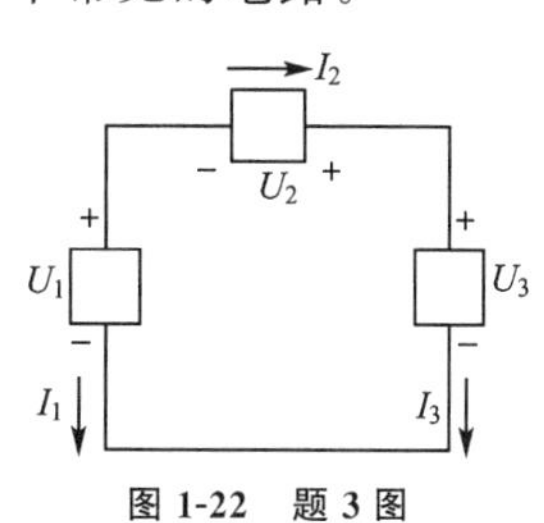

图 1-22　题 3 图

4. 求如图 1-23 所示电压源或电流源的功率。

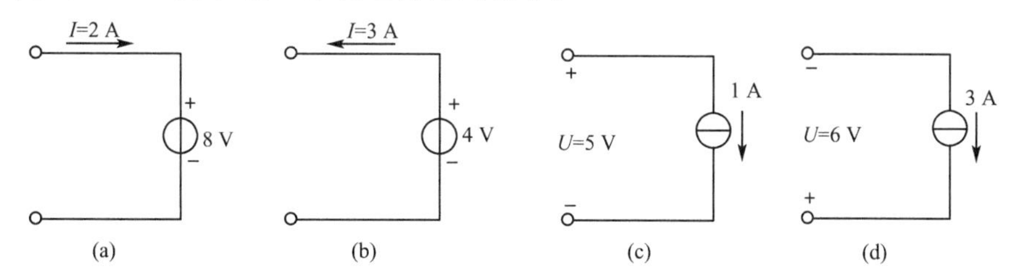

图 1-23　题 4 图

5. 试用 KVL 定律解释下述现象：身穿绝缘服的操作人员可以带电维修线路，而且不会触电。

6. 有一可变电阻器，允许通过的最大电流为 0.3 A，电阻值为2 kΩ。求电阻器两端允许加的最大电压。此时消耗的功率是多少？

7. 某楼内有 100 W、220 V 的灯泡 100 只，平均每天使用 3 h。计算每月(30 天)消耗的电能。

8. 如图 1-24 所示，求各图中的未知量(设电流表内阻为零，电压表内阻为无穷大)。

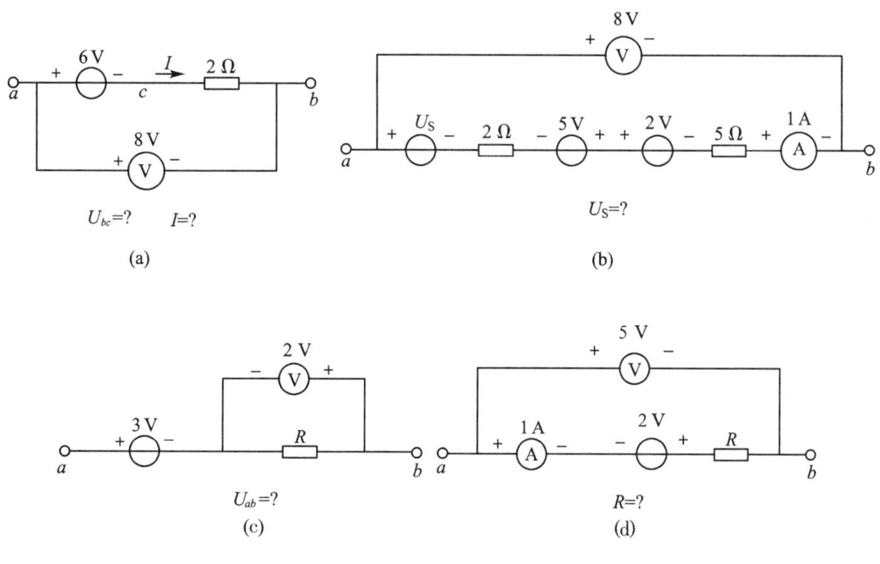

图 1-24　题 8 图

9. 求如图 1-25 所示电路中的电压 U 或电流 I，并计算电路中各元件功率。

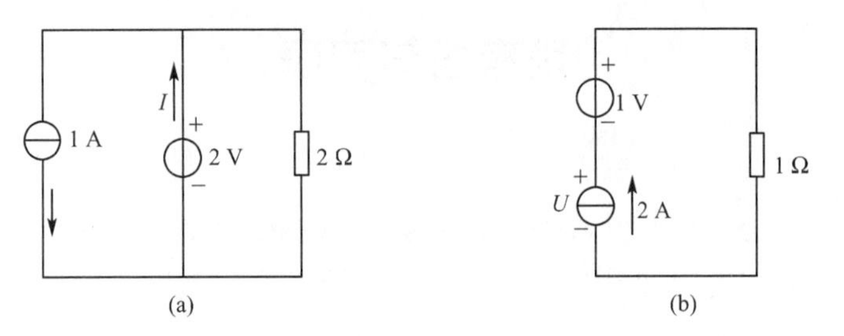

图 1-25　题 9 图

10. 列出如图 1-26 所示电路中各节点的电流方程和各回路的电压方程。

11. 求如图 1-27 所示电路中的电压 U。

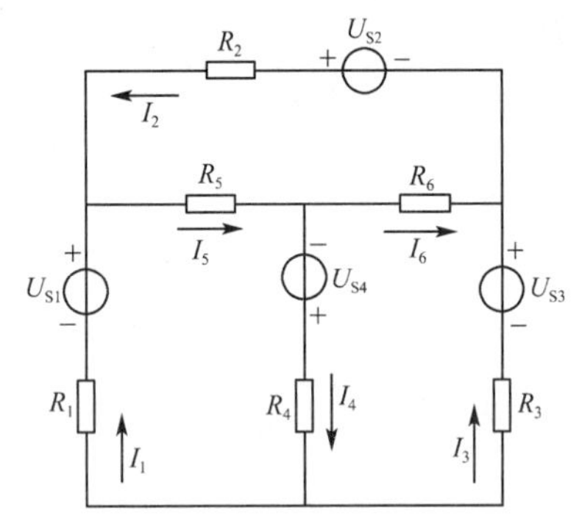

图 1-26　题 10 图

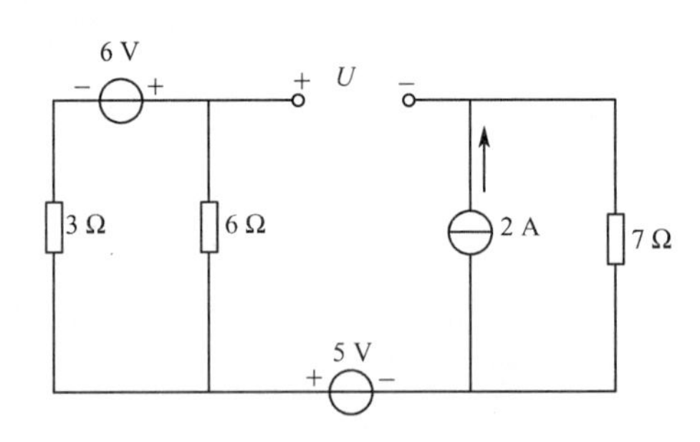

图 1-27　题 11 图

12. 如图 1-28 所示电路中，$R_1=5\ \Omega$，$R_2=10\ \Omega$，$R_3=15\ \Omega$，$U_{S1}=180\ V$，$U_{S2}=80\ V$。若以 b 点为参考点，试求 a、b、c、d 四点的电位 V_a、V_b、V_c、V_d，同时求出 c、d 两点之间的电压 U_{cd}；若改用 d 点作为参考点，再求 V_a、V_b、V_c、V_d 和 U_{cd}。

13. 如图 1-29 所示电路为测量直流电压的电位计电路，$U_S=3\ V$，$R_O=40\ \Omega$，当滑动触头使 $R_1=10\ \Omega$、$R_2=100\ \Omega$ 时，检流计 P 中的电流为零，此时被测电压 U_X 为多少？

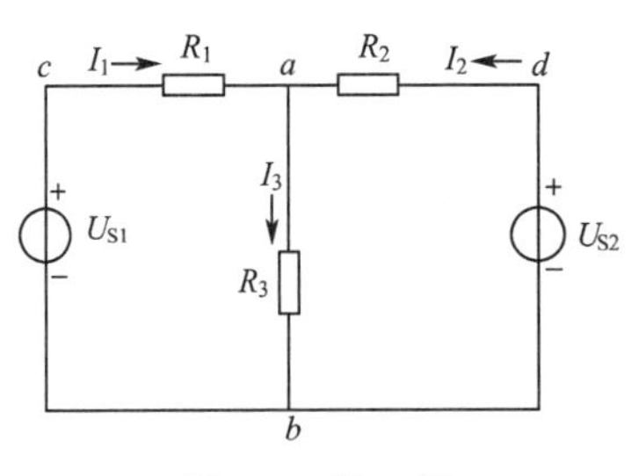

图 1-28　题 12 图

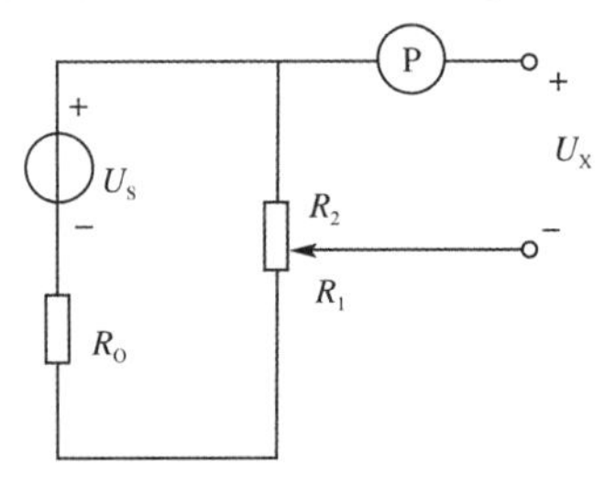

图 1-29　题 13 图

第 2 章

直流电路的分析方法

知识目标

1. 掌握电路等效模型的概念，掌握电阻串联、并联、混联电路的等效化简及计算。
2. 掌握实际电压源与实际电流源的等效变换。
3. 能正确应用支路电流法、叠加定理、戴维南定理分析电路。

技能目标

1. 会用万用表测量直流电路中的电压和电流。
2. 会测量电路的等效电阻。

素质目标

1. 通过电路的接线和测试，引导学生树立大局意识，培养学生集体主义和团队协作精神。

2. 以案例——多量程电流表电路导入，引导学生深入思考，培养学生分析问题和解决问题的能力。

案例

多量程电流表电路

实际进行电压、电流测量时，仅有一个量程是不够的，这时就需要进行量程的扩展。

1. 电路及工作过程

如图 2-1 所示电路是一个 500 型万用表直流电流(500 mA、100 mA、10 mA、1 mA 挡)测量电路。1 mA 挡测量时，电路中 $R_1 \sim R_4$ 串联与表头所在支路并联，10 mA 挡测量时，$R_1 \sim R_3$ 串联与表头及 R_4 串联支路并联，100 mA 挡测量时，R_1、R_2 串联与表头及 R_3、R_4 串联支路并联，500 mA 挡测量时，R_1 与表头及 R_2、R_3、R_4 串联支路并联。

2. 电路元器件

表头 40 μA/2.5 kΩ 一个；电阻 1 kΩ、12 kΩ、2.25 kΩ、675 Ω、67.5 Ω、6 Ω、1.5 Ω各一个；具有两个独立滑臂的可调电阻 1.4 kΩ 一个；导线若干。

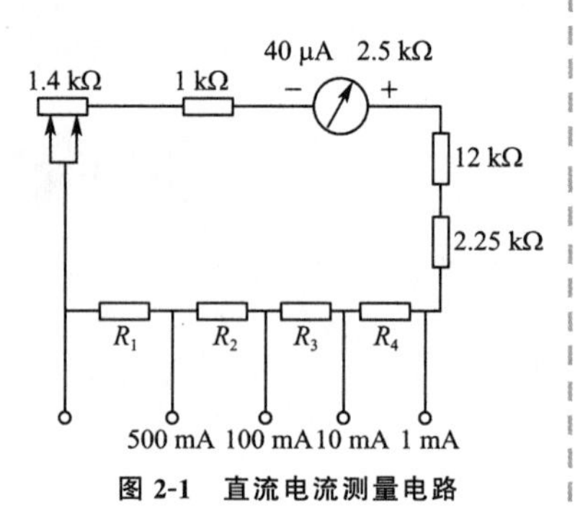

图 2-1 直流电流测量电路

3. 案例实施

(1)检查电阻、表头，确保元器件完好。

(2)将具有两个独立滑臂的可调电阻 1.4 kΩ 调至阻值为 0.25 kΩ。

(3)计算将量程扩展为 1 mA、10 mA、100 mA、500 mA 时，应接的分流电阻 $R_1 \sim R_4$。

1 mA 挡时，有

$$R_1+R_2+R_3+R_4=\frac{(0.25+1+2.5+12+2.25)\times10^3\times40\times10^{-6}}{(1-40\times10^{-3})\times10^{-3}}=750\ \Omega$$

10 mA 挡时，有

$$R_1+R_2+R_3=\frac{[(0.25+1+2.5+12+2.25)\times10^3+R_4]\times40\times10^{-6}}{(10-40\times10^{-3})\times10^{-3}}\ \Omega$$

100 mA 挡时，有

$$R_1+R_2=\frac{[(0.25+1+2.5+12+2.25)\times10^3+R_4+R_3]\times40\times10^{-6}}{(100-40\times10^{-3})\times10^{-3}}\ \Omega$$

500 mA 挡时，有

$$R_1=\frac{[(0.25+1+2.5+12+2.25)\times10^3+R_4+R_3+R_2]\times40\times10^{-6}}{(500-40\times10^{-3})\times10^{-3}}\ \Omega$$

通过计算可知，$R_1=1.5\ \Omega$、$R_2=6\ \Omega$、$R_3=67.5\ \Omega$、$R_4=675\ \Omega$。

(4)按电路图接线，即可完成多量程电流表电路。

4. 案例思考

如何实现多量程电压测量？

带着案例思考中的问题进入本章内容的学习。

不同的电路，根据其不同的结构特点，采用不同的分析和计算方法会更加简单和方便。通过对本章的学习可以方便地对直流电路进行分析和计算，并且为以后分析和计算正弦交流电路打下基础。

》》》 2.1　电阻的串联、并联、混联及等效变换 《《《

直流电路中，电路通常由电阻的串联、并联或混联组成。

一、电阻的串联

将 n 个电阻 R_1、R_2、…、R_n 依次连接起来，中间没有分支，这种连接方式称为电阻的串联。如图 2-2(a)所示为三个电阻串联。串联电路的特点：通过各串联电阻的电流相同。

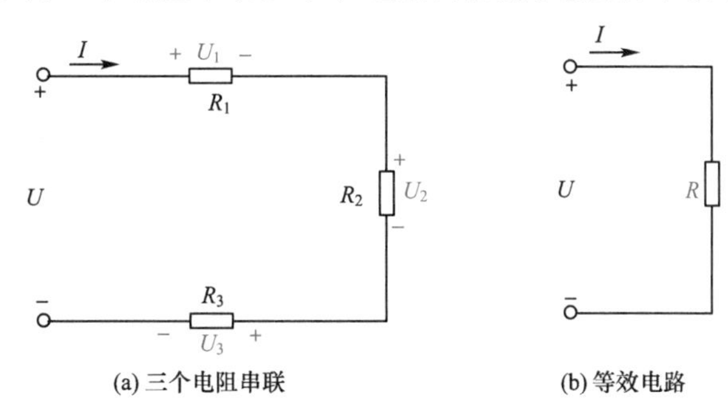

图 2-2　电阻的串联

根据基尔霍夫电压定律，有

$$U=U_1+U_2+U_3$$

其中

$$U_1=R_1I$$

$$U_2=R_2I$$

$$U_3=R_3I$$

则

$$U=R_1I+R_2I+R_3I=(R_1+R_2+R_3)I=RI$$

$$R=R_1+R_2+R_3 \tag{2-1}$$

R 称为 R_1、R_2、R_3 串联的等效电阻。图 2-2(b)为图 2-2(a)的等效电路。

电阻串联时，每个电阻上的电压与其电阻值成正比。串联电阻的分压关系为

$$\begin{cases} U_1=R_1I=R_1\dfrac{U}{R}=\dfrac{R_1}{R_1+R_2+R_3}U \\ U_2=R_2I=R_2\dfrac{U}{R}=\dfrac{R_2}{R_1+R_2+R_3}U \\ U_3=R_3I=R_3\dfrac{U}{R}=\dfrac{R_3}{R_1+R_2+R_3}U \end{cases} \tag{2-2}$$

由于电流相等，串联各电阻的功率与电阻成正比，即

$$P_1 : P_2 : P_3 = R_1 : R_2 : R_3 \tag{2-3}$$

电路总功率为

$$P = UI = R_1 I^2 + R_2 I^2 + R_3 I^2 = P_1 + P_2 + P_3$$

即串联电路总功率等于各电阻功率之和。

二、电阻的并联

将 n 个电阻 R_1、R_2、…、R_n 的首、末端分别连接起来，这种连接方式称为电阻的并联。如图 2-3(a)所示为三个电阻并联。并联电路的特点：并联的各电阻两端电压相等。

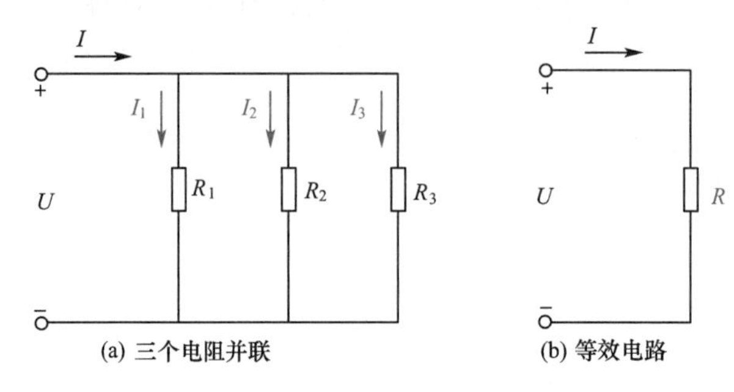

图 2-3　电阻的并联

根据基尔霍夫电流定律，有

$$I = I_1 + I_2 + I_3$$

各支路的电流分别为

$$I_1 = \frac{U}{R_1} = G_1 U$$

$$I_2 = \frac{U}{R_2} = G_2 U$$

$$I_3 = \frac{U}{R_3} = G_3 U$$

式中，G_1、G_2、G_3 为电阻的倒数，即电导，单位为西门子，简称西(S)。则

$$I = G_1 U + G_2 U + G_3 U = (G_1 + G_2 + G_3) U = GU$$

$$G = G_1 + G_2 + G_3 \tag{2-4}$$

G 称为 G_1、G_2、G_3 并联的等效电导。图 2-3(b)为图 2-3(a)的等效电路。

电阻并联时，每个电阻的电流与电导成正比。并联电阻的分流关系为

$$\begin{cases} I_1 = G_1 U = G_1 \dfrac{I}{G} = \dfrac{G_1}{G_1 + G_2 + G_3} I \\ I_2 = G_2 U = G_2 \dfrac{I}{G} = \dfrac{G_2}{G_1 + G_2 + G_3} I \\ I_3 = G_3 U = G_3 \dfrac{I}{G} = \dfrac{G_3}{G_1 + G_2 + G_3} I \end{cases} \tag{2-5}$$

由于并联电阻的电压相等，并联各电阻的功率与电导成正比，即

$$P_1 : P_2 : P_3 = G_1 : G_2 : G_3 \tag{2-6}$$

若两个电阻并联，如图 2-4 所示，有 $G=G_1+G_2$，即

$$\frac{1}{R}=\frac{1}{R_1}+\frac{1}{R_2}$$

$$R=\frac{R_1R_2}{R_1+R_2} \tag{2-7}$$

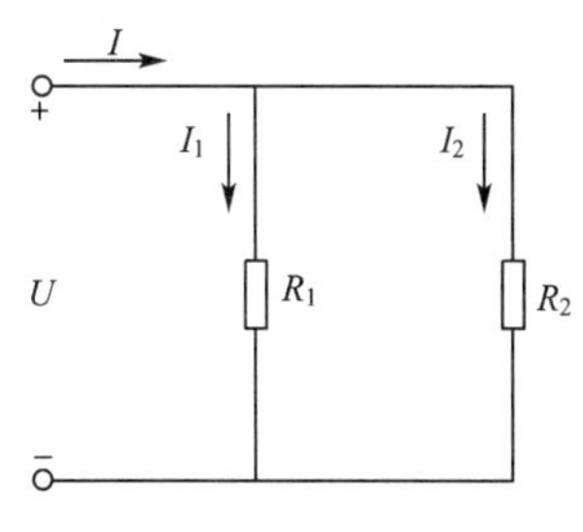

图 2-4　两个电阻并联

各支路电流为

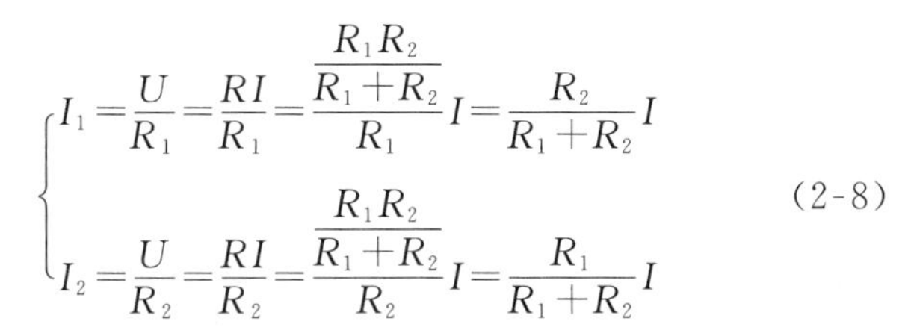

$$\begin{cases} I_1=\dfrac{U}{R_1}=\dfrac{RI}{R_1}=\dfrac{\dfrac{R_1R_2}{R_1+R_2}}{R_1}I=\dfrac{R_2}{R_1+R_2}I \\ I_2=\dfrac{U}{R_2}=\dfrac{RI}{R_2}=\dfrac{\dfrac{R_1R_2}{R_1+R_2}}{R_2}I=\dfrac{R_1}{R_1+R_2}I \end{cases} \tag{2-8}$$

三、电阻的混联

既有电阻的串联又有电阻的并联，这种连接方式称为电阻的混联。分析混联电路时，可应用电阻的串、并联特点，逐步求解。

如图 2-5 所示电路为混联电路，ab 两端的等效电阻为7 Ω。

四、等效变换

二端网络是指只有两个端钮与外部电路相连的电路，如图 2-6 所示，图中电流、电压分别称为端口电流和端口电压。

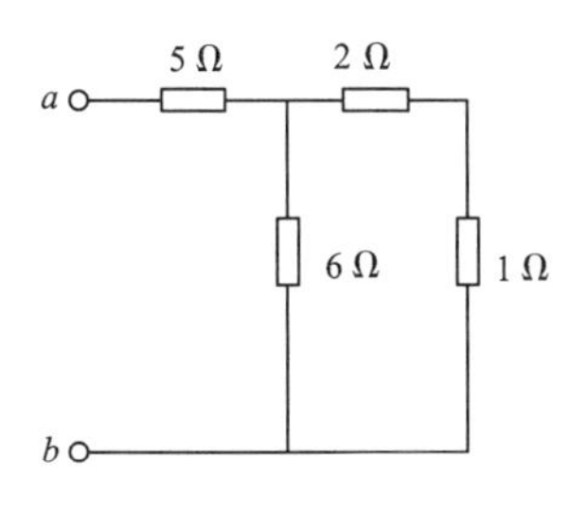

图 2-5　电阻的混联

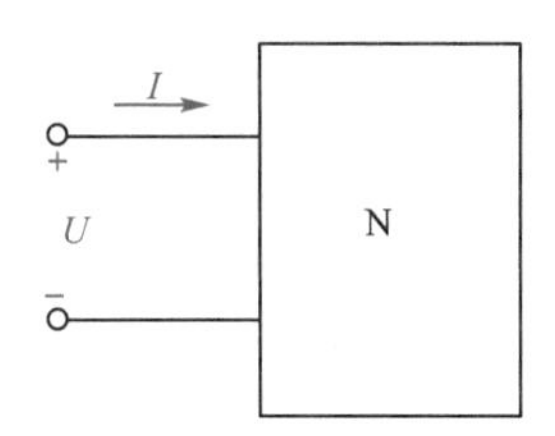

图 2-6　二端网络

如果一个二端网络的伏安关系与另一个二端网络的伏安关系完全相同，那么这两个二端网络是等效的。等效二端网络的结构虽然不同，但对外电路的作用效果相同，可以相互代替。利用等效变换，可以使电路简单化，这是电路分析的一个重要方法。

2.2 电源模型的连接及等效变换

一、电源模型的连接

实际电路中常常把几个电源模型串联或并联起来应用。

1. n 个电压源串联

n 个电压源串联可以用一个电压源等效代替，如图 2-7 所示。等效电压源的电压等于各个电压源电压的代数和，即

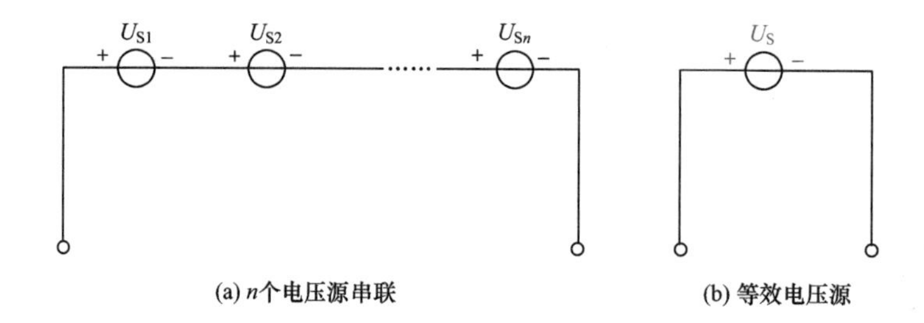

图 2-7 电压源的串联

$$U_S = U_{S1} + U_{S2} + \cdots + U_{Sn} = \sum_{k=1}^{n} U_{Sk} \tag{2-9}$$

2. n 个电流源并联

n 个电流源并联可以用一个电流源等效代替，如图 2-8 所示。等效电流源的电流等于各电流源电流的代数和，即

$$I_S = I_{S1} + I_{S2} + \cdots + I_{Sn} = \sum_{k=1}^{n} I_{Sk} \tag{2-10}$$

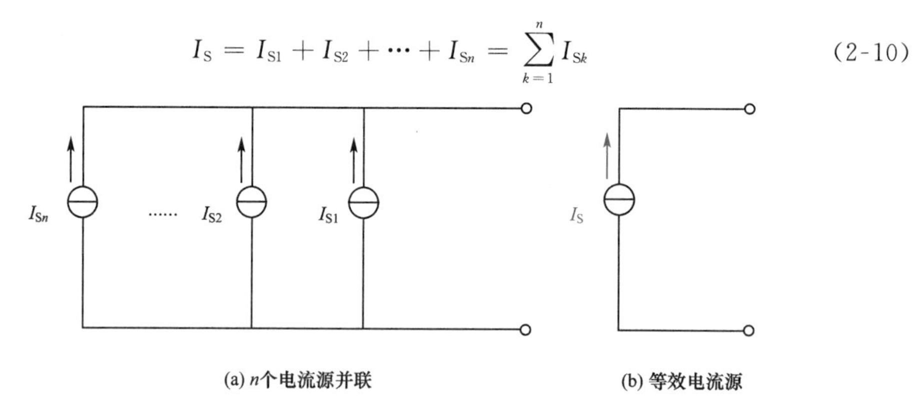

图 2-8 电流源的并联

若 n 个电压源并联，则并联的各个电压源的电压必须相等，否则不能并联。若 n 个电流源串联，则串联的各个电流源的电流必须相等，否则不能串联。

二、两种实际电源模型的等效变换

图 1-9 所示的端口电压、电流关系为

$$U=U_S-R_O I$$

图 1-13 所示的端口电压、电流关系为

$$I=I_S-\frac{U}{R_O}$$

上式可变换为

$$U=R_O I_S-R_O I$$

根据等效概念可知，当电压源与电阻串联的电路等效变换为电流源与电阻并联的电路时，有

$$I_S=\frac{U_S}{R_O} \tag{2-11}$$

当电流源与电阻并联的电路等效变换为电压源与电阻串联的电路时，有

$$U_S=R_O I_S$$

在等效变换过程中，两个二端网络中的 R_O 保持不变。

等效变换时应注意：

(1)等效变换时电流源电流的参考方向在电压源内部由负极指向正极。

(2)理想电压源与理想电流源之间不能等效互换。

(3)实际中经常会出现电压源与电流源或电阻并联，如图 2-9(a)、图 2-9(b)所示，由于与电压源并联的元件并不影响电压源的电压，所以对外电路，它可等效为一个理想电压源，如图 2-9(c)所示，但等效后电压源的电流并不等于变换前电压源的电流。

(4)如果电流源与电压源或电阻串联，如图 2-10(a)、图 2-10(b)所示，由于与电流源串联的元件并不影响电流源的电流，所以对外电路，它可等效为一个理想电流源，如图 2-10(c)所示，但等效后电流源的电压并不等于变换前电流源的电压。

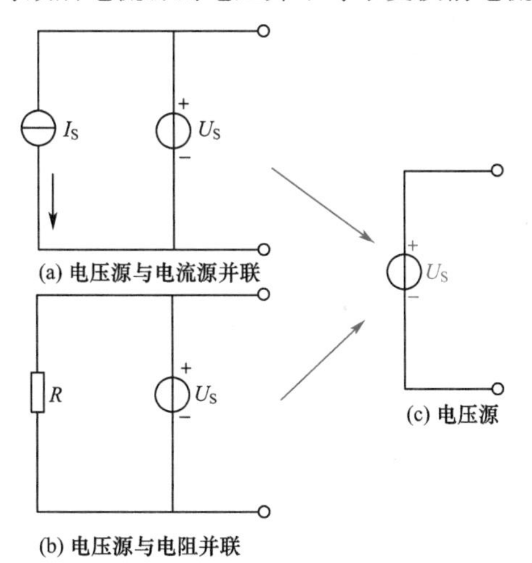

图 2-9 电压源与电流源或电阻并联对外电路的等效电路

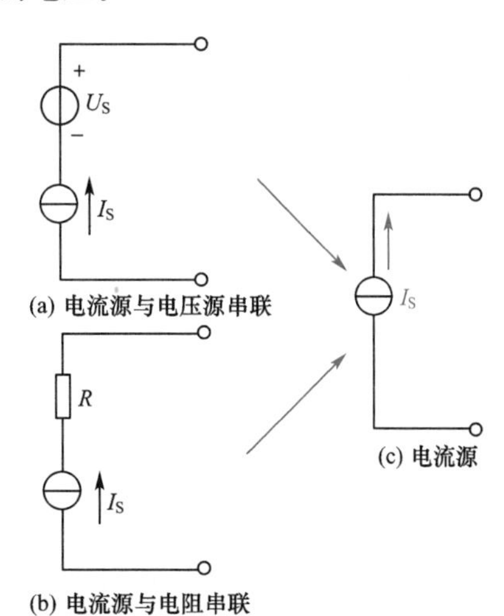

图 2-10 电流源与电压源或电阻串联对外电路的等效电路

利用电源等效变换，求图 2-11(a)中的电流 I。

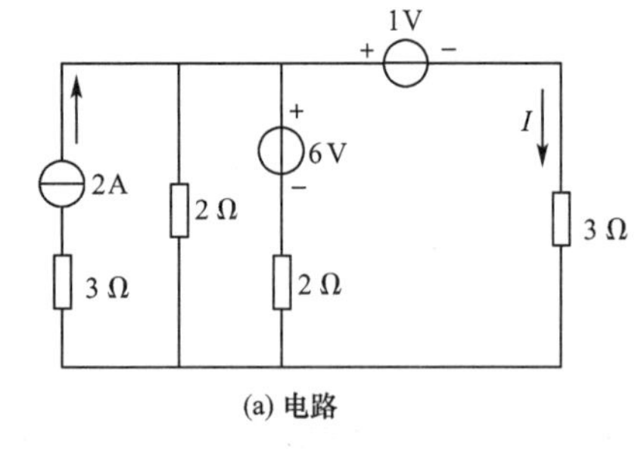

(a) 电路

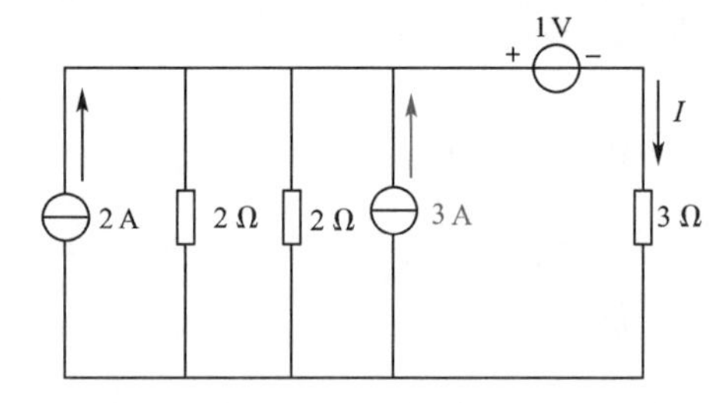

(b) 电压源与电阻串联变换为电流源与电阻并联

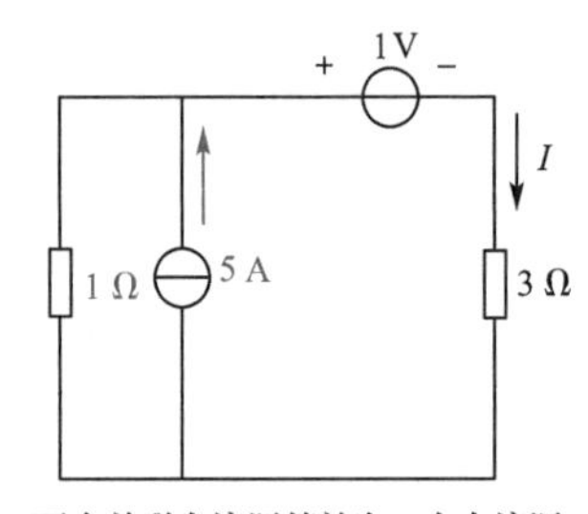

(c) 两个并联电流源等效为一个电流源

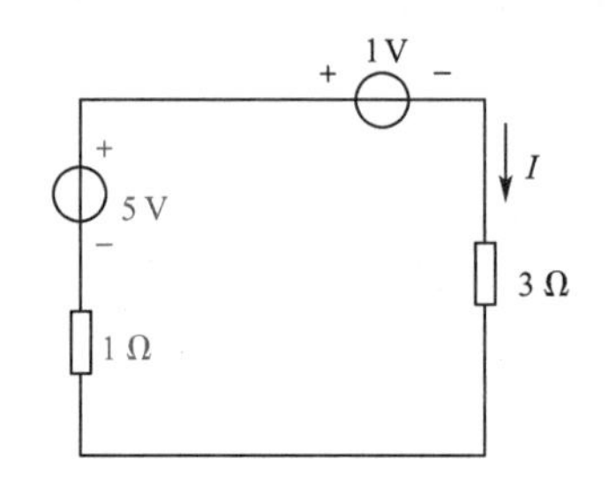

(d) 电流源与电阻并联变换为电压源与电阻串联

图 2-11 【例 2-1】图

解：根据电源等效变换，将图 2-11(a)逐步简化成图 2-11(b)、图 2-11(c)、图 2-11(d)。由图 2-11(d)可得

$$I=\frac{5-1}{1+3}\ \text{A}=1\ \text{A}$$

利用电源等效变换可以把一些复杂电路化为简单电路，便于求解。

2.3 支路电流法

支路电流法是求解复杂电路最基本的方法。复杂电路是指不能用串联、并联方法直接求解的电路。

支路电流法

电源等效变换可以对一定结构的复杂电路进行分析，但并不是所有复杂电路的分析都可以通过电源等效变换来解决。

支路电流法是以支路电流为未知量，应用 KVL 和 KCL 列出与未知量数目相等的独立方程，然后解出未知的支路电流。

支路电流法求解电路的步骤如下：

(1)选取各支路电流的参考方向，以各支路电流为未知量。

(2)如电路中有 n 个节点、b 条支路，按 KCL 列出$(n-1)$个独立的节点电流方程。

(3)选取回路，并选定回路的绕行方向，按 KVL 列出$[b-(n-1)]$个独立的回路电压方程。

(4)联立求解所列的方程组，即可计算出各支路电流。

例2-2

列出用支路电流法求解如图 2-12 所示电路的方程。

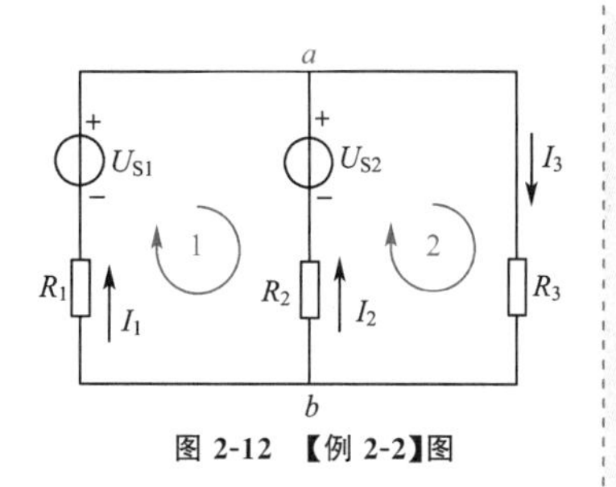

图 2-12 【例 2-2】图

解：该电路有两个节点、三条支路，三条支路电流分别为 I_1、I_2、I_3。

节点 a　　$I_1+I_2-I_3=0$

回路 1　$R_1I_1-U_{S1}-R_2I_2+U_{S2}=0$

回路 2　$R_2I_2-U_{S2}+R_3I_3=0$

联立可求出支路电流 I_1、I_2、I_3。

例2-3

图 2-13 中，$R_1=2\ \Omega$，$R_2=3\ \Omega$，$R_3=5\ \Omega$，$U_S=11\ V$，$I_S=2\ A$，试求各支路电流。

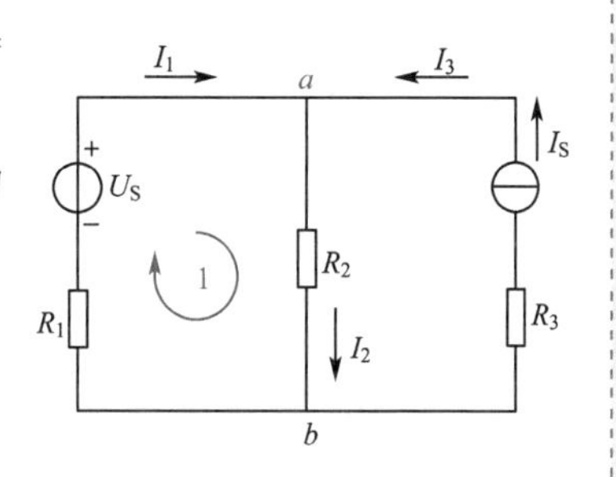

图 2-13 【例 2-3】图

解：该电路有两个节点、三条支路，支路电流的参考方向及回路绕行方向如图 2-13 所示。

节点 a　　$I_1-I_2+I_3=0$

回路 1　$R_1I_1-U_S+R_2I_2=0$

由于支路 3 含有电流源，故

$$I_3=I_S=2\ A$$

代入已知数据，得

$$\begin{cases}I_1-I_2=-2\ A\\2\ \Omega\times I_1+3\ \Omega\times I_2=11\ V\end{cases}$$

解得 $I_1=1\ A$，$I_2=3\ A$。

注意

若列回路电压方程时有电流源，可设电流源的电压为未知量，同时补充一个方程，即电流源所在支路的电流等于电流源的电流。

2.4 叠加定理

叠加定理是线性电路的一个重要定理，在电路理论中占有重要的地位。

叠加定理是指几个电源同时作用的线性电路中，任一支路的电流（或电压）都等于电路中每一个独立源单独作用下在此支路产生的电流（或电压）的代数和。

每个独立源单独作用，就是其余的独立源作用为零，即将不起作用的电压源以短路代替，电流源以开路代替。

叠加定理求解电路的步骤如下：

（1）将几个电源同时作用的电路分成每个电源单独作用的分电路。

（2）在分电路中标注要求解的电流和电压的参考方向，对每个分电路进行分析，解出相应的电流和电压。

（3）将分电路的电流和电压进行叠加。

例2-4

用叠加定理求如图 2-14(a)所示电路中的电压 U。

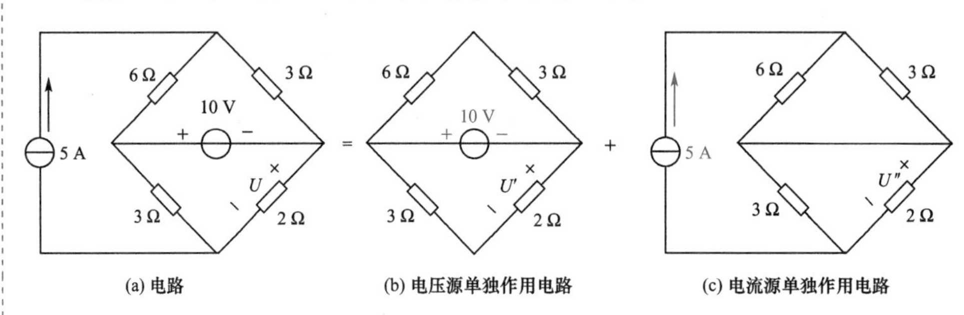

图 2-14 【例 2-4】图

解：画出电压源单独作用的电路［图 2-14(b)］和电流源单独作用的电路［图2-14(c)］。

由图 2-14(b)得

$$U'=(-\frac{2}{2+3}\times 10)\ \text{V}=-4\ \text{V}$$

由图 2-14(c)得

$$U''=(2\times\frac{3}{2+3}\times 5)\ \text{V}=6\ \text{V}$$

根据叠加定理得

$$U=U'+U''=2\ \text{V}$$

应用叠加定理应注意：

(1)叠加定理只适用于线性电路。

(2)叠加定理只适用于电路中的电压、电流，对功率不适用。

叠加定理可以直接用来计算电路，但在电路独立源较多的情况下并不方便。

2.5 戴维南定理

含有独立源的二端网络称为有源二端网络，不含独立源的二端网络称为无源二端网络。如果需简化某一有源二端网络或计算复杂电路某一支路的电流，用戴维南定理将非常方便。

一、戴维南定理

戴维南定理是指任何一个有源线性二端网络，对其外部电路而言，都可以用电压源与电阻串联的电路等效代替。电压源的电压等于有源线性二端网络的开路电压，电阻等于有源线性二端网络内部所有独立源作用为零（电压源以短路代替，电流源以开路代替）时的等效电阻。

戴维南定理

电压源与电阻串联的电路又称为戴维南等效电路。

用戴维南定理求解电路的步骤如下：

(1)画出把待求支路从电路中移去后的有源线性二端网络。

(2)求有源线性二端网络的开路电压 U_{OC}。

(3)求有源线性二端网络内部所有独立源作用为零（电压源以短路代替，电流源以开路代替）时的等效电阻 R_O。

(4)画出戴维南等效电路，将待求支路连接起来，计算未知量。

例2-5

有源线性二端网络如图 2-15(a)所示，求此二端网络的戴维南等效电路。

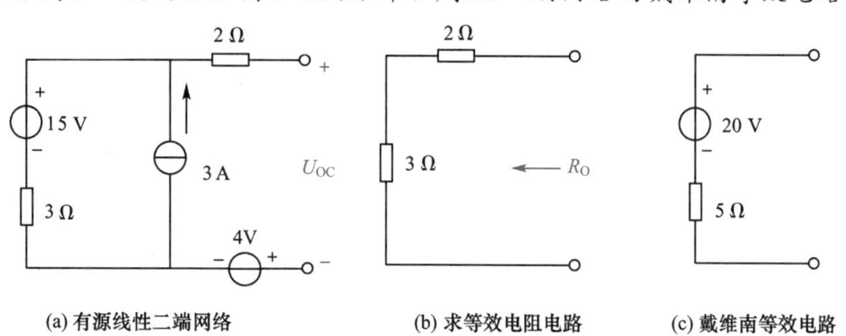

图 2-15 【例 2-5】图

解：在图 2-15(a)中求开路电压 U_{OC}，得

$$U_{OC}=(15+3\times3-4)\text{ V}=20\text{ V}$$

在图 2-15(b)中求等效电阻 R_O，得

$$R_O=(2+3)\ \Omega=5\ \Omega$$

画出 U_{OC} 和 R_O 构成的戴维南等效电路，如图 2-15(c)所示。

例2-6

用戴维南定理求图 2-16(a)所示电路中电阻 R_L 上的电流 I。

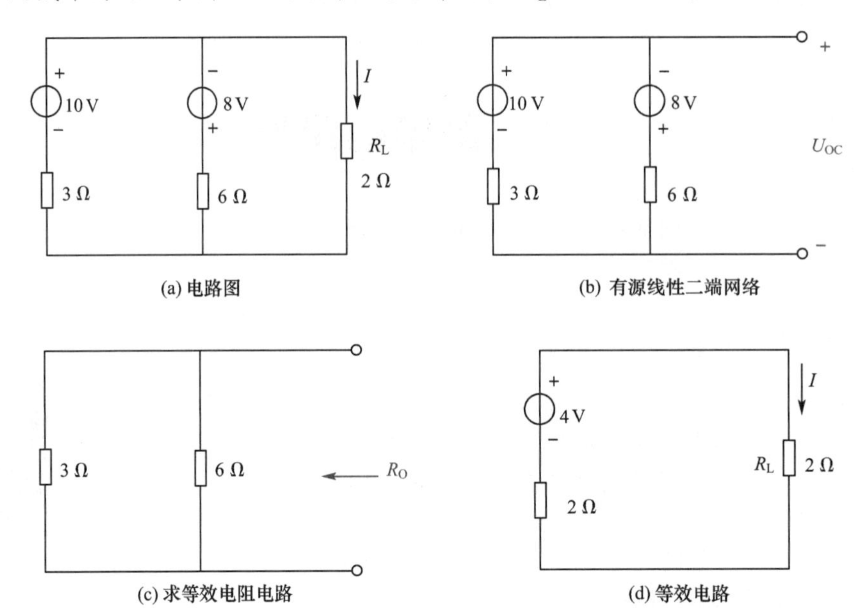

图 2-16 【例 2-6】图

解:将 R_L 支路断开,得到图 2-16(b)所示电路,开路电压 U_{OC} 为

$$U_{OC}=\left(-8+6\times\frac{10+8}{6+3}\right)\ \mathrm{V}=4\ \mathrm{V}$$

根据图 2-16(c),有源线性二端网络所有独立源作用为零时的等效电阻 R_O 为

$$R_O=\frac{3\times6}{3+6}\ \Omega=2\ \Omega$$

画出戴维南等效电路,如图 2-16(d)所示,可求 R_L 的电流为

$$I=\frac{4}{2+2}\ \mathrm{A}=1\ \mathrm{A}$$

应用戴维南定理时应注意,戴维南等效电路中电压源极性应与开路电压极性一致。

二、负载获得最大功率的条件

含独立源的二端网络接上负载后,二端网络向负载输出功率,如图 2-17 所示,负载的电流及吸收的功率分别为

$$I=\frac{U_{OC}}{R_O+R_L}$$

$$P=R_L I^2=\frac{R_L U_{OC}^2}{(R_O+R_L)^2}$$

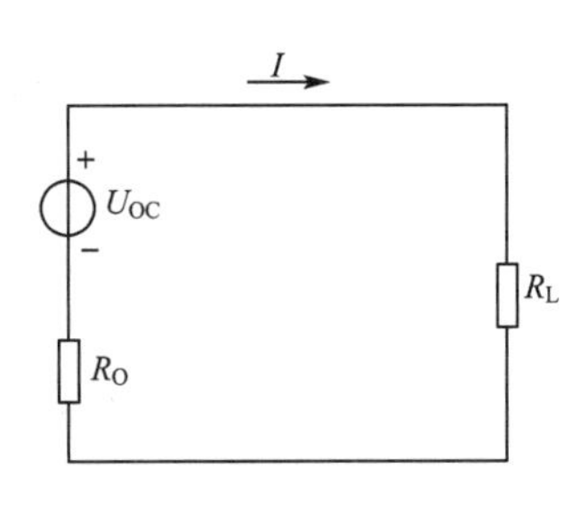

图 2-17 负载获得最大功率的条件电路

根据$\dfrac{dP}{dR_L}=0$，可求出负载获得最大功率的条件是

$$R_L=R_O$$

最大功率为

$$P_{max}=\frac{U_{OC}^2}{4R_O}$$

思考题与习题

1. 试求图 2-18 所示电路的等效电阻。

2. 有一满偏电流为 500 μA、内阻为 1 kΩ 的微安表，今欲将其改装成量程为 30 V 的电压表，求所需串联的分压电阻。

3. 求图 2-19 所示电路在开关 S 打开和闭合时的电流 I。

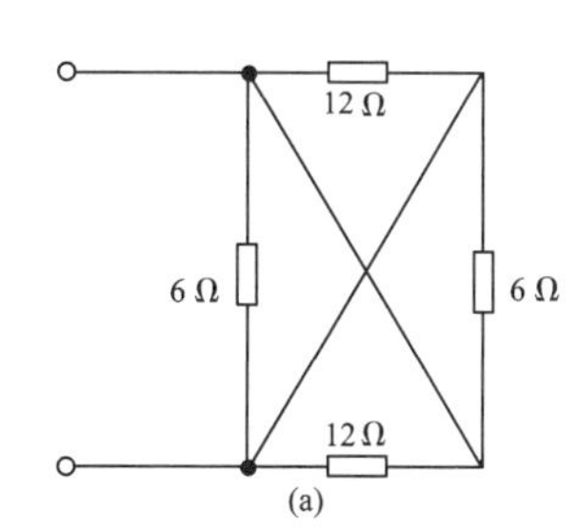

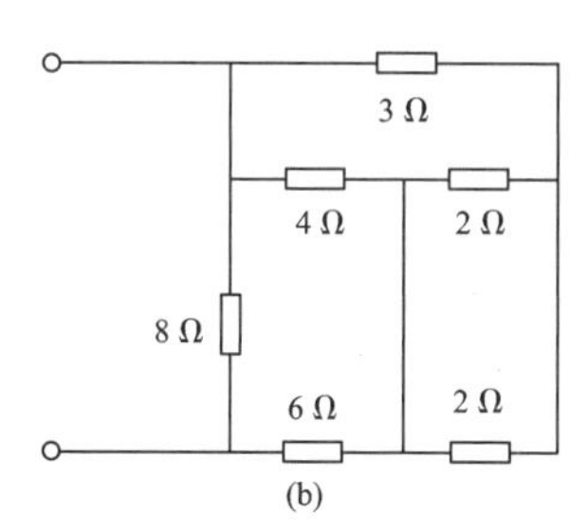

图 2-18 题 1 图

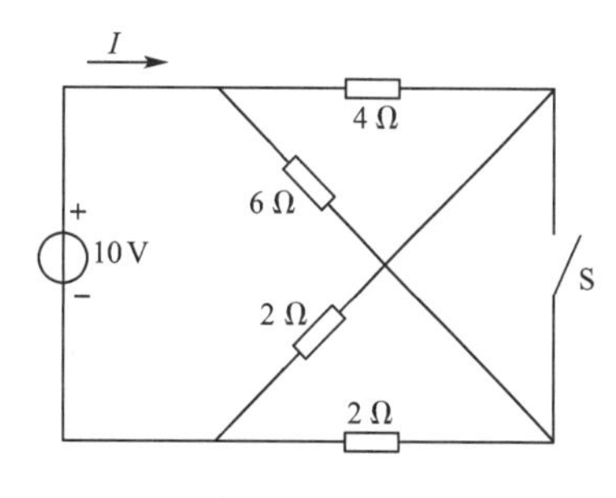

图 2-19 题 3 图

4. 利用电源的等效变换将图 2-20 所示电路化成最简形式。

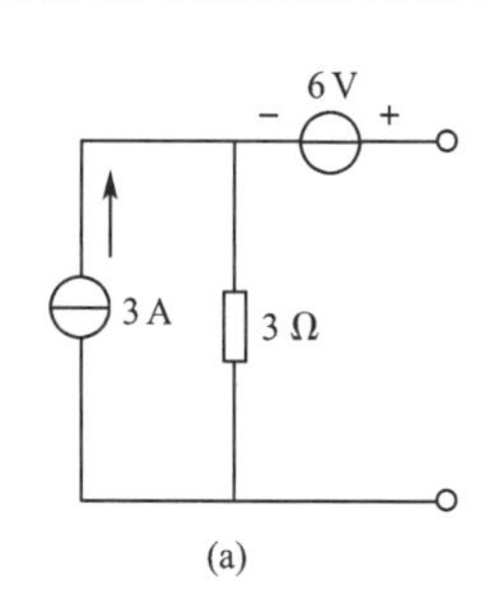

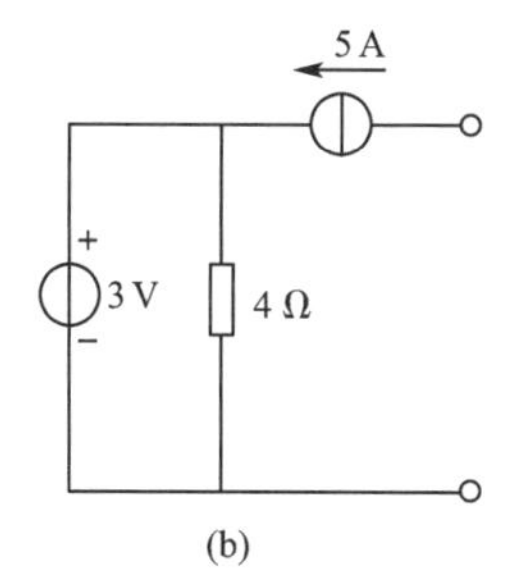

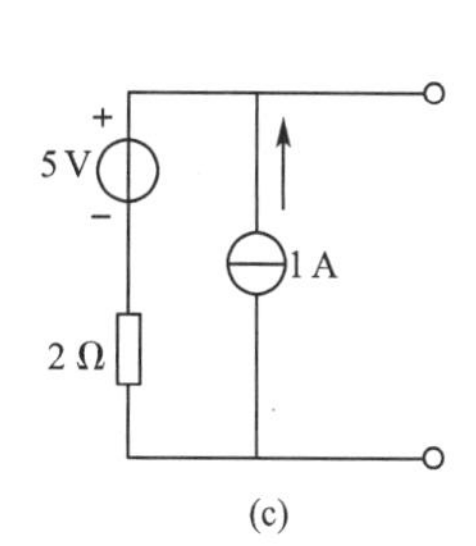

图 2-20 题 4 图

5. 利用电源等效变换求图 2-21 所示电路中的电压 U。

6. 列出用支路电流法求图 2-22 所示电路的方程。

7. 用支路电流法求图 2-23 所示电路的电流。

8. 用叠加定理求图 2-24 所示电路的电压 U 和电流 I。

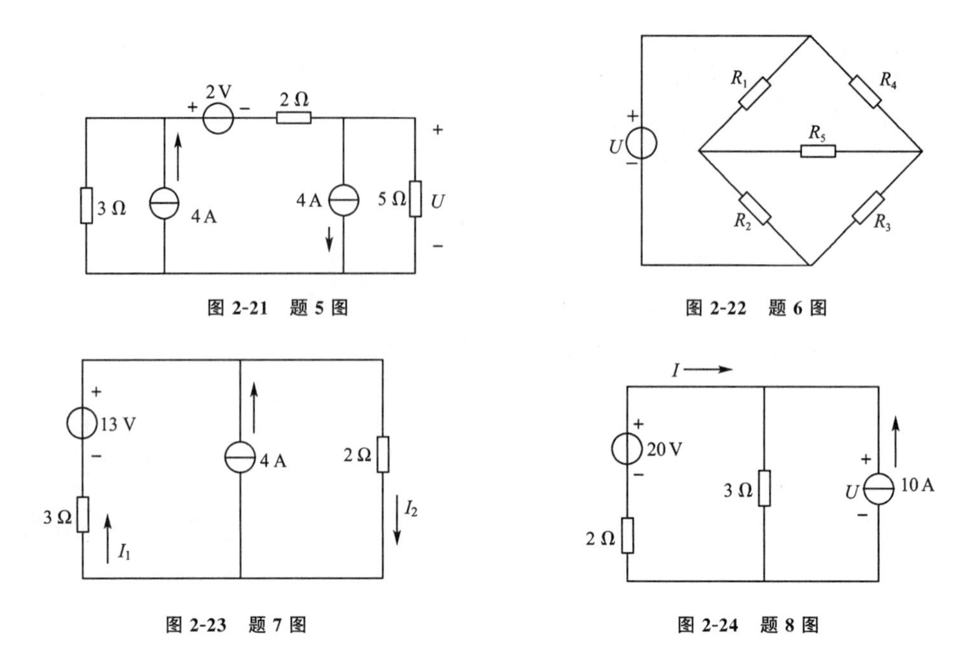

图 2-21　题 5 图

图 2-22　题 6 图

图 2-23　题 7 图

图 2-24　题 8 图

9. 电路如图 2-25 所示，用叠加定理求电流 I。

10. 求图 2-26 所示电路的戴维南等效电路。

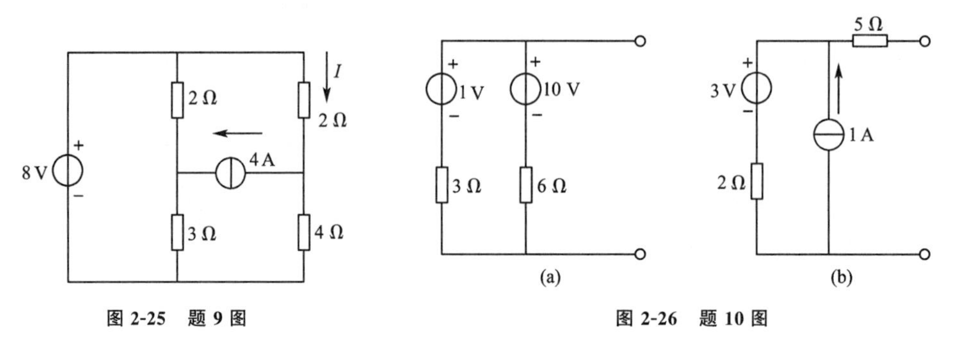

图 2-25　题 9 图

图 2-26　题 10 图

11. 用戴维南定理求图 2-27 所示电路中的电压 U_o。

12. 如图 2-28 所示电路，用戴维南定理计算电路电流 I。

13. 如图 2-29 所示电路，R 的值是连续变化的，R 为何值时获得的功率最大？最大功率是多少？

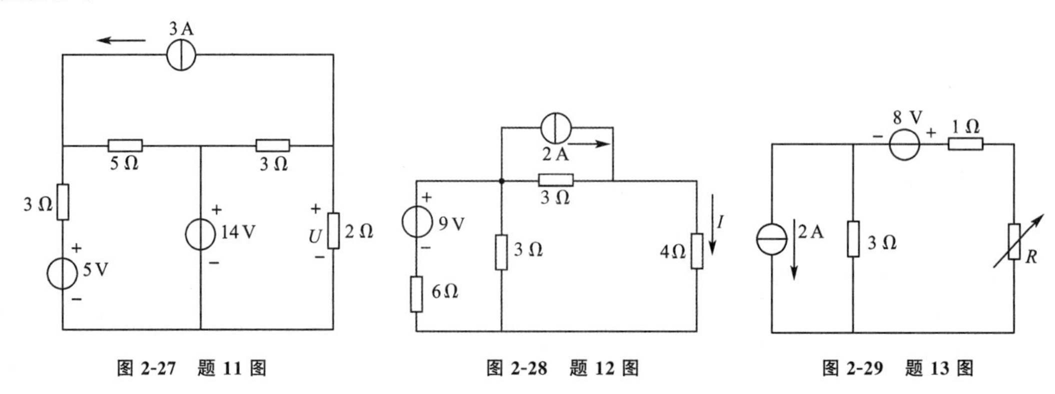

图 2-27　题 11 图

图 2-28　题 12 图

图 2-29　题 13 图

第 3 章

正弦交流电路

知识目标

1. 掌握正弦交流电的基本概念和相量表示法。
2. 掌握基尔霍夫定律的相量形式。
3. 掌握单一参数交流电路的分析。
4. 掌握 *RLC* 串联、并联、混联电路的分析计算。
5. 理解二端网络有功功率、无功功率、视在功率、功率因数的概念，掌握它们的计算方法，了解提高功率因数的意义及基本方法。
6. 了解串联、并联谐振电路的条件及特点。
7. 掌握对称三相电路线电压和相电压、线电流和相电流之间的关系，掌握对称三相电路的计算。

技能目标

1. 会测量单相和三相交流电路中的电压和电流。
2. 会测量电路的有功功率。

素质目标

1. 通过交流电路的接线和测量，培养学生的职业精神和责任意识。
2. 以案例——照明电路导入，弘扬艰苦奋斗、勤俭节约的中华民族传统美德，培养学生的节约能源意识。

案例

照明电路

实际生活中照明用电一般为交流电。照明电路会用到日光灯、白炽灯等。

1. 电路及工作过程

照明电路如图 3-1 所示，采用工频交流 220 V 电源，日光灯支路由镇流器、启辉器、日光灯管等组成，白炽灯支路有灯泡。开关闭合后，日光灯及灯泡会亮。

2. 电路元器件

日光灯管 40 W 一个；与 40 W 灯管配用的镇流器、启辉器各一个；灯泡 220 V/40 W 一个；开关两个；220 V 交流电源、连接导线若干。

3. 案例实施

(1) 认真检查元器件，确保元器件完好。

(2)按电路图接线，接线后对照电路，检查无误后，接上交流 220 V 电源。接通开关，若日光灯和灯泡不亮，应查找故障，直至正常为止。

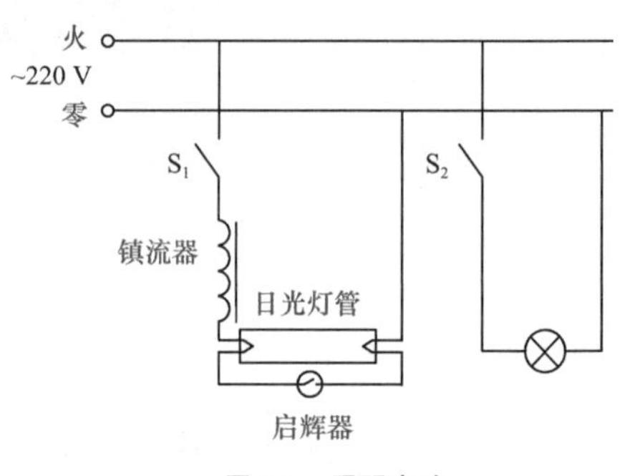

图 3-1　照明电路

4. 案例思考

(1) 如果启辉器坏了，如何点亮日光灯？

(2)若想对灯泡实现两地控制，应如何接线？

带着案例思考中的问题进入本章内容的学习。

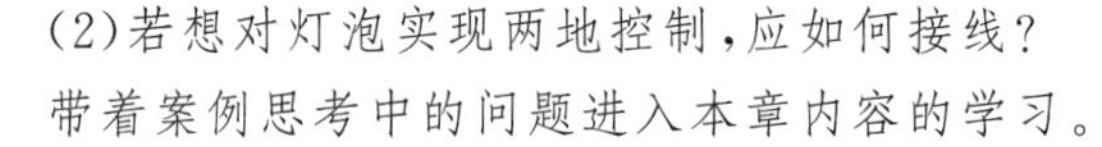

正弦交流电可以方便而又经济地利用变压器升高或降低电压并实现远距离输电。交流异步电动机与同一功率的直流电动机相比，具有构造简单、运行可靠、价格低廉、维护方便等优点。即使在一些需用直流的场合，如电车、电解厂、电镀厂等，也是利用整流设备将交流电转变为直流电。

3.1　正弦电压与电流

交流电与直流电的区别在于：直流电的方向不随时间变化，如图3-2(a)和图 3-2(b)所示；而交流电的方向、大小都随时间做周期性的变化，并且在一个周期内的平均值为零，如图3-2(c)和图 3-2(d)所示。

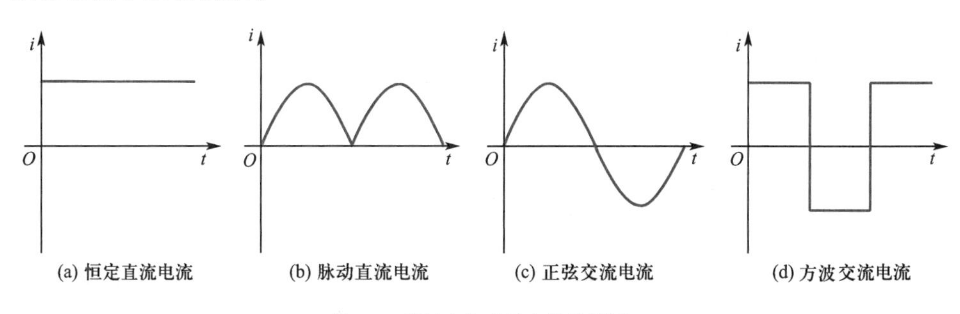

(a) 恒定直流电流　(b) 脉动直流电流　(c) 正弦交流电流　(d) 方波交流电流

图 3-2　直流电和交流电的波形图

电压、电流的方向和大小随时间按正弦规律变化的交流电称为正弦交流电，正弦交流电路中的正弦电压和电流等物理量常统称为正弦量。

由于交流电的大小和方向随时间按正弦规律变化，为了确定交流电在某一瞬间的实际方向，必须选定其参考方向，并且应在电路图上标注出来。图 3-3 所示为交流电的波形图。当交流电的实际方向与参考方向一致时，其值为正，相应的波形在横轴之上，称为正半周；当交流电的实际方向与参考方向相反时，其值为负，相应的波形在横轴之下，称为负半周。

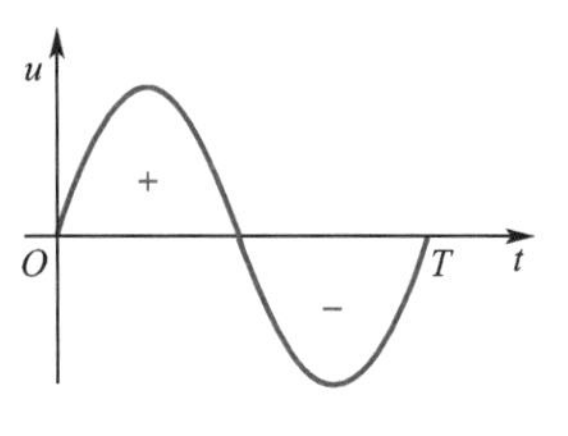

图 3-3　交流电的波形图

一、正弦交流电三要素

频率、幅值和初相位是正弦交流电的三要素。

以电流为例介绍正弦量的基本特征。依据正弦量的概念，设某支路中正弦电流 i 在选定参考方向下的瞬时值表达式为

$$i=I_{\mathrm{m}}\sin(\omega t+\varphi) \tag{3-1}$$

1. 瞬时值、最大值和有效值

把任意时刻正弦交流电的数值称为瞬时值，用小写字母表示，如 i、u 及 e 分别表示电流、电压及电动势的瞬时值。瞬时值有正、有负，也可能为零。

最大的瞬时值称为最大值（也叫幅值、峰值），用带下标“m”的大写字母表示，如 I_{m}、U_{m} 及 E_{m} 分别表示电流、电压及电动势的最大值。

正弦量的有效值为

$$\begin{cases} I=\dfrac{I_{\mathrm{m}}}{\sqrt{2}} \\ U=\dfrac{U_{\mathrm{m}}}{\sqrt{2}} \\ E=\dfrac{E_{\mathrm{m}}}{\sqrt{2}} \end{cases} \tag{3-2}$$

工程上提到正弦电压或电流的大小时，指的是它的有效值；一般交流电压表、电流表的读数及电气设备铭牌上的额定值都是指有效值。

2. 频率与周期

正弦量变化一次所需的时间(s)称为周期，用符号 T 表示，如图3-4所示。每秒内变化的次数称为频率，用符号 f 表示，它的单位是赫兹，简称赫(Hz)。频率是周期的倒数，即

$$f=\frac{1}{T} \tag{3-3}$$

我国和大多数国家都采用 50 Hz 作为电力标准频率，习惯上称之为工频。

角频率是指交流电在 1 s 内变化的电角度，用符号 ω 表示。若交流电 1 s 内变化了 f 次，则可得角频率与频率的关系式为

$$\omega=2\pi f=\frac{2\pi}{T} \tag{3-4}$$

3. 初相位

$(\omega t+\varphi)$称为正弦量的相位角或相位，它反映出正弦量变化的进程。$t=0$ 时的相位角称为初相位角或初相位。规定初相位的绝对值不能超过 π。

如图 3-5 所示，图中 u 和 i 的初相位分别为 φ_u、φ_i，则 u 和 i 可表示为

$$u=U_{\mathrm{m}}\sin(\omega t+\varphi_u)=\sqrt{2}U\sin(\omega t+\varphi_u)$$

$$i=I_{\mathrm{m}}\sin(\omega t+\varphi_i)=\sqrt{2}I\sin(\omega t+\varphi_i)$$

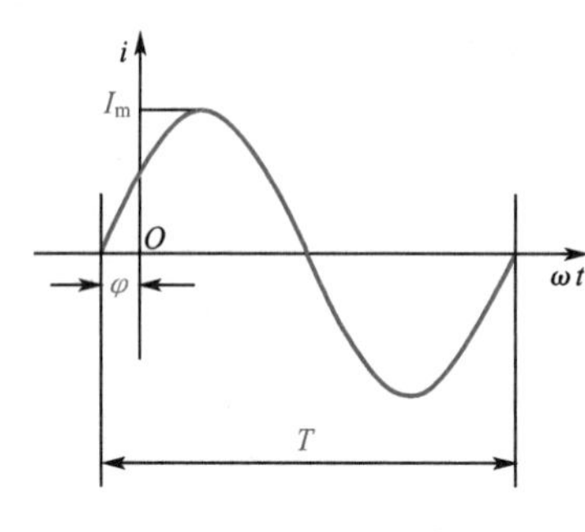

图 3-4　正弦电流波形图

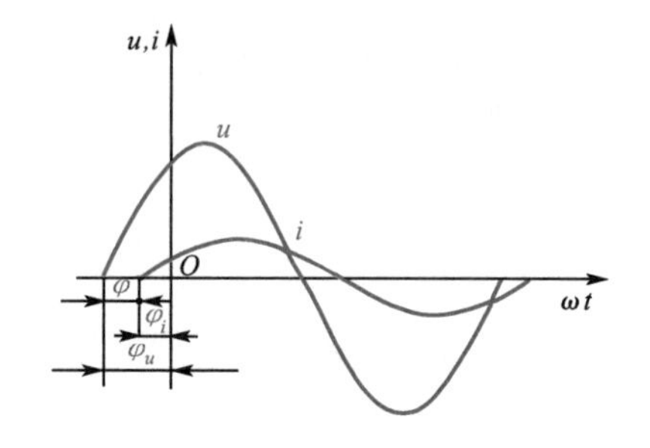

图 3-5　u 和 i 的初相位及相位差

例3-1

已知某正弦交流电压为 $u=311\sin(314t+60°)$ V，求该电压的最大值、有效值、频率、角频率、周期和初相位各为多少？

解：

$$U_{\mathrm{m}}=311\ \mathrm{V},\omega=314\ \mathrm{rad/s},\varphi_u=60°$$

$$U=\frac{U_{\mathrm{m}}}{\sqrt{2}}=\frac{311}{\sqrt{2}}\ \mathrm{V}=220\ \mathrm{V}$$

$$f=\frac{\omega}{2\pi}=\frac{314}{2\times3.14}\ \mathrm{Hz}=50\ \mathrm{Hz}$$

$$T=\frac{1}{f}=\frac{1}{50}\ \mathrm{s}=0.02\ \mathrm{s}$$

二、相位差

两个同频率正弦量的相位角之差或初相位角之差称为相位差，用 φ 表示。图 3-5 中电压 u 和电流 i 的相位差为

$$\varphi=(\omega t+\varphi_u)-(\omega t+\varphi_i)=\varphi_u-\varphi_i \tag{3-5}$$

$\varphi_u>\varphi_i$，则 u 较 i 先到达正的幅值，在相位上 u 比 i 超前 φ 角，或者说 i 比 u 滞后 φ 角。

初相位相等的两个正弦量，它们的相位差为零，这样的两个正弦量称为同相。同相的两个正弦量同时到达零值和最大值，步调一致，如图 3-6 中的 i_1 和 i_2。相位差 φ 为 180°的两个正弦量称为反相，如图 3-6 中的 i_1 和 i_3。

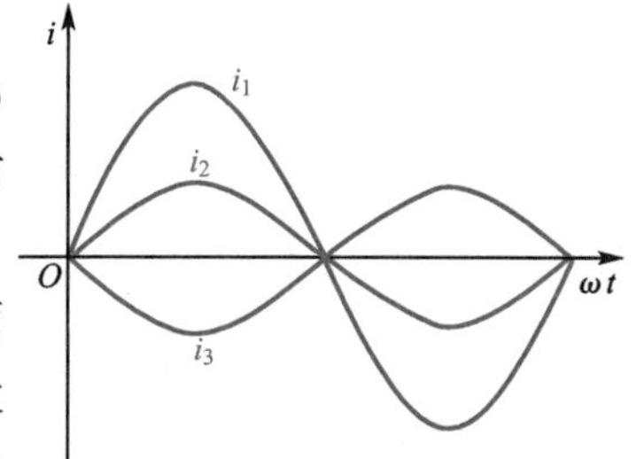

图 3-6　正弦量的同相与反相

例3-2

已知某正弦电压在 $t=0$ 时为 $110\sqrt{2}$ V，初相角为 30°，求其有效值。

解：此正弦电压表达式为

$$u=U_{\mathrm{m}}\sin(\omega t+30°)$$

则

$$u(0)=U_{\mathrm{m}}\sin 30°$$

$$U_{\mathrm{m}}=\frac{u(0)}{\sin 30°}=\frac{110\sqrt{2}}{0.5}\ \mathrm{V}=220\sqrt{2}\ \mathrm{V}$$

$$U=\frac{U_{\mathrm{m}}}{\sqrt{2}}=\frac{220\sqrt{2}}{\sqrt{2}}\ \mathrm{V}=220\ \mathrm{V}$$

3.2 正弦量的相量表示法

一、复数

1. 复数的实部、虚部和模

复数的代数形式为 $A=a+\mathrm{j}b$，复数可以用复平面上的有向线段 $\vec{A}$ 表示。如图 3-7 所示。

r 表示复数的大小，称为复数的模。有向线段与实轴正方向间的夹角称为复数的辐角，用 φ 表示，规定辐角的绝对值小于 180°。

$$r=\sqrt{a^2+b^2},\ \varphi=\arctan\frac{b}{a}$$

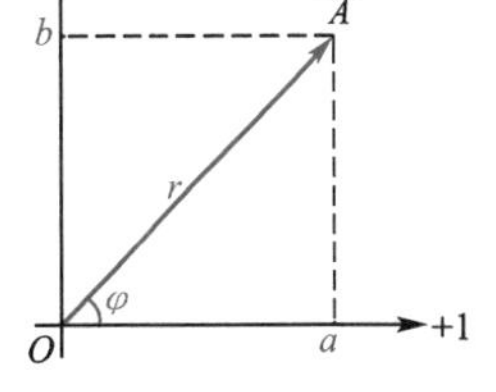

图 3-7 复数坐标

2. 复数的表达方式

复数的直角坐标式为

$$A=a+\mathrm{j}b=r\cos\varphi+\mathrm{j}r\sin\varphi=r(\cos\varphi+\mathrm{j}\sin\varphi)$$

复数的指数形式为 $A=r\mathrm{e}^{\mathrm{j}\varphi}$；复数的极坐标形式为 $A=r\angle\varphi$。

实部相等、虚部绝对值相等且异号的两个复数称为共轭复数，用 A^* 表示 A 的共轭复数，则有 $A=a+\mathrm{j}b$，$A^*=a-\mathrm{j}b$。

3. 复数的运算

复数可以方便地实现乘除运算。两个复数进行乘除运算时，可将其化为极坐标式来进行。

如将两个复数 $A_1=a_1+\mathrm{j}b_1=r_1\angle\varphi_1$ 和 $A_2=a_2+\mathrm{j}b_2=r_2\angle\varphi_2$ 相除得

$$\frac{A_1}{A_2}=\frac{r_1\angle\varphi_1}{r_2\angle\varphi_2}=\frac{r_1}{r_2}\angle\varphi_1-\varphi_2$$

相乘得

$$A_1A_2=r_1\angle\varphi_1\cdot r_2\angle\varphi_2=r_1r_2\angle\varphi_1+\varphi_2$$

两个复数进行加减运算时，可将其化为代数形式进行。则

$$A_1\pm A_2=(a_1+\mathrm{j}b_1)\pm(a_2+\mathrm{j}b_2)=(a_1\pm a_2)+\mathrm{j}(b_1\pm b_2)$$

复数的加减运算也可在复平面上采用平行四边形法则进行。

二、正弦量的相量表达式

为了与一般的复数相区别，把表示正弦量的复数称为相量，并在大写字母上加“·”表示。于是正弦电压 $u=U_\mathrm{m}\sin(\omega t+\varphi)$ 的相量表示为

$$\dot{U}_\mathrm{m}=U_\mathrm{m}(\cos\varphi+\mathrm{j}\sin\varphi)=U_\mathrm{m}\angle\varphi$$

或

$$\dot{U}=U(\cos\varphi+\mathrm{j}\sin\varphi)=U\angle\varphi \tag{3-6}$$

式中，$\dot{U}_\mathrm{m}$ 为电压的幅值相量；$\dot{U}$ 为电压的有效值相量。

按照正弦量的大小和相位关系，用初始位置的有向线段画出的若干个同频率正弦量相量的图形，称为相量图，如图 3-8 所示。

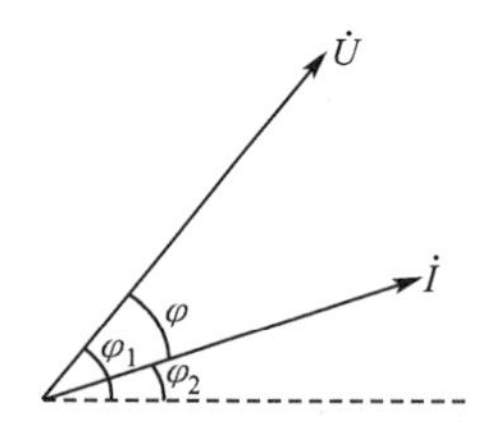

图 3-8 电压和电流的相量图

例3-3

试写出表示 $u_\mathrm{U}=220\sqrt{2}\sin(314t)$ V、$u_\mathrm{V}=220\sqrt{2}\sin(314t-120^\circ)$ V 和 $u_\mathrm{W}=220\sqrt{2}\sin(314t+120^\circ)$ V 的相量，并画出相量图。

解：分别用有效值相量 $\dot{U}_\mathrm{U}$、$\dot{U}_\mathrm{V}$ 和 $\dot{U}_\mathrm{W}$ 表示正弦电压 u_U、u_V 和 u_W，则

$$\dot{U}_\mathrm{U}=220\angle0^\circ\ \mathrm{V}$$

$$\dot{U}_\mathrm{V}=220\angle-120^\circ\ \mathrm{V}$$

$$\dot{U}_\mathrm{W}=220\angle120^\circ\ \mathrm{V}$$

相量图如图 3-9 所示。

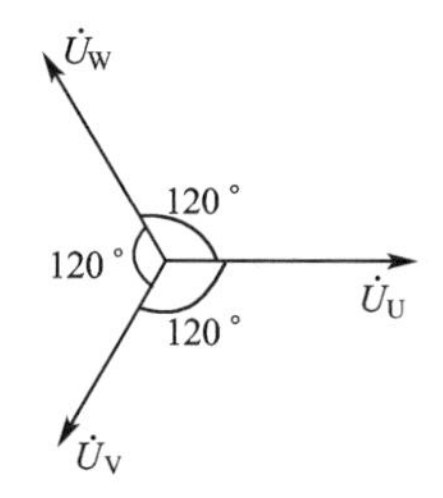

图 3-9 【例 3-3】的相量图

3.3 交流电路基本元件与基本定律

一、交流电路基本元件

交流电路中除应用电阻元件外，还广泛应用电容、电感元件。

1. 电容元件

(1)电容元件的符号

电容器又名储电器，在电路图中用字母 C 表示，电路图中常用电容器的符号如图 3-10 所示。电容的单位是法拉，简称法，符号为 F。

固定电容　电解电容　可变电容　微调电容

图 3-10 常用电容器的符号

(2)电容元件的特性

当电压、电流为关联参考方向时，线性电容元件的特性方程为

$$i=C\frac{\mathrm{d}u}{\mathrm{d}t} \tag{3-7}$$

对于直流电路，电压不随时间变化而变化，即 $\frac{\mathrm{d}u}{\mathrm{d}t}=0$，电容相当于开路；而对于交流电路，电压随时间变化而变化，$\frac{\mathrm{d}u}{\mathrm{d}t}$ 不为零，形成电流，所以电容元件有隔直流、通交流的作用。

在 u、i 关联参考方向下，线性电容元件吸收的功率为

$$p=ui=Cu\frac{\mathrm{d}u}{\mathrm{d}t}$$

在 t 时刻，电容元件储存的电场能量为

$$W_C(t)=\frac{1}{2}Cu^2(t) \tag{3-8}$$

电容元件是一种储能元件。在选用电容器时，除了选择合适的电容量外，还需注意实际工作电压与电容器的额定电压是否相等。如果实际工作电压过高，介质就会被击穿，电容器就会损坏。

2. 电感元件

(1)电感元件的符号

电感线圈简称线圈，在电路图中用字母 L 表示，电路图中常用线圈的符号如图 3-11 所示。

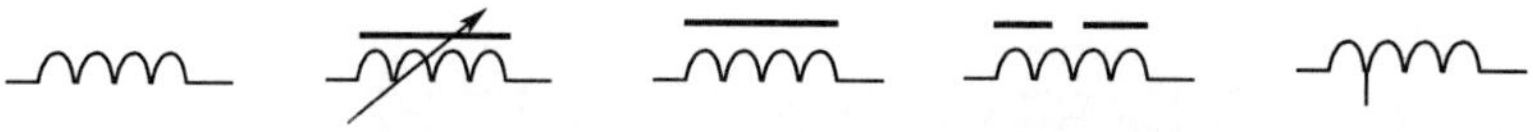

线圈　带磁芯连续可调线圈　磁芯线圈　磁芯有间隙的线圈　带固定抽头的线圈

图 3-11　常用线圈的符号

在一个线圈中，通过一定数量的变化电流，线圈产生感应电动势大小的能力称为线圈的电感量，简称电感。电感的单位是亨利，简称亨，符号为 H。

(2)电感元件的特性

当电压、电流为关联参考方向时，线性电感元件的特性方程为

$$u=L\frac{\mathrm{d}i}{\mathrm{d}t} \tag{3-9}$$

对于直流电路，电流不随时间变化而变化，即$\frac{\mathrm{d}i}{\mathrm{d}t}=0$，电感相当于短路；而对于交流电路，电流随时间变化而变化，$\frac{\mathrm{d}i}{\mathrm{d}t}$具有一定的数值，产生电压降，所以电感元件有通直流、阻交流的作用。

在 u、i 关联参考方向下，线性电感元件吸收的功率为

$$p=ui=Li\frac{\mathrm{d}i}{\mathrm{d}t}$$

在 t 时刻，电感元件储存的磁场能量为

$$W_L(t)=\frac{1}{2}Li^2(t) \tag{3-10}$$

二、交流电路基本定律的相量形式

1. 基尔霍夫电流定律(KCL)的相量形式

在正弦交流电路中，连接在电路任一节点的各支路电流相量的代数和为零，即

$$\sum\dot{I}=0 \tag{3-11}$$

一般对参考方向指向节点的电流相量取正号，反之取负号。如图 3-12(a)所示，节点 O 的 KCL 相量表达式为

$$-\dot{I}_1-\dot{I}_2+\dot{I}_3+\dot{I}_4=0$$

由相量形式的 KCL 可知，正弦交流电路中连接在一个节点的各支路电流的相量组成一个闭合多边形，如图 3-12(b)所示。

2. 基尔霍夫电压定律(KVL)的相量形式

在正弦交流电路中，任一回路的各支路电压相量的代数和为零，即

$$\sum\dot{U}=0 \tag{3-12}$$

在正弦交流电路中，一个回路的各支路电压的相量组成一个闭合多边形。如图 3-13 所示，回路的 KVL 相量表达式为

$$\dot{U}_1+\dot{U}_2+\dot{U}_3-\dot{U}_4=0$$

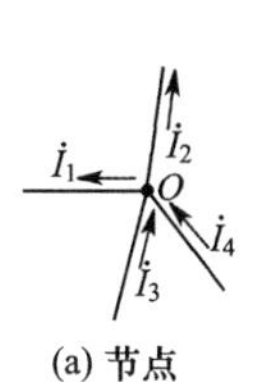

(a) 节点 (b) 电流相量组成闭合多边形

图 3-12 KCL 的相量形式

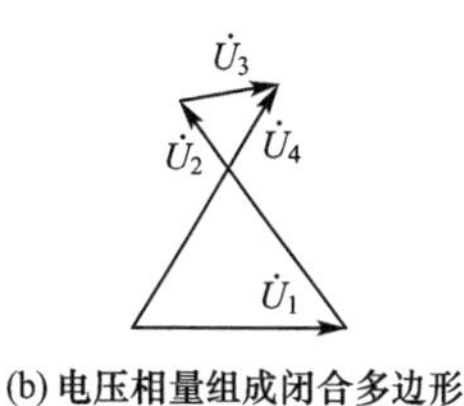

(a) 回路 (b) 电压相量组成闭合多边形

图 3-13 KVL 的相量形式

3.4 单一参数的交流电路

一、纯电阻电路

1. 元件的电压和电流关系

纯电阻电路是最简单的交流电路，如图 3-14 所示。在日常生活和工作中接触到的白炽灯、电炉、电烙铁等都属于电阻性负载，它们与交流电源连接组成纯电阻电路。

纯电阻电路电压与电流关系

设电阻两端电压为

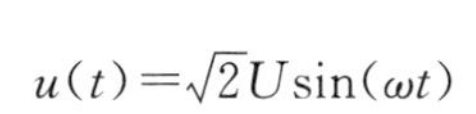

$$u(t)=\sqrt{2}U\sin(\omega t)$$

则

$$i(t)=\frac{u(t)}{R}=\frac{\sqrt{2}U}{R}\sin(\omega t)=\sqrt{2}I\sin(\omega t) \tag{3-13}$$

电压、电流波形如图 3-15 所示，比较电压和电流的关系式可知：电阻两端电压 u 和电流 i 的频率相同，电压与电流同相（相位差 $\varphi=0$）。电压与电流的有效值（或最大值）的关系符合欧姆定律，它们在数值上满足如下关系式

$$U=RI \text{ 或 } I=\frac{U}{R} \tag{3-14}$$

用相量表示电压与电流的关系为

$$\dot{U}=R\dot{I} \tag{3-15}$$

电阻元件电流与电压的相量图如图 3-16 所示。

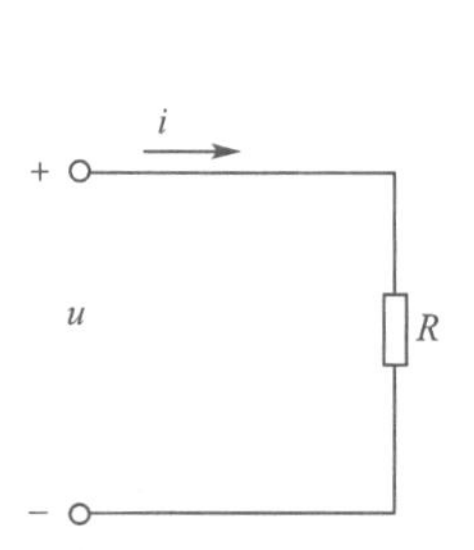

图 3-14 纯电阻电路

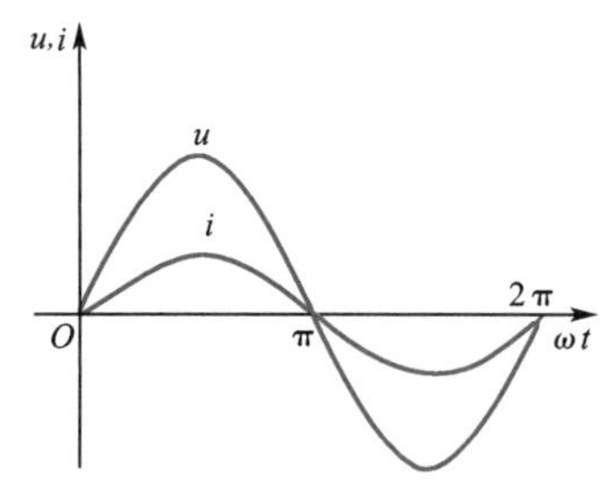

图 3-15 电阻元件电压与电流的波形图

图 3-16 电阻元件电流与电压的相量图

2. 电阻元件的功率

(1)瞬时功率

电路某一时刻消耗的电功率称为瞬时功率，它等于电压 u 与电流 i 瞬时值的乘积，并用小写字母 p 表示。在电压和电流关联参考方向下，电阻元件的瞬时功率为

$$p=p_R=ui=\sqrt{2}U\cdot\sqrt{2}I\sin^2(\omega t)=2UI\ \frac{1-\cos(2\omega t)}{2}=UI[1-\cos(2\omega t)] \quad (3\text{-}16)$$

在任何瞬时，恒有 $p\geqslant0$，说明电阻只要有电流就消耗能量，将电能转化为热能，它是一种耗能元件。如图3-17所示为电阻元件瞬时功率的波形图。

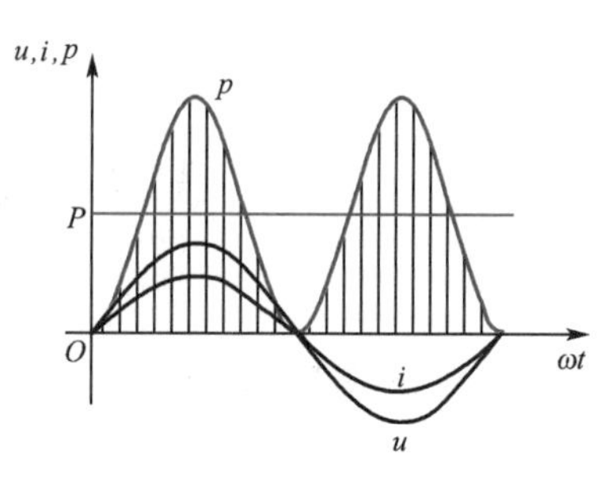

图 3-17　电阻元件瞬时功率的波形图

(2)平均功率

在工程中常用瞬时功率在一个周期内的平均值表示功率，称为平均功率，用大写字母 P 表示。电阻元件的平均功率为

$$P=UI=RI^2=\frac{U^2}{R} \quad (3\text{-}17)$$

上式与直流电路中电阻功率的表达式相同，但式中的 U、I 不是直流电压、电流，而是正弦交流电压、电流的有效值。

例3-4

如图 3-14 所示电路中，$R=50\ \Omega$，$u=100\sqrt{2}\sin(\omega t+30^\circ)$ V，求电流 i 的瞬时值表达式、相量表达式和平均功率 P。

解： 由 $u=100\sqrt{2}\sin(\omega t+30^\circ)$ V，得

$$\dot{U}=100\angle 30^\circ\ \text{V}$$

$$\dot{I}=\frac{\dot{U}}{R}=\frac{100\angle 30^\circ}{50}\ \text{A}=2\angle 30^\circ\ \text{A}$$

$$i=2\sqrt{2}\sin(\omega t+30^\circ)\ \text{A}$$

$$P=UI=100\times2\ \text{W}=200\ \text{W}$$

二、纯电感电路

1. 元件的电压和电流关系

纯电感电路如图 3-18 所示。设电路正弦电流为 $i=\sqrt{2}I\sin(\omega t)$，在电压和电流关联参考方向下，电感元件两端电压为

$$u=L\ \frac{\mathrm{d}i}{\mathrm{d}t}=\sqrt{2}\omega LI\cos(\omega t)=\sqrt{2}\omega LI\sin(\omega t+90^\circ)=\sqrt{2}U\sin(\omega t+90^\circ) \quad (3\text{-}18)$$

微课

纯电感电路电压与电流关系

如图 3-19 所示为电感元件电压与电流的波形图。比较电压和电流的关系式可知：电感两端电压 u 和电流 i 也是同频率的正弦量，电压的相位超前电流 90°，电压

与电流在数值上满足如下关系式

$$U=\omega LI \text{ 或 } I=\frac{U}{\omega L} \tag{3-19}$$

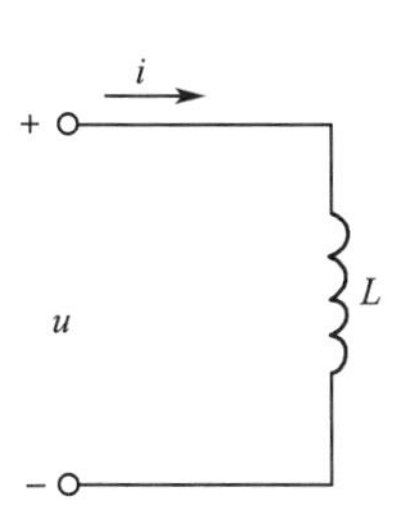

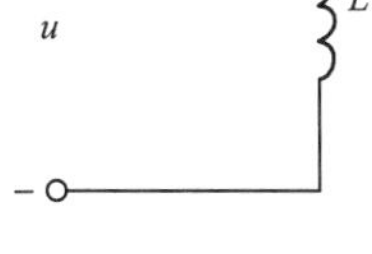

图 3-18　纯电感电路

图 3-19　电感元件电压与电流的波形图

2. 感抗

电感具有对交流电流起阻碍作用的物理性质，感抗表示线圈对交流电流阻碍作用的大小，用 X_L 表示，即

$$X_L=\omega L=2\pi fL \tag{3-20}$$

感抗的单位是欧姆(Ω)。

当 $f=0$ 时，$X_L=0$，表明线圈对直流电流相当于短路，这就是线圈本身所固有的“直流畅通，高频受阻”作用。

用相量表示电压与电流的关系为

$$\dot{U}=\mathrm{j}X_L\dot{I}=\mathrm{j}\omega L\dot{I} \tag{3-21}$$

电感元件的电压与电流相量图如图 3-20 所示。

3. 电感元件的功率

(1)瞬时功率

$$p=p_L=ui=\sqrt{2}U\sin(\omega t+90°)\sqrt{2}I\sin(\omega t)=UI\sin(2\omega t) \tag{3-22}$$

如图 3-21 所示为电感元件瞬时功率的波形图。

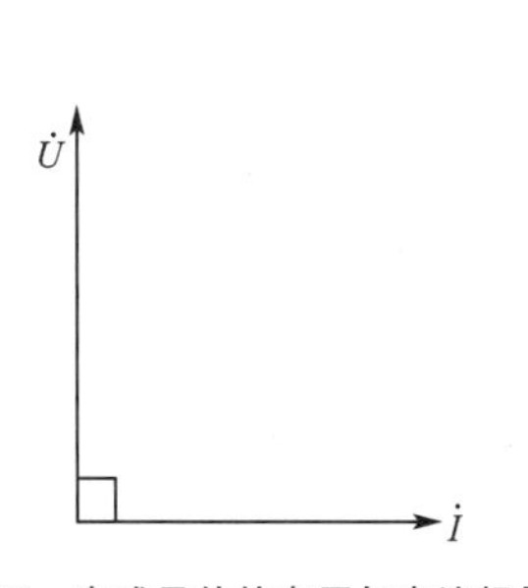

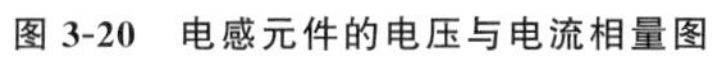

图 3-20　电感元件的电压与电流相量图

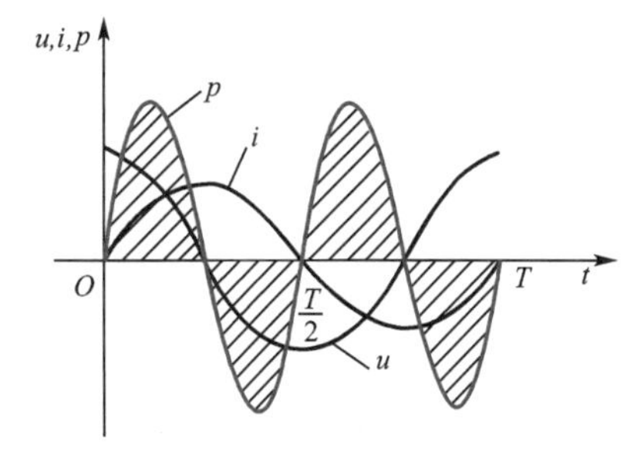

图 3-21　电感元件瞬时功率的波形图

从图 3-21 可以看到，在交流电的第一个和第三个$\frac{T}{4}$内，u、i 方向一致，$p>0$，电感元件吸收能量；在第二个和第四个$\frac{T}{4}$内，u、i 方向相反，$p<0$，电感元件释放能量。瞬时功率的这一特性反映了电感元件不消耗电能，它是一种储能元件。

(2)平均功率与无功功率

纯电感条件下,电路中仅有能量的交换而没有能量的损耗,即

$$P_L=0$$

工程中为了表示能量交换的规模大小,将电感瞬时功率的最大值定义为电感的无功功率,或称感性无功功率,用 Q_L 表示。

$$Q_L=UI=I^2X_L=\frac{U^2}{X_L} \tag{3-23}$$

无功功率的单位是乏(Var)。

例3-5

把一个电感量为 0.35 H 的线圈,接到 $u=220\sqrt{2}\sin(100\pi t+60°)$ V 的电源上,求线圈中电流瞬时值表达式。

解:由线圈两端电压的解析式 $u=220\sqrt{2}\sin(100\pi t+60°)$ V 可以得到

$$U=220\ \text{V},\omega=100\pi\ \text{rad/s},\varphi=60°$$

$$\dot{U}=220\angle 60°\ \text{V}$$

$$X_L=\omega L=(100\times3.14\times0.35)\ \Omega\approx110\ \Omega$$

$$\dot{I}=\frac{\dot{U}}{\text{j}X_L}=\frac{220\angle 60°}{1\angle 90°\times110}\ \text{A}=2\angle -30°\ \text{A}$$

因此通过线圈的电流瞬时值表达式为

$$i=2\sqrt{2}\sin(100\pi t-30°)\ \text{A}$$

三、纯电容电路

1.元件的电压和电流关系

如图 3-22 所示为纯电容电路,如果在电容 C 两端加一正弦电压 $u=\sqrt{2}U\sin(\omega t)$,则

$$i=C\frac{\text{d}u}{\text{d}t}=\sqrt{2}\omega CU\cos(\omega t)=\sqrt{2}\omega CU\sin(\omega t+90°)=\sqrt{2}I\sin(\omega t+90°) \tag{3-24}$$

微课

纯电容电路电压与电流关系

如图 3-23 所示为电容元件电压与电流的波形图,比较电压和电流的关系式可知:电容两端电压 u 和电流 i 也是同频率的正弦量,电流的相位超前电压 90°,电压与电流在数值上满足如下关系式

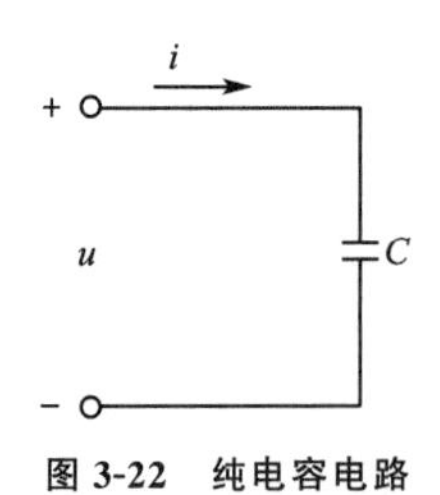

图 3-22　纯电容电路

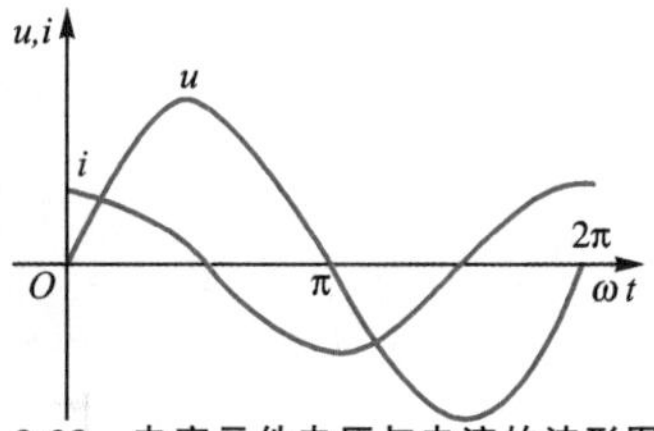

图 3-23　电容元件电压与电流的波形图

$$I=\omega CU \text{ 或 } U=\frac{I}{\omega C} \tag{3-25}$$

2. 容抗

电容具有对交流电流起阻碍作用的物理性质，容抗表示电容对交流电流阻碍作用的大小，用 X_C 表示，即

$$X_C=\frac{1}{\omega C}=\frac{1}{2\pi fC} \tag{3-26}$$

容抗的单位是欧姆(Ω)。

电容元件对高频电流所呈现的容抗很小，相当于短路；而当频率 f 很低或 $f=0$(直流)时，电容就相当于开路。这就是电容的“隔直通交”作用。

用相量表示电压与电流的关系为

$$\dot{U}=-\mathrm{j}X_C\dot{I}=-\mathrm{j}\frac{\dot{I}}{\omega C} \tag{3-27}$$

电容元件的电压与电流相量图如图 3-24 所示。

3. 电容元件的功率

(1)瞬时功率

$$p=p_C=ui=\sqrt{2}U\sin(\omega t)\sqrt{2}I\sin\left(\omega t+\frac{\pi}{2}\right)=UI\sin(2\omega t) \tag{3-28}$$

其变化波形如图 3-25 所示。从图 3-25 可看出：在第一个和第三个$\frac{T}{4}$内，u、i 方向一致，$p>0$，电容元件吸收能量；在第二个和第四个$\frac{T}{4}$内，u、i 方向相反，$p<0$，电容元件释放能量。电容元件也是储能元件。

(2)平均功率与无功功率

纯电容元件的平均功率 $P_C=0$。为了表示能量交换的规模大小，将电容瞬时功率的最大值定义为电容的无功功率，或称容性无功功率，用 Q_C 表示，即

$$Q_C=UI=I^2X_C=\frac{U^2}{X_C} \tag{3-29}$$

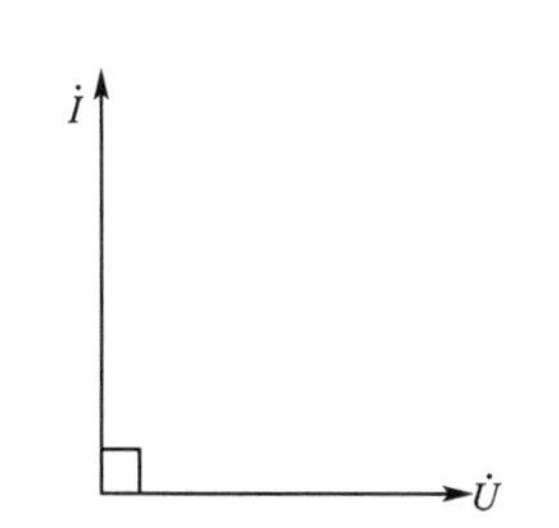

图 3-24 电容元件的电压与电流相量图

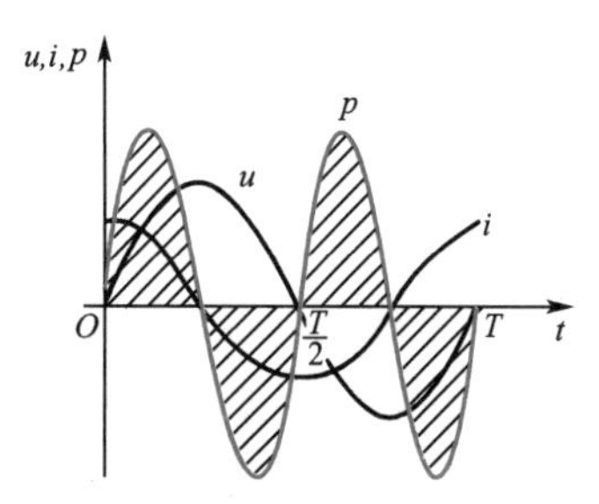

图 3-25 电容元件瞬时功率的波形图

例3-6

把电容量为 40 μF 的电容器接到交流电源上，通过电容器的电流为 $i=2.75\sqrt{2}\sin(314t+30°)$ A，试求电容器两端的电压瞬时值表达式。

解：由通过电容器的电流解析式 $i=2.75\sqrt{2}\sin(314t+30°)$ A 可以得到

$$I=2.75\ \text{A},\omega=314\ \text{rad/s},\varphi=30°$$

$$\dot{I}=2.75\angle 30°\ \text{A}$$

$$X_C=\frac{1}{\omega C}=\frac{1}{314\times 40\times 10^{-6}}\ \Omega\approx 80\ \Omega$$

$$\dot{U}=-\text{j}X_C\dot{I}=(1\angle -90°\times 80\times 2.75\angle 30°)\text{V}=220\angle -60°\ \text{V}$$

则电容器两端的电压瞬时值表达式为

$$u=220\sqrt{2}\sin(314t-60°)\ \text{V}$$

3.5 电阻、电感与电容电路

一、电阻、电感与电容串联电路

1. *RLC* 串联电路的电压与电流关系

如图 3-26(a)所示电路为 *RLC* 串联电路。

设电路中的电流为

$$i=\sqrt{2}I\sin(\omega t)$$

则电阻元件上的电压 u_R 与电流同相，即

$$u_R=R\sqrt{2}I\sin(\omega t)=\sqrt{2}U_R\sin(\omega t)$$

电感元件上的电压 u_L 比电流超前 90°，即

$$u_L=\sqrt{2}\omega LI\sin(\omega t+90°)=\sqrt{2}U_L\sin(\omega t+90°)$$

电容元件上的电压 u_C 比电流滞后 90°，即

$$u_C=\frac{\sqrt{2}I}{\omega C}\sin(\omega t-90°)=\sqrt{2}U_C\sin(\omega t-90°)$$

根据 KVL 可列出

$$u=u_R+u_L+u_C=\sqrt{2}U\sin(\omega t+\varphi)$$

用相量表示电压与电流的关系为

$$\dot{U}=\dot{U}_R+\dot{U}_L+\dot{U}_C=R\dot{I}+\text{j}X_L\dot{I}-\text{j}X_C\dot{I}=[R+\text{j}(X_L-X_C)]\dot{I}$$

式中，$R+\text{j}(X_L-X_C)$称为电路的复数阻抗，用大写字母 Z 表示，即

$$Z=R+\text{j}(X_L-X_C) \tag{3-30}$$

复数阻抗的实部为电路的电阻，虚部为 $X=X_L-X_C$，称为电抗，单位为 Ω。

即
$$\dot{U}=Z\dot{I} \tag{3-31}$$

如图 3-26(b)所示为 RLC 串联电路相量图。

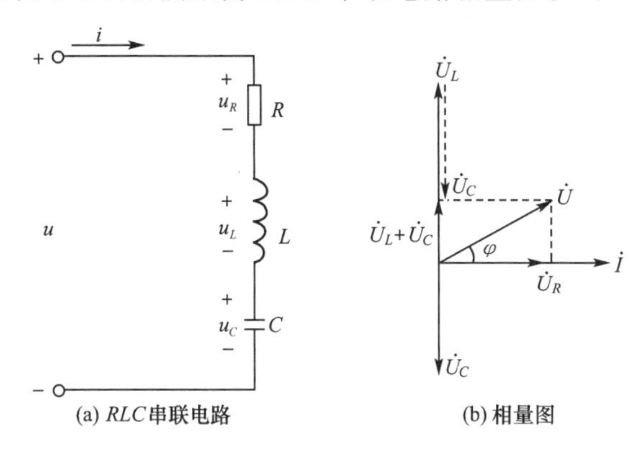

(a) RLC串联电路 (b) 相量图

图 3-26 RLC 串联电路及其相量图

RLC 串联电路的电压与电流关系

由电压相量所组成的直角三角形，称为电压三角形。如图 3-27 所示，利用这个电压三角形，可求得电源电压的有效值，即

$$U=\sqrt{U_R^2+(U_L-U_C)^2}=\sqrt{(RI)^2+(X_LI-X_CI)^2}=I\sqrt{R^2+(X_L-X_C)^2} \tag{3-32}$$

2. 电路中的阻抗

电路中电压与电流的有效值(或幅值)之比为 $\sqrt{R^2+(X_L-X_C)^2}$。它的单位也是欧姆(Ω)，也具有对电流起阻碍作用的性质，称它为电路阻抗的模，用 $|Z|$ 表示，即

$$|Z|=\sqrt{R^2+(X_L-X_C)^2}=\sqrt{R^2+\left(\omega L-\frac{1}{\omega C}\right)^2} \tag{3-33}$$

$|Z|$、R、(X_L-X_C)三者之间的关系也可用一个直角三角形——阻抗三角形来表示，如图 3-28 所示。阻抗三角形与电压三角形是相似三角形。

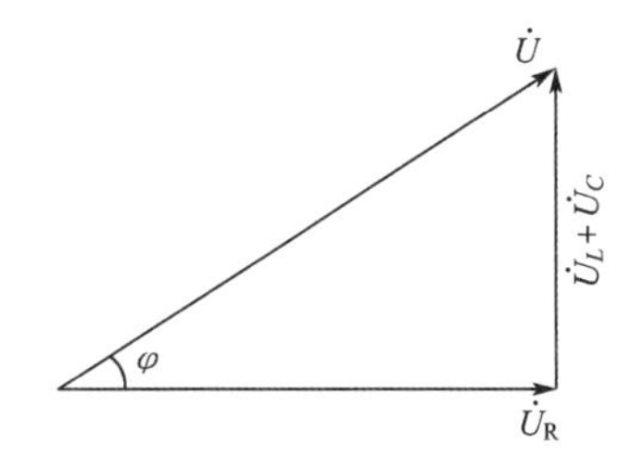

图 3-27 电压三角形

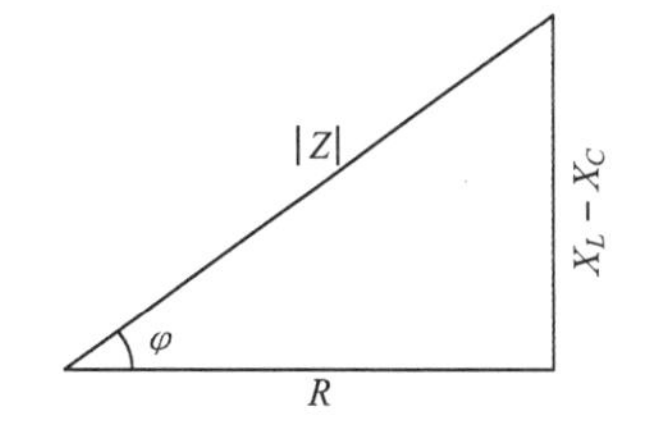

图 3-28 阻抗三角形

电源电压 u 与电流 i 之间的相位差可从电压三角形和阻抗三角形得出，即

$$\varphi=\arctan\frac{U_L-U_C}{U_R}=\arctan\frac{X_L-X_C}{R} \tag{3-34}$$

式中，φ 称为阻抗角，即电压与电流间的相位差。

复数阻抗还可表示为

$$Z=\frac{U}{I}=|Z|\underline{/\varphi}$$

当 $X_L>X_C$ 时，$X>0$，$\varphi>0$，电路中电流滞后电压 φ 角，电路呈感性。

当 $X_L<X_C$ 时，$X<0$，$\varphi<0$，电路中电压滞后电流 φ 角，电路呈容性。

当 $X_L=X_C$ 时，$X=0$，$\varphi=0$，电路中电流与电压同相，电路呈阻性。此时电路处于串联谐振状态。

实际中的一些设备是呈感性的，如日光灯负载，可以用理想电阻与理想电感相串联的电路模型表示，这类负载称为感性负载。

例3-7

在 RLC 串联电路中，$R=30\ \Omega$，$X_L=40\ \Omega$，$X_C=80\ \Omega$，若电源电压 $u=220\sqrt{2}\sin(\omega t)$ V，求电路的电流、电阻电压、电感电压和电容电压的相量。

解：由于 $u=220\sqrt{2}\sin(\omega t)$ V，所以

$$\dot{U}=220\angle 0^\circ\ \text{V}$$

$$\dot{I}=\frac{\dot{U}}{Z}=\frac{\dot{U}}{R+\text{j}(X_L-X_C)}=\frac{220\angle 0^\circ}{30+\text{j}(40-80)}\ \text{A}=\frac{220\angle 0^\circ}{50\angle -53^\circ}\ \text{A}=4.4\angle 53^\circ\ \text{A}$$

$$\dot{U}_R=R\dot{I}=(30\times 4.4\angle 53^\circ)\ \text{V}=132\angle 53^\circ\ \text{V}$$

$$\dot{U}_L=\text{j}X_L\dot{I}=(40\angle 90^\circ\times 4.4\angle 53^\circ)\ \text{V}=176\angle 143^\circ\ \text{V}$$

$$\dot{U}_C=-\text{j}X_C\dot{I}=(80\angle -90^\circ\times 4.4\angle 53^\circ)\ \text{V}=352\angle -37^\circ\ \text{V}$$

例3-8

将一电感线圈接到电压 100 V 的直流电源上，通过线圈的电流为 2.5 A，若将其接到工频 100 V 的交流电源上，通过线圈的电流为 2 A。求线圈参数 R 和 L。

解：电感线圈可用电阻与电感串联表示，若将其接到直流电源上，其电感相当于短路。则

$$R=\frac{U}{I}=\frac{100}{2.5}\ \Omega=40\ \Omega$$

若将电感线圈接到工频交流电源上，则

$$|Z|=\frac{U}{I}=\frac{100}{2}\ \Omega=50\ \Omega$$

根据 $|Z|^2=R^2+X^2$，有

$$X=\sqrt{|Z|^2-R^2}=\sqrt{50^2-40^2}\ \Omega=30\ \Omega$$

则

$$L=\frac{X}{2\pi f}=\frac{30}{2\times 3.14\times 50}\ \text{H}=95.5\ \text{mH}$$

二、电阻、电感串联与电容并联电路

电阻、电感串联与电容并联电路如图 3-29 所示。RL 支路中的电流为

$$\dot{I}_1=\frac{\dot{U}}{R+\text{j}X_L}=\frac{\dot{U}}{R+\text{j}\omega L}$$

或
$$I_1=\frac{U}{|Z_1|}=\frac{U}{\sqrt{R^2+X_L^2}}$$

该支路相角为 $\varphi_1=\arctan\frac{X_L}{R}$。

电容支路中的电流为
$$\dot{I}_C=\frac{\dot{U}}{-\mathrm{j}X_C}=\frac{\dot{U}}{-\mathrm{j}\frac{1}{\omega C}}$$

或
$$I_C=\frac{U}{X_C}$$

总电流为
$$\dot{I}=\dot{I}_1+\dot{I}_C$$

其相量图如图 3-30 所示。

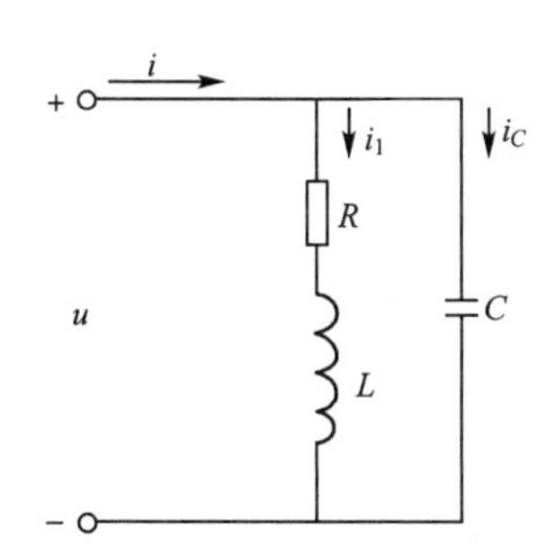

图 3-29　电阻、电感串联与电容并联电路

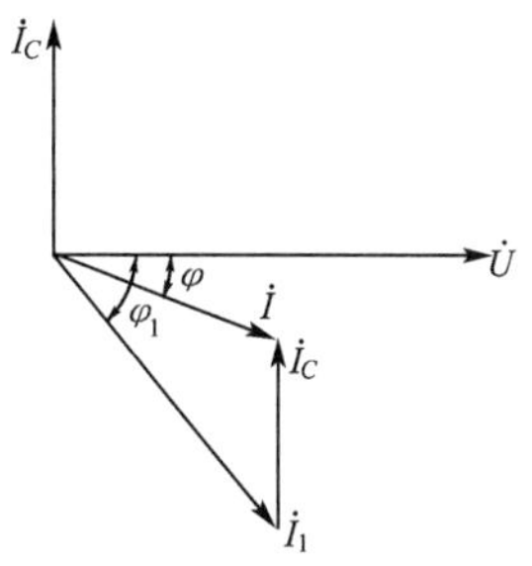

图 3-30　图 3-29 电路相量图

电阻、电感、电容还可以构成三者并联电路，此时电阻、电感、电容元件电压相同。

三、复数阻抗的串联与并联

复数阻抗的串联与并联电路的分析计算与电阻串联和并联电路相似。

如图 3-31 所示，两个复数阻抗串联，则有
$$Z=Z_1+Z_2$$
$$\dot{U}_1=\frac{Z_1}{Z_1+Z_2}\dot{U}$$
$$\dot{U}_2=\frac{Z_2}{Z_1+Z_2}\dot{U}$$

如图 3-32 所示，两个复数阻抗并联，则有

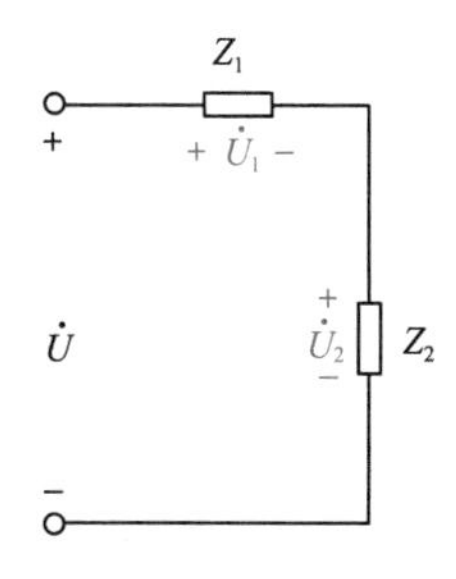

图 3-31　复数阻抗的串联

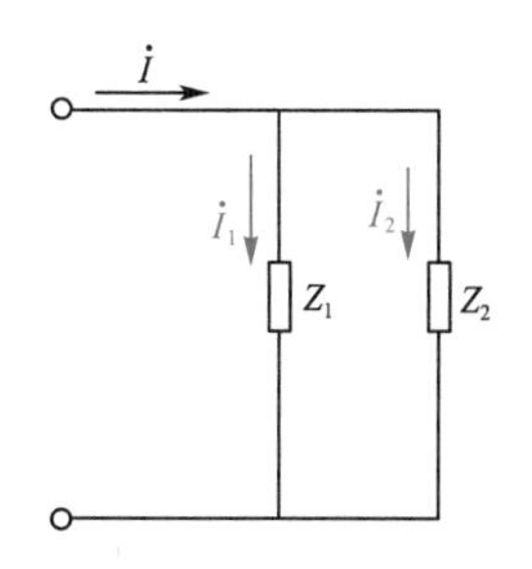

图 3-32　复数阻抗的并联

$$Z=\frac{Z_1Z_2}{Z_1+Z_2}$$

$$\dot{I}_1=\frac{Z_2}{Z_1+Z_2}\dot{I}$$

$$\dot{I}_2=\frac{Z_1}{Z_1+Z_2}\dot{I}$$

3.6 功率与功率因数

一、正弦交流电路中的功率

1. 瞬时功率

如图 3-33 所示，若通过负载的电流为 $i=\sqrt{2}I\sin(\omega t)$，则负载两端的电压为 $u=\sqrt{2}U\sin(\omega t+\varphi)$，其参考方向如图所示。在电流、电压关联参考方向下，瞬时功率为

$$p=ui=\sqrt{2}U\sin(\omega t+\varphi)\sqrt{2}I\sin(\omega t)=UI\cos\varphi-UI\cos(2\omega t+\varphi) \tag{3-35}$$

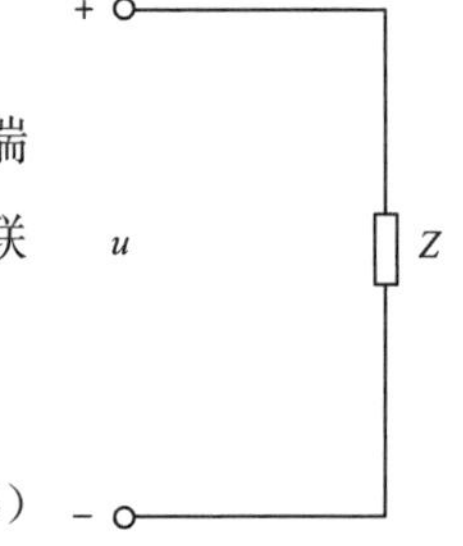

图 3-33 正弦交流电路

2. 平均功率(有功功率)

一个周期内瞬时功率的平均值称为平均功率，也称有功功率。有功功率为

$$P=UI\cos\varphi \tag{3-36}$$

3. 无功功率

电路中的电感元件与电容元件要与电源之间进行能量交换，根据电感元件、电容元件的无功功率，考虑到 $\dot{U}_L$ 与 $\dot{U}_C$ 相位相反，于是

$$Q=(U_L-U_C)I=(X_L-X_C)I^2=UI\sin\varphi \tag{3-37}$$

在既有电感又有电容的电路中，总的无功功率也可写为

$$Q=Q_L-Q_C$$

4. 视在功率

用额定电压与额定电流的乘积来表示视在功率，即

$$S=UI \tag{3-38}$$

视在功率常用来表示电器设备的容量，其单位为伏安(V·A)。视在功率不能表示交流电路实际消耗的功率，只能表示电源可能提供的最大功率或指某设备的容量。

5. 功率三角形

有功功率、无功功率、视在功率三者之间的关系可以用一个直角三角形来表示，称为功率三角形，如图 3-34 所示。

由功率三角形可得到 P、Q、S 三者之间的关系为

$$P=S\cos\varphi, Q=S\sin\varphi, S=\sqrt{P^2+Q^2}, \varphi=\arctan\frac{Q}{P}$$

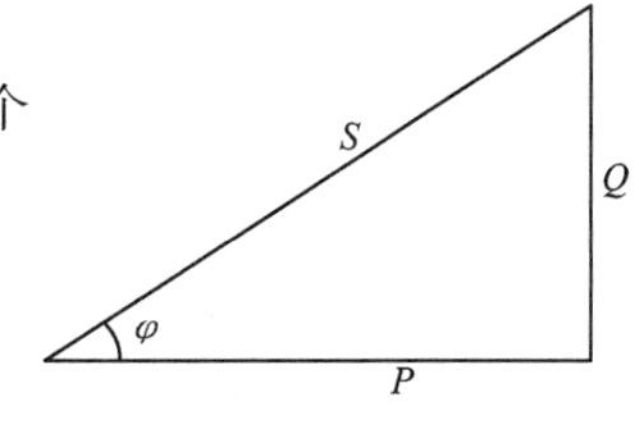

图 3-34 功率三角形

6. 功率因数

功率因数 $\cos\varphi$ 的大小等于有功功率与视在功率的比值，在电工技术中，一般用 λ 表示。

例3-9

已知电阻 $R=30\ \Omega$，电感 $L=382$ mH，电容 $C=40\ \mu$F，串联后接到电压 $u=220\sqrt{2}\sin(314t+30°)$ V 的电源上。求电路中的 P、Q 和 S。

解：电路的复数阻抗为

$$Z=R+\mathrm{j}(X_L-X_C)=\left[30+\mathrm{j}\left(314\times382\times10^{-3}-\frac{1}{314\times40\times10^{-6}}\right)\right]\ \Omega\approx$$

$$[30+\mathrm{j}(120-80)]\ \Omega=(30+\mathrm{j}40)\ \Omega=50\angle 53°\ \Omega$$

电压相量为

$$\dot{U}=220\angle 30°\ \mathrm{V}$$

因此电流相量为

$$\dot{I}=\frac{\dot{U}}{Z}=\frac{220\angle 30°}{50\angle 53°}\ \mathrm{A}=4.4\angle -23°\ \mathrm{A}$$

电路的平均功率为

$$P=UI\cos\varphi=220\times4.4\cos 53°\ \mathrm{W}=581\ \mathrm{W}$$

电路的无功功率为

$$Q=UI\sin\varphi=220\times4.4\sin 53°\ \mathrm{Var}=774\ \mathrm{Var}$$

电路的视在功率为

$$S=UI=220\times4.4\ \mathrm{V\cdot A}=968\ \mathrm{V\cdot A}$$

由上可知，$\varphi>0$，电压超前电流，因此电路为感性。

二、功率因数的提高

大量感性负载的存在是功率因数低的根本原因。例如，日光灯的功率因数为 0.5 左右；工农业生产中常用的异步电动机满载时的功率因数为 0.7～0.9，轻载或空载时的功率因数更低，最低可达 0.2 左右；交流电焊机的功率因数只有 0.3～0.4；交流电磁铁的功率因数甚至低到 0.1。功率因数低主要会带来下面两个问题：

1. 电源设备的容量不能被充分利用

交流电源设备（发电机、变压器等）一般是根据额定电压和额定电流来进行设计、制造和使用的。它能够提供给负载的有功功率为 $P=UI\cos\varphi$，如果 $\cos\varphi$ 低，则负载吸收的功率低，电源提供的有功功率也低，电源的潜力没有得到充分发挥。例如，额定容量为 1 000 kV·A 的变压器，若负载的功率因数 $\cos\varphi=1$，则变压器额定运行时可供给有功功率 1 000 kW；若负载的功率因数为 0.5，则变压器额定运行时只能输出有功功率 500 kW。如果增加输出，则电流必定过载，此时变压器远没有得到充分利用。

2. 增加线路的功率及电压损耗

由公式 $I=P/(U\cos\varphi)$ 知，当电源电压 U 及输出有功功率 P 一定时，负载的功率因数

$\cos\varphi$ 越低，线路电流 I 越大。而线路的功率及电压损耗分别为 $P_1=R_1I^2$ 及 $U_1=R_1I$（R_1 为线路电阻），线路电流 I 越大，两种损耗越大。反之，功率因数越高，则线路电流越小，两种损耗越低。

总之，提高功率因数的意义在于既提高了电源设备的利用率，同时又降低了线路的功率及电压损耗。所以，《全国供用电规则》规定，高压供电的工业企业平均功率因数应不低于0.95，其他单位应不低于0.90。

提高功率因数常用的方法就是在感性负载两端并联电容器。可以在大电力用户变电所的高压侧并联电力电容，也可以在用户的低压进线处并联低压电容。电路与相量图分别如图3-35、图3-36所示。

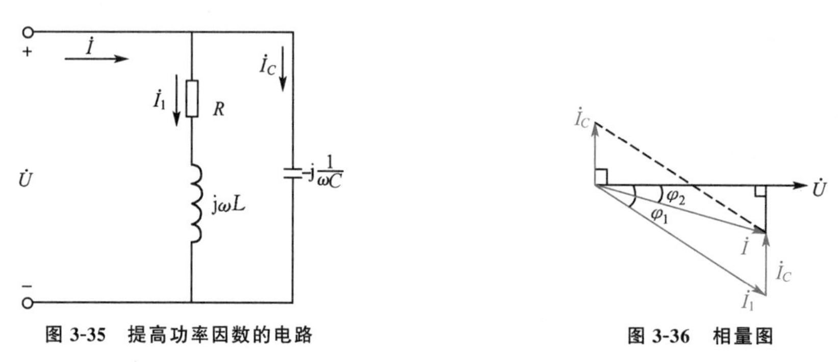

图 3-35　提高功率因数的电路　　图 3-36　相量图

需要注意的是，提高功率因数是提高整个线路的功率因数，感性负载自身的功率因数是无法改变的。除此以外，并联电容后，感性负载的电压、电流、有功功率和无功功率均不变，只是减少了负载与电源之间的能量交换。此时感性负载所需的无功功率大部分或全部由电容供给，即能量交换主要或完全发生在电感与电容之间，因而电源设备的容量得到更充分利用；同时线路的总电流减小了，从而降低了线路的功率及电压损耗。

根据相量图，有

$$I_C=I_1\sin\varphi_1-I\sin\varphi_2$$

并联电容前

$$I_1=\frac{P}{U\cos\varphi_1}$$

并联电容后

$$I=\frac{P}{U\cos\varphi_2}$$

电容电流为

$$I_C=\frac{U}{X_C}=\omega CU$$

则

$$\omega CU=I_1\sin\varphi_1-I\sin\varphi_2=\frac{P}{U}(\tan\varphi_1-\tan\varphi_2)$$

即

$$C=\frac{P}{\omega U^2}(\tan\varphi_1-\tan\varphi_2) \tag{3-39}$$

所需补偿的无功功率为

$$Q_C=P(\tan\varphi_1-\tan\varphi_2)$$

用并联电容器提高线路的功率因数，一般提高到0.90左右即可，因为当将功率因数提高到接近于1时，所需的电容量太大，反而不经济。若功率因数提高到1，则会引起电路发生谐振。

例3-10

如图3-35所示电路中，电压 $U=220\ \mathrm{V}$，感抗 $X_L=8\ \Omega$，电阻 $R=6\ \Omega$，容抗 $X_C=18\ \Omega$。求电流 I_1、I_C、I，功率因数 $\cos\varphi_1$、$\cos\varphi_2$。

解：

$$|Z_1|=\sqrt{R^2+X_L^2}=\sqrt{6^2+8^2}\ \Omega=10\ \Omega$$

$$I_1=\frac{U}{|Z_1|}=\frac{220}{10}\ \mathrm{A}=22\ \mathrm{A},I_C=\frac{U}{X_C}=\frac{220}{18}\ \mathrm{A}=12.2\ \mathrm{A}$$

$$\cos\varphi_1=\frac{R}{|Z_1|}=\frac{6}{10}=0.6,\sin\varphi_1=\frac{X_L}{|Z_1|}=\frac{8}{10}=0.8$$

$$I=\sqrt{(I_1\cos\varphi_1)^2+(I_1\sin\varphi_1-I_C)^2}=$$

$$\sqrt{(22\times0.6)^2+(22\times0.8-12.2)^2}\ \mathrm{A}=$$

$$\sqrt{13.2^2+5.4^2}\ \mathrm{A}=14.3\ \mathrm{A}$$

$$\cos\varphi_2=\frac{I_1\cos\varphi_1}{I}=\frac{22\times0.6}{14.3}=0.92$$

例3-11

欲使功率为40 W、工频电压为220 V、电流为0.364 A的日光灯电路的功率因数提高到0.9，应并联多大的电容器？此时电路的总电流是多少？

解：

$$\cos\varphi_1=\frac{P}{UI_1}=\frac{40}{220\times0.364}=0.5$$

$$\varphi_1=\arccos 0.5=60^\circ,\tan\varphi_1=\tan 60^\circ=1.732$$

$$\varphi_2=\arccos 0.9=25.8^\circ,\tan\varphi_2=\tan 25.8^\circ=0.483$$

$$C=\frac{P}{\omega U^2}(\tan\varphi_1-\tan\varphi_2)=\left[\frac{40}{2\times3.14\times50\times220^2}\times(1.732-0.483)\right]\ \mathrm{F}=3.3\times10^{-6}\ \mathrm{F}$$

$$I=\frac{P}{U\cos\varphi_2}=\frac{40}{220\times0.9}\ \mathrm{A}=0.2\ \mathrm{A}$$

3.7 谐振电路

在交流电路中，当电流与电压同相位，即电路的性质为阻性时，就称此电路发生了谐振。

谐振现象在电子和无线电技术中得到广泛的应用,但在电力系统中却应尽量避免,因为它可能会造成危害。因此,研究电路的谐振有着重要的意义。

一、串联谐振电路

1. 谐振条件

如图 3-37 所示的 RLC 串联谐振电路,其总阻抗为

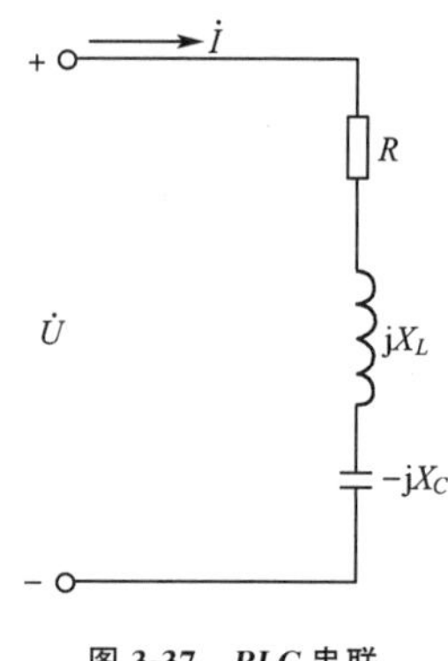

图 3-37 RLC 串联谐振电路

$$Z=R+j\omega L-j\frac{1}{\omega C}=R+j(X_L-X_C)=$$
$$R+jX=|Z|\angle\varphi$$
$$|Z|=\sqrt{R^2+\left(\omega L-\frac{1}{\omega C}\right)^2},X=X_L-X_C=\omega L-\frac{1}{\omega C}$$

当 ω 为某一值,恰好使感抗 X_L 和容抗 X_C 相等时,则 $X=0$,此时电路中的电流和电压同相位,电路的阻抗最小,且等于电阻($Z=R$)。电路的这种状态称为谐振状态。由于是在 RLC 串联电路中发生的谐振,故又称为串联谐振。

对于 RLC 串联电路,谐振时应满足以下条件

$$X=\omega L-\frac{1}{\omega C}=0 \text{ 或 } \omega L=\frac{1}{\omega C} \tag{3-40}$$

电路发生谐振的角频率称为谐振角频率,用 ω_0 表示,则

$$\omega_0=\frac{1}{\sqrt{LC}}$$

电路发生谐振的频率称为谐振频率,用 f_0 表示,则

$$f_0=\frac{1}{2\pi\sqrt{LC}} \tag{3-41}$$

2. 谐振电路分析

电路发生谐振时,$X=0$,因此$|Z|=R$,电路的阻抗最小,因而在电源电压不变的情况下,电路中的电流将在谐振时达到最大,其数值为

$$I=I_0=\frac{U}{R}$$

发生谐振时,电路中的感抗和容抗相等,即电抗为零。电源电压 $\dot{U}=\dot{U}_R$,相量图如图 3-38 所示。因为

$$U_L=X_LI=X_L\frac{U}{R},U_C=X_CI=X_C\frac{U}{R}$$

当 $X_L=X_C>R$ 时,U_L 和 U_C 都高于电源电压 U,可能超过电源电压许多倍,所以串联谐振也称电压谐振。

谐振时的感抗、容抗称为电路的特性阻抗,用 ρ 表示,即

$$\rho=X_L=X_C=\sqrt{\frac{L}{C}}$$

U_L 或 U_C 与电源电压 U 的比值,通常用品质因数 Q 来表示,即

$$Q=\frac{U_L}{U}=\frac{U_C}{U}=\frac{X_L}{R}=\frac{X_C}{R}=\frac{1}{R}\sqrt{\frac{L}{C}}=\frac{\rho}{R} \tag{3-42}$$

在 RLC 串联谐振电路中，阻抗随频率的变化而改变，在外加电压 U 不变的情况下，I 也将随频率变化，这一曲线称为电流谐振曲线。如图 3-39 所示。

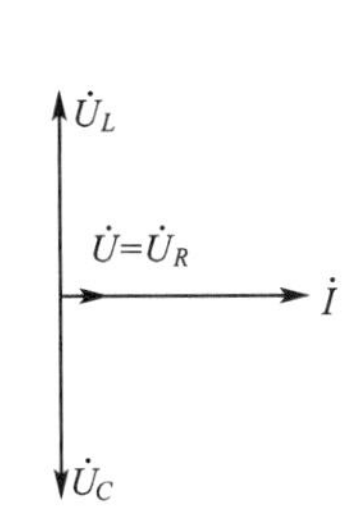

图 3-38　*RLC* 串联谐振相量图

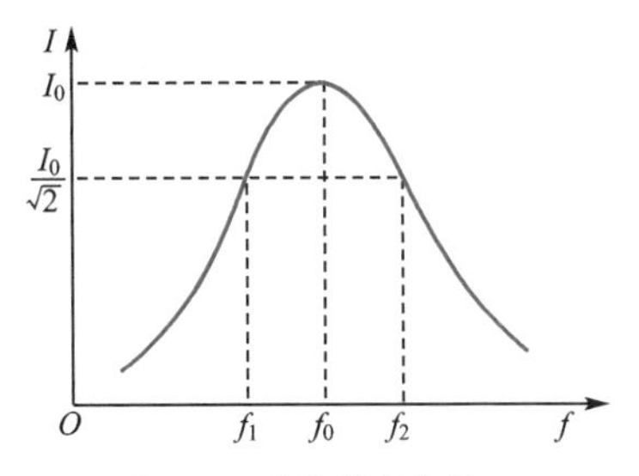

图 3-39　电流谐振曲线

工程上规定，当电路的电流为 $I=\frac{I_0}{\sqrt{2}}$ 时，谐振曲线对应的上、下限频率之间的范围称为电路的通频带。如图 3-39 所示，通频带 $f_W=f_2-f_1$。

例3-12

在电阻、电感、电容串联谐振电路中，$L=0.05$ mH，$C=200$ pF，品质因数 $Q=100$，交流电压的有效值 $U=1$ mV。试求：(1)电路的谐振频率 f_0；(2)谐振时电路中的电流 I；(3)电容上的电压 U_C。

解：(1)电路的谐振频率为

$$f_0=\frac{1}{2\pi\sqrt{LC}}=\frac{1}{2\times3.14\times\sqrt{5\times10^{-5}\times2\times10^{-10}}}\ \text{Hz}=1.59\ \text{MHz}$$

(2)由品质因数

$$Q=\frac{1}{R}\sqrt{\frac{L}{C}}=100$$

得

$$R=\frac{1}{Q}\sqrt{\frac{L}{C}}=\frac{1}{100}\times\sqrt{\frac{5\times10^{-5}}{2\times10^{-10}}}\ \Omega=5\ \Omega$$

故电流为

$$I=\frac{U}{R}=\frac{1\times10^{-3}}{5}\ \text{A}=0.2\ \text{mA}$$

(3)电容两端的电压是电源电压的 Q 倍，即

$$U_C=QU=100\times1\times10^{-3}\ \text{V}=0.1\ \text{V}$$

二、并联谐振电路

当信号源内阻很大时，采用串联谐振会使 Q 值大为降低，使谐振电路的选择性显著变差。这种情况下，常采用并联谐振电路。

1. *RLC* 并联谐振电路

(1)谐振条件

RLC 并联谐振电路如图 3-40 所示，在外加电压 U 的作用下，电路的总电流相量为

$$\dot{I}=\dot{I}_R+\dot{I}_L+\dot{I}_C=\frac{\dot{U}}{R}+\frac{\dot{U}}{\mathrm{j}\omega L}+\mathrm{j}\omega C\dot{U}=\dot{U}\left[\frac{1}{R}+\mathrm{j}\left(\omega C-\frac{1}{\omega L}\right)\right]$$

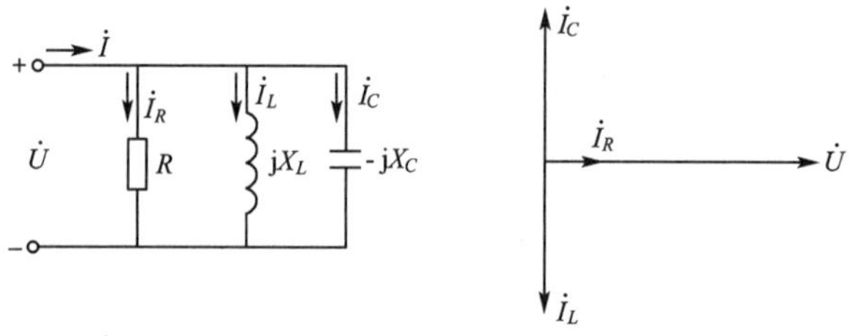

(a)电路　(b)相量图

图 3-40　*RLC* 并联谐振电路

要使电路发生谐振，应满足下列条件

$$\omega_0 L-\frac{1}{\omega_0 C}=0$$

则

$$\omega_0=\frac{1}{\sqrt{LC}}$$

谐振频率为

$$f_0=\frac{1}{2\pi\sqrt{LC}} \tag{3-43}$$

(2)谐振电路分析

在 *RLC* 并联电路中，当 $X_L=X_C$ 时，从电源流出的电流最小，电路的总电压与总电流同相，我们把这种现象称为并联谐振。

RLC 并联谐振电路的总阻抗最大，$|Z|=R$；*RLC* 并联谐振电路的总电流最小，$I_0=\dfrac{U}{R}$，总电流等于电阻上的电流。电感支路的电流与电容支路的电流完全补偿，总电压与总电流同相。

电感支路的电流与电容支路的电流为总电流的 Q 倍，即 $I_L=I_C=QI$，因此并联谐振又称为电流谐振。

2. *R*、*L* 串联与 *C* 并联谐振电路

在实际工程电路中，最常见的、用途极广泛的谐振电路是由电感线圈和电容器并联组成的，如图 3-41(a)所示。

电感线圈与电容器并联谐振电路的谐振频率为

$$f_0=\frac{1}{2\pi\sqrt{LC}}\sqrt{1-\frac{CR^2}{L}} \tag{3-44}$$

在一般情况下，线圈的电阻比较小，所以谐振频率近似为

$$f_0\approx\frac{1}{2\pi\sqrt{LC}} \tag{3-45}$$

谐振时电路呈阻性，总阻抗最大，当 $\sqrt{\frac{L}{C}} \gg R$ 时，$|Z|=\frac{L}{CR}$。

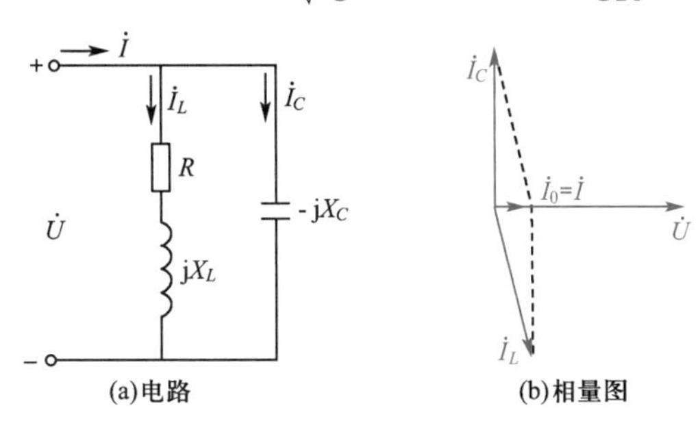

图 3-41　R、L 串联与 C 并联谐振电路

3.8　三相正弦交流电路

一、三相正弦交流电源

由三相正弦交流电源供电的电路称为三相正弦交流电路。所谓三相正弦交流电路，是指由三个频率相同、最大值(或有效值)相等、在相位上互差 120°的单相交流电动势组成的电路，这三个电动势称为三相对称电动势。

三相交流电与单相交流电相比具有如下优点：

(1)三相交流发电机比功率相同的单相交流发电机体积小、重量轻、成本低。

(2)当输送功率相等、电压相同、输电距离一样、线路损耗也相同时，用三相制输电比单相制输电可大大节省输电线有色金属的消耗量，即输电成本较低。三相制输电的用铜量仅为单相制输电用铜量的 75%。

(3)目前获得广泛应用的三相异步电动机是以三相交流电作为电源，它与单相电动机或其他电动机相比，具有结构简单、价格低廉、性能良好和使用维护方便等优点，因此在现代电力系统中，三相正弦交流电路获得广泛应用。

三相交流电的产生就是指三相交流电动势的产生。三相交流电动势由三相交流发电机产生，它是在单相交流发电机的基础上发展而来的，如图 3-42 所示。

磁极放在转子上，一般均由直流电通过励磁绕组产生一个很强的恒定磁场。当转子由原动机拖动做匀速转动时，三相定子绕组切割转子磁场而感应出三相交流电动势。

这三个电动势的表达式为

$$\begin{cases} e_{\mathrm{U}}=E_{\mathrm{m}}\sin(\omega t) \\ e_{\mathrm{V}}=E_{\mathrm{m}}\sin(\omega t-120^{\circ}) \\ e_{\mathrm{W}}=E_{\mathrm{m}}\sin(\omega t+120^{\circ}) \end{cases} \tag{3-46}$$

其波形图如图 3-43(a)所示，相量图如图 3-43(b)所示。从图 3-43(a)中可以看出，三相交流电动势在任一瞬间其三个电动势的代数和为零。即

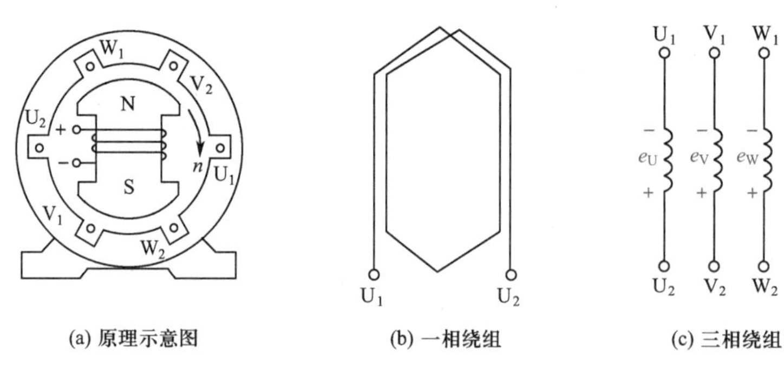

(a) 原理示意图　(b) 一相绕组　(c) 三相绕组

图 3-42　三相交流发电机

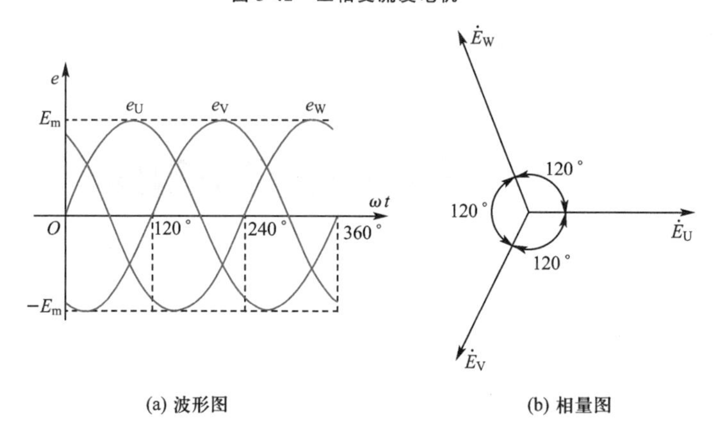

(a) 波形图　(b) 相量图

图 3-43　三相交流电动势

$$e_U + e_V + e_W = 0$$

从图 3-43(b)中还可看出三相交流电动势的相量和也等于零，即

$$\dot{E}_U + \dot{E}_V + \dot{E}_W = 0 \tag{3-47}$$

规定每相电动势的正方向是从绕组的末端指向首端(或由低电位指向高电位)。

三相正弦交流电源对应输出大小相等、频率相同、相位互差 120°的三个电压，这三个电压称为三相对称电压。这三个电压达到最大值的先后次序称为相序。

二、三相电源的连接

三相交流发电机实际有三个绕组、六个接线端，目前采用的方法是将这三相交流电按照一定的方式连接成一个整体向外送电。连接的方法通常为星形连接和三角形连接。

1. 三相电源的星形连接

星形连接是将电源的三相绕组末端 U_2、V_2、W_2 连在一起，首端 U_1、V_1、W_1 分别与负载相连。其接法如图 3-44 所示。

三相绕组末端相连的一点称为中点或零点，一般用“N”表示。从中点引出的线叫中性线(简称中线)，由于中线一般与大地相连，通常又称为地线(或零线)。从首端 U_1、V_1、W_1 引出的三根导线称为相线(或端线)。由于它们与大地之间有一定的电位差，故一般通称为火线。

三相电源的星形连接

由三根火线和一根地线所组成的输电方式称为三相四线制(通常在低压配电系统中采用)。只由三根火线所组成的输电方式称为三相三线制

(在高压输电时采用较多)。

相电压 U_P 即每个绕组的首端与末端之间的电压。相电压的有效值用 U_U、U_V、U_W 表示。相电压的正方向由首端指向中点 N,例如电压 U_U 是由首端 U_1 指向中点 N。线电压 U_L 即各绕组首端与首端之间的电压,即任意两根相线之间的电压,其有效值分别用 U_{UV}、U_{VW}、U_{WU}表示。例如线电压 U_{UV}的方向是由首端 U_1 指向首端 V_1。

三相电源星形连接时的电压相量图如图 3-45 所示。三个相电压大小相等,在空间各相差 120°。

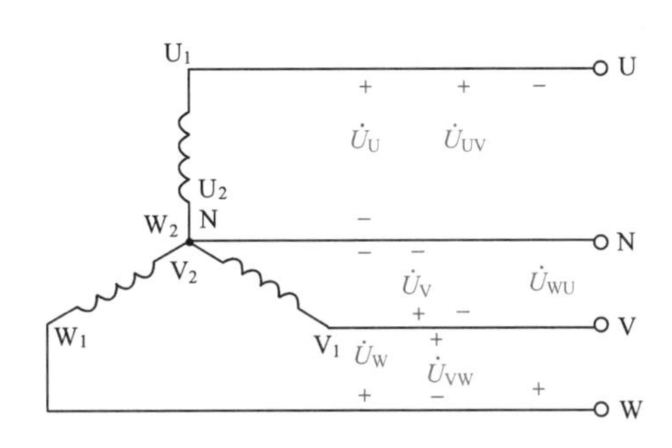

图 3-44 三相电源的星形连接(有中线)

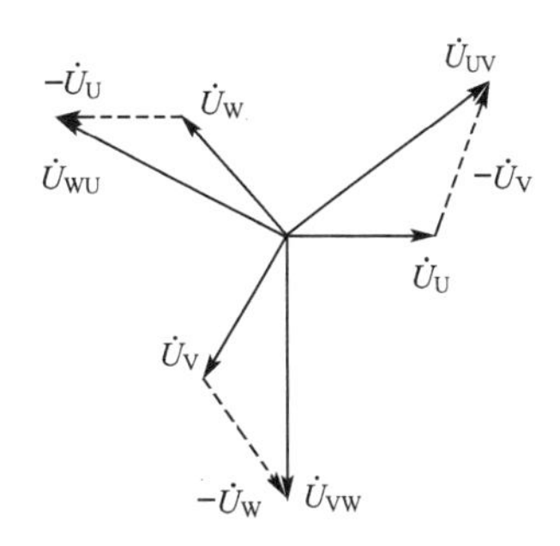

图 3-45 三相电源星形连接时的电压相量图

两端线之间的线电压是两个相应的相电压之差,即

$$\begin{cases}\dot{U}_{UV}=\dot{U}_U-\dot{U}_V\\ \dot{U}_{VW}=\dot{U}_V-\dot{U}_W\\ \dot{U}_{WU}=\dot{U}_W-\dot{U}_U\end{cases} \tag{3-48}$$

利用几何关系可求得线电压大小

$$U_{UV}=2U_U\cos 30°=\sqrt{3}U_U$$

同理可得

$$U_{VW}=\sqrt{3}U_V, U_{WU}=\sqrt{3}U_W$$

即三相电路中线电压的大小是相电压的$\sqrt{3}$倍,其公式为

$$U_L=\sqrt{3}U_P \tag{3-49}$$

从相量图中可以看出:线电压超前对应相电压 30°。

平常的电源电压为 220 V,是指相电压;电源电压为 380 V,是指线电压。由此可见:三相四线制的供电方式可以给负载提供两种电压,即线电压 380 V 和相电压 220 V。

2. 三相电源的三角形连接

如图 3-46 所示,将电源一相绕组的末端与另一相绕组的首端依次相连(接成一个三角形),再从首端 U_1、V_1、W_1 分别引出端线,这种连接方式称为三角形连接。

由图 3-46 可知

$$\begin{cases}\dot{U}_U=\dot{U}_{UV}\\ \dot{U}_V=\dot{U}_{VW}\\ \dot{U}_W=\dot{U}_{WU}\end{cases} \tag{3-50}$$

所以,三相电源三角形连接时,电路中线电压的大小与相电压的大小相等,即

$$U_L=U_P \tag{3-51}$$

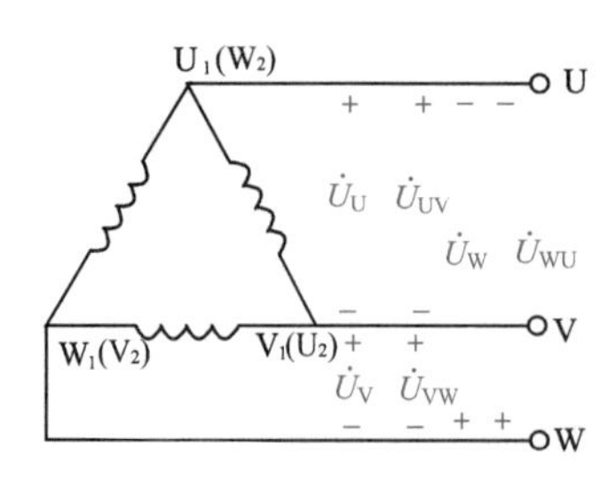

(a) 三相电源的三角形连接

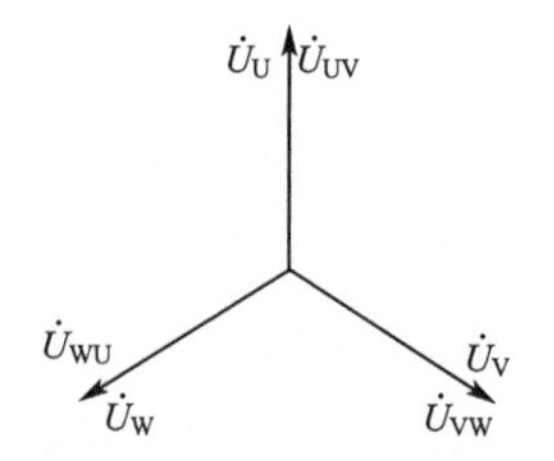

(b) 三相电源三角形连接时的电压相量图

图 3-46　三相电源的三角形连接

由相量图可以看出，三个线电压之和为零，即

$$\dot{U}_{UV}+\dot{U}_{VW}+\dot{U}_{WU}=0$$

同理可得，在电源的三相绕组内部三个电动势的相量和也为零，即

$$\dot{E}_{UV}+\dot{E}_{VW}+\dot{E}_{WU}=0$$

因此当电源的三相绕组采用三角形连接时，在绕组内部是不会产生环流的。

三、三相负载的连接

根据使用方法和电力系统的不同，负载可分成两类：一类是像电灯这种有两根接线端的，称为单相负载。如电风扇、收音机、电烙铁、单相电动机等都是单相负载。另一类是像三相电动机这种有三个接线端的负载，称为三相负载。

在三相负载中，如果每相负载的电阻均相等，电抗也相等(性质相同)，称为三相对称负载。如果各相负载不同，称为不对称三相负载，如三相照明电路中的负载。

负载和电源一样可以采用星形连接和三角形连接。

1. 三相负载的星形连接

如图 3-47 所示为三相负载的星形连接，它的接线原则与电源的星形连接相似，即将每相负载末端连成一点 N(中性点 N)，首端 U、V、W 分别接到电源线上。

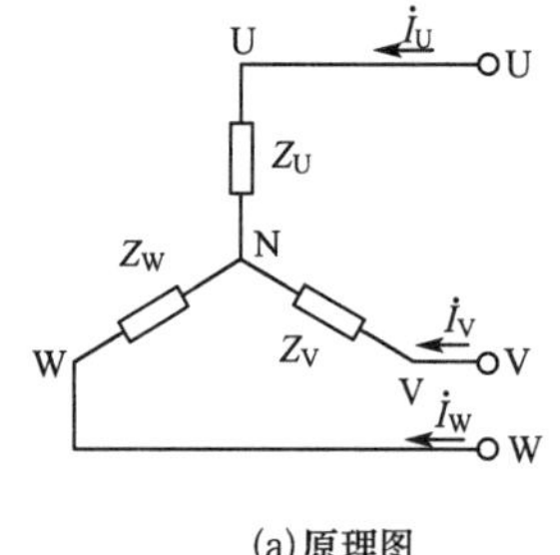

(a)原理图

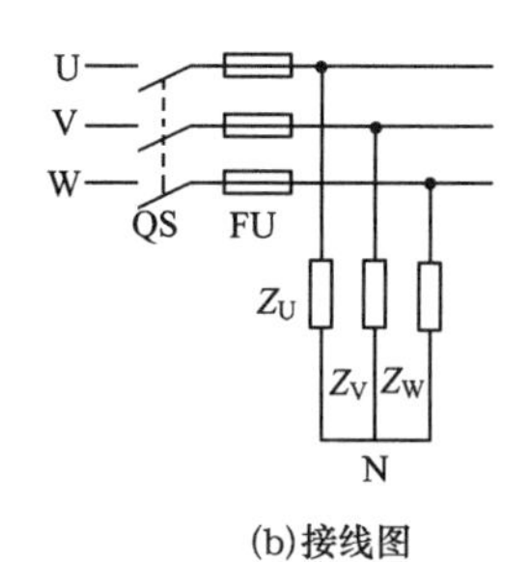

(b)接线图

微课

三相负载的星形连接

图 3-47　三相负载的星形连接

如图 3-47 所示的接线方式是只有三根相线而没有中性线的电路，即三相三线制；图 3-48 所示的接线方式除了三根相线外，在中性点还接有中性线，即三相四线制。三相四线制除供电给三相负载外，还可供电给单相负载，故凡有照明、单相电动机及各种家用电器的场合，也就是说一般的低压用电场所，大多采用三相四线制。

三相负载的线电压就是电源的线电压，也就是两根相线之间的电压；每相负载两端的电

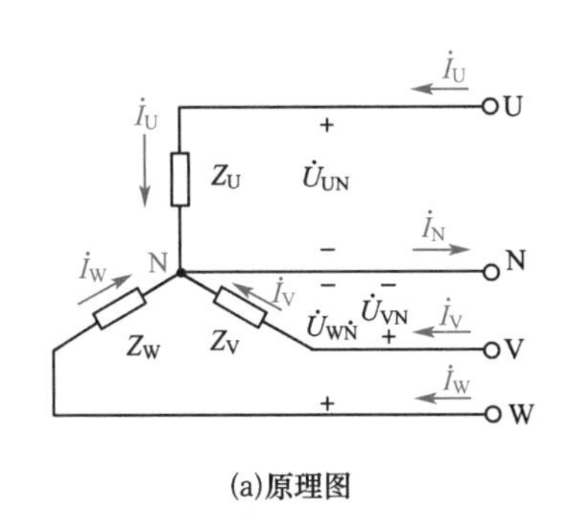

(a)原理图

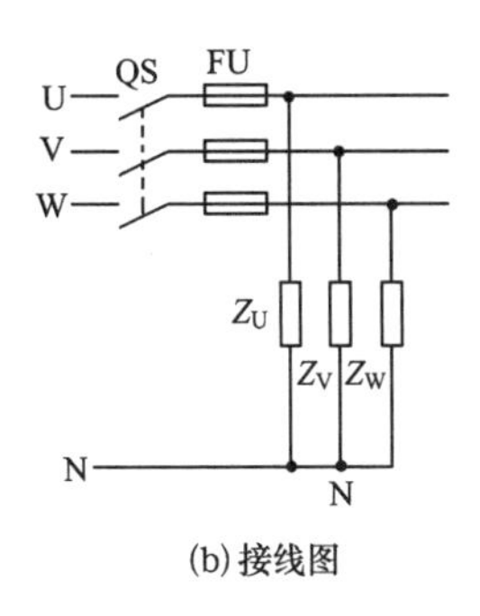

(b)接线图

图 3-48　三相四线制

压称为负载的相电压，当忽略输电线上的电压降时，负载的相电压就等于电源的相电压。

流过每根相线上的电流称为线电流；流过每相负载的电流称为相电流；流过中性线的电流称为中线电流。

三相负载采用星形连接时，线电流等于相电流。

三相四线制电路中，有

$$\dot{I}_U=\frac{\dot{U}_{UN}}{Z_U},\dot{I}_V=\frac{\dot{U}_{VN}}{Z_V},\dot{I}_W=\frac{\dot{U}_{WN}}{Z_W}$$

中线电流为

$$\dot{I}_N=\dot{I}_U+\dot{I}_V+\dot{I}_W \tag{3-52}$$

若三相负载对称，则在三相对称电压作用下，流过每相负载的电流应相等，即

$$I_P=I_U=I_V=I_W=\frac{U_P}{|Z_P|} \tag{3-53}$$

每相电流间的相位差仍为 120°，由 KVL 可知，中线电流为零。

在三相对称电路中，当负载采用星形连接时，由于流过中线的电流为零，故三相四线制就可以变成三相三线制供电。如三相异步电动机及三相电炉等负载，当采用星形连接时，电源对该类负载就不需要接中线。通常在高压输电时，由于三相负载都是对称的三相变压器，所以都采用三相三线制供电。

若负载不对称，则三相电流不对称，流过中线的电流不为零，如果中线的阻抗不为零，则每相负载上的电压不再是三相对称电压；若负载不对称，且中线断开，则每相负载上的电压也不再是三相对称电压，有可能过高而超过设备额定电压，导致比较严重的后果，也有可能低于设备额定电压，设备不能正常工作。因此，在三相四线制电路中，为了保证负载的正常工作，除要求中线的阻抗尽可能小外，还必须要保证中线可靠地接入电路中。中线上不允许安装开关或熔断器，中线应当使用机械强度较高的导线。

2. 三相负载的三角形连接

将三相负载分别接在三相电源的每两根相线之间的接法，称为三相负载的三角形连接，如图 3-49 所示。由于三角形连接的各相负载接在两根相线之间，因此负载的相电压就是线电压。

三相负载的
三角形连接

相电流为

$$\dot{I}_{UV}=\frac{\dot{U}_{UV}}{Z_U},\dot{I}_{VW}=\frac{\dot{U}_{VW}}{Z_V},\dot{I}_{WU}=\frac{\dot{U}_{WU}}{Z_W}$$

假设三相电源及负载均对称，则三相电流大小均相等，为

$$I_P = I_{UV} = I_{VW} = I_{WU} = \frac{U_P}{|Z_P|} \tag{3-54}$$

三个相电流在相位上互差 120°，图 3-50 画出了它们的相量图，并假定电压超前电流一个角度。

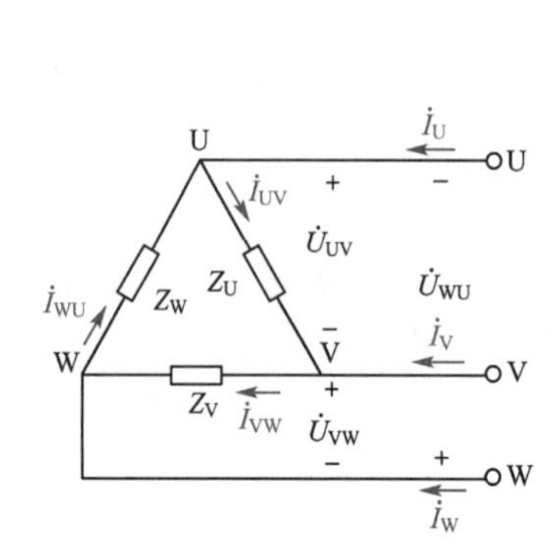

图 3-49 三相负载的三角形连接

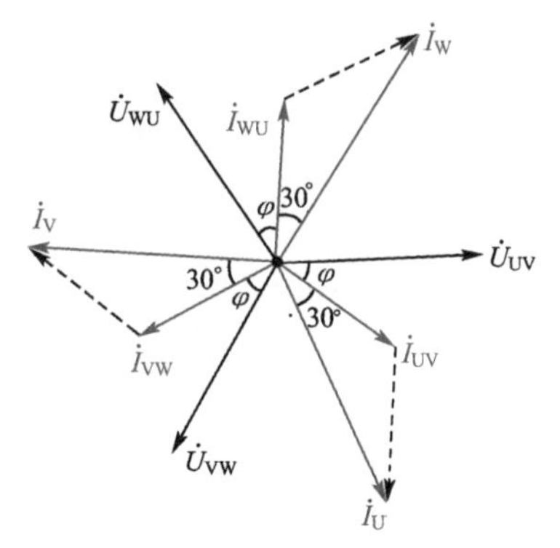

图 3-50 三相对称负载(感性)三角形连接时的相量图

线电流分别为

$$\begin{cases} \dot{I}_U = \dot{I}_{UV} - \dot{I}_{WU} \\ \dot{I}_V = \dot{I}_{VW} - \dot{I}_{UV} \\ \dot{I}_W = \dot{I}_{WU} - \dot{I}_{VW} \end{cases} \tag{3-55}$$

若负载对称，由图 3-50 通过几何关系不难证明

$$I_L = \sqrt{3} I_P \tag{3-56}$$

即当三相对称负载采用三角形连接时，线电流等于相电流的$\sqrt{3}$倍。从相量图中还可以看出线电流和相电流不同相，线电流滞后相应的相电流 30°角。

例3-13

有一三相对称负载，$Z=80+\mathrm{j}60\ \Omega$，将它们连接成星形或三角形，分别接到线电压为 380 V 的对称三相电源上，如图 3-51 所示。试求：线电压、相电压、线电流和相电流各是多少？

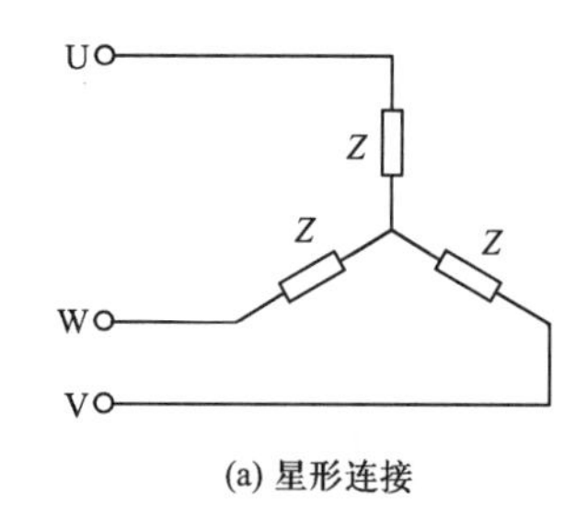

(a) 星形连接

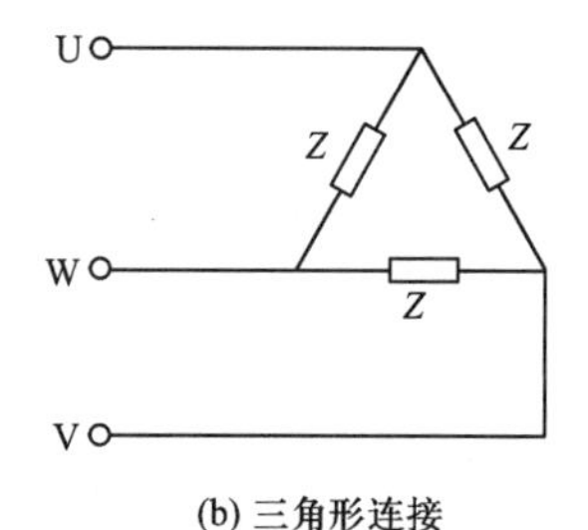

(b) 三角形连接

图 3-51 【例 3-13】图

解：(1) 负载按星形连接，如图 3-51(a)所示。负载的线电压为

$$U_L=380\ \mathrm{V}$$

负载的相电压为线电压的 $1/\sqrt{3}$，即

$$U_P=\frac{U_L}{\sqrt{3}}=\frac{380}{\sqrt{3}}\ \mathrm{V}=220\ \mathrm{V}$$

负载的线电流等于相电流，即

$$I_L=I_P=\frac{U_P}{|Z|}=\frac{220}{\sqrt{80^2+60^2}}\ \mathrm{A}=2.2\ \mathrm{A}$$

(2)负载按三角形连接，如图 3-51(b)所示。负载的线电压为 $U_L=380\ \mathrm{V}$。

负载的相电压等于线电压，即

$$U_P=U_L=380\ \mathrm{V}$$

负载的相电流为

$$I_P=\frac{U_P}{|Z|}=\frac{380}{\sqrt{80^2+60^2}}\ \mathrm{A}=3.8\ \mathrm{A}$$

负载的线电流为相电流的 $\sqrt{3}$ 倍，即

$$I_L=\sqrt{3}I_P=\sqrt{3}\times 3.8\ \mathrm{A}=6.6\ \mathrm{A}$$

同一负载，接到同一电源上，三角形接法的线电流是星形接法的 3 倍。因此，对于正常运行时是三角形接法的大功率电动机，启动时将三相绕组接成星形，而运行时再接为三角形，可降低启动电流。

四、三相电路的功率

三相电路中，三相有功功率等于各相有功功率的总和，三相无功功率等于各相无功功率的总和。

三相有功功率为

$$P=P_U+P_V+P_W=U_UI_U\cos\varphi_U+U_VI_V\cos\varphi_V+U_WI_W\cos\varphi_W$$

三相无功功率为

$$Q=Q_U+Q_V+Q_W=U_UI_U\sin\varphi_U+U_VI_V\sin\varphi_V+U_WI_W\sin\varphi_W$$

若三相负载对称，有

$$P=3U_PI_P\cos\varphi=\sqrt{3}U_LI_L\cos\varphi \tag{3-57}$$

$$Q=3U_PI_P\sin\varphi=\sqrt{3}U_LI_L\sin\varphi \tag{3-58}$$

三相视在功率为

$$S=\sqrt{P^2+Q^2}=\sqrt{3}U_LI_L \tag{3-59}$$

同一负载，接到同一电源上，三角形接法的功率是星形接法的 3 倍。

思考题与习题

1. 交流电路中某电阻 R 上电流的瞬时值表达式为 $i=10\sin(3140t+30°)$ A。则其频率、周期、角频率、最大值、有效值、初相角各为多少?

2. 某正弦交流电压在 $t=0$ 时为 -220 V,其初相角 $\varphi=-45°$。其最大值及有效值各为多少?

3. 已知正弦量 $u=U_m\sin(\omega t-30°)$ V,$i=I_m\sin(\omega t+60°)$ A,$f=50$ Hz。求 u 与 i 的相位差,并指出它们哪一个超前,哪一个滞后。

4. 已知 $\dot{I}=(6+j8)$ A,$\dot{U}=(100-j100)$ V,$\dot{E}=(-346.4+j200)$ V,分别将它们化为极坐标形式。若它们均为工频交流电,试写出各自的瞬时值表达式。

5. 电源电压 $u=311\sin(314t+60°)$ V,分别加到电阻元件、电感元件和电容元件两端。已知 $R=44$ Ω,$L=140$ mH,$C=72.4$ μF。求各元件电流的瞬时值表达式、电阻的有功功率及电感、电容的无功功率。若电压的有效值不变,而频率变为 500 Hz 时,结果又如何?

6. RLC 串联电路中,$R=4$ Ω,感抗 $X_L=6$ Ω,容抗 $X_C=3$ Ω,电源电压 $u=70.7\sin(314t+60°)$ V。求电路的复数阻抗 Z,电流 i,电压 u_R、u_L、u_C,功率因数 $\cos\varphi$,功率 P、Q、S;画出相量图。

7. 日光灯电路可以看成是由电阻和电感串联组成的电路,已知灯管电阻为 300 Ω,镇流器感抗为 520 Ω,电源电压为 220 V,电源频率为 50 Hz,分析电路电流及灯管两端电压和镇流器两端电压。

8. 将一个电感线圈接到 20 V 直流电源上时,通过的电流为 1 A,将此线圈接到 2 000 Hz、20 V 的交流电源上时,电流为 0.8 A。求线圈的电阻和电感。

9. 将电感线圈接到频率为 50 Hz 的电源上,用电压表、电流表和功率表进行测量,电压表测得电源电压为 100 V,电流表测得电路的电流为 2 A,功率表测得电路功率为 120 W。则线圈的参数 R 和 L 各为多少?

10. 如图 3-52 所示正弦交流电路,已知电流表 A_1、A_2 读数均为 5 A,电压表 V_1、V_2 读数均为 10 V,分析电流表 A、电压表 V 的读数。

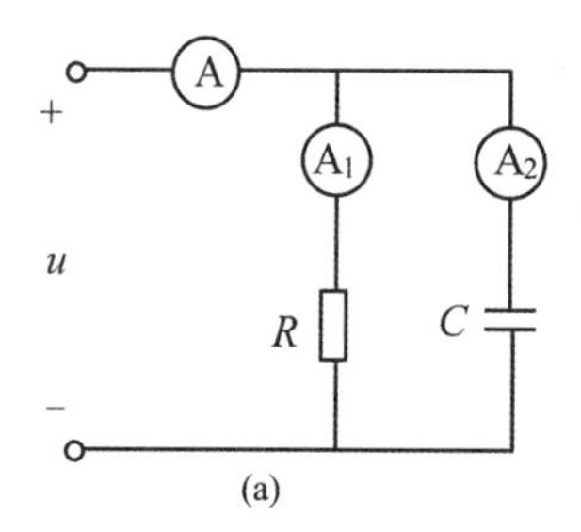

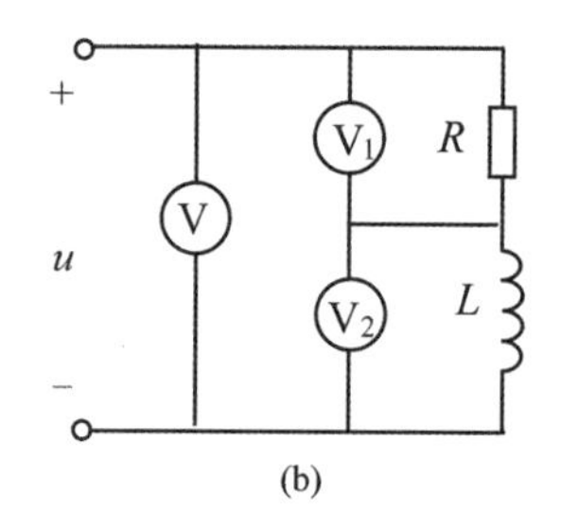

图 3-52 题 10 图

11. 如图 3-53 所示电路，已知 Z_3 上电压有效值为 20 V，$Z_1=2+\mathrm{j}4\ \Omega$，$Z_2=-\mathrm{j}5\ \Omega$，$Z_3=4+\mathrm{j}5\ \Omega$，求等效复阻抗 Z、各支路电流和总电压。

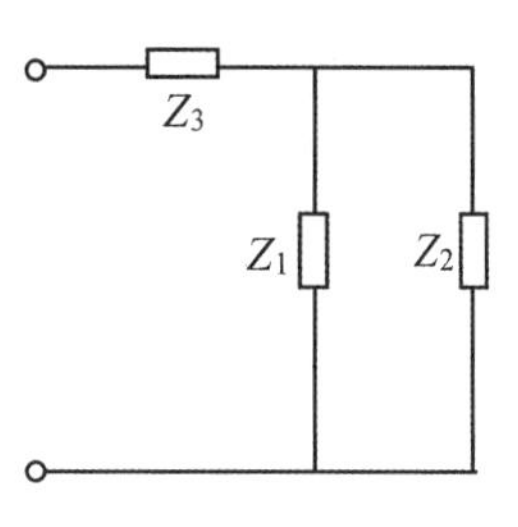

图 3-53　题 11 图

12. 某复数阻抗 Z 上通过的电流 $i=7.07\sin(\omega t)$ A，电压 $u=311\sin(314t+60°)$ V。则该复数阻抗 Z 及其功率因数 $\cos\varphi$ 为多少？有功功率、无功功率、视在功率各为多少？

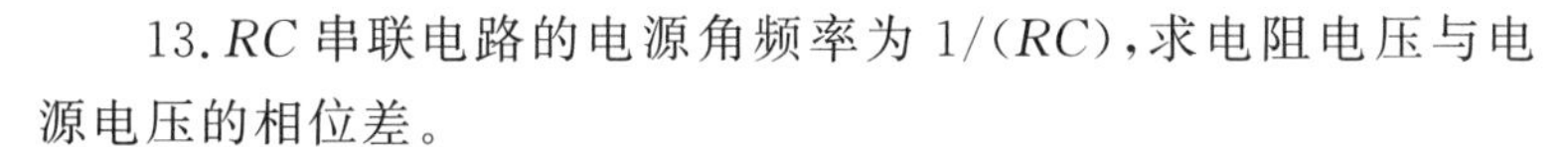

13. RC 串联电路的电源角频率为 $1/(RC)$，求电阻电压与电源电压的相位差。

14. 某日光灯的额定功率为 40 W，额定电压为 220 V，额定电流为 0.3 A。求它的功率因数 $\cos\varphi_1$。为提高电路的功率因数，把一只 2 μF 的电容器与它并联。求并联电容后电路的功率因数 $\cos\varphi_2$ 和总电流 I。

15. 有一发电机的额定电压为 220 V，视在功率为 440 kV · A。试求：

(1)用该发电机向额定电压 220 V，有功功率 4.4 kW，功率因数 0.5 的用电器供电，能供多少个用电器？

(2)若把功率因数提高到 1，又能供多少个用电器？

16. RLC 串联电路中，$R=10\ \Omega$，$L=0.6$ H，$C=0.6\ \mu$F，电路的总电压 $U=20$ V。求电路的谐振频率 f_0，谐振电流 I_0，电感、电容的谐振电压 U_{L0}、U_{C0}，电路的品质因数 Q。

17. 含 R、L 的线圈与电容 C 串联后接到交流电源两端，线圈电压 $U_1=100$ V，电容电压 $U_C=80$ V，且总电压与电流同相位。求总电压的有效值 U。

18. 在 R、L 串联再与 C 并联的电路中，已知 $L=0.5$ mH，$R=30\ \Omega$，$C=120$ pF。求电路的谐振频率 f_0。

19. 三相对称电源星形连接，U 相电压 $u_{\mathrm{U}}=311\sin(314t+90°)$ V。试写出其他各相电压的瞬时值表达式和各线电压的瞬时值表达式。

20. 三相对称负载采用星形连接的三相三线制电路，线电压为 380 V，每相负载 $R=20\ \Omega$，$X=15\ \Omega$。求各相电压、相电流和线电流，并画出相量图。

21. 上题中，若三相电源与负载不变，只是将负载的连接方式改为三角形连接。求各相电压、相电流和线电流，并将结果与上题加以比较。

22. 三相四线制供电线路中，三相对称电源的线电压为 380 V，每相负载的电阻值为 $R_{\mathrm{U}}=10\ \Omega$，$R_{\mathrm{V}}=20\ \Omega$，$R_{\mathrm{W}}=40\ \Omega$。试求：

(1)各相电流及中线电流；

(2)W 相开路时，各相负载的电压和电流；

(3)W 相和中线均断开时，各相负载的电压和电流；

(4)W 相短路，且中线断开时，各相负载的电压和电流。

23. 一台三相异步电动机，每相绕组等效复阻抗为 $Z=16+\mathrm{j}12\ \Omega$，绕组额定电压为 220 V。若绕组采用星形接法，接到电源线电压为 380 V、频率为 50 Hz 的对称三相电源上，求线电流及有功功率；若绕组采用三角形接法，接到电源线电压为 220 V、频率为 50 Hz 的对称三相电源上，线电流及有功功率又为多少？

第 4 章

磁路与变压器

知识目标

1. 理解磁路的基本物理量和磁路定律。
2. 掌握理想变压器的电压、电流及阻抗的变换作用。

技能目标

会控制变压器的接线。

素质目标

以案例——CW6132 型车床照明电路导入，使学生熟悉行业规范和标准，安全用电。

案例

CW6132 型车床照明电路

1. 电路及工作过程

如图 4-1 所示为 CW6132 型车床照明电路电气原理图(只保留照明部分)。根据《机械加工通用安全操作规范》有关“安全规定”：机床局部照明必须采用 36 V(包括 36 V)以下安全电压。

电源合上后，照明变压器工作，信号指示灯 HL 亮。若照明开关 Q_2 合上，工作照明灯 EL 亮；照明开关 Q_2 断开，工作照明灯 EL 熄灭。

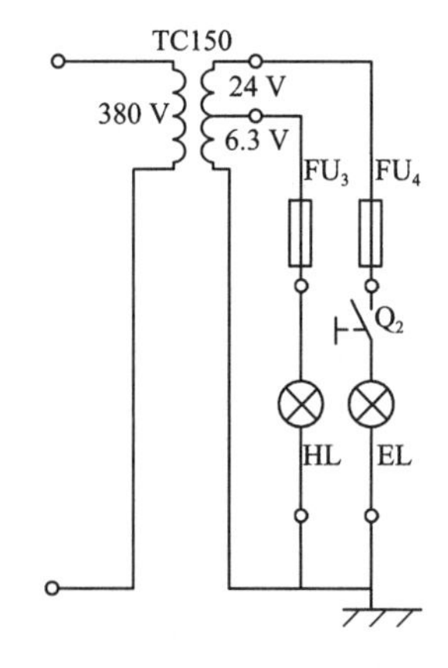

图 4-1　CW6132 型车床照明电路电气原理图

2. 工作元器件

照明变压器 TC150 一次侧(初级)有380 V 接线柱，二次侧(次级)有 6.3 V 和24 V 两种“中间抽头”；信号指示灯 HL；工作照明灯 EL；熔断器 FU_3、FU_4。

3. 案例实施

在安全电压 36 V 以下，根据工作实际需要，如照明灯具、仪表指示灯的工作电压，选择合适的照明变压器，以保证照明工作。

4. 案例思考

安全照明可以使用自耦变压器吗？

带着案例思考中的问题进入本章内容的学习。

磁路和电路往往是相关联的，很多电工设备(如电机、变压器、电工测量仪表及其他各种含有电磁机构的元件)中不仅有电路问题，同时还有磁路问题。

4.1　磁路及基本物理量

一、磁路

在物理学中曾学习过，将电流通入线圈，在线圈内部及周围就会产生磁场，磁场在空间的分布情况可以用磁力线形象描述。在电磁铁、变压器及电机等电气设备中，常用铁磁材料(铁、镍、钴等)制成一定形状的铁芯。

由于铁磁材料是良导磁物质，所以它的磁导率比其他物质的磁导率大得多，能把分散的磁场集中起来，使磁力线绝大部分经过铁芯而形成闭合的磁路，如图 4-2 所示。

图 4-2(a)是四极直流电动机的磁路；图 4-2(b)是变压器铁芯线圈的磁路，电流 I 通过线圈所产生的磁通 Φ 几乎全部集中通过铁芯闭合。磁路是磁通通过的闭合路径。

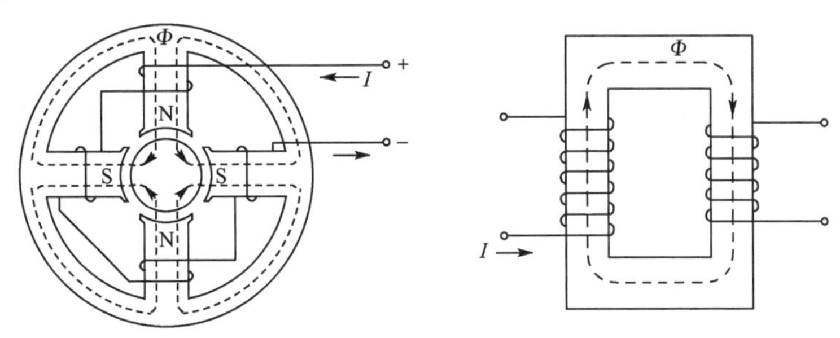

(a) 四极直流电动机的磁路　　(b) 变压器铁芯线圈的磁路

图 4-2　磁路

二、磁场的基本物理量

1. 磁感应强度

磁感应强度 $\boldsymbol{B}$ 是表示空间某点磁场强弱和方向的物理量，是矢量。其大小可用通过垂直于磁场方向的单位面积内磁力线的数目来表示。由电流产生的磁场方向可用右手螺旋法则确定。磁感应强度的单位为特斯拉,简称特(T)。

2. 磁通

磁感应强度 $\boldsymbol{B}$ 与垂直于磁力线方向的面积 S 的乘积称为穿过该面的磁通 Φ,即

$$\Phi=BS \tag{4-1}$$

则

$$B=\Phi/S$$

磁通 Φ 又表示穿过某一截面 S 的磁力线条数,磁感应强度 $\boldsymbol{B}$ 在数值上可以看成与磁场方向相垂直的单位面积所通过的磁通,故又称磁通密度。磁通的单位为韦伯,简称韦(Wb)。

3. 磁场强度

磁场强度 $\boldsymbol{H}$ 是为了更方便地分析磁场的某些问题而引入的物理量,是矢量,它的方向与磁感应强度 $\boldsymbol{B}$ 的方向相同。磁场强度与产生该磁场的电流之间的关系,可以由安培环路定律确定,即

$$\oint H\mathrm{d}l=\sum I \tag{4-2}$$

即磁场强度沿任一闭合路径 l 的线积分等于此闭合路径所包围的电流的代数和。磁场强度的单位是安/米(A/m)。

4. 磁导率

磁导率 μ 是用来表示物质导磁性能的物理量。某介质的磁导率是指该介质中磁感应强度和磁场强度的比值,即 $\mu=\boldsymbol{B}/\boldsymbol{H}$。磁导率的单位为亨/米(H/m)。真空的磁导率 μ_0 由实验测得为一常数,其值为 $\mu_0=4\pi\times10^{-7}$ H/m。

为了便于比较不同磁介质的导磁性能,常把它们的磁导率 μ 与真空的磁导率 μ_0 相比较,其比值称为相对磁导率,用 μ_r 表示,即 $\mu_r=\mu/\mu_0$。

三、磁性材料与磁滞回线

1. 磁性材料

物质按其导磁性能大体上分为磁性材料和非磁性材料两大类。铁、镍、钴及其合金等为磁性材料,其 μ_r 值很高,从几百到几万;而非磁性材料的磁导率与真空相近,都是常数,故$\mu_r\approx1$。因此,在具有高导磁性能材料的铁芯线圈中,通入不大的励磁电流,便可产生足够大的磁通和磁感应强度,因此具有励磁电流小、磁通大的特点。磁性材料的这种高导磁性能被广泛应用于电气设备中。

磁性材料的 μ_r 并不是常数,它随励磁电流和温度而变化,温度升高时磁性材料的 μ_r 将下降或磁性全部消失。

2. 磁滞回线

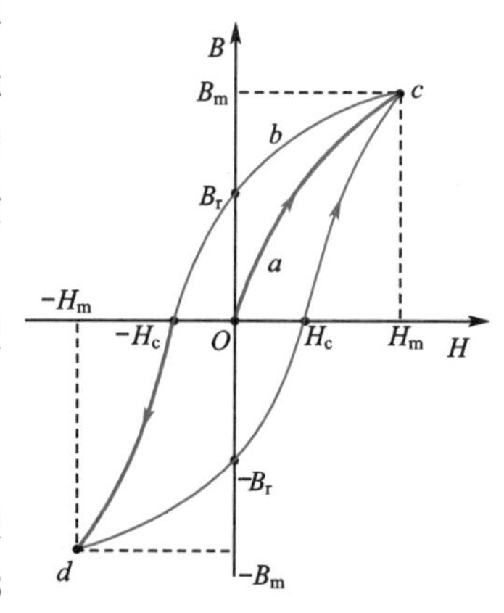

图 4-3　磁滞回线

当铁芯线圈中通有大小和方向变化的电流时,铁芯就产生交变磁化,磁感应强度 B 随磁场强度 H 变化的关系如图 4-3 所示。Oc 段 B 随 H 增加而增加,当磁化曲线达到 c 点时,减小

电流使 H 由 H_m 逐渐减小，B 将沿另一条位置较高的曲线 b 下降。当 $H=0$ 时，仍有 $B=B_r$，B_r 为剩余磁感应强度，简称剩磁。欲使 $B=0$，需通有反向电流，即加反向磁场 $-H_c$，H_c 称为矫顽力。当达到 $-H_m$ 时，磁性材料达到反向磁饱和。然后令 H 反向减小，曲线回升；到 $H=0$ 时，相应有 $B=-B_r$，为反向剩磁。再使 H 从零正向增加到 H_m，即又正向磁化到饱和，便得到一条闭合的对称于坐标原点的回线，这就是磁滞回线。

4.2 磁路定律

一、磁路欧姆定律

如图 4-4 所示为一个线圈匝数为 N、通有电流为 I、闭合磁路的平均长度为 L、截面积为 S 的均匀磁路铁芯，材料的磁导率为 μ，铁芯中的磁场强度为 $\boldsymbol{H}$，磁感应强度为 $\boldsymbol{B}$。由于磁路截面处处相同，故铁芯中的磁通为

$$\Phi=BS=\mu HS$$

根据安培环路定律

$$\oint H\mathrm{d}l=\sum I$$

得

$$H=\frac{NI}{L}$$

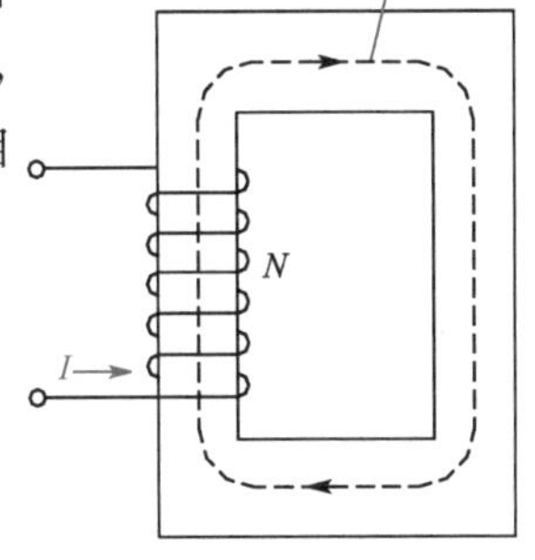

图 4-4　磁路与磁通

上式中线圈匝数与电流乘积称为磁通势，用字母 F 表示，即

$$F=NI$$

磁通势的单位是安（A）。联立上面几个式子，则有

$$\Phi=\mu HS=\frac{NI}{L/\mu S}$$

如果线圈中的铁芯换上导磁性能差的非磁性材料，而磁通势 NI 仍保持不变，那么，由于非磁性材料的磁导率很小，磁路中的磁通将变得很小。可见，磁通的大小不仅与磁通势有关，还与构成磁路的材料及尺寸有关。

仿效直流电路中电阻对电流起阻碍作用的类似分析方法，在磁路中也有磁阻 R_m 对磁通 Φ（可看作磁流）起阻碍作用。根据推导，磁阻可用下式来确定

$$R_m=L/\mu S \tag{4-3}$$

即

$$\Phi=BS=\frac{NI}{L/\mu S}=\frac{F}{R_m} \tag{4-4}$$

式中，如果将 Φ、F、R_m 分别视作与电路中的电流 I、电压 U、电阻 R 相类似，则上式就和电路的欧姆定律相似，被称为磁路欧姆定律。

磁阻的单位是 1/亨（1/H）。

值得注意的是，如果在磁路中含有气隙，则磁路的总磁阻等于铁芯磁阻与气隙磁阻之和，与电路中两个电阻串联的情况相似。

二、磁路基尔霍夫定律

磁力线是闭合的，因此磁通是连续的，对于磁路中任一闭合面，任一时刻穿入的磁通必定等于穿出的磁通，在一个有分支的磁路中的节点处取一闭合面，磁通的代数和为零，这就是磁路基尔霍夫第一定律。

如图 4-5 所示为一分支磁路，在节点 A 处作一闭合面，若设穿入闭合面的磁通为正，穿出闭合面的磁通为负，则有

$$-\Phi_1-\Phi_2+\Phi_3=0$$

即

$$\sum\Phi=0 \tag{4-5}$$

上式和电路中的基尔霍夫电流定律相似。

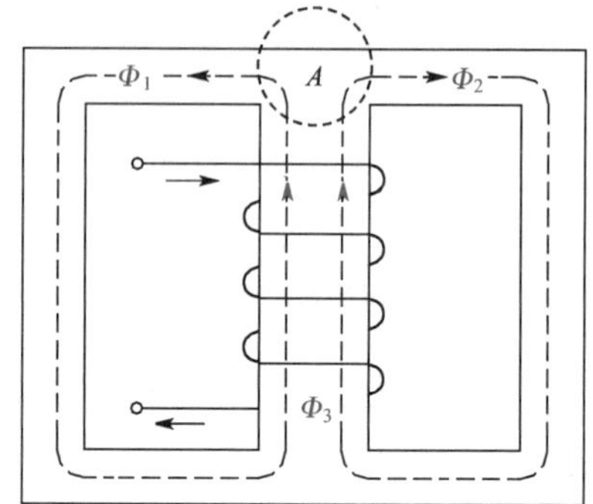

图 4-5　分支磁路

此外，考虑到在磁路的任一闭合路径中，磁场强度与磁通势的关系应符合安培环路定律，故有

$$\sum NI=\sum HL \tag{4-6}$$

上式和电路中的基尔霍夫电压定律相似，称为磁路基尔霍夫第二定律。当磁通势与路径方向一致（或符合右手螺旋法则关系）时，将其取正；反之取负。

4.3　交流铁芯线圈与电磁铁

一、交流铁芯线圈

铁芯线圈可以通入直流电来励磁（如电磁铁），产生的磁通是恒定的，在线圈和铁芯中不会感应出电动势来，在一定的电压下，线圈中的电流和线圈的电阻有关。

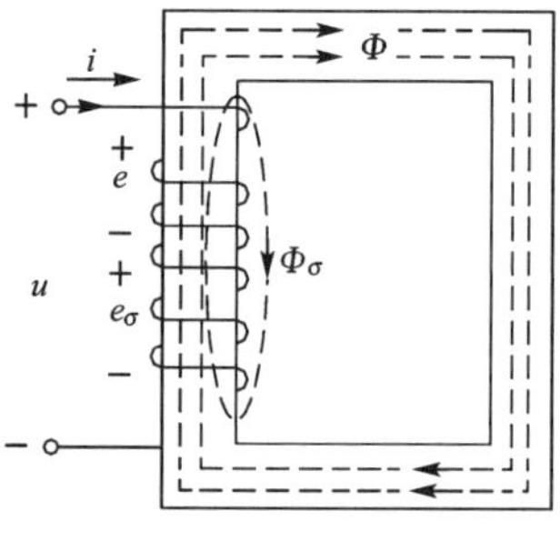

铁芯线圈也可以通入交流电来励磁（变压器、交流电动机及各种交流电器的线圈都是由交流电励磁的）。图 4-6 是交流铁芯线圈电路，线圈的匝数为 N，线圈的电阻为 R，当在线圈两端加上交流电压时，磁动势产生的磁通绝大部分通过铁芯而闭合，此外还有很少的一部分磁通经过空气或其他非导磁媒质而闭合，这部分磁通称为漏磁通 Φ_σ。

图 4-6　交流铁芯线圈电路

设电压、电流和磁通及感应电动势的参考方向如图 4-6 所示。由基尔霍夫电压定律有

$$u+e+e_\sigma-Ri=0$$

或

$$u=Ri+(-e)+(-e_\sigma)$$

式中，e 为 Φ 产生的感应电动势；e_σ 为 Φ_σ 产生的感应电动势。

大多数情况下，线圈的电阻 R 很小，漏磁通 Φ_σ 较小，即

$$u=-e$$

根据法拉第电磁感应定律有

$$e=-N\frac{\mathrm{d}\Phi}{\mathrm{d}t}$$

得

$$u=N\frac{\mathrm{d}\Phi}{\mathrm{d}t} \tag{4-7}$$

即电源电压等于主磁感应电压。

由于电源电压与产生的磁通同频变化，设 $\Phi=\Phi_\mathrm{m}\sin(\omega t)$，则

$$u=\omega N\Phi_\mathrm{m}\sin(\omega t+90°)=2\pi fN\Phi_\mathrm{m}\sin(\omega t+90°)$$

电压的有效值为

$$U=\frac{1}{\sqrt{2}}\omega N\Phi_\mathrm{m}=\frac{2\pi}{\sqrt{2}}fN\Phi_\mathrm{m}=4.44fN\Phi_\mathrm{m} \tag{4-8}$$

即当铁芯线圈上加以正弦交流电压时，铁芯线圈中的磁通也是按正弦规律变化的。在相位上，电压超前于磁通 90°；在数值上，端电压有效值为 $U=4.44fN\Phi_\mathrm{m}$。

在交变磁通作用下，铁芯中有能量损耗，称为铁损。铁损主要由以下两部分组成：

（1）涡流损耗

铁芯中的交变磁通 $\Phi(t)$ 在铁芯中感应出电压，由于铁芯也是导体，便产生一圈圈的电流，称为涡流。涡流在铁芯内流动时，在所经回路的导体电阻上产生的能量损耗称为涡流损耗。

减少涡流损耗的途径有两种：一是用较薄的硅钢片叠成铁芯；二是提高铁芯材料的电阻率。

（2）磁滞损耗

铁磁性物质在反复磁化时，磁畴反复变化，磁滞损耗是克服各种阻滞作用而消耗的那部分能量。磁滞损耗的能量转换为热能而使磁性材料发热。

为了减少磁滞损耗，一般交流铁芯都采用软磁材料。

二、电磁铁

电磁铁是利用载流铁芯线圈产生的电磁吸力来操纵机械装置，以完成预期动作的一种电器。它是将电能转换为机械能的一种电磁元件。

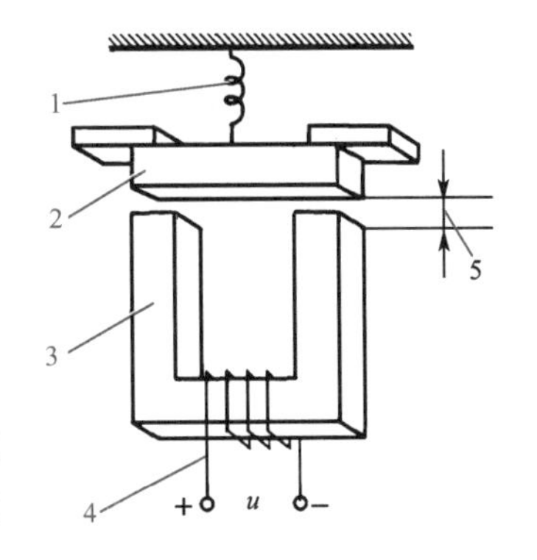

图 4-7　电磁铁的组成

1—弹簧；2—衔铁；3—铁芯；4—线圈；5—气隙

电磁铁主要由线圈、铁芯及衔铁三部分组成，铁芯和衔铁一般用软磁材料制成。铁芯一般是静止的，线圈总是装在铁芯上。开关电器中电磁铁的衔铁上还装有弹簧，其组成如图 4-7 所示。

当线圈通电后，铁芯和衔铁被磁化，成为极性相反的两块磁铁，它们之间产生电磁吸力。当电磁吸力大于弹簧的反作用力时，衔铁开始向着铁芯方向运动；当线圈中的电流小于某一

定值或中断供电时，电磁吸力小于弹簧的反作用力，衔铁将在反作用力的作用下返回到原来的释放位置。

电磁铁按其线圈电流的性质可分为直流电磁铁和交流电磁铁；按用途不同可分为牵引电磁铁、制动电磁铁、起重电磁铁及其他类型的专用电磁铁。牵引电磁铁主要用于自动控制设备中，用来牵引或推斥机械装置，以达到自控或遥控的目的；制动电磁铁是用来操纵制动器，以完成制动任务的电磁铁；起重电磁铁是用于起重、搬运铁磁性重物的电磁铁。

4.4 变压器

变压器的应用非常广泛，有用于输配电系统的电力变压器，用于工业动力系统中直流拖动的专用电源变压器，用于电力系统或实验室等场合的调压变压器，用于测量电压、电流的电压互感器、电流互感器，用于潮湿环境或人体常常接触场合的隔离变压器。变压器主要由铁芯和绕组两个基本部分组成。

如图 4-8 所示为单相变压器的原理图，与电源相连的绕组称为一次绕组（又称原边绕组），与负载相连的绕组称为二次绕组（又称副边绕组）。一次绕组、二次绕组的匝数分别为 N_1 和 N_2。当变压器的一次绕组接上交流电压 u_1 时，一次绕组中便有电流 i_1 通过。电流 i_1 在铁芯中产生闭合磁通 Φ，磁通 Φ 随 i_1 的变化而变化，从而在二次绕组中产生感应电动势 e_2。如果二次绕组接有负载，则在二次绕组和负载组成的回路中有负载电流 i_2 产生。

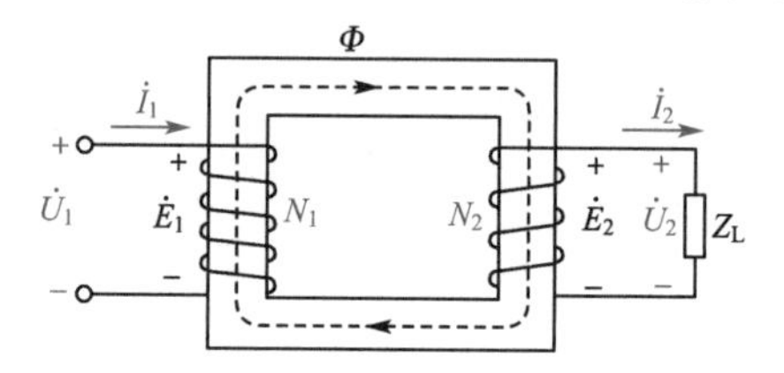

图 4-8 单相变压器的原理图

变压器中一、二次绕组的电压之比为变压器的电压比，即

$$\frac{U_1}{U_2} \approx \frac{E_1}{E_2} = \frac{N_1}{N_2} = k \tag{4-9}$$

变压器中一、二次绕组的电流之比为

$$\frac{I_1}{I_2} \approx \frac{N_2}{N_1} = \frac{1}{k} \tag{4-10}$$

在图 4-9(a)所示电路中，负载阻抗 Z_L 与变压器二次绕组连接，虚线框内部分 Z_L 为折算到一次绕组的等效阻抗 Z'，如图 4-9(b)所示。通过变换可得

$$Z' = k^2 Z_L \tag{4-11}$$

这表明变压器的副边接上负载 Z_L 后，对电源而言，相当于接上阻抗为 $k^2 Z_L$ 的负载。当变压器负载一定时，改变变压器原、副边匝数，可获得所需的阻抗。

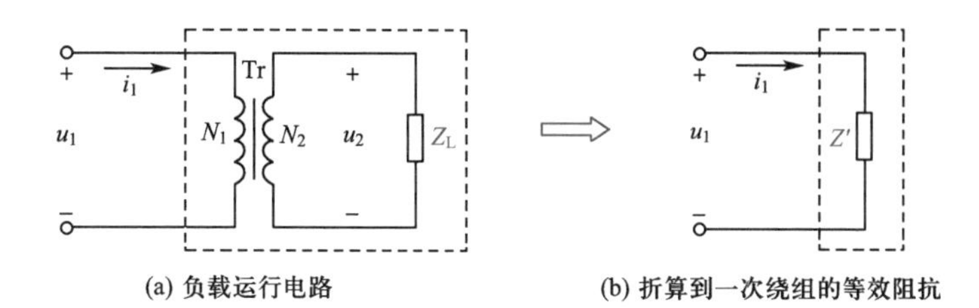

(a) 负载运行电路　　(b) 折算到一次绕组的等效阻抗

图 4-9 阻抗变换电路

例4-1

有一台 220 V/36 V 的降压变压器,副边接一盏 36 V/40 W 的灯泡,试求:

(1)若变压器的原边绕组 $N_1=1\ 100$ 匝,副边绕组匝数应是多少?

(2)灯泡点亮后,原、副边的电流各为多少?

解:(1)由变压比的公式,可以求出副边的匝数为

$$N_2=\frac{U_2}{U_1}N_1=\frac{36}{220}\times 1\ 100\ \text{匝}=180\ \text{匝}$$

(2)灯泡是纯电阻负载,$\cos\varphi=1$,由有功功率公式 $P_2=U_2I_2\cos\varphi$,可求得副边电流为

$$I_2=\frac{P_2}{U_2}=\frac{40}{36}\ \text{A}\approx 1.11\ \text{A}$$

由变流公式,可求得原边电流为

$$I_1\approx I_2\frac{N_2}{N_1}=1.11\times\frac{180}{1\ 100}\ \text{A}\approx 0.18\ \text{A}$$

例4-2

在如图 4-10 所示的晶体管收音机输出电路中,晶体管所需的最佳负载电阻 $R'=600\ \Omega$,而变压器副边所接扬声器的阻抗 $R_L=16\ \Omega$。试求变压器的匝数比。

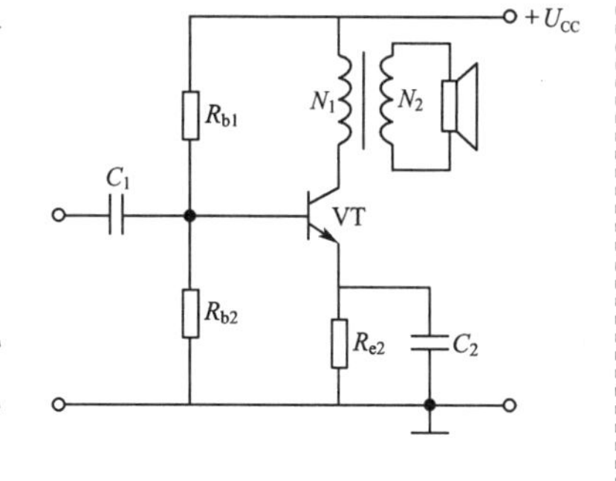

图 4-10 【例 4-2】图

解:根据题意,要求副边电阻等效到原边后的电阻刚好等于晶体管所需最佳负载电阻,以实现阻抗匹配,输出最大功率。因此根据变压器阻抗变换公式有

$$\frac{R'}{R_L}=k^2=\left(\frac{N_1}{N_2}\right)^2$$

$$k=\frac{N_1}{N_2}=\sqrt{\frac{R'}{R_L}}=\sqrt{\frac{600}{16}}\approx 6$$

即原边的匝数应为副边匝数的 6 倍。

思考题与习题

1. 一空心线圈施加上直流电压，测出相应的电流和功率大小，该线圈插入铁芯后，保持电压不变，线圈的电流和功率是否改变？为什么？

2. 若上题施加的是交流电压，那么在空心和插入铁芯的两种情况下，线圈的电流和功率是否变化？怎样变化？为什么？

3. 为什么变压器的铁芯要用硅钢片叠成？能否用整块的铁芯？

4. 变压器能否用来变换直流电压？为什么？如果把一台 220 V/36 V 的变压器接在 220 V 的直流电源上，会有什么后果？

5. 要制作一台 220 V/110 V 的变压器，能否原边绕组只有两匝、副边绕组只有一匝？为什么？

6. 一台 220 V/110 V 的变压器，能否用来把 440 V 的电压降为 220 V 或者把 220 V 的电压升高为 440 V？为什么？

7. 某变压器的原边电压为 220 V，副边电压为 36 V，已知原边绕组匝数是 1 100 匝，试求：

(1)副边绕组匝数；

(2)若在副边接入一盏 36 V/100 W 的白炽灯，问原边、副边电流各是多少？

8. 交流信号源电动势 $U_S=6$ V，内阻 $R_O=100\ \Omega$，扬声器电阻 $R_L=8\ \Omega$，需要信号源为扬声器输出最大功率，则应选择变压比多大的变压器？计算匹配后信号源的输出功率和负载的吸收功率，画出电路图。

9. 有一 220 V 电源直接通过 30 km 长的线路供电给 $R=10\ \Omega$ 的负载，另一个是通过变压器将 220 V 电压升高到 3 300 V 后送电，到负载端接一降压变压器将 3 300 V 电压降到 220 V 供电给 $R=10\ \Omega$ 的负载，如果用于传输的电线每 10 km 电阻为 3 Ω，分析上述两种情况输电线上消耗的功率。

第 5 章

异步电动机与控制

知识目标

1. 掌握三相异步电动机的结构、工作原理、机械特性及启动、制动、反转和调速方法。
2. 了解单相异步电动机的结构、工作原理，了解常用控制电动机的工作原理。
3. 掌握常用低压电器工作原理、作用及图形和文字符号。
4. 掌握基本控制电路的控制原理。

技能目标

1. 会正确使用常用的低压电器。
2. 能进行基本控制电路的接线和调试。

素质目标

1. 通过控制电路的接线和调试，弘扬工匠精神，培养学生认真仔细、一丝不苟的工作态度。

2. 以案例——CW6132 型车床控制电路导入，培养学生实际应用能力，并使职业精神和责任意识在实践过程中不断养成和深化。

案例

CW6132 型车床控制电路

1. 电路及工作过程

CW6132 型车床控制电路如图 5-1 所示。机床主电路中一般有两台电动机，一台是主轴电动机，用于拖动主轴旋转，另一台是冷却泵电动机，为车削工件时输送冷却液。电路中含有照明电路。

在电源开关 QS 合上后，合上开关 Q_1，冷却泵电动机 M_2 启动，为机床输送冷却液；断开开关 Q_1，冷却泵电动机 M_2 断电停转。

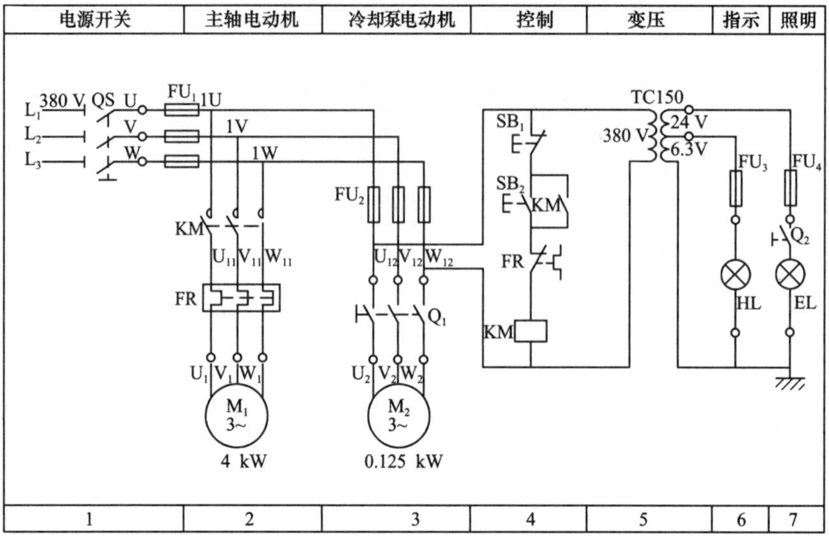

图 5-1　CW6132 型车床电气控制原理图

在电源开关 QS 合上后，启动按钮 SB_2 闭合后，线圈 KM 通电吸合，主电路中的主触点 KM 接通，主轴电动机 M_1 启动，带动主轴旋转。在主轴工作时，按下停止按钮 SB_1，线圈 KM 断电释放，主电路中的主触点 KM 断开，主轴电动机 M_1 断电停转。

2. 工作元器件

主轴电动机 M_1；冷却泵电动机 M_2；开关(QS、Q_1、Q_2)；熔断器(FU_1、FU_2)；热继电器 FR；接触器 KM；启动按钮 SB_1；停止按钮 SB_2。

3. 案例实施

(1)按原理图，连接好控制线路。

(2)用万用表检测线路的正确性。

(3)通电试验。

4. 案例思考

(1)电动机如何进行启动控制。

(2)电动机如何进行停止控制。

(3)电动机如何进行连续运行控制。

(4)电动机如何进行正反转运行控制。

(5)如何用万用表检测线路的正确性。

带着案例思考中的问题进入本章内容的学习。

电机是依据电磁感应定律实现能量转换或信号转换的一种电磁装置，它主要是产生驱动转矩，作为电器或各种机械的动力源。用于能量转换的电机称为动力电机，用于信号转换的电机称为控制电机。动力电机包括发电机和电动机，将机械能转换为电能的称为发电机，将电能转换为机械能的称为电动机。

电动机按电源种类可分为直流电动机和交流电动机；按结构和工作原理可分为异步电动机和同步电动机；按用途可分为驱动电动机和控制电动机；按转子的结构可分为笼式电动机和绕线式电动机；按运转速度可分为高速电动机、低速电动机、恒速电动机和调速电动机。

三相异步电动机具有结构简单，制造、使用和维护方便，运行可靠，成本较低等优点，是目前应用最广泛的一种电动机。

5.1 三相异步电动机

三相异步电动机是由三相交流电供电的电动机，又称异步电动机。与其他类型的电动机相比，它结构简单，制造容易，价格低廉，效率高，运行经济可靠且便于维护，获得了广泛的应用。其缺点是调速性能差，功率因数低，在有些场合受到限制，但随着当前变频调速技术的发展，该问题已得到了解决。

一、三相异步电动机的结构

三相异步电动机的结构主要包括定子(固定部分)和转子(旋转部分)两大部件，如图5-2所示为三相异步电动机的笼式结构。

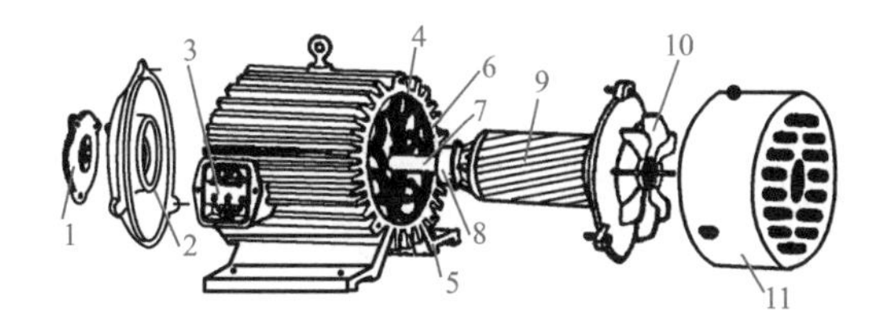

图 5-2 三相异步电动机的笼式结构

1—轴承盖；2—端盖；3—接线盒；4—散热筋；5—机座；6—定子绕组；7—转轴；8—轴承；9—转子；10—风扇；11—罩壳

1. 定子

定子是指电动机中静止不动的部分，有定子铁芯、定子绕组、机座、端盖等部件。定子铁芯用 0.5 mm 厚的、表面有绝缘层的硅钢片叠压成圆筒状，如图 5-3 所示。在定子铁芯的内圆冲有均匀分布的槽孔，用以嵌置三相定子绕组，每相绕组分布在几个槽内，线圈按一定规则连接成三相定子绕组，如图 5-4(a)所示。三相定子绕组结构完全对称，一般有六个接线端，即 U_1、U_2、V_1、V_2、W_1、W_2，它们置于接线盒内，根据需要接成星形或三角形，分别如图 5-4(b)、图 5-4(c)所示。整个定子绕组、铁芯和端盖固定在机座上，端盖上装有轴承，支承转子,机座一般均为铸钢件。

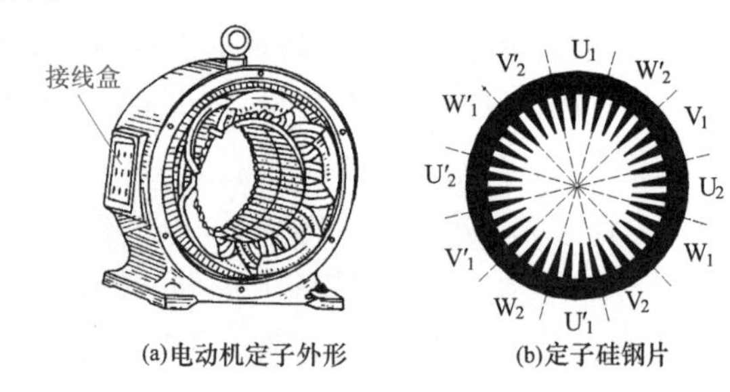

(a)电动机定子外形　(b)定子硅钢片

图 5-3　电动机定子

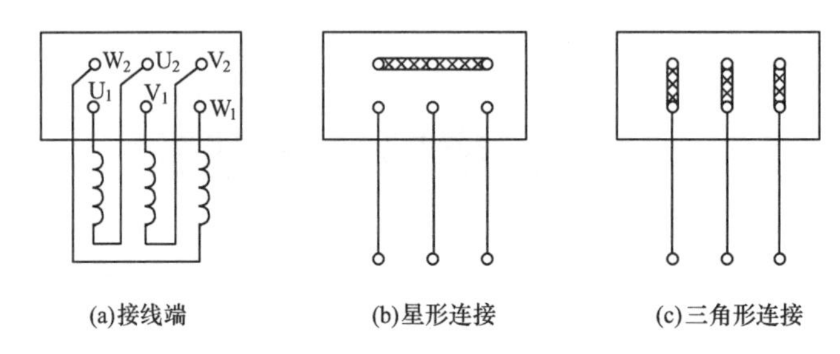

(a)接线端　(b)星形连接　(c)三角形连接

图 5-4　三相异步电动机的定子接线盒

2. 转子

转子是电动机的旋转部分,由转子铁芯、转子绕组和转轴组成。转子铁芯也是由 0.5 mm 厚的硅钢片叠成的圆柱体,固定在转轴上,转轴上加机械负载,与定子相同在圆周外表面冲有槽孔,用以嵌置转子绕组,如图 5-5(a)所示。转子绕组的构造分为笼式和绕线式两种。

笼式转子绕组是用铜条和铜环焊接成的笼形闭合电路,如图 5-5(b)所示,由于转子绕组的形状像鼠笼,故称笼式转子。

对于中小型电动机,为了降低成本,在槽中浇铸铝液,铸成如图 5-5(c)所示的转子,不仅制造简单而且坚固耐用。

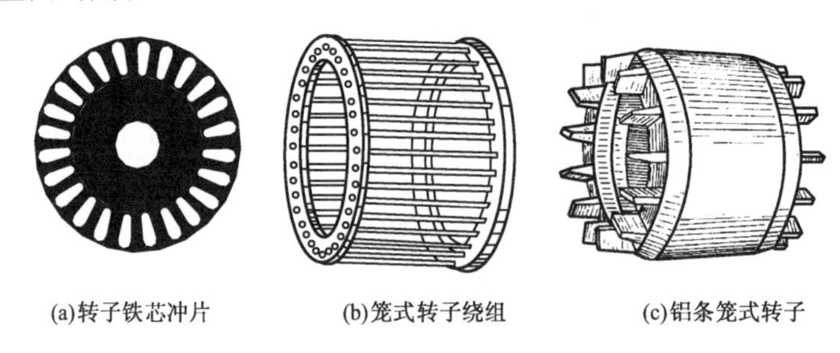

(a)转子铁芯冲片　(b)笼式转子绕组　(c)铝条笼式转子

图 5-5　笼式转子

绕线式转子的铁芯与笼式一样,不同的是在转子的铁芯槽内嵌置对称三相绕组,并按星形连接,绕组的另外三个接线端分别接至固定在转轴且彼此绝缘的三个铜质滑环上,通过与滑环接触的电刷引到相应的接线盒里,其转子电路与形状如图 5-6 所示。

绕线式转子的特点是可以通过滑环和电刷,在转子电路中接入附加的电阻,以便电动机启动时调节电动机的转速。在需要大启动转矩时,往往采用绕线式异步电动机。

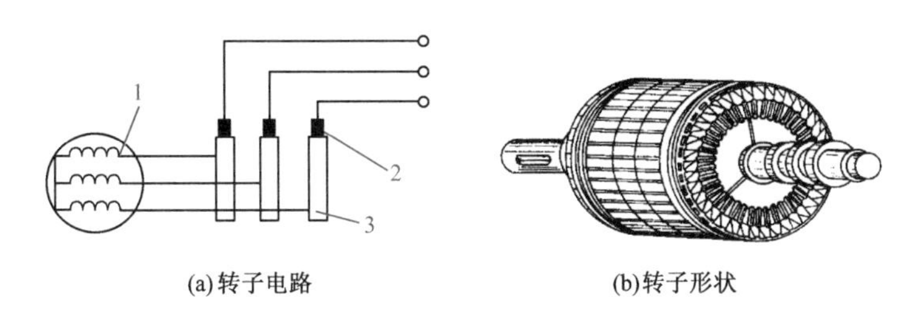

图 5-6 绕线式转子

1—转子绕组;2—电刷;3—滑环

二、三相异步电动机的工作原理

定子绕组接通三相交流电源后,在定子绕组内形成三相对称电流,在电动机内产生旋转磁场,转子绕组与旋转磁场产生相对运动并切割磁力线,使转子绕组产生感应电流,两者互相作用产生电磁转矩,使转子旋转起来。

1. 旋转磁场的产生

为了研究问题的方便,把三相异步电动机定子中的线圈看成简单的三相六槽结构,每相绕组分别相差 120°并对称。每相绕组的符号和接法如图 5-7 所示,连接成星形。

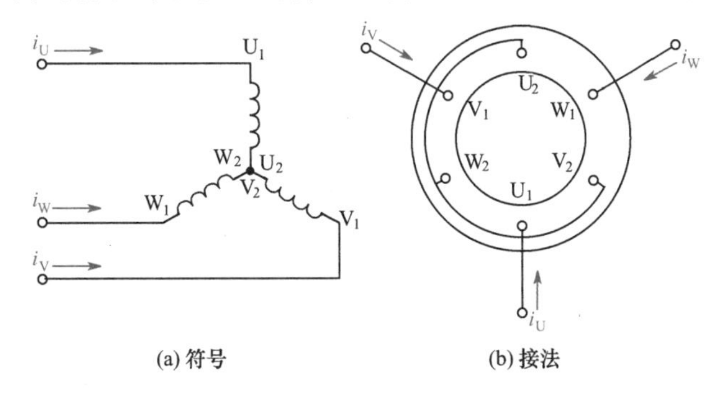

图 5-7 三相异步电动机定子绕组的符号和接法

如果在三相绕组中分别通入以下三相对称电流

$$i_U = I_m \sin(\omega t)$$

$$i_V = I_m \sin(\omega t - 120°)$$

$$i_W = I_m \sin(\omega t + 120°)$$

取绕组始端到末端的方向作为电流的参考方向。在电流的正半周,其值为正,其实际方向与参考方向一致;在电流的负半周,其值为负,其实际方向与参考方向相反。当在对称三相绕组中分别通入三相交流电后,在 U_1U_2、V_1V_2、W_1W_2 中将产生各自的交变磁场,其三个交变磁场将合成一个两极旋转磁场,如图 5-8 所示,反映了交流电变化一个周期旋转磁场的变化情况。

如图 5-8(a)所示,$t=0(\omega t=0)$时,$i_U=0$,i_V 为负值,i_W 为正值,i_V 的大小与 i_W 的大小相同,电流通过三个绕组的方向及形成磁场的磁力线方向可用右手螺旋法则判断出,该磁场的磁力线由一对磁极产生,下边是 N 极,上边是 S 极。

在 $t=\frac{T}{4}(\omega t=\frac{\pi}{2})$时刻,$i_U$ 为正,i_V、i_W 均为负,合成的磁场如图 5-8(b)所示。左边是 N

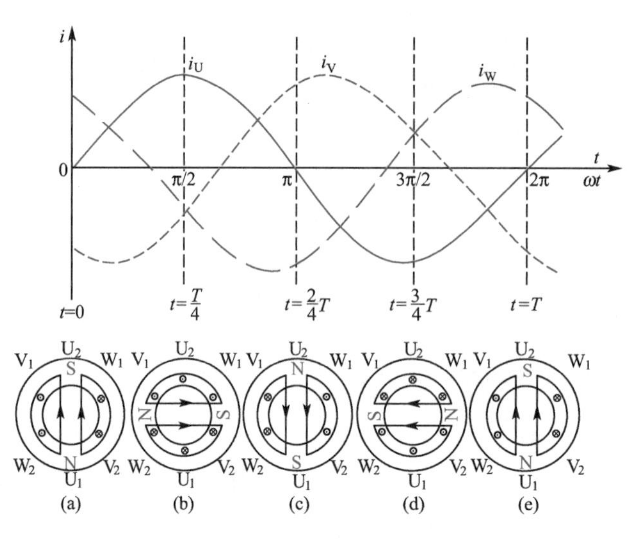

图 5-8　三相交流旋转磁场的产生

极，右边是 S 极，磁场在空间顺时针旋转$\frac{\pi}{2}$弧度。

同理在 $t=\frac{2}{4}T$、$\frac{3}{4}T$ 及 T 时刻，各绕组的电流方向及对应的合成磁场如图 5-8(c)～图 5-8(e)所示。当电流完成了一个周期的变化时，它们所产生的合成磁场在空间也旋转了一周。三相电流随时间周而复始地变化，合成磁场也在空间不停地旋转起来了。

以上研究的磁场是一对磁极($p=1$)，如果将定子绕组做不同的空间排列，可以制成两对磁极($p=2$)和三对磁极($p=3$)或更多对磁极的旋转磁场。三相异步电动机的转速与旋转磁场的转速有关，而旋转磁场的转速又与磁极的对数有关。根据前面分析可知，电流变化一个周期，电流频率为 f(Hz)，旋转磁场的转速 $n_1=60f$(r/min)。可以证明，若旋转磁场为四极($p=2$)，电流变化一个周期，旋转磁场旋转半周，则 $n_1=60f/2$。依此类推，p 对磁极的旋转磁场的转速为

$$n_1=\frac{60f}{p} \tag{5-1}$$

我国交流电源频率为 50 Hz，表 5-1 列出了磁极对数与旋转磁场转速的关系。

表 5-1　　磁极对数与旋转磁场转速的关系

磁极对数 p	1	2	3	4	5	6
旋转磁场转速 $n_1/(\mathrm{r\cdot min^{-1}})$	3 000	1 500	1 000	750	600	500

在图 5-8 中，旋转磁场是顺时针方向旋转，旋转磁场的方向是由线圈中电流的相序决定的，如果将电源接到定子绕组的三根引线中的任意两根对调，如图 5-9 所示，这时三相定子绕组中的电流相序就按逆时针方向排列，将使旋转磁场按逆时针方向旋转。

2. 转子转动原理

图 5-10 是一个三相异步电动机的模型图，图中 U、V、W 为定子绕组。为了研究问题方便，转子中只画出了两根导条 a、b 组成转子绕组，设转子不动，旋转磁场以转速 n_1 顺时针旋转，可以等效于磁场不动，而转子中的闭合导体 ab 以逆时针方向切割磁力线。因此，在 ab

中将产生感应电动势和感应电流，感应电流方向用右手螺旋法则判断出 a 向外、b 向里。由于闭合导体 ab 中有电流通过，用左手螺旋法则判断出 a 受电磁力 F 向右，b 受电磁力 F 向左，电磁力对转轴产生力矩，称电磁转矩 T，使转子沿顺时针方向转动。转子转速 n 小于旋转磁场的转速 n_1，即不可能使 n 达到 n_1，因为如果二者相等，转子和磁场间就没有相对运动，ab 就不会切割磁力线产生感应电流，也不会受到电磁力产生电磁转矩。所以转子转速一定要小于旋转磁场的转速，这就是异步电动机名称的由来。

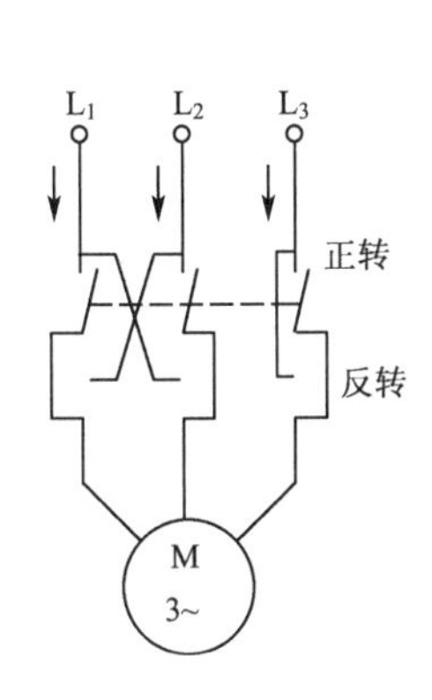

图 5-9 改变旋转磁场的方向

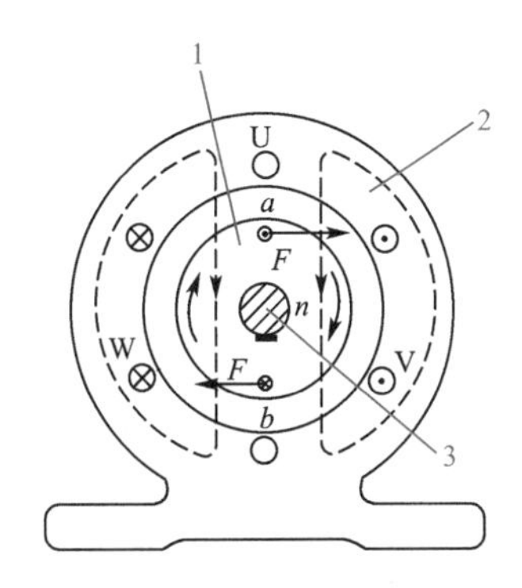

图 5-10 三相异步电动机的模型图

1—转子；2—定子；3—转轴

把旋转磁场的转速 n_1 与转子转速 n 的差值与旋转磁场转速 n_1 之比称为异步电动机的转差率，用 s 表示，即

$$s=\frac{n_1-n}{n_1} \text{或} s=\frac{n_1-n}{n_1}\times 100\% \tag{5-2}$$

转差率是异步电动机的一个重要物理量，一般三相异步电动机在额定转速时的转差率 s_N 为 0.02～0.06。

例5-1

有一台三相异步电动机，其额定转速 $n_N=975$ r/min，试求电动机的磁极对数和额定负载时的转差率。电源频率 $f_1=50$ Hz。

解：由于电动机的额定转速接近而略小于旋转磁场的转速，而同步转速对应于不同的磁极对数，显然 975 r/min 与 1 000 r/min 最相近，从而确定磁极对数 $p=3$。

额定负载时的转差率为

$$s=\frac{n_1-n}{n_1}\times 100\% =\frac{1\,000-975}{1\,000}\times 100\% =2.5\%$$

三、机械特性

电动机产生的电磁转矩 T 与转子转速 n 的关系曲线，即 $n=f(T)$ 曲线称为电动机的机械特性曲线，如图 5-11 所示。

在电动机启动时，即 $n=0$ 时，对应于机械特性曲线上的 D 点，电动机的电磁转矩称为启动转矩(又称为堵转转矩),用 T_{st} 表示。若 T_{st} 大于电动机所带机械负载的阻力转矩 T_L,电动机就能启动。如果 T_{st} 小于 T_L,电动机转速为零,电动机处于堵转状态,此时定子的电流可以达到额定电流的 4～7 倍,时间稍长将会损坏电动机。

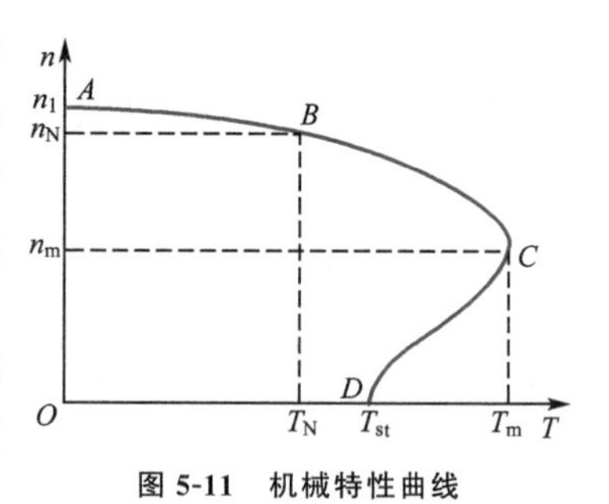

图 5-11　机械特性曲线

当电动机带额定负载时,对应于机械特性曲线上的 B 点,此时的电磁转矩为额定转矩,用 T_N 表示,对应的转速为额定转速,用 n_N 表示。

电动机在运行中对应的最大转矩用 T_m 表示,对应图 5-11 中的 C 点。

电动机不带负载时,输出机械功率 $P_2=0$,称为空载运行,此时电动机的空载转速接近于电动机的同步转速,故转子切割磁力线的速度接近于零,使转子上的感应电流 $I_2\approx 0$,电磁转矩 $T_2\approx 0$。此时,定子侧线电流称为空载电流,用 I_{10} 表示。空载电流用于建立旋转磁场,因而电动机空载时定子侧功率因数很低($\cos\varphi=0.2\sim0.3$)。对于大型电动机,空载电流约为额定电流的 20%,小型电动机的空载电流可达到额定电流的 50%。

由三相异步电动机的机械特性曲线可知,当启动转矩大于负载转矩时,转子在电磁转矩的作用下逐渐加速,转速沿 DC 段上升,电磁转矩也随之增加,一直增加到最大转矩 T_m。以后转速沿 CA 段增加而电磁转矩开始减小,当电磁转矩等于负载转矩时,电动机就以某一转速稳定运行。

电动机正常运行过程中,由于外界因素而使电动机转速发生变化,电动机在 AC 段自动调节电磁转矩与负载转矩平衡,并在新的转速上稳定运行。显然,AC 段电动机的机械特性较硬,这种特性适合大多数生产机械对拖动的要求。但为了使电动机安全可靠地工作,电动机一般工作在 AB 段。

电动机的启动转矩与额定转矩之比称为电动机的启动能力。一般电动机的启动能力为 1.4～2.2,即

$$\text{启动能力}=\frac{T_{st}}{T_N}=1.4\sim2.2 \tag{5-3}$$

电动机的最大电磁转矩与额定转矩之比称为电动机的过载能力。一般电动机的过载能力为 1.6～2.5,即

$$\text{过载能力}=\frac{T_m}{T_N}=1.6\sim2.5 \tag{5-4}$$

实际应用过程中,电动机的电磁转矩对电源电压的变化很敏感,当电网电压降低时,将引起电磁转矩的大幅度下降。可以证明,电磁转矩 T 与电动机定子绕组所加电压 U 的平方成正比,即

$$T\propto U^2 \tag{5-5}$$

图 5-12 为定子绕组加不同工作电压时的几条机械特性曲线。

电动机从电源输入的功率为

$$P_1=\sqrt{3}U_1I_1\cos\varphi_1 \tag{5-6}$$

式中,U_1 与 I_1 分别为线电压和线电流,$\cos\varphi_1$ 为电动机功率因数,转轴上输出功率(铭牌上标出的功率)P_2(kW)为旋转体的机械功率,等于作用在旋转体上的转矩 T 与它的机械角速度 ω 的乘积。所以电动机的输出功率为

$$P_2 = T\omega \tag{5-7}$$

由式(5-7)得

$$T = \frac{P_2}{\omega} = \frac{P_2 \times 10^3 \times 60}{2\pi n} = 9\ 550\ \frac{P_2}{n} \tag{5-8}$$

当电动机在额定状态运行时，则有

$$T_N = 9\ 550\ \frac{P_N}{n_N} \tag{5-9}$$

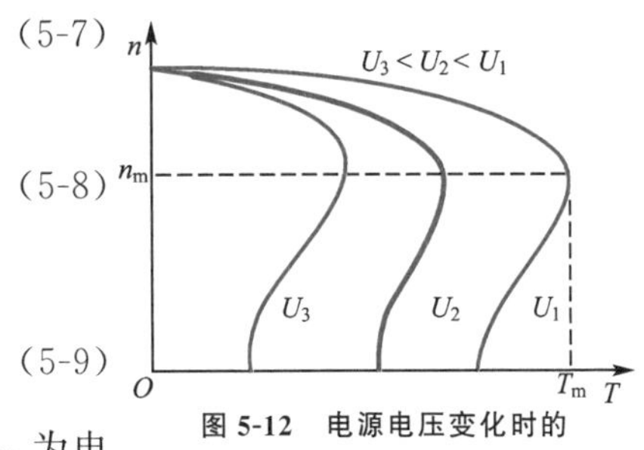

图 5-12 电源电压变化时的机械特性曲线

式中，T_N 为电动机输出的额定转矩，单位为 N·m；P_N 为电动机输出的额定功率，单位为 kW。电动机的效率为

$$\eta = \frac{P_2}{P_1} \times 100\% = \frac{P_2}{\sqrt{3} U_1 I_1 \cos \varphi_1} \times 100\% \tag{5-10}$$

四、三相异步电动机的铭牌数据与选择

1. 三相异步电动机的铭牌数据

在三相异步电动机的外壳上有一块铭牌，见表 5-2。铭牌上记载着这台电动机的型号及主要技术数据。要正确使用电动机，必须要看懂铭牌。

表 5-2 电动机铭牌

<table>
<tr><td colspan="4">三相异步电动机</td></tr>
<tr><td colspan="2">Y-112M-4</td><td colspan="2">编号</td></tr>
<tr><td colspan="2">额定功率 4.0 kW</td><td colspan="2">额定电流 8.8 A</td></tr>
<tr><td>额定电压 380 V</td><td>额定转速 1 440 r/min</td><td colspan="2">LW 82 dB</td></tr>
<tr><td>接法 △</td><td>保护等级 IP 44</td><td>频率 50 Hz</td><td>质量 45 kg</td></tr>
<tr><td>标准编号</td><td>工作制 S1</td><td>B 级绝缘</td><td>出厂：××××年××月××日</td></tr>
<tr><td colspan="4">××电机厂</td></tr>
</table>

三相异步电动机铭牌上标注的主要额定数据有：

(1)型号：Y-112M-4，Y 表示异步电动机，中心高度为 112 mm，机座类型为中机座(L 表示长机座，S 表示短机座，M 表示中机座)，4 表示磁极数为 4 极。

(2)额定功率：$P_N = 4.0$ kW，表示电动机在额定工作状态下运行时，转轴上输出的机械功率，单位是 kW。

(3)额定电流：$I_N = 8.8$ A，表示电动机在额定工作状态下运行时，定子绕组的线电流。定子绕组有星形接法和三角形接法，故额定电流就有两种。

(4)额定电压：$U_N = 380$ V，表示电动机在额定工作状态下运行时，定子绕组所加的线电压。通常有两种电压值 220 V/380 V，当定子绕组采用星形接法时为 220 V，采用三角形接法时为 380 V。

(5)额定转速：$n = 1\ 440$ r/min，表示电动机在额定工作状态下运行时的转速。

(6)接法：△表示定子绕组与三相电源的连接方法，接错会烧毁电动机。

(7)保护等级：IP 44，表示电动机和外壳防护的方式为封闭式电动机。

(8)频率：50 Hz，表示电动机定子绕组输入交流电源的频率。

(9)工作制:S1 表示电动机在额定工作状态下连续运行。S2 为短时运行,S3 为短时重复运行。

(10)绝缘等级:根据绝缘材料允许的最高温度,分为 Y、A、E、B、F、H、C 级,见表 5-3。

表 5-3　绝缘材料耐热等级

等　级	Y	A	E	B	F	H	C
最高允许温度/℃	90	105	120	130	155	180	>180

2. 三相异步电动机的选择

正确选择三相异步电动机的功率、种类、转速,对于电动机的安全运行十分重要。

(1)功率的选择

选择电动机最重要的就是功率。必须依据生产机械的要求来确定:功率选择过大,设备费用增加,不经济;功率选择过小,电动机易过载发热导致烧毁。因此,三相异步电动机的额定功率应选择为

$$P_N \geqslant P_L / \eta_1 \eta_2$$

式中,P_L 为生产机械的负载功率;η_1 为生产机械的效率;η_2 为电动机与生产机械的传动效率,即传动效率,直接连接时 $\eta_2=1$,有传动系统时 $\eta_2<1$。

(2)种类的选择

主要考虑电动机的性能应满足生产机械的要求,如启动、调速等指标,然后再优先选择结构简单、价格便宜、运行可靠、维修方便的电动机。功率小于 100 kW 且不要求调速的生产机械可选用笼式电动机,如泵类、风机、压缩机等;需要大启动转矩或要求有一定调速范围的情况下,可选用绕线式电动机,如起重机、卷扬机等。

在一些特殊场合,还要注意电动机的外形结构。潮气、灰尘多的场所应选择封闭式电动机;有爆炸性气体的场所应选择封闭式电动机。

(3)转速的选择

三相异步电动机的额定转速是根据生产机械的要求决定的。功率相同的电动机,转速越高,体积越小,价格越便宜。但高速电动机的转矩小,启动电流大。选择时应使电动机的转速尽可能与生产机械的转速相一致或接近,以简化传动装置。

5.2　三相异步电动机的运行

一、启动

电动机从接通电源到稳定运行的过程称为启动过程。电动机启动的条件是 $T_{st}>T_L$。刚接通电源的瞬间,电动机的转子尚处于静止状态,定子的电流称为启动电流 I_{st},中小型电动机的启动电流为额定电流的 4~7 倍,由于电动机启动时间不长,小型的为几秒,大型的为十几秒到几十秒,只要不是频繁启动,电动机是可以承受的。但是过大的启动电流在短时间

内会在线路上造成较大的电压降落，而使负载端的电压降低，影响邻近负载的正常工作。因此必须采取措施设法限制电动机的启动电流。常采用的启动方法有以下几种：

1. 直接启动(全压启动)

直接启动是给定子绕组直接加额定电压启动。直接启动的异步电动机要受到供电变压器的限制，当电动机由单独的变压器作为它的电源时，电动机的容量不超过变压器容量的20%～30%便可采用，以电动机启动时电源电压降低不超过额定电压的5%为原则。

2. 降压启动

电动机启动时，降低加在电动机定子绕组上的电压，待启动结束时再恢复额定电压运行。由于启动转矩将明显减小，所以降压启动适用于容量较大的笼式三相异步电动机及对启动转矩要求不高的生产机械负载。

笼式三相异步电动机常用的降压启动方法有定子绕组串电阻(或电抗)降压启动、自耦变压器降压启动、星形-三角形降压启动。

(1)定子绕组串电阻(或电抗)降压启动

如图5-13所示，启动时将QS闭合，电阻R与定子线圈串联，起到分压作用。电动机启动后，电阻R被切掉不起作用，电源直接与定子绕组相连，正常运行。

(2)自耦变压器降压启动

如图5-14所示，启动时将QS闭合，这时启动电压小于额定电压，启动完成后转换为全压，电动机正常运行。

(3)星形-三角形降压启动

如果电动机在工作时其定子绕组接成三角形，启动时接成星形，这时启动电流为全压启动电流的1/3，启动转矩为全压启动转矩的1/3。启动完成后再转换成三角形连接，如图5-15所示。

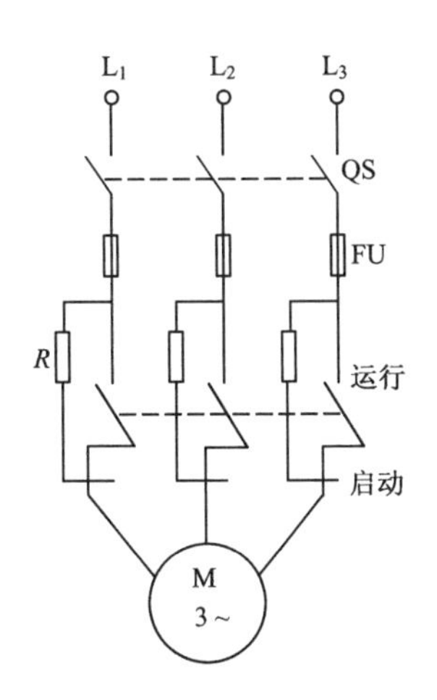

图5-13 笼式三相异步电动机定子绕组串电阻降压启动线路图

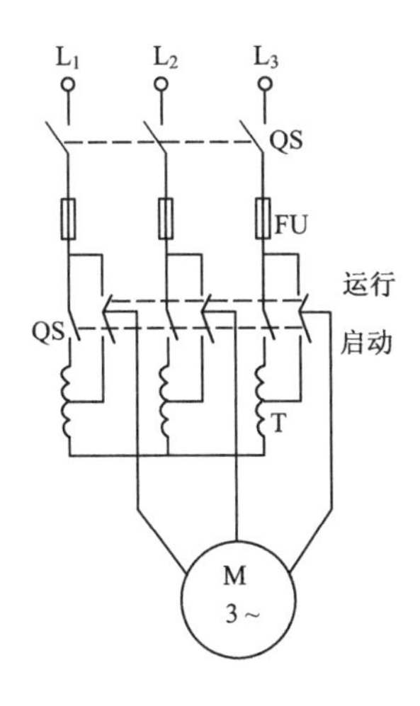

图5-14 笼式三相异步电动机自耦变压器降压启动线路图

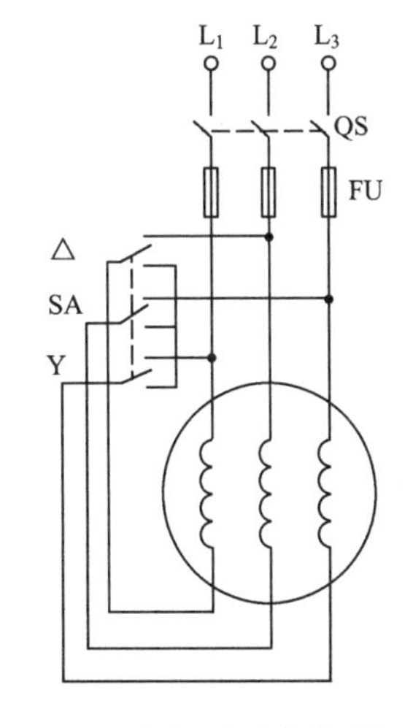

图5-15 笼式三相异步电动机星形-三角形降压启动线路图

3. 绕线式异步电动机的启动

对于绕线式异步电动机的启动，如图5-16所示，只要在转子电路中接入大小适当的启动电阻，转子电流减小，定子电流也减小，同时转子电路电阻增加，电动机的启动转矩随之增加，既可以达到减小启动电流的目的，同时启动转矩也提高了。启动后，将转子电阻调到零值。该启动方法适用于启动转矩较大的机械，如卷扬机等。

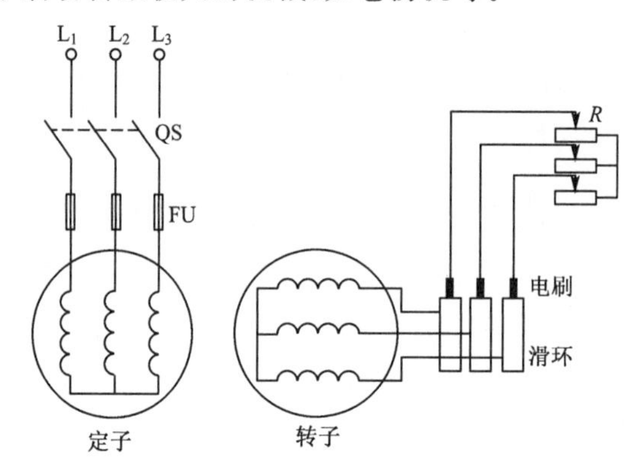

图 5-16 绕线式异步电动机转子串电阻启动原理图

二、制动

电动机切断电源后，阻止电动机转动，使之停转或限制转速的措施称为制动。电动机及其拖动的生产机械具有惯性，切断电源后会转动一定的时间而停止，但有些生产机械要求切断电源后能够迅速停车和反转，因此必须采取制动方法。

三相异步电动机常用的制动方法有以下几种：

1. 能耗制动

如图 5-17 所示，这种方法是在切断三相电源的同时，在任意两相定子之间接入直流电源，使直流电流流入一组线圈，产生一个稳定磁场，转子由于惯性继续在原方向转动，并切割磁力线产生感应电流。根据右手螺旋法则和左手螺旋法则不难确定转子受力矩方向与转动方向相反，起制动作用，电动机迅速停转。在制动过程中转子的动能转变为电能，再转变为热能消耗掉，所以称为能耗制动。

2. 反接制动

如图 5-18 所示，为了快速停机，将电源三根导线中的任意两根对调，这时电动机内的旋转磁场反向旋转，转子受到一个与原转动方向相反的制动力矩，使电动机转速迅速降低。在电动机的转速接近零时，必须由控制电器将电动机的电源及时切断，以防止电动机反转。

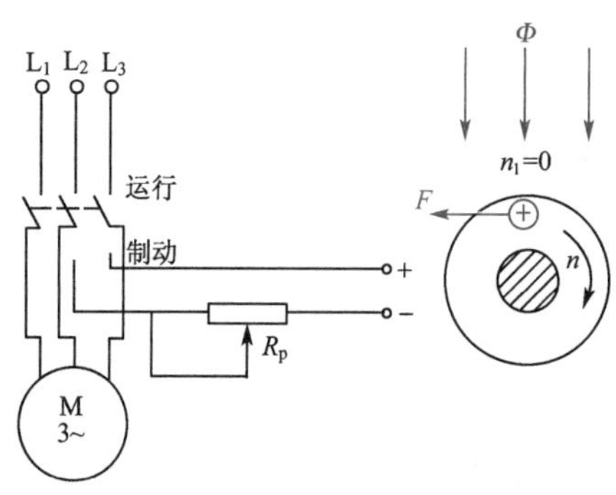

图 5-17 三相异步电动机能耗制动原理图

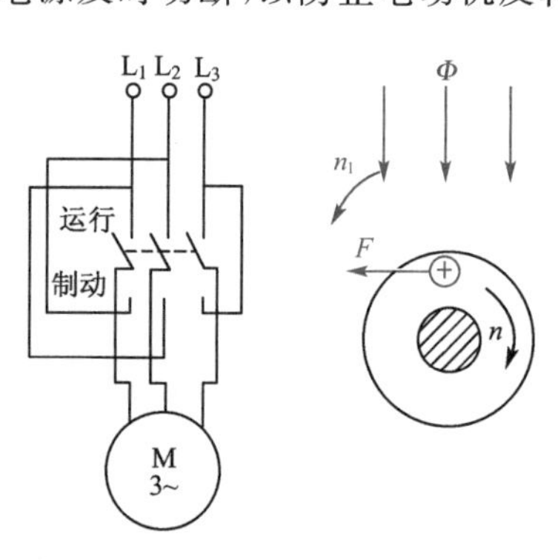

图 5-18 三相异步电动机反接制动原理图

除以上两种制动方法外，还有发电制动和机械拖闸制动等。

三、反转

三相异步电动机的转子转动方向与定子产生的旋转磁场方向相同，而旋转磁场的转向取决于定子绕组通入的三相电流的方向，所以只要将三根电源线中的任意两根对调，就可使转子的转动方向改变，实现电动机反转，如图 5-9 所示。

四、调速

为了满足生产工艺的要求，负载对电动机的转速要求各不相同，需要人为地改变电动机的转速，由式(5-1)和式(5-2)得

$$n=(1-s)\frac{60f}{p} \tag{5-11}$$

即转子的转速与频率、磁极对数、转差率有关，因此调速的方法有以下三种：

1. 变极(p)调速

改变电动机定子绕组的磁极对数 p 来改变电动机的转速。要求电动机的定子有几套绕组或绕组有多个抽头引到外部，通过转换开关改变绕组接法，以改变磁极对数，形成多速电动机，如双速电动机等。

2. 变频(f)调速

改变电动机定子绕组的电源频率来实现调速。三相交流电先经整流器变成直流电，再经逆变器输出电压和频率可调的三相交流电，作为电源给电动机供电，实现三相异步电动机的无级调速。如图 5-19 所示电路是目前广泛应用的变频调速方法。

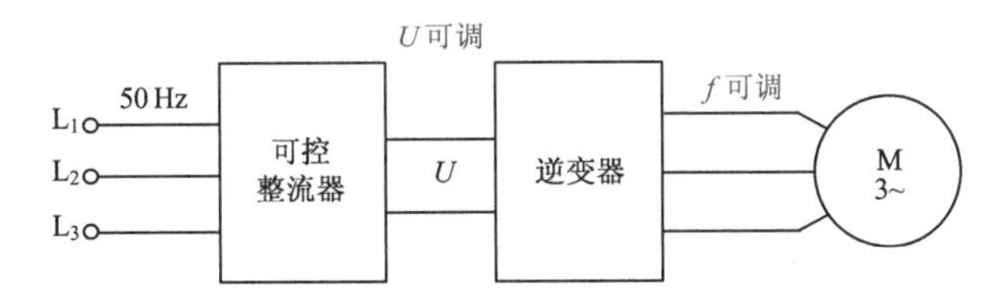

图 5-19　三相异步电动机变频调速原理图

3. 变转差率调速

在绕线式异步电动机的转子电路中接入调速电阻改变转差率，达到调整转速的目的。

5.3 单相异步电动机

1. 单相异步电动机的结构

单相异步电动机的结构与三相异步电动机相同，转子也是笼式，定子绕组为单相。常用此电动机的电器有电风扇、洗衣机等。

2. 单相异步电动机的工作原理

单相异步电动机定子中的绕组是由多匝线圈串联而成的，当通入正弦交流电时，单相绕

组产生的磁场如图5-20所示，该磁场有固定的方位(图中在竖直方向)，但由于定子绕组通入的是正弦规律变化的电流，因此该磁场也随时间做正弦规律变化(相当于一个简谐振动)。设定子线圈产生磁场的磁感应强度为$\boldsymbol{B}$，最大值为B_m。将$\boldsymbol{B}$分解为幅值为$B_m/2$的双旋转磁场$\boldsymbol{B}_1$和$\boldsymbol{B}_2$。如图5-21(a)所示，$\boldsymbol{B}_1$以角速度ω_1顺时针旋转，$\boldsymbol{B}_2$以相同的角速度$\omega_2=\omega_1$逆时针旋转，任一时刻有$\boldsymbol{B}=\boldsymbol{B}_1+\boldsymbol{B}_2$。

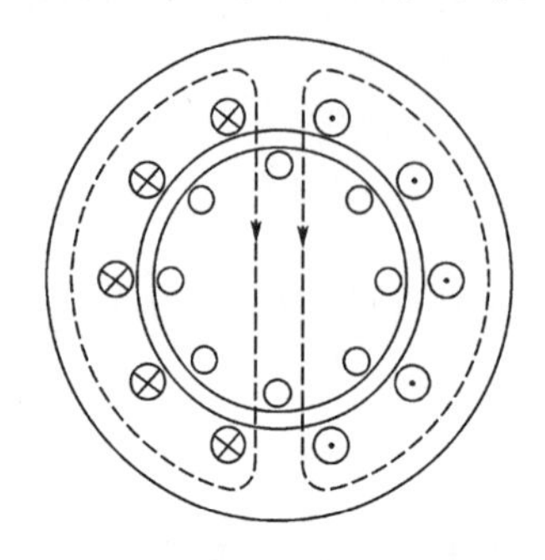

图5-20　单相异步电动机剖面原理图

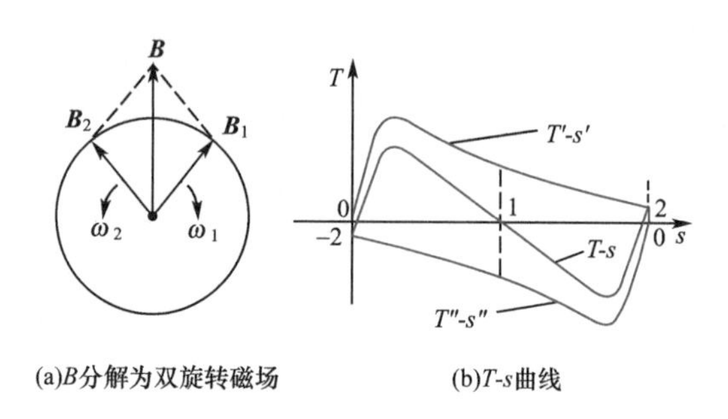

(a)B分解为双旋转磁场　(b)T-s曲线

图5-21　单相异步电动机的T-s曲线

根据前面三相异步电动机的分析得知：每个旋转磁场都会与转子绕组作用，在转子上产生电磁转矩。如图5-21(b)所示，其中T'-s'为顺时针旋转，T''-s''为逆时针旋转，而T-s为两个电磁转矩的合转矩。在转子静止时，$s'=s''=1$，这时两个旋转磁场在转子上产生的电磁转矩数值相等，作用方向相反，合转矩为零，因此转子仍然静止不动。但只要有外力矩使转子沿某一方向旋转，s就将发生变化，产生的合转矩不再为零，电动机将沿转动方向旋转，即单相异步电动机不能自行启动。为了使单相异步电动机具有启动能力，需在电动机结构上采取措施。

异步电动机定子内嵌置两组绕组，如图5-22所示为电容分相式单相异步电动机。其中U_1U_2绕组为工作绕组，流过的电流为i_2，V_1V_2绕组为启动绕组，通过的电流为i_1，两组绕组在空间上互差90°角。启动绕组串联一个电容C后，两个绕组都由同一个单相交流电供电，适当地选择C的容量，可以使i_1与i_2相差90°相位，产生辅助的电磁转矩，使电动机沿固定方向旋转，达到启动、运行的目的。

3. 单相异步电动机的反转与调速

电容分相启动的单相异步电动机是通过转换开关把电容器接入另一绕组中或改变任一绕组首末端的位置从而改变电动机的转动方向。

单相异步电动机的调速常用改变定子绕组电压的方法来实现，可用定子绕组串电抗器调压和用晶闸管调压，目前大多数采用串电抗器调压，如图5-23所示为台式风扇调速电路。

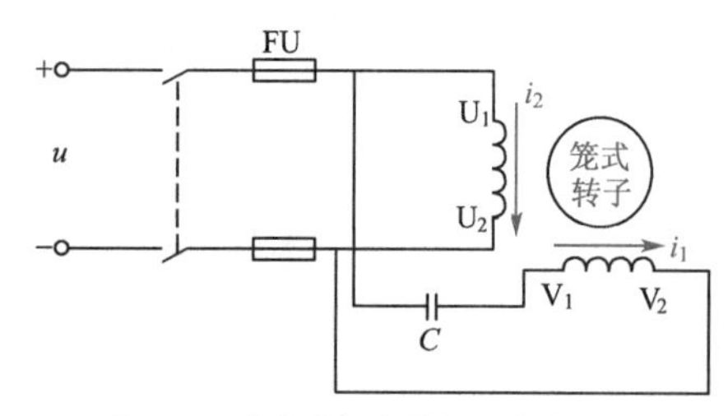

图5-22　电容分相式单相异步电动机

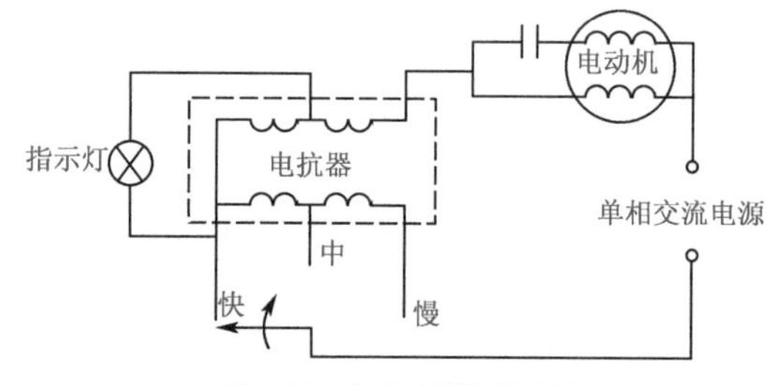

图5-23　台式风扇调速电路

5.4 常用控制电动机

一、交流伺服电动机

在自动控制系统中，伺服电动机用于驱动控制对象，它的转矩和转速受信号电压控制。当信号电压的大小和极性（或相位）发生变化时，电动机的转速和转动方向将非常灵敏而准确地跟随变化。

交流伺服电动机就是两相异步电动机。它的定子上装有两个绕组：一个绕组为励磁绕组，另一个绕组为控制绕组，它们在空间上相差90°。转子有笼式和杯式两种。

如图5-24(a)所示为电容分相的交流伺服电动机的接线原理图，励磁绕组回路中串入电容C后接到交流电源上。控制绕组接在放大器的输出端，控制电压就是放大器的输出电压U_2。它与电容分相的单相异步电动机具有同样的两相旋转磁场，只是U_2受控制信号的控制。

在一定负载下，当控制电压U_2在控制信号作用下变化时，电动机转子的转速将相应地变化。控制电压大，电动机转得快；控制电压小，电动机转得慢。当控制电压反向时，旋转磁场和转子也都反转。如果控制电压为零，电动机就停转。如图5-24(b)所示为交流伺服电动机在不同控制电压下的机械特性曲线。

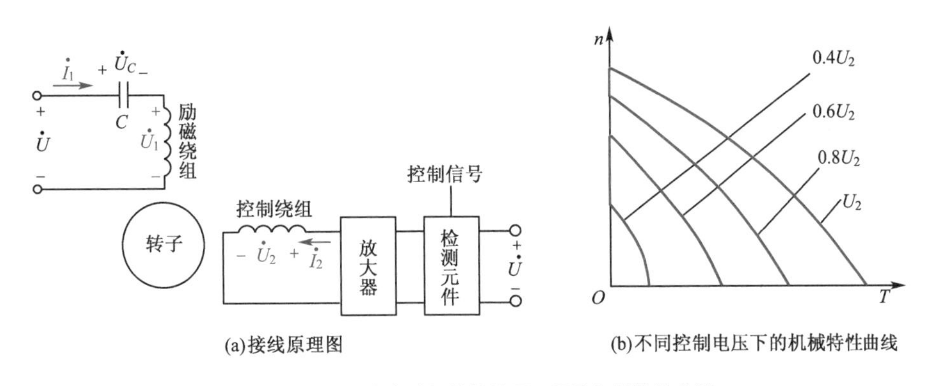

图5-24 交流伺服电动机的接线原理图及机械特性曲线

二、直流伺服电动机

直流伺服电动机的结构与他励直流电动机的结构相似，为了减小转动惯量而做得细长一些。直流伺服电动机的励磁方式分为电磁式和永磁式两种。工作时，励磁绕组和电枢绕组分别由两个独立电源供电。直流伺服电动机通常采用电枢控制，即在保持励磁电压U_f一定的条件下，通过改变电枢上的控制电压U_a来改变电动机的转速和转动方向。图5-25(a)所示为直流伺服电动机的接线原理图。

在一定负载转矩下，当励磁电压不变时，如果升高电枢控制电压，电动机的转速就升高；反之，降低电枢控制电压，转速就下降；当电枢控制电压为零时，电动机就立即停转。改变电枢控制电压的极性，电动机的转动方向就改变。图 5-25(b)所示为 U_f 一定时，直流伺服电动机在不同控制电压下的机械特性曲线。

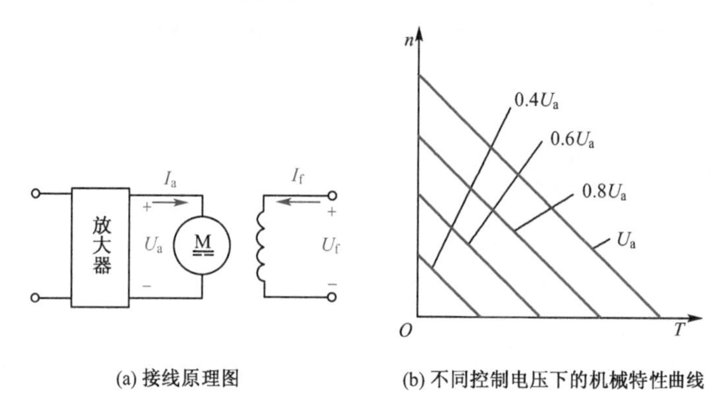

图 5-25 直流伺服电动机的接线原理图及机械特性曲线

三、步进电动机

步进电动机是一种将电脉冲信号转换为直线位移或角位移的电动机，近年来在自动控制系统、数控机床领域应用较多。例如，在开环控制的数控机床中，在系统的控制下，脉冲分配器 CNC 每发一个进给脉冲，步进电动机便转过一定角度，带动进给工作台或刀架移动一个很小的距离(或转过一个很小的角度)。脉冲一个接着一个发来，步进电动机便一步一步地转动，实现自动机械加工。

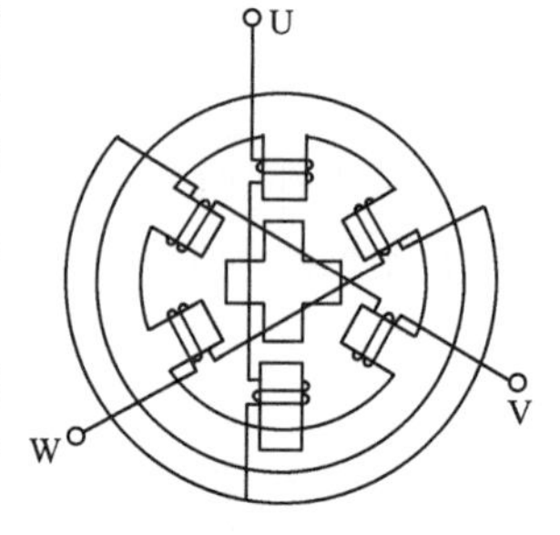

图 5-26 三相反应式步进电动机的结构

步进电动机的定子具有均匀分布的六个磁极，磁极上绕有绕组，两个相对的磁极组成一相，构成三相定子绕组；它的转子具有均匀分布的四齿结构。如图 5-26 所示为三相反应式步进电动机的结构。

步进电动机是按脉冲节拍工作的。如图 5-27 所示为单三拍工作方式的转动原理图。

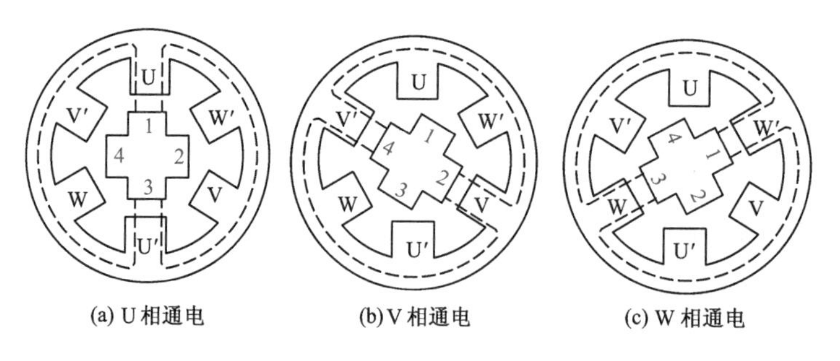

图 5-27 单三拍工作方式的转动原理图

设 U 相首先获得控制脉冲而通电，V、W 两相断电，产生 U-U′轴线方向的磁通，在这个磁场的作用下，转子总是力图转到磁阻最小的位置，也就是要转到转子的 1、3 齿对齐 U-U′极的位置，如图 5-27(a)所示。当 V 相通电，U、W 两相断电时，转子便沿顺时针方向转过 30°，它的 2、4 齿和 V-V′极对齐，如图 5-27(b)所示。当 W 相通电时，转子又沿顺时针方向转过 30°，它的 1、3 齿和 W-W′极对齐，如图 5-27(c)所示。

不难理解，若脉冲信号按照 U→V→W→U 的顺序通电，则电动机转子便沿顺时针方向转动；若按照 U→W→V→U 的顺序通电，则电动机转子便沿逆时针方向转动。每次换相前后只有一相通电，电流换接三次完成一个通电周期。

5.5 低压电器

用来对电能的产生、输送、分配与应用起开关、控制、保护与调节作用的电工设备称为电器。低压电器通常是指工作在直流电压 1 500 V、交流电压 1 200 V 以下电路中的电器。

低压电器可分为低压配电电器和低压控制器两类。刀开关、空气开关、熔断器等是低压配电电器，接触器、继电器、启动器等是低压控制器。

按低压电器动作的方式又可将其分为自动切换电器和非自动切换电器两种。自动切换电器工作时依靠本身参数(如电压、电流)的变化或外来信号(如温度、压力、速度等)而自动进行切换；非自动切换电器依靠外力(如用手按动)直接操作进行切换，又称手动电器。

一、低压开关

低压开关主要用于隔离、转换及接通和分断电路，大多作为局部照明电路的控制开关、机床电路的电源开关，也可用于小容量电动机的启动、停止和正反转控制开关。低压开关一般为非自动切换电器，常见的有刀开关、组合开关等。

1. 胶盖瓷座闸刀开关

胶盖瓷座闸刀开关简称闸刀开关，又称开启式负载开关，其外形和结构如图 5-28(a)所示，符号如图 5-28(b)所示。当它所控制的电路发生了短路故障时，熔体熔断，可迅速切断故障电路，从而保护电路中其他用电设备。闸刀开关的全部导电零件都固定在一块瓷底板上，上面用胶盖盖住，以防电弧或触及带电体伤人。胶盖上有与刀数(极数)相同的槽，将各极隔开，防止极间飞弧导致电源短路，便于闸刀上下运动与刀座之间分合操作。由于它结构简单、价格便宜、使用和维修方便，所以得到广泛应用。

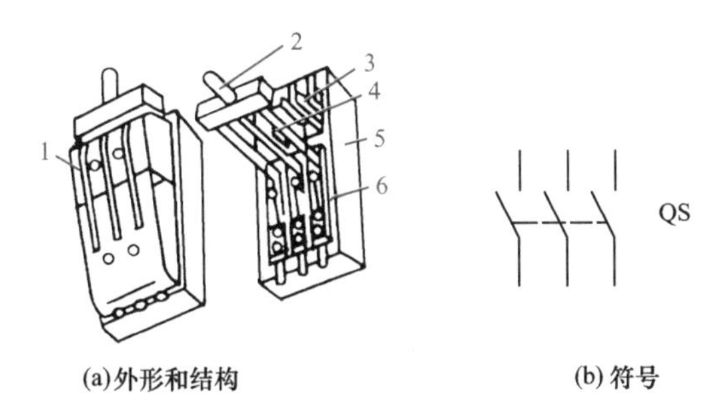

(a)外形和结构　　(b)符号

图 5-28　胶盖瓷座闸刀开关

1—胶盖；2—手柄；3—刀座；4—闸刀；5—瓷底板；6—熔丝

闸刀开关在安装时，手柄要向上，不得倒装或平装，以避免由于重力自动下落而误将电路接通，引起事故。接线时，应将电源线接在上端（静触头），负载线接在下端（与熔丝连接的端子上），这样拉闸后，闸刀与电源隔离，既便于更换熔丝，又可防止意外事故的发生。

2. 组合开关

组合开关其实也是一种刀开关，又称转换开关。组合开关的刀片可转动，沿任一方向转动手柄使之旋转 90°，可使动触片与静触片接通或断开。组合开关的结构、工作原理及符号如图 5-29(a)、图 5-29(b)、图 5-29(c)所示。

组合开关是根据电源种类、电压等级、所需触点数、接线方式等进行选用的。在用它控制电动机的启停时，每小时通断次数一般不超过 15～20 次，开关的额定电流也应选得稍大一些，一般为电动机额定电流的 1.5～2.5 倍。组合开关的种类很多，常用的有 HZ5、HZ10 等系列。HZ10 系列的外形如图 5-29(d)所示。

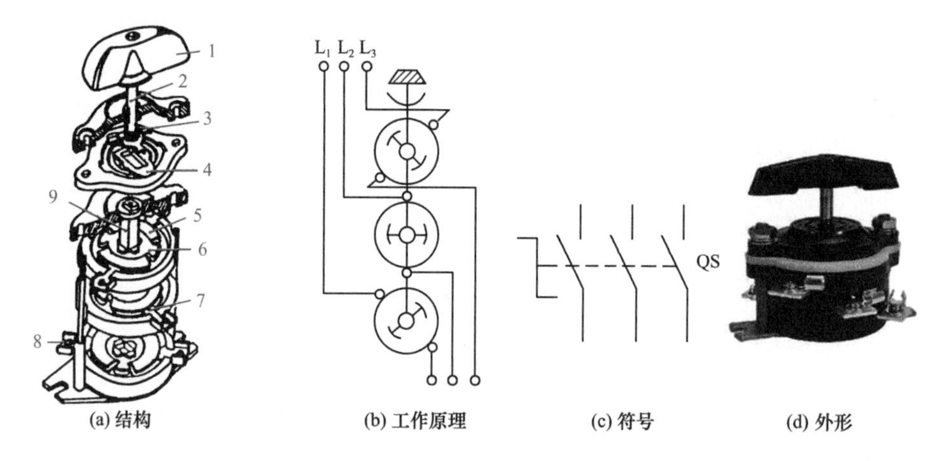

图 5-29　组合开关结构、工作原理、符号及外形

1—手柄；2—转轴；3—弹簧；4—凸轮；5—绝缘垫板；6—动触片；7—静触片；8—接线柱；9—绝缘杆

二、按钮

按钮是发出控制指令和信号的电器开关，是一种手动且一般可以自动复位的主令电器，通常用于对电磁启动器、接触器、继电器及其他电气设备发出控制指令。

有的按钮有一个常闭触点和一个常开触点，有的按钮只有一个常闭触点或一个常开触点，但也有的按钮具有两个常开触点或两个常开触点和两个常闭触点。常见按钮的结构、符号及外形如图 5-30 所示。

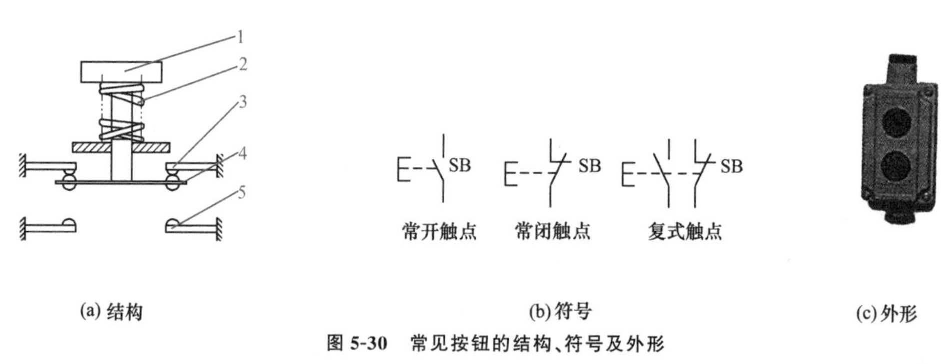

图 5-30　常见按钮的结构、符号及外形

1—按钮帽；2—复位弹簧；3—常闭触点；4—动触点；5—常开触点

三、熔断器

熔断器是最简便且有效的短路保护电器。熔断器中的熔片或熔丝用电阻率较高的易熔合金制成，如铅锡合金等；或用截面积很小的良导体制成，如铜、银等。线路在正常工作情况下，熔断器中的熔丝或熔片不应熔断。一旦发生短路或严重过载，熔断器中的熔丝或熔片应立即熔断。如图 5-31 所示为常用熔断器的外形及符号。

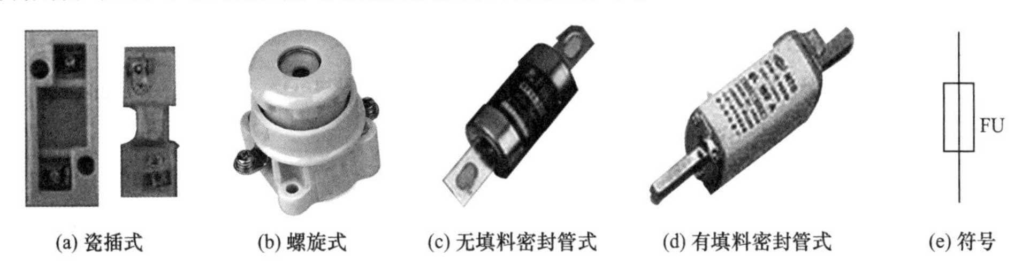

图 5-31 常用熔断器的外形及符号

选择熔丝的方法如下：

1. 电灯支线的熔丝

$$\text{熔丝额定电流} \geqslant \text{支线上所有电灯的工作电流}$$

2. 一台电动机的熔丝

为了防止电动机启动时电流较大而将熔丝烧断，熔丝不能按电动机的额定电流来选择，其计算公式为

$$\text{熔丝额定电流} \geqslant \frac{\text{电动机的启动电流}}{2.5}$$

如果电动机启动频繁，则

$$\text{熔丝额定电流} \geqslant \frac{\text{电动机的启动电流}}{1.6 \sim 2.5}$$

3. 几台电动机合用的总熔丝

其粗略计算公式为

$$\text{熔丝额定电流} = (1.5 \sim 2.5) \times \text{容量最大的电动机的额定电流} + \text{其余电动机的额定电流}$$

熔丝的额定电流有 4 A、6 A、10 A、15 A、20 A、25 A、35 A、60 A、80 A、100 A、125 A、160 A、200 A、225 A、260 A、300 A、350 A、430 A、500 A 和 600 A 等。

四、交流接触器

接触器用来接通或断开带负载的主电路，主要控制对象是电动机，此外也用于其他电力负载，如电热器、电焊机、照明设备，同时还具有欠压保护作用。接触器控制容量大，适用于频繁操作和远距离控制，是自动控制系统中的重要元件之一。如图 5-32 所示为交流接触器的结构及符号。

当线圈通电时，产生电磁力，克服弹簧作用力，吸引动铁芯向下运动，动铁芯带动绝缘连杆和动触点向下运动使常开触点闭合，常闭触点断开。当线圈失电或欠电压时，电磁力小于弹簧反力，常开触点断开，常闭触点闭合。

当主触点断开时，其间产生电弧，会烧坏触点，并使切断时间拉长，因此必须采取灭弧措

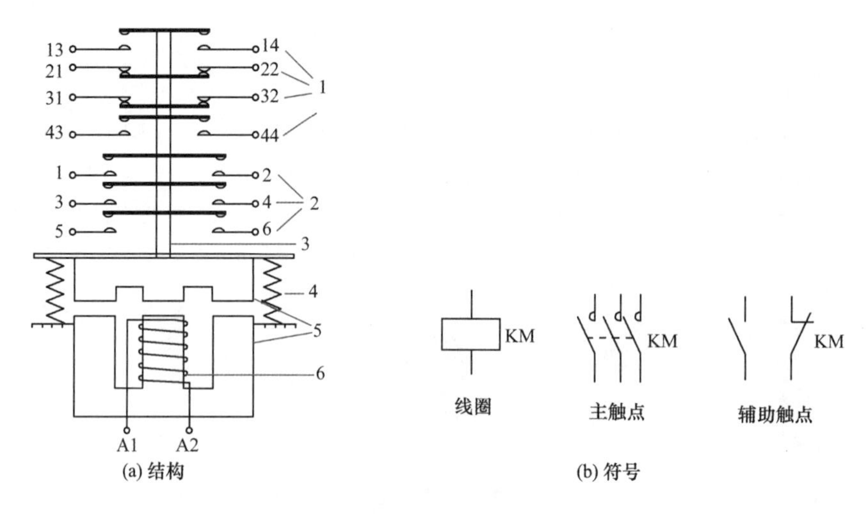

(a) 结构
(b) 符号

图 5-32 交流接触器的结构及符号

1—辅助触点；2—主触点；3—绝缘连杆；4—反力弹簧；5—铁芯；6—线圈

施。交流接触器常采用双断口桥形触点，以利于灭弧。它有两个断点，以降低当触点断开时加在断点上的电压，使电弧容易熄灭，并且相间有绝缘隔板，以免短路。容量较大的交流接触器都设有专门的灭弧装置。

在选用交流接触器时，应注意它的额定电流、线圈额定电压、机械与电气寿命、触点数量等。CJ10 系列交流接触器的主触点的额定电流有 5 A、10 A、20 A、40 A、75 A、120 A 等；线圈额定电压通常为 220 V 或 380 V。其他常用的交流接触器还有 CJ12、CJ20T 和 3TB 等系列。

五、继电器

继电器用于电路的逻辑控制，它具有逻辑记忆功能，能组成复杂的逻辑控制电路，继电器能将某种电量（如电压、电流）或非电量（如温度、压力、转速、时间等）的变化量转换为开关量，以实现对电路的自动控制功能。

继电器的种类很多，按输入量可分为电压继电器、电流继电器、时间继电器、速度继电器、压力继电器等；按工作原理可分为电磁式继电器、感应式继电器、电动式继电器、电子式继电器等；按用途可分为控制继电器、保护继电器等；按输入量变化形式可分为有无继电器和量度继电器。

1. 热继电器

热继电器利用电流热效应工作，与接触器配合使用，主要用于保护电动机，使之免受长期过载的危害。

在实际运行中，三相异步电动机常会遇到因电气或机械等原因引起的过电流（过载和断相）现象。如果过电流不严重，持续时间短，绕组不超过允许温升，这种过电流是允许的；如果过电流情况严重，持续时间较长，会加快电动机绝缘老化，甚至烧毁电动机。因此，在电动机回路中应设置电动机保护装置。

常用的电动机保护装置种类很多，使用最多的是双金属片式热继电器。如图 5-33 所示是双金属片式热继电器的结构、符号及接线图。

双金属片是一种将两种膨胀系数不同的金属用机械碾压成一体的金属片。当产生热效

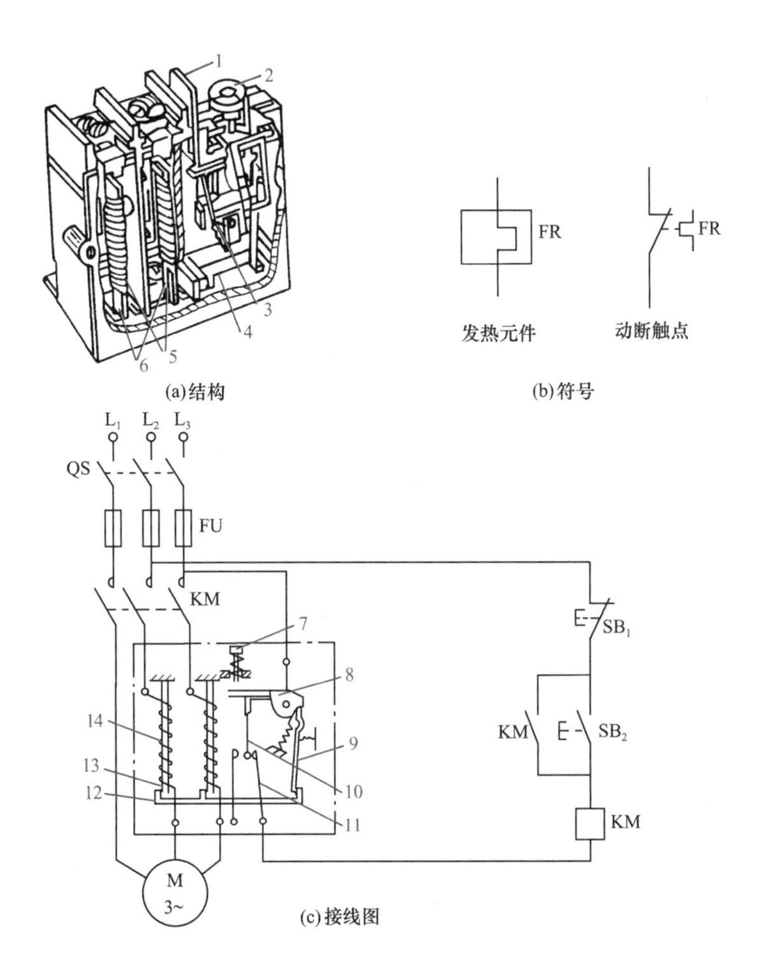

图 5-33 双金属片式热继电器的结构、符号及接线图

1、7—复位按钮；2—整定电流装置；3、10—动触点；4—动作机构；5、14—热元件；6、13—双金属片；8—推杆；9—补偿双金属片；11—静触点；12—导板

应时，双金属片向膨胀系数小的一侧弯曲，由弯曲产生的位移带动触点动作。

如果要热继电器复位，则按下复位按钮即可。

热继电器的主要技术参数是整定电流，即当热元件中通过的电流超过此值的 20%时，热继电器应当在 20 min 内动作。大多数情况下，热继电器的整定电流要与电动机额定电流一致。

常用的热继电器有 JR0、JR10、JR16、JR20、RJS1 等系列。

2. 中间继电器

在继电器-接触器控制系统电路中，常采用中间继电器来解决系统触点不足的矛盾，用以传递信号或同时控制多个电路。中间继电器的内部结构和接触器基本相同，只是电磁系统小些，触点多些。中间继电器体积小，动作灵敏度高，一般不直接控制电路的负载。其外形和符号如图 5-34 所示。

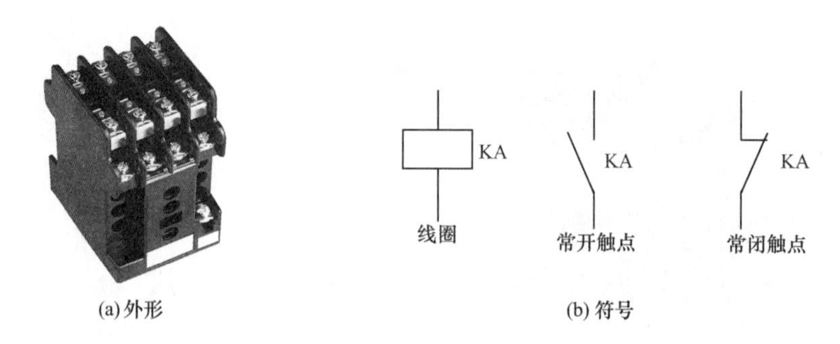

(a)外形　　(b)符号

图 5-34　中间继电器的外形和符号

在选用中间继电器时，主要考虑电压等级和触点数量。常用的中间继电器有 JZ7 系列和 JZ8 系列两种，后者是交、直流两用继电器。此外，还有 JTX 系列小型通用继电器，用在自动装置上以接通或断开电路。

六、空气开关

空气开关利用空气来熄灭开、关过程中产生的电弧，并由此得名。它又被称为低压断路器，适用于不频繁地接通和切断电路或启动、停止电动机，并能在电路发生过载、短路或欠压等情况下自动切断电路。它是低压交、直流配电系统和电力拖动系统中重要的控制和保护电器。

空气开关的种类繁多，按其用途和结构特点，分为框架式、塑料外壳式、直流快速断式和限流式等。框架式空气开关主要用作配电线路的保护开关。而塑料外壳式空气开关除可用作配电线路的保护开关外，还可用作电动机、照明电路及电热电路的控制开关。

图 5-35 所示为塑料外壳式空气开关的工作原理及空气开关符号。空气开关是靠操作机构手动或电动合闸的，触点闭合后，自由脱扣机构将触点锁在合闸位置上。当电路发生过载、短路或欠压等故障时，通过各自的脱扣器使自由脱扣机构动作，自动跳闸以实现保护作用。

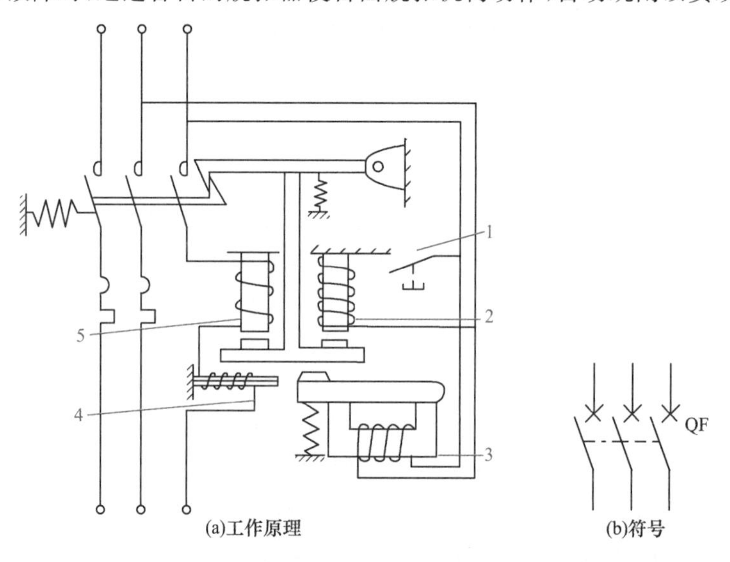

(a)工作原理　　(b)符号

图 5-35　塑料外壳式空气开关工作原理及空气开关符号

1—远控按钮；2—分励脱扣器；3—失压脱扣器；4—热脱扣器；5—过电流脱扣器

过电流脱扣器用于线路的短路和过电流保护，其当线路的电流大于整定的电流值时，过电流脱扣器所产生的电磁力使挂钩脱扣，动触点在弹簧的拉力下迅速断开，实现空气开关的跳闸功能。

热脱扣器用于线路的过负荷保护，其工作原理和热继电器相同。当线路发生一般性过载时，过载电流虽不能使过电流脱扣器动作，但能使热元件产生一定的热量，促使双金属片受热向上弯曲，推动杠杆使挂钩脱扣，起到保护作用。

失压（欠压）脱扣器用于失压保护。失压脱扣器的线圈直接接在电源上，处于吸合状态，空气开关可以正常合闸；当停电或电压很低时，失压脱扣器的吸力小于弹簧的作用力，弹簧使动铁芯向上进而使挂钩脱扣，实现空气开关的跳闸功能。

分励脱扣器可作为远距离控制分断电路用，当在远方按下按钮时，分励脱扣器得电产生电磁力，使其脱扣跳闸。

5.6　基本控制电路

一、笼式电动机直接启动的控制电路

如图5-36所示为中、小容量笼式电动机直接启动的控制电路，其中用了开关QS、交流接触器KM、按钮SB、热继电器FR及熔断器FU等几种电器。

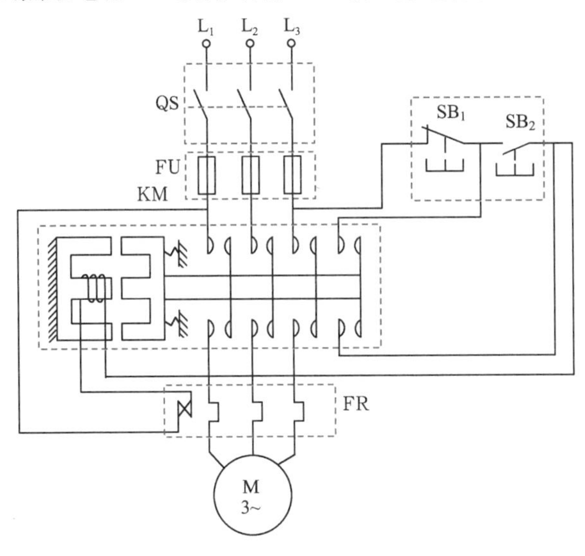

图5-36　中、小容量笼式电动机直接启动的控制电路

先将开关QS闭合，为电动机启动做好准备。当按下启动按钮SB_2时，交流接触器KM的线圈通电，动铁芯被吸合而将三个主触点闭合，电动机M便启动。当松开SB_2时，它在弹簧的作用下恢复到断开位置，但是由于与启动按钮并联的辅助触点（图中最右边的那个）和主触点同时闭合，因此交流接触器线圈的电路仍然接通，使交流接触器触点保持在闭合的位置，这个辅助触点称为自锁触点。如将停止按钮SB_1按下，则将线圈的电路切断，动铁芯和触点恢复到断开的位置。

采用上述控制电路还可实现短路保护、过载保护和零压保护。

起短路保护作用的是熔断器 FU。一旦发生短路事故,熔丝立即熔断,电动机立即停止。

起过载保护作用的是热继电器 FR。当过载时,它的热元件发热,将常闭触点断开,使交流接触器线圈断电,主触点断开,电动机也就停下来。

热继电器有两相结构的,即有两个热元件分别串接在任意两相中。这样不仅在电动机过载时起保护作用,而且当任意一相中的熔丝熔断后做单相运行时,仍有一个或两个热元件中通有电流,电动机因而也得到保护。为了更可靠地保护电动机,热继电器做成三相结构,即有三个热元件分别串接在各相中。

所谓零压(或失压)保护,就是当电源暂时断电或电压严重下降时,电动机自动从电源切除。因为这时交流接触器的动铁芯释放而使主触点断开。当电源电压恢复正常时如不重按启动按钮,则电动机不能自行启动,因为自锁触点也已断开。如果不是采用继电器-接触器控制而是直接用刀开关或组合开关进行手动控制,由于在停电时未及时断开开关,当电源电压恢复时,电动机即自行启动,可能造成事故。

电动机直接启动的控制电路可分为主电路和控制电路两部分。主电路由三相电源、开关 QS、熔断器 FU、交流接触器 KM(主触点)、热继电器热元件 FR、三相异步电动机 M 构成。控制电路由按钮 SB、交流接触器线圈 KM 和辅助触点 KM、热继电器常闭触点 FR 构成。控制电路的功率很小,因此可以通过小功率的控制电路来控制功率较大的电动机。

在控制电路中,各个电器都是按照其实际位置画出的,属于同一电器的各部件都集中在一起,这样的图称为控制电路的结构图。这样的画法比较容易识别电器,便于安装和检修。但当电路比较复杂和使用的电器较多时,电路便不容易看清楚。因为同一电器的各部件在机械上虽然连在一起,但是在电路上并不一定互相关联。因此,为了读图和分析研究及设计电路的方便,控制电路常根据其作用原理画出,从而把控制电路和主电路清楚地分开,这样的图称为控制电路原理图。

在控制电路原理图中,各种电器都用统一的符号来表示。同一电器的各部件(譬如交流接触器的线圈和触点)是分散的,为了识别起见,它们用同一文字符号来表示。

在不同的工作阶段,各个电器的动作不同,触点时闭时开,而在原理图中只能表示出一种情况。因此,规定所有电器的触点均表示在起始情况下的位置,即在没有通电或没有发生机械动作时的位置。对交流接触器来说,是在动铁芯未被吸合时的位置;对按钮来说,是在未按下时的位置。在起始的情况下,如果触点是断开的,则称为常开触点或动合触点(因为一动就合);如果触点是闭合的,则称为常闭触点或动断触点(因为一动就断)。在上述基础上,把图 5-36 画成原理图,如图5-37所示。

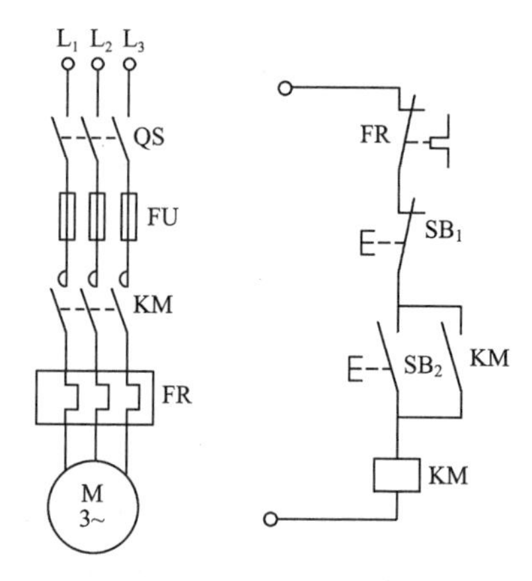

图 5-37　图 5-36 的控制电路原理

如果将图 5-37 中的自锁触点 KM 除去,则可对电动机实现点动控制,即按下启动按钮 SB_2,电动机就转动,一松手就停止。这在生产上也是常用的,例如在机床刀具调整时。

二、笼式电动机正反转的控制电路

在生产上往往要求运动部件向正、反两个方向运动。例如，机床工作台的前进与后退，主轴的正转与反转，起重机的提升与下降等。为了实现正反转，只要将接到电源的任意两根连线对调一头即可。为此，只要用两个交流接触器就能实现这一要求，主电路如图5-38所示。当正转交流接触器KM_1工作时，电动机正转；当反转交流接触器KM_2工作时，由于调换了两根电源线，所以电动机反转。显然，如果两个交流接触器同时接通，电源将通过它们的主触点而短路，所以对正反转控制电路而言，最根本的要求是保证两个交流接触器不能同时接通。这种在同一时间里两个交流接触器只允许一个工作的控制作用称为互锁或联锁。下面分析两种有互锁保护的正反转控制电路。

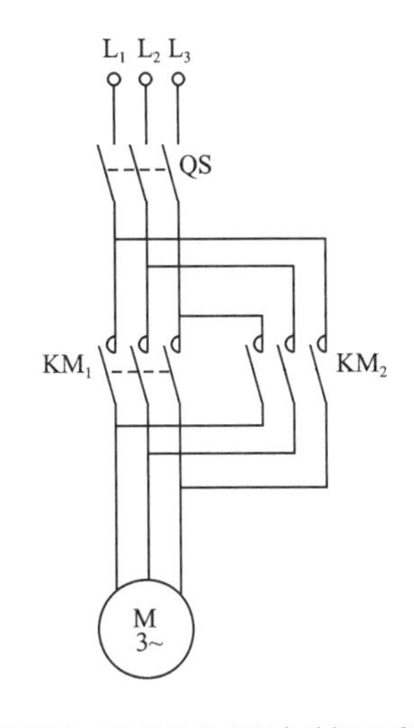

图5-38　用两个交流接触器实现电动机正反转的主电路

在图5-39(a)所示的控制电路中，正转交流接触器KM_1的一个常闭辅助触点串接在反转交流接触器KM_2的线圈电路中，而反转交流接触器KM_2的一个常闭辅助触点串接在正转交流接触器的线圈电路中，这两个常闭触点称为互锁触点。这样一来，当按下正转启动按钮SB_2时，正转交流接触器线圈通电，主触点KM_1闭合，电动机正转。与此同时，互锁触点断开了反转交流接触器KM_2的线圈电路。因此，即使误按反转启动按钮SB_3，反转交流接触器也不能动作。这种利用接触器(或继电器)常闭触点的互锁称为电气互锁。

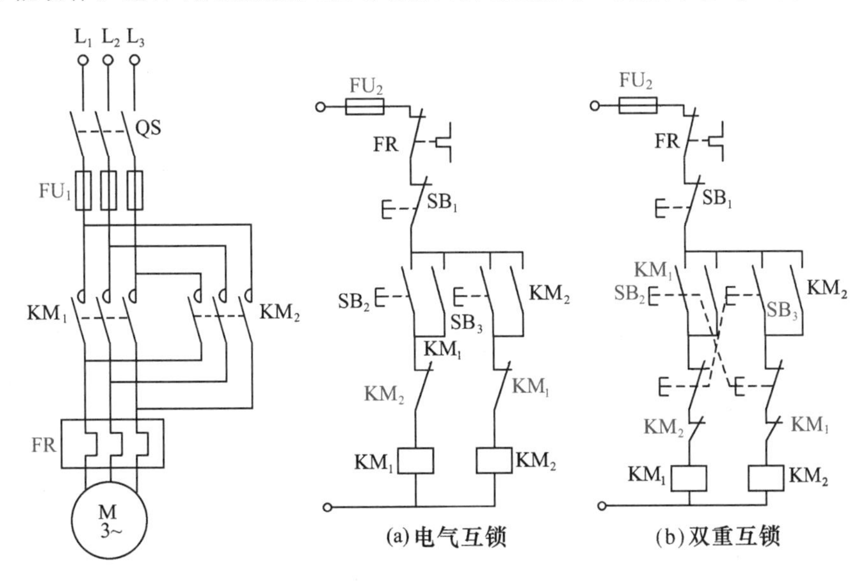

图5-39　笼式电动机正反转的控制电路

这种控制电路有个缺点，就是在正转过程中要求反转，必须先按停止按钮 SB_1，让互锁触点 KM_1 闭合后，才能按反转启动按钮使电动机反转，由此带来操作上的不便。为了解决这个问题，在生产上常采用复式按钮和触点互锁的控制电路，如图5-39(b)所示。当电动机正转时，按下反转启动按钮 SB_3，它的常闭触点断开，而使正转交流接触器的线圈 KM_1 断电，主触点 KM_1 断开。与此同时，串接在反转控制电路中的常闭触点 KM_1 恢复闭合，反转交流接触器的线圈通电，电动机就反转。同时串接在正转控制电路中的常闭触点 KM_2 断开，起着互锁保护的作用。

三、顺序控制电路

顺序控制电路是在一个设备启动之后另一个设备才能启动的一种控制方法。许多生产机械装有多台电动机，根据生产工艺的要求，有些电动机必须按一定的顺序启停。例如，机床要求润滑油泵启动后才能启动主轴，主轴停止后，才允许润滑油泵停止。

图 5-40 所示是实现该过程的控制线路。图中交流接触器 KM_2 的线圈电路中串入了交流接触器 KM_1 的常开辅助触点，只有当交流接触器 KM_1 的线圈通电，常开触点闭合后，才允许交流接触器 KM_2 的线圈通电，即电动机 M_1 先启动后才允许电动机 M_2 启动。将交流接触器 KM_2 的常开触点并联在电动机 M_1 的停止按钮 SB_1 两端，当交流接触器 KM_2 通电，电动机 M_2 运转时，SB_1 并联的交流接触器 KM_2 的常开触点闭合，SB_1 不起作用，只有当交流接触器 KM_2 的线圈断电，SB_1 才能起作用，电动机 M_1 才能停止。这样就实现了电动机按顺序启动、按顺序停止的控制。

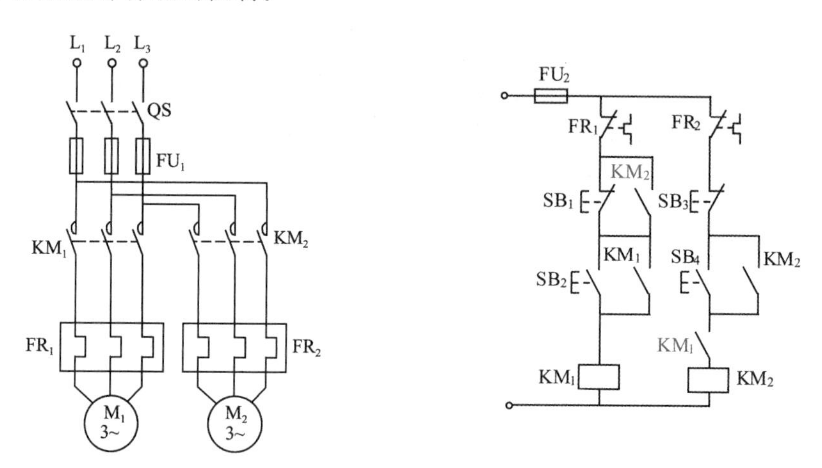

图 5-40 实现顺序控制的电路

四、多地控制电路

实际工作中，有时为了操作方便，一台设备有几个操纵盘或按钮站，各处都可以进行操作控制。要实现多地控制，需在控制线路中将启动按钮并联使用，将停止按钮串联使用。图 5-41 所示是以两地控制为例分析电动机多地控制线路，两地启动按钮 SB_3、SB_4 并联，两地停止按钮 SB_1、SB_2 串联，这样就可以实现电动机的多地启动和停止。

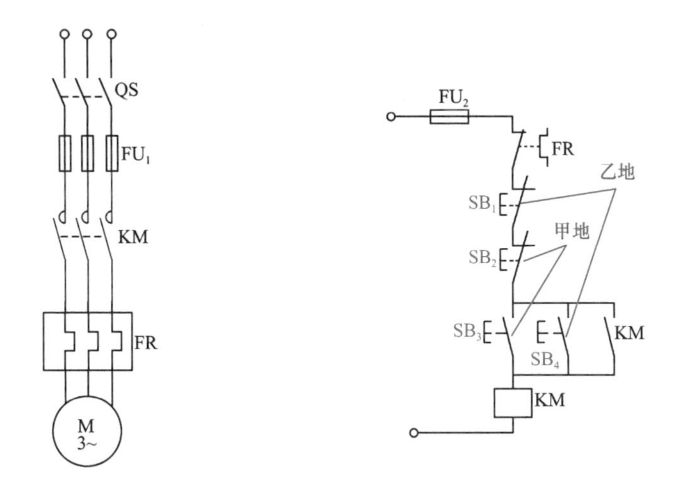

图 5-41 两地控制电路

5.7 行程、时间控制电路

一、行程开关

行程开关又称限位开关或位置开关，是根据运动部件的运动位置而进行电路切换的自动控制电器，用来控制运动部件的运动方向、行程距离或位置。

行程开关的种类很多，按运动形式可分为直动式、微动式、转动式等；按触点的性质可分为有触点式和无触点式。一般常从整体上分为机械式和电子式行程开关。机械式行程开关又分为直动式和滚轮式两种，其外形如图 5-42(a)～5-42(c)所示，触点符号如图 5-42(d)所示。

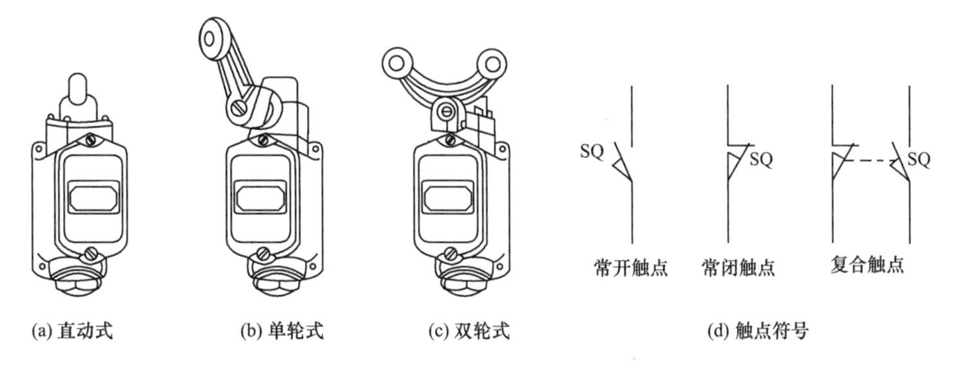

图 5-42 行程开关外形及触点符号

1. 直动式行程开关

直动式行程开关又称按钮式行程开关，其结构(图 5-43)和动作原理与按钮相同。直动式行程开关不是用手按的，而是由运动部件上的挡块移动碰撞的。它的缺点是触点分合速度取决于运动部件的移动速度，若移动速度太慢，触点因分断太慢而易被电弧烧蚀，故不宜用在移动速度低于0.4m/min的运动部件上。

2. 滚轮式行程开关

滚轮式行程开关又称滑轮式行程开关，是一种快速动作的行程开关，其结构如图 5-44 所示。当滚轮 1 受到向左的碰撞外力作用时，上转臂 2 向左下方转动，推杆 4 向右转动并压缩右边弹簧 10，同时下面的小滚轮 5 也很快沿着擒纵件 6 向右滚动，小滚轮 5 滚动并压缩弹簧 11，使此弹簧积蓄能量。当小滚轮滚动越过擒纵件的中点时，盘形弹簧 3 和弹簧 11 都使擒纵件迅速转动，从而使动触点 8 迅速地与右边静触点 9 分开，减少了电弧对触点的烧蚀，并与左边的静触点 9 闭合。因此，低速运动的部件上应采用滚轮式行程开关。

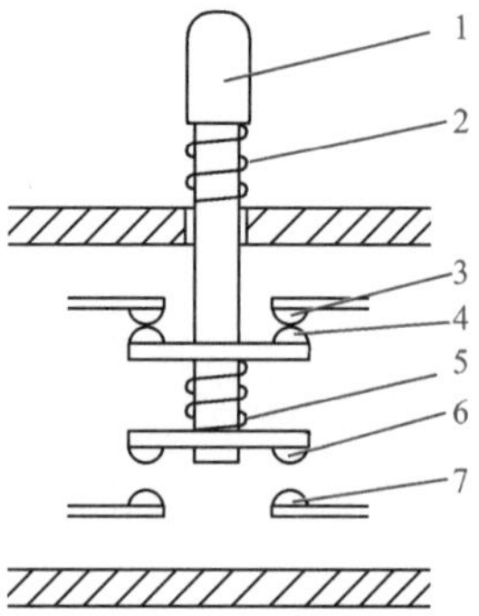

图 5-43　直动式行程开关

1—顶杆；2—复位弹簧；3、7—静触点；4、6—动触点；5—触点弹簧

3. 微动开关

当要求行程控制的准确度较高时，可采用微动开关，它具有体积小、质量轻、工作灵敏等特点，且能瞬时动作。图 5-45 所示为 LX31 型微动开关结构，它采用了弯片状弹簧的瞬动机构。当推杆 5 在外力作用下向下方移动时，弓簧片 6 产生变形，储存能量并产生位移。当达到预定的临界点时，弓簧片连同桥式动触点 2 瞬时动作。当外力失去后，推杆在弓簧片作用下迅速复位，触点恢复原状。由于采用瞬动机构，触点换接速度将不受推杆压下速度的影响。可见，微动开关是具有瞬时动作和微小行程的灵敏开关。

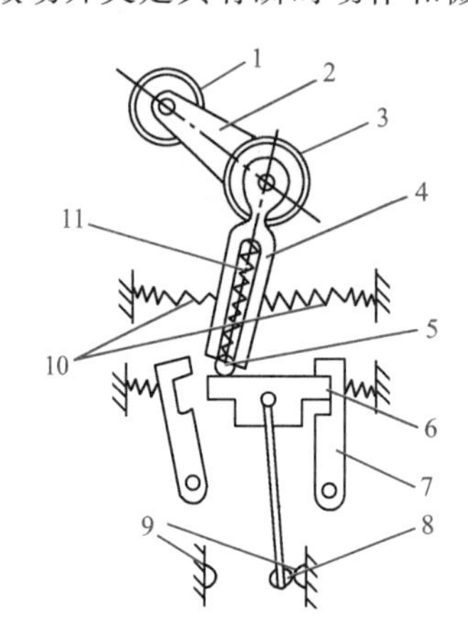

图 5-44　滚轮式行程开关

1—滚轮；2—上转臂；3—盘形弹簧；4—推杆；5—小滚轮；6—擒纵件；7—压板；8—动触点；9—静触点；10、11—弹簧

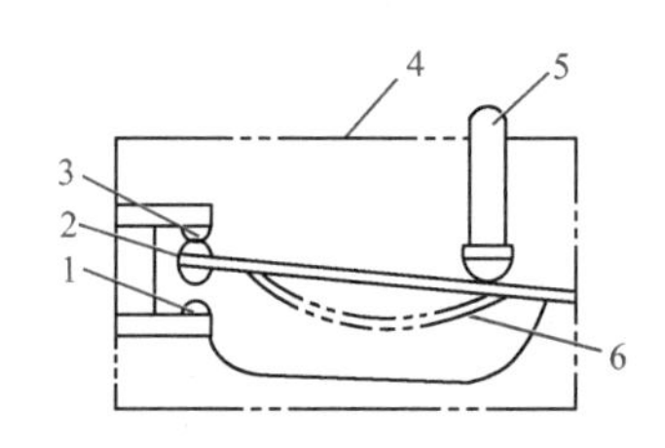

图 5-45　LX31 型微动开关结构

1—常开静触点；2—桥式动触点；3—常闭静触点；4—壳体；5—推杆；6—弓簧片

4. 接近开关

接近开关是一种非接触式的位置开关，当运动部件与接近开关的感应头接近时，使其输出一个电信号。接近开关的外形结构多种多样，电子电路装调后用环氧树脂密封，具有良好的防潮、防腐性能。它能无接触又无压力地发出检测信号，具有灵敏度高、频率响应快、重复定位精度高、工作稳定可靠、使用寿命长、安装方便等优点。它不仅用于一般行程控制和限位保护，在检测、计数、液面控制等自动控制系统中也获得了广泛应用。常见的接近开关外形及工作原理图如图 5-46 所示。

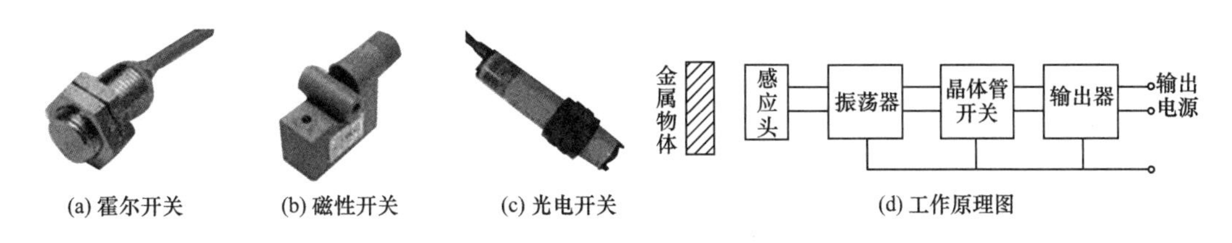

图 5-46 常见的接近开关外形与工作原理图

二、行程控制

自动往复运动通常利用行程开关来检测往复运动的位置，进而控制电动机的正、反转。图 5-47 所示为机床工作台自动往复运动图。为达到这种控制要求，应使用具有一对动断触点和一对动合触点的行程开关，将此行程开关连接到电动机正、反转控制电路中，如图 5-48 所示，该电路启动后，可以使电动机自动正、反转，从而可以使工作台自动往复运动。

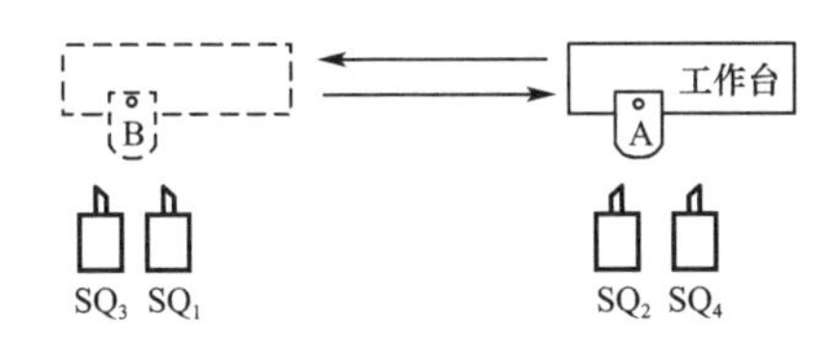

图 5-47 机床工作台自动往复运动图

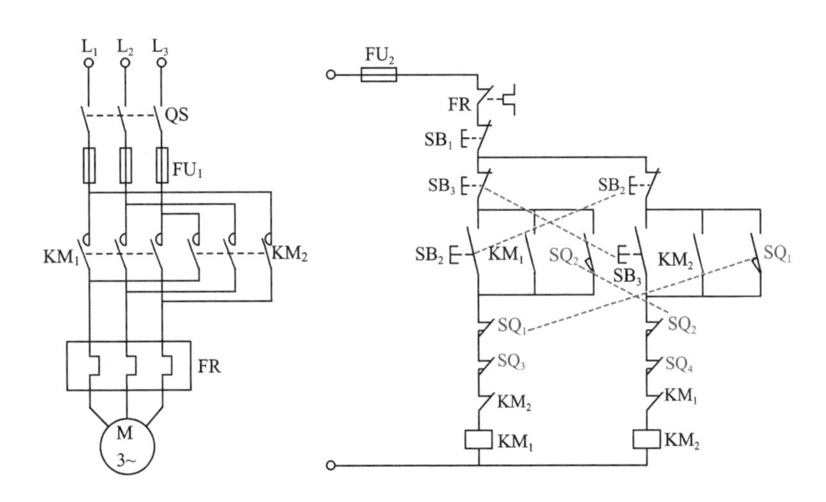

图 5-48 往复运动控制电路

行程开关 SQ_1 的动断触点与控制电动机正转的交流接触器 KM_1 线圈串联，SQ_1 的动合触点与控制电动机反转的开机按钮 SB_3 并联。行程开关 SQ_2 的动断触点与控制电动机反转的交流接触器 KM_2 线圈串联，SQ_2 的动合触点与控制电动机正转的开机按钮 SB_2 并联。SQ_3、SQ_4 为极限保护开关。

起始时，若按下正向运转的开机按钮 SB_2，则交流接触器 KM_1 线圈通电，电动机正转，工作台向左前进，到位后撞块 B 迫使行程开关 SQ_1 动作，SQ_1 的动断触点被断开，交流接触器 KM_1 线圈断电，电动机断开电源。接着行程开关 SQ_1 的动合触点闭合，使控制电动机反转的交流接触器 KM_2 线圈通电，电动机又接入电源，工作台向相反方向运动；电动机反向转动后，撞块 B 与行程开关 SQ_1 分开，作用在 SQ_1 上的外力消失，SQ_1 的动合触点分开，动断触点闭合。SQ_1 的动合触点分开后，交流接触器 KM_2 线圈在它的自锁触点作用下可保持继续通电，SQ_1 的动断触点再闭合后，因互锁触点（KM_2 的动断触点）被打开，所以交流接触器 KM_1 线圈不会通电。

交流接触器 KM_2 通电后，电动机反转，当撞块 A 到达行程开关 SQ_2 的位置后使 SQ_2 动作，行程开关 SQ_2 动作后，使交流接触器 KM_2 线圈断电，过程与正向运动到位后相似。这样，通过行程开关使电动机能够不停地正转、反转运行，拖动着工作台在规定的行程范围内往复运动。

当工作台处于行程开关 SQ_1 和 SQ_2 之间位置时，按下停止按钮 SB_1，电动机停止，工作台停止运动。当行程开关 SQ_1 或 SQ_2 失灵时，由极限保护开关 SQ_3 或 SQ_4 实现保护，避免工作台因超出极限位置发生事故。

三、时间控制

生产过程中，若要求一个动作完成之后，间隔一定的时间再开始下一个动作，就要求在时间上能进行控制。用继电器进行时间的自动控制需要使用时间继电器。

1. 时间继电器

时间继电器在控制电路中用于时间的控制，是在接收到输入信号时，延时一定时间才产生响应动作的自动电器。它的种类较多，按其动作原理可分为电磁式、空气阻尼式、电动式和电子式等；按延时方式可分为通电延时型和断电延时型。

(1)空气阻尼式时间继电器

空气阻尼式时间继电器是利用空气阻尼原理获得延时的，可以做成通电延时型，也可改成断电延时型，如图 5-49 所示。

图 5-49(a)所示为通电延时型时间继电器线圈不通电时的情况，当线圈通电后，动铁芯吸合，带动 L 形传动杆向右运动，使瞬动接点受压，其接点瞬时动作。活塞杆在塔形弹簧的作用下带动橡皮膜向右移动，弱弹簧将橡皮膜压在活塞上，橡皮膜左方的空气不能进入气室，形成负压，只能通过进气孔进气，因此活塞杆只能缓慢地向右移动，其移动的速度和进气孔的大小有关(通过延时调节螺丝调节进气孔的大小可改变延时时间)。经过一定的延时后，活塞杆移动到右端，通过杠杆压动微动开关(通电延时接点)，使其常闭触点断开，常开触点闭合，起到通电延时作用。

图 5-49(c)所示为断电延时型时间继电器线圈不通电时的情况，塔形弹簧将橡皮膜和活塞杆推向右侧，杠杆将延时接点压下，当线圈通电时，动铁芯带动 L 形传动杆向左运动，使瞬动接点瞬时动作，同时推动活塞杆向左运动，这样，活塞杆向左运动不延时，延时接点瞬时动作。线圈失电时，动铁芯在反力弹簧的作用下返回，瞬动接点瞬时动作，延时接点延时动作。

空气阻尼式时间继电器的优点为结构简单，延时范围大，寿命长，价格低廉，不受电源电压及频率波动的影响。缺点为延时误差大，无调节刻度指示，适用于延时精度要求不高的场

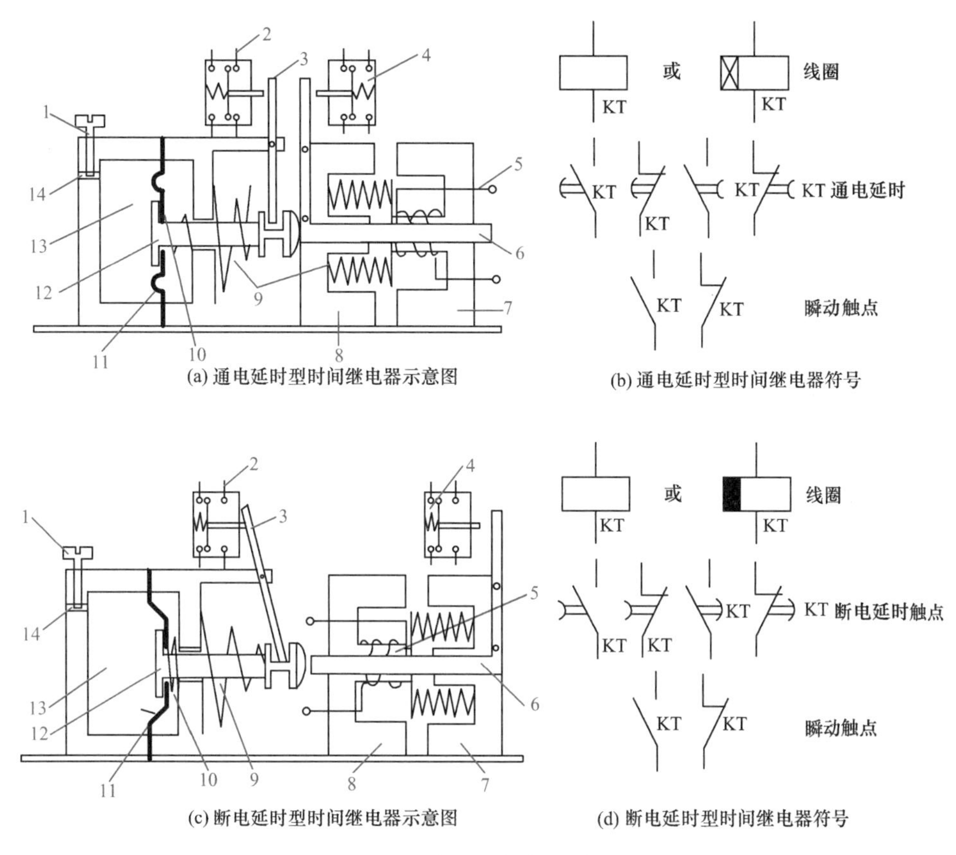

(a) 通电延时型时间继电器示意图
(b) 通电延时型时间继电器符号
(c) 断电延时型时间继电器示意图
(d) 断电延时型时间继电器符号

图 5-49 空气阻尼式时间继电器

1—延时调节螺丝；2—延时触点；3—杠杆；4—瞬动触点；5—线圈；6—传动杆；7—动铁芯；8—铁芯；9—弹簧；10—弱弹簧；11—橡皮膜；12—活塞杆；13—气室；14—进气孔

合。在使用空气阻尼式时间继电器时，应保持延时机构的清洁，防止因进气孔堵塞而失去延时作用。

(2)电子式时间继电器

电子式时间继电器近年来使用日益广泛，其延时范围广，精度比空气阻尼式时间继电器高，延时时间调节方便，功耗小，寿命长。电子式时间继电器有阻尼式和数字式两种，前者是利用 *RC* 电路充放电原理构成的，后者是利用计数器式延时电路，由输入信号的频率决定延时的时间。

2. 时间控制电路举例

(1)高频加热时间控制电路

应用高频电流给工件表面加热，对工件进行淬火处理，因加热时间很短(如只有 10 s)，用人工控制时间很不准确，不易保证淬火质量。使用时间继电器对高频加热处理进行时间控制，如图 5-50 所示。

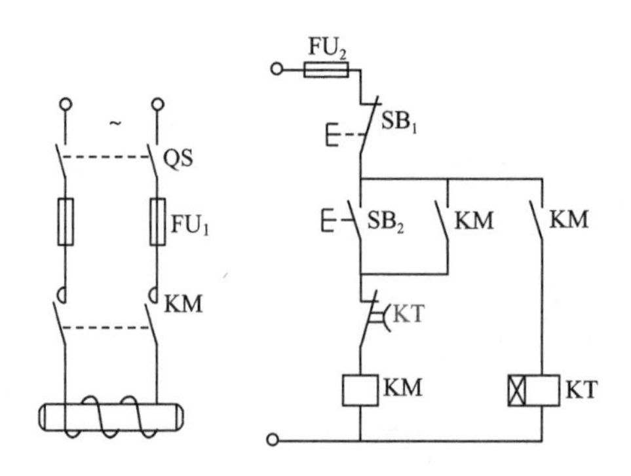

图 5-50 高频加热时间控制电路

控制电路工作原理如下：放好工件，按下按钮 SB_2，交流接触器 KM 线圈通电，主触点接通调频电流电路，工件加热，辅助触点 KM 自锁并接通时间继电器 KT 线圈，时间继电器 KT 的延时动断触点在线圈通电之后延时一段时间再断开，使交流接触器 KM 线圈断开，主回路主触点 KM 断开，停止加热。这个电路从按下按钮 SB_2 到时间继电器 KT 的延时动断触点打开的这段时间是工件加热时间，其长短由时间继电器控制。

(2)三相异步电动机星形-三角形启动自动控制

三相异步电动机启动时定子绕组星形连接，启动后将电动机改为三角形连接。用时间继电器可以控制电动机星形连接启动，经延时后自动改为三角形连接，实现星形-三角形启动自动转换，控制电路如图 5-51 所示。

电路工作原理如下：按下按钮 SB_2，交流接触器 KM_1、KM_2 和时间继电器 KT 的线圈通电，电动机星形连接启动。时间继电器通电后，经预定延时时间，时间继电器的延时动断触点打开，使交流接触器 KM_2 断电，而延时动合触点闭合，使交流接触器 KM_3 通电，电动机由星形连接自动改变为三角形连接。为防止交流接触器 KM_2 和 KM_3 同时通电，控制电路中接入起互锁作用的触点。

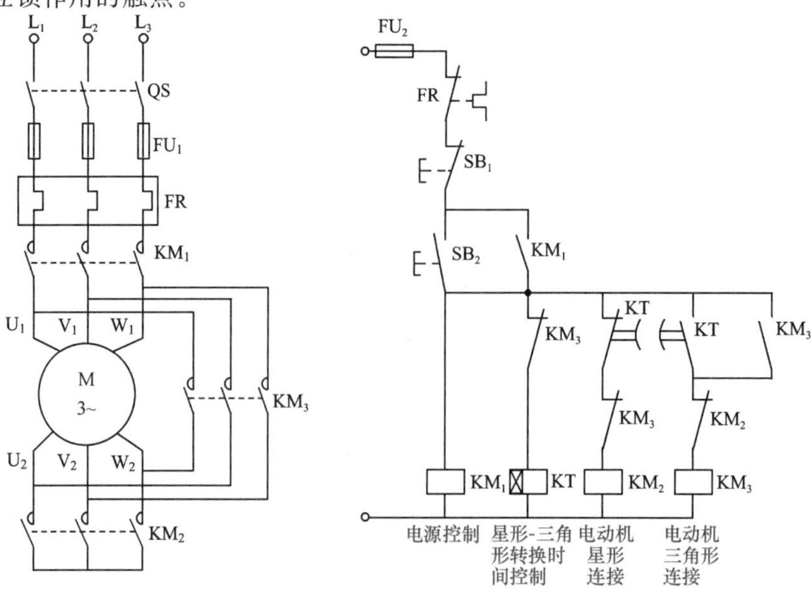

图 5-51 三相异步电动机星形-三角形启动自动控制电路

电动机三角形连接后，进入正常运行，这时通过交流接触器 KM_3 的辅助动断触点将时间继电器 KT 和交流接触器 KM_2 断电。

思考题与习题

1. 说明三相异步电动机的转动原理。

2. 如何实现三相异步电动机的反转？

3. 改变单相电容异步电动机的旋转方向有哪几种方法？

4. 一台吊扇采用电容启动单相异步电动机，通电后无法启动，而用手拨动转子后即能运转，请问这是由哪些故障造成的？

5. 一台四极笼式三相异步电动机，其额定转差率 $s_N=0.06$，接于频率为 50 Hz 的三相电源上。试求：

(1) 旋转磁场相对于定子的转速；

(2) 转子转速。

6. 简述双金属片式热继电器的结构与工作原理。为什么热继电器不能用于短路保护，而只能用于长期过载保护？

7. 行程开关的主要作用是什么？

8. 电动机基本控制电路有哪些基本控制环节、基本保护环节和基本控制方法？

9. 图 5-52 所示的电路中各有什么错误？工作时会出现什么现象？应如何改正？

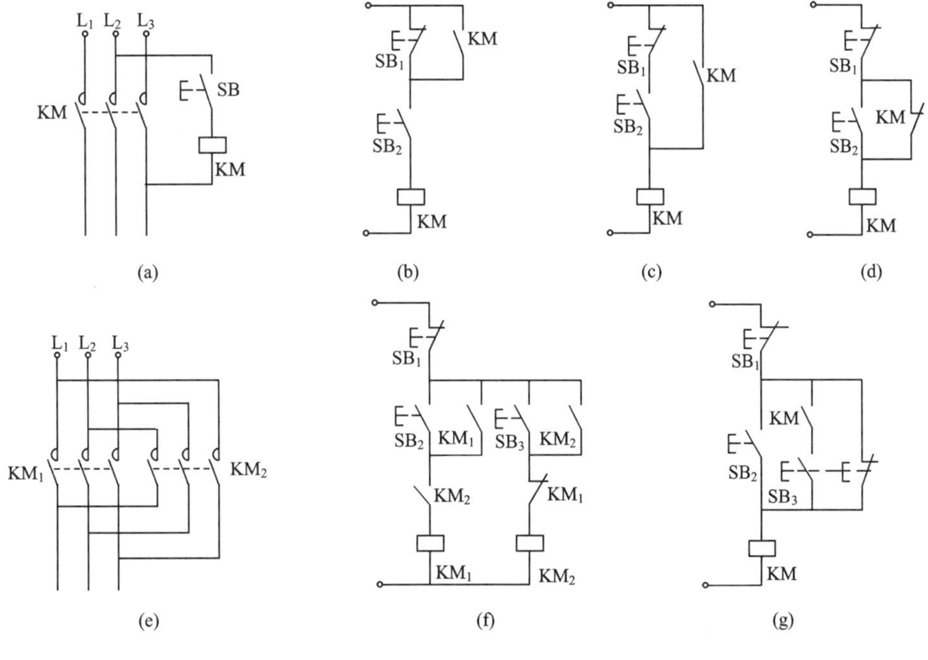

图 5-52　题 9 图

10. 定时控制常由时间继电器来实现，图 5-53 所示为加热炉定时加热控制电路，试叙述其动作过程。

11. 电动机控制电路如图 5-54 所示，图中 KM 为控制电动机电源的交流接触器，KA 为中间继电器。该控制电路能否既可以实现点动控制，又可以实现连续运行控制？试叙述其动作过程。

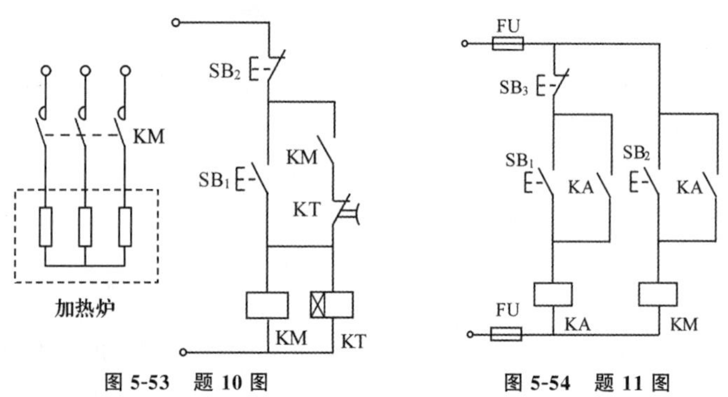

图 5-53　题 10 图　　**图 5-54　题 11 图**

12. 如图 5-55 所示电路中，KA 是事故继电器的常开触点，当发生故障时，常开触点 KA 闭合，信号灯 HL 发出闪光信号，分析该电路的工作过程。

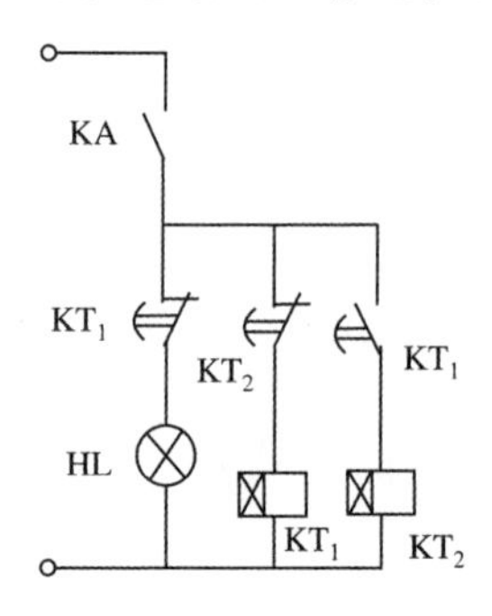

图 5-55　题 12 图

第6章

安全用电

知识目标

1. 了解接地及接地装置。
2. 了解触电方式及触电急救措施。

技能目标

会保护人身及设备安全，防止发生触电事故。

素质目标

以案例——触电实例导入，使学生了解电气作业安全操作规程和安全用电知识，培养学生严谨认真的工作态度，并引导学生理解生命的意义，珍爱生命，努力学习，为实现中国梦贡献自己的力量。

案例

触电实例

1. 事故经过

某企业承包地下排水工程，在深度为5.8米的地坑作业过程中，因地下水上涨，必须用抽水泵将坑内水抽净。于是唐某取来小型抽水泵，与另一名在场的电工王某进行电源接线工作。王某在地坑上面，唐某在地坑内接电线，唐某在地坑内喊王某接通电源试转，王某确认后就登上工具箱上部接通电源，先接通熔断器，又接通开关把手，王某从工具箱上面下到地面时，听到地坑内有人喊"有人触电了"，王某这时又立刻登上工具箱拉开电源开关，这时唐某已仰卧在地坑内。在场同志立即将其从坑内救出到地面，并对唐某进行不间断人工呼吸，后送往医院抢救无效死亡。

2. 原因分析

(1)此次发生死亡事故的直接原因是唐某在作业中图省事，怕麻烦，擅自违章蛮干造成的。

(2)唐某在作业中,电源进口引线三相均未固定,用左手持电缆三相线头搭接在空气开关进口引线螺丝上(电源侧)进行抽水泵的试转工作,在用右手向左手方向投空气开关时因用力过度,电源线一相碰在左手大拇指上触电,触电后抽手时,将电源线(三相)抱在身体心脏处导致触电死亡。

3. 防范措施

(1)在潮湿环境下进行电气作业,必须按《安全操作规程》的要求做好安全措施。

(2)临时用电设备,必须装设漏电保护器。

(3)必须提高安全意识,加强自我防护能力。

4. 案例思考

日常生活中如何安全用电?

带着案例思考中的问题进入本章内容的学习。

随着国民经济的迅速发展和人民生活水平的提高,电力已成为工农业生产和人民生活中不可缺少的能源。随着用电负荷的快速增加,用电安全的问题也越来越突出。这是因为电力的生产和使用有其特殊性,在生产和使用过程中如果不注意安全,就会造成人身伤亡事故和国家财产的巨大损失。因此,安全用电在生产领域和生活领域中更具有特殊的重大意义。

6.1 接地及接地装置

一、基本概念

1. 接地

电力电子设备的接地,是保障设备和操作人员安全及设备正常运行的必要措施。可以认为,凡是与电网连接的仪器设备都应当接地;凡是电力需要到达的地方,就是接地工程需要实施的地方。电气设备的某部分与土壤之间做良好的电气连接,称为接地。与土壤直接接触的金属物体,称为接地体或接地极。接地按用途不同可分为工作接地和保护接地。

(1)工作接地

根据电力系统运行的要求而进行的接地(如发电机中性点的接地),称为工作接地。

(2)保护接地

将电气装置的金属外壳和构架与接地装置做电气连接,因为它对间接触电有防护作用,所以称为保护接地。

如图 6-1 所示。图中人体电阻与接地电阻并联,根据分流原理,只要接地电阻足够小,流过人体的电流就很小,不会对人体造成伤害。保护接地适用于中性点不接地的低压电网。

(3)保护接零

为对间接触电进行防护,将电气装置的金属外壳和构架与电力系统的中性点直接进行电气相连,称为保护接零。

如图 6-2 所示。在这种情况下,当电气设备绝缘损坏使设备的外壳漏电时,由于金属外壳与零线相接,就会通过金属外壳与零线形成一个短路回路,短路电流较大,可使线路上的保护装置动作,切断电源,保障人身安全。保护接零适用于中性点接地的低压电网。为防止零线断线,可在零线上每隔一定距离进行重复接地。

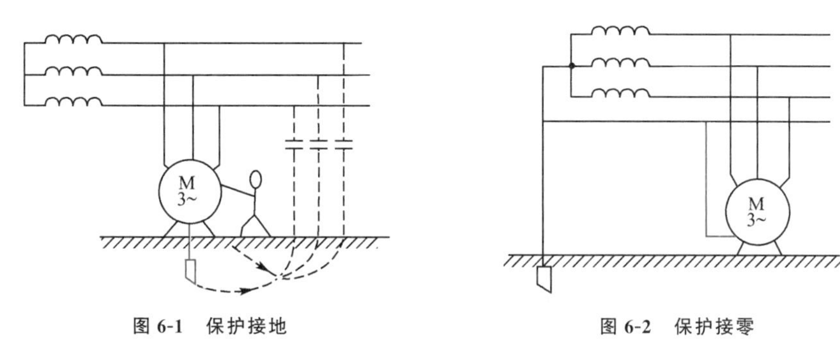

图 6-1 保护接地　　图 6-2 保护接零

在同一台变压器供电的系统中,不允许一部分设备采用保护接地,另一部分设备采用保护接零。否则,当某一台接地的设备发生碰壳,将使整个零线及所有接在零线上的设备都带有危险的电压。

2."地"和对地电压

当电气设备发生接地故障时,接地电流流经接地装置向大地做半球形散开。这一半球形面与接地体越远,接地电流流散时产生的电压降越小,电位就越低。在离开接地点 20 m 以外的地方,该电位已不再变化,并趋于零。我们把零电位的地方称为电气上的"地"。

对地电压是指电气装置的接地部分与零电位"地"之间的电位差。

3. 接地电流和接地短路电流

凡从带电体流入地下的电流即属于接地电流。接地电流有正常接地电流和故障接地电流两种。

系统一相接地可能导致系统发生短路,这时的接地电流称为接地短路电流。接地短路电流在 500 A 以下的,称为小接地短路电流系统;大于 500 A 的,称为大接地短路电流系统。

4. 流散电阻和接地电阻

流散电阻是电流自接地体向周围大地流散所遇到的全部电阻。

接地电阻是接地体的流散电阻和接地线的电阻之和。接地线的电阻一般很小,可以忽略不计。对接地电阻的有关规定:低压电气设备的接地电阻 $R \leqslant 4\ \Omega$;计算机网络的接地电阻 $R \leqslant 1\ \Omega$。

5. 接地装置

接地装置由接地体和接地线组成。接地体是与大地紧密接触并与之形成电气连接的一个或一组可导电部件,一般由钢管或角铁制成。

6. 接触电压和跨步电压

当电气设备发生相线碰壳故障时,有接地电流从接地体向四周流散,并在地面上呈现出不同的电位分布。当人体接触设备外壳时,即有一电压加于人体,这个电压由人的接触而来，故称为接触电压。

在上述情况下，当人跨步于这种带有不同电位的地面时，加于人体两脚之间的电位差即为跨步电压。接触电压和跨步电压如图 6-3 所示。

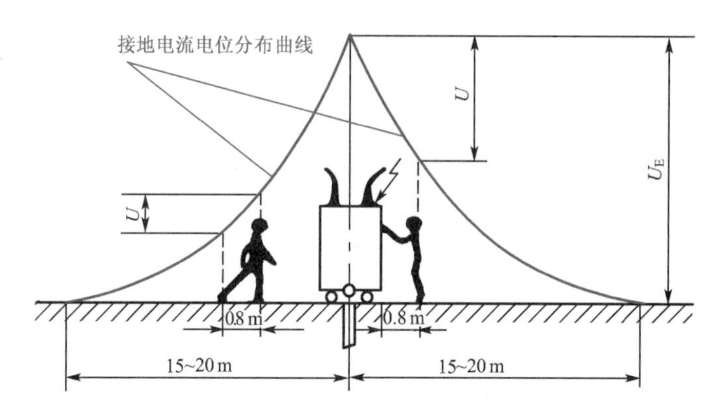

图 6-3　接触电压和跨步电压

7. IT、TT、TN 系统

IT 系统就是电源中性点不接地、用电设备外壳直接接地的系统。IT 系统中，连接设备外壳可导电部分和接地体的导线，就是 PE 线。

TT 系统就是电源中性点直接接地、用电设备外壳也直接接地的系统。TT 系统中，这两个接地必须是相互独立的。设备接地可以是每一设备都有各自独立的接地装置，也可以是若干设备共用一个接地装置。

TN 系统即电源中性点直接接地、设备外壳等可导电部分与电源中性点有直接电气连接的系统，它有 TN-S 系统、TN-C 系统、TN-C-S 系统三种形式。

TN-S 系统中，中性线 N 与 TT 系统相同，用电设备外壳等可导电部分通过专门设置的保护线 PE 连接到电源中性点上。在这种系统中，中性线 N 和保护线 PE 是分开的。TN-S 系统的最大特征是中性线 N 和保护线 PE 在系统中性点分开后，不能再有任何电气连接。TN-S 系统是我国现在应用最为广泛的一种系统（又称三相五线制）。新楼宇大多采用此系统。

TN-C 系统是将 PE 线和 N 线的功能综合起来，由一根 PEN 线（保护中性线）同时承担保护和中性线两者的功能。在用电设备处，PEN 线既连接到负荷中性点上，又连接到设备外壳等可导电部分。此时注意火线与零线要接对，否则外壳要带电。TN-C 系统现在已很少采用，尤其是在民用配电中已基本上不允许采用 TN-C 系统。

TN-C-S 系统是 TN-C 系统和 TN-S 系统的结合形式。TN-C-S 系统中，从电源出来的那一段采用 TN-C 系统只起电能的传输作用，到用电负荷附近某一处，将 PEN 线分开成单独的 PE 线和 N 线，从这一点开始，系统相当于 TN-S 系统。TN-C-S 系统也是现在应用比较广泛的一种系统。

二、接地装置

1. 接地装置的分类

完整的接地装置应由接地体和接地线两部分组成，接地线又分为接地干线和接地支线两种。每一个接地装置的具体结构，应根据使用环境、技术要求和安装形式选定。

接地装置按接地体数量多少，分为以下三种组成形式：

(1)单极接地装置

单极接地装置简称单极接地，由一个接地体构成，适用于接地要求不太高而设备接地点较少的场所。具体组成是：接地线一端与接地体连接，另一端与设备接地点直接连接，如图6-4(a)所示；如果有几个接地点时，可用接地干线逐一将每一分支接地线连接起来，如图6-4(b)所示。

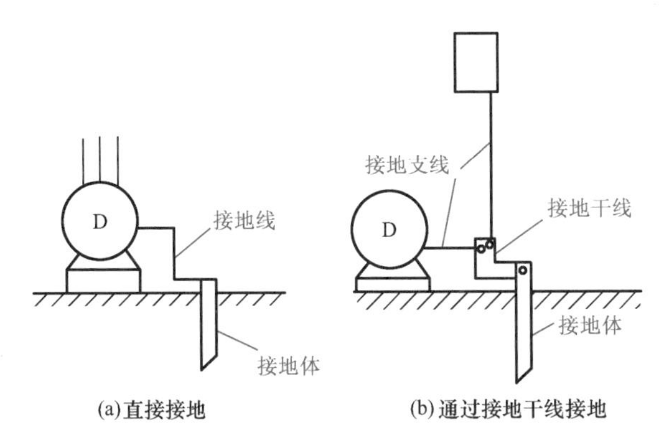

图6-4 单极接地装置的组成

(2)多极接地装置

多极接地装置简称多极接地，由两个或两个以上接地体构成，应用于接地要求较高而设备接地点较多的场所，以达到进一步降低接地电阻的目的。

多极接地装置的可靠性较强，应用较广。有些供电部门规定，用户的低压保护接地装置一律采用这种结构，不准采用单极接地装置。

多极接地装置是将各接地体之间用扁钢或圆钢连成一体，使每个接地体形成并联状态，从而减少整个接地装置的接地电阻。多极接地装置的组成如图6-5所示。

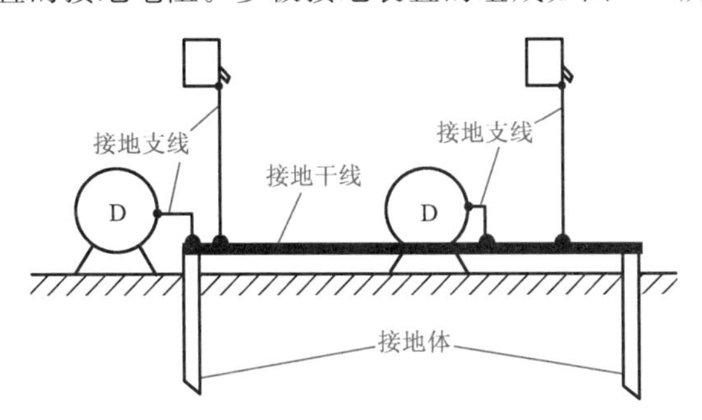

图6-5 多极接地装置的组成

(3)接地网络

接地网络简称接地网，由多个接地体按一定的排列方式相互连接而成的网络。接地网络的组成形式很多，常见的有方孔接地网和长孔接地网两种，它们的形状如图6-6所示。

接地网络应用于发电厂、变电站和配电所及机床设备较多的车间、工厂或露天加工厂等场所。接地网络既方便设备群的接地需要，又加强了接地装置的可靠性，也降低了接地电阻。

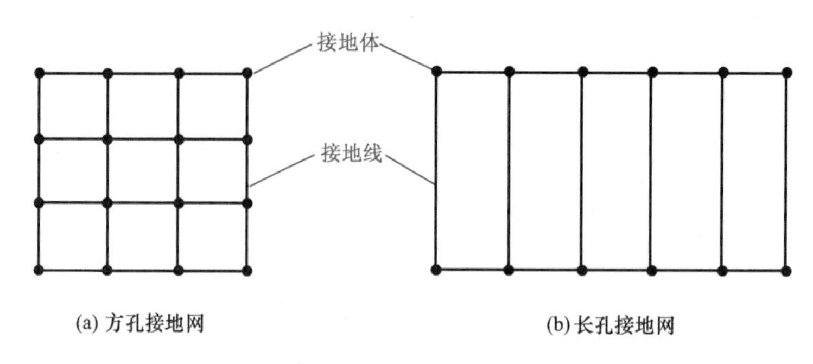

图 6-6 接地网络的形状

2. 接地装置的技术要求

接地电阻是接地装置技术要求中最基本也是最重要的技术指标。对接地电阻的要求，一般应根据以下几个因素决定：

(1)需接地的设备容量。容量越大，接地电阻应越小。

(2)需接地的设备所处的地位。所处地位越重要的设备，接地电阻就应越小。

(3)需接地的设备工作性质。工作性质不同，要求也不同。如配电变压器低压侧中性点工作接地就比避雷器工作接地的接地电阻要小些。

(4)需接地的设备数量或价值。接地设备的数量越多或者价值越高，要求接地电阻也就越小。

(5)几个设备共用的接地装置。它的接地电阻应以接地要求最高的一台设备为标准。

总之，原则上要求接地装置的接地电阻越小越好。但同时应考虑经济合理，以不超过规定的数值为准。

3. 常用电力设备接地实例

为了确保输配电系统线路及设备的安全运行，对以下常用电力设备或装置必须进行可靠的接地。

(1)避雷装置

避雷装置有避雷器、避雷针和避雷线三种，其中以避雷器的接地用得最多。常用避雷器有35 kV、10 kV 和 400 V 等规格，其中以 10 kV 用得最普遍，常用在变电站 10 kV 输出端、配电变压器 10 kV 输入端及装有其他重要线路设备处。

装在 10 kV 线路上的避雷器，通常都与其他设备共用一套接地装置。避雷器用作保护配电变压器时，它的接地电阻不另作规定，应根据配电变压器的要求来确定。避雷器单独接地时，接地电阻不应超过 10 Ω。

在输配电系统中，避雷针一般用于各级变电站，作为输变电设备和建筑物的防雷保护。

(2)配电变压器接地

在配电变压器上一般有三处接地，即避雷器的接地、低压侧中性点的接地和变压器外壳的接地，这三处接地通常都接入同一套接地装置，其中以低压侧中性点接地的要求为最高。配电变压器低压侧中性点的接地电阻在 0.5 ～10 Ω 范围内，按变压器容量的大小来决定，其选定方法可采用下列公式

$$R \leqslant \frac{120}{I} \tag{6-1}$$

式中，R 为接地电阻，单位为 Ω；120 为允许的对地电压，单位为 V；I 为配电变压器低压侧的最大工作电流，单位为 A。接地电阻的最大值不应超过 10 Ω，最小值可保持在 0.5 Ω。

6.2 触电方式与急救措施

一、电流对人体的伤害

因人体接触或接近带电体而引起烧伤或死亡的现象称为触电。根据人体受伤害程度不同,触电分为电击和电伤两种。

电击是指电流通过人体,使内部器官组织受到损伤。如果受害者不能迅速摆脱带电体,则最后会造成死亡事故,所以它是最危险的触电事故。电击伤人的程度,由流过人体的电流频率、电流强度,流过人体的途径,作用于人体的电压,持续时间及触电者本人的健康状况来决定。

电伤是指在电弧作用下或熔断丝熔断时对人体外部的伤害,如烧伤、金属溅伤等。

根据大量触电事故资料的分析和实验,证实电击所引起的伤害程度与下列各种因素有关。

1. 人体电阻的大小

人体电阻越大,通入的电流越小,伤害程度也就越轻。研究结果表明,当皮肤有完好的角质外层并且很干燥时,人体电阻为 $10^4 \sim 10^5\ \Omega$;当角质外层被破坏时,人体电阻则降到 $800 \sim 1\ 000\ \Omega$。

2. 电流流过时间的长短

电流流过人体的时间越长,则伤害越严重。在通电电流为 0.05 A 的情况下,若通电时间不超过 1 s,则不至于有生命危险。

3. 作用于人体的电压和电流的大小

如果流过人体的电流达到 1 mA,就会使人有麻木的感觉;10 mA 为摆脱电流;如果流过人体的电流在 50 mA 以上时,就有生命危险。一般说来,接触 36 V 以下的电压时,流过人体的电流不超过 50 mA,故把 36 V 的电压作为安全电压;如果在潮湿的场所,工作电流应取 5 mA 作为安全电流,安全电压通常是 24 V 或 12 V。

4. 电流流过人体的途径

电流以任何途径流过人体都可以导致人死亡。电流流过心脏、中枢神经、呼吸系统是最危险的。例如,电流流过头部会使人昏迷,严重时会使人死亡;电流流过脊髓会使人瘫痪;从胸部到左手是最危险的电流途径,心脏、胸部、脊髓等重要器官都处于此电流途径内,很容易引起心室颤动和中枢神经失调而死亡;从右手到脚的电流途径危险要小些,但会因痉挛而摔伤;危险性最小的电流途径是从左脚到右脚,但会因痉挛而摔倒,导致电流通过全身或引起二次事故。

二、触电方式

人体触电的方式多种多样,一般分为直接触电和间接触电两种主要方式,此外还有高压电场、高频电磁场、静电感应、雷击等。

1. 接触正常带电体

(1)如图 6-7 所示,人体处于相电压之下,危险性较大。如果人体与地面的绝缘较好,危险性可以大大减小。

(2)电源中性点不接地的单相触电如图 6-8 所示,这种触电也有危险。乍看起来,似乎电源中性点不接地时,不能构成电流通过人体的回路。其实不然,要考虑到导线与地面间的绝缘可能不良(对地绝缘电阻为 R'),甚至有一相接地,在这种情况下人体中就有电流通过。在交流的情况下,导线与地面间存在的电容也可构成电流的通路。

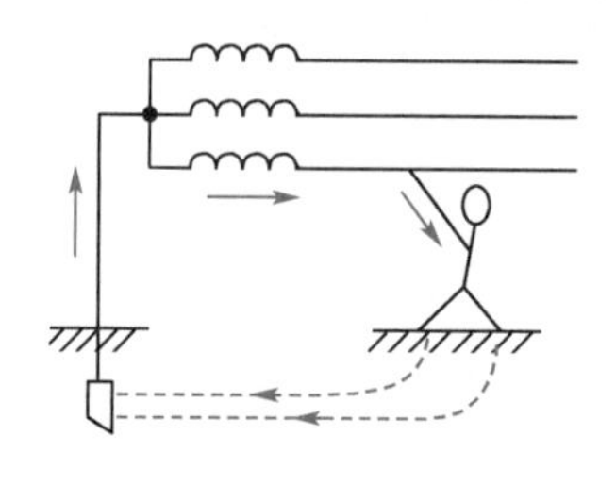

图 6-7　电源中性点接地的单相触电

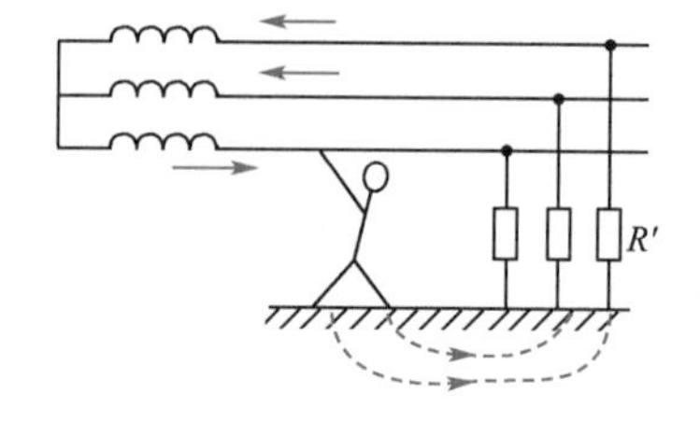

图 6-8　电源中性点不接地的单相触电

(3)两相触电最为危险,因为人体处于线电压之下,但这种情况不常见。

2. 接触正常不带电的部分

触电的另一种情形是接触正常不带电的部分。例如,电机的外壳本来是不带电的,由于绕组绝缘损坏而与外壳相接触,使它也带电。人手触及带电的电机(或其他电气设备)外壳,相当于单相触电,大多数触电事故属于这一种。为了防止这种触电事故的发生,对电气设备常采用保护接地和保护接零(接中性线)的保护装置。

三、触电急救方法

触电事故总是突然发生的,情况危急,刻不容缓。现场人员必须当机立断,用最快的速度、以正确的方法处理。首先使触电者脱离电源,然后立即进行现场救护。只要方法得当,坚持不懈,多数触电者可以起死回生。因此,每个电气工作者和其他有关人员必须熟练掌握触电急救方法。

1. 脱离电源

触电急救首先要使触电者迅速脱离电源。触电时间越长,触电者的危险性越大。下面介绍使触电者脱离电源的几种方法,可根据具体情况选择采用。

(1)脱离低压电源

①如果开关距救护人员较近,应迅速拉开开关,切断电源。

②如果开关距救护人员较远,可用绝缘电工钳或有干燥木柄的刀、斧等将电源切断,但要防止带电导线断落触及人体。

③如果导线搭落在触电者身上或压在身下,可用干燥的木棒、竹竿等挑开导线,或用干燥的绝缘绳套拉导线或触电者,使其脱离电源。如果触电人的衣服是干燥的且导线并非紧缠在其身上,救护人员可站在干燥的木板上用一只手拉住触电者的不贴身衣服将其拉离电源。如果人在高空触电,还必须采用安全措施,以防电源断开后,触电者从高空摔下致残或致死。

(2)脱离高压电源

抢救高压触电者脱离电源与低压触电者脱离电源的方法大为不同，主要区别在于：高压触电时，一般绝缘物对救护人员不能保证安全；电源开关远，不易切断电源；电源保护装置灵敏度比低压电源的高。脱离高压电源的方法主要有以下几种：

①立即通知有关部门停电。

②戴上绝缘手套、穿上绝缘靴，拉开高压断路器；用相应电压等级的绝缘工具拉开高压跌落开关，切断电源。

③抛掷裸金属软导线，造成线路短路，迫使保护装置动作，切断电源。抛掷时应保证抛掷导线不触及人体。

(3)注意事项

①救护人员不得用金属和其他潮湿的物品作为救护工具。

②未采取任何绝缘措施，救护人员不得直接触及触电者的皮肤和潮湿衣服。

③在使触电者脱离电源的过程中，救护人员最好用一只手操作，以防触电。

④夜晚发生触电事故时，应考虑切断电源后的临时照明，以利于救护。

2. 现场救护

触电者脱离电源后，应立即就近移至干燥、通风的地方，分清情况迅速进行现场急救。同时通知医务人员到现场，并做好将触电者送往医院的准备工作。

现场救护大体有以下三种情况：

(1)如果触电者受伤不太严重，神志清醒，只是有些心慌、四肢发麻、全身无力、一度昏迷，但未失去知觉，则应使触电者静卧休息，不要走动。同时严密观察，请医生前来或送医院治疗。

(2)如果触电者失去知觉，但呼吸与心跳正常，则应使其舒适平卧，四周不要围人，保持空气流通，可解开衣服，以利于呼吸。天冷时要注意保暖。同时立即请医生前来或送医院治疗。

(3)如果触电者呈现假死症状，即呼吸停止，应立即进行人工呼吸；若触电者呼吸和心脏跳动均已停止，应立即进行人工呼吸和胸外心脏按压。现场抢救工作应做到医生到来前不等待、送医院中途不中断，否则触电者会很快死亡。

现场抢救中特别是遇到触电者假死的情况，人工呼吸和胸外心脏按压是现场救护的主要方法，任何药物不能代替。另外，对触电者用药或注射针剂，必须经过有经验的医生诊断，要慎重使用。

思考题与习题

1. 什么是接地？接地可分为哪几种类型？

2. 什么是触电？触电有哪几种类型？

3. 什么是接触电压和跨步电压？

4.接地装置按接地体数量多少分,有哪几种组成形式?

5.在哪些情况下可免于保护接地?

6.为什么保护接地和保护接零能防止人体触电?

7.电击和电伤有什么不同?

8.现场救护应分别采取哪些措施?

第7章

半导体器件

知识目标

1. 掌握PN结的单向导电性及半导体二极管结构及电压、电流关系和主要参数，了解特殊二极管的作用。

2. 掌握半导体三极管结构、放大作用、特性曲线及主要参数。

3. 了解场效应管结构、工作原理、特性曲线及主要参数。

技能目标

1. 能正确使用常用电子仪器和仪表。

2. 会用万用表检查常用元器件的好坏，会用万用表判断二极管、三极管的电极。

素质目标

1. 通过介绍国际半导体器件学科的先行者、中国集成电路发展的引领者、中国航天微电子与微计算机技术的奠基人黄敞大师的先进事迹，学习老一代科学家的奉献精神，弘扬爱国主义精神，激励学生树立远大理想，自强不息，开拓进取。

2. 以案例——电源指示灯电路导入，引导学生理论联系实际，培养学生实际应用能力。

案例

电源指示灯电路

收音机及家用电器中很多是采用发光二极管作为电源指示灯，发光二极管具有发光醒目、耗电少等优点。

1. 电路及工作过程

电源指示灯电路如图7-1所示。R是限流保护电阻，当电源正常时，有电流流过发光二极管，发光二极管发光，指示电源接通或电源电路正常。

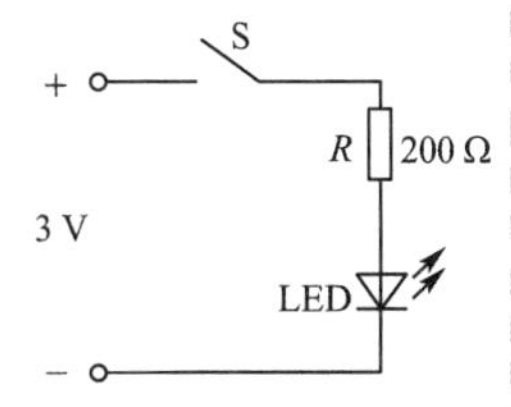

图7-1　电源指示灯电路

2.电路元器件

电阻 200 Ω 一个；发光二极管一个；开关一个；3 V 直流电源一个；万能板一块；连接导线若干。

3.案例实施

(1)认真检查元器件，确保元件完好。

(2)自己设计电路安装图，在万能板上安装元器件，并焊接。注意发光二极管的极性是否正确。

(3)对照电路，检查无误后，接上 3 V 电源。若发光二极管不发光，应查找故障，直至正常为止。

4.案例思考

若是 220 V 交流电源的指示灯电路，应注意什么？

带着案例思考中的问题进入本章内容的学习。

电子线路的性能与其所选用的半导体器件的特性有着密切的关系，因此在学习电子线路之前，必须先了解半导体器件。

7.1 半导体二极管

一、本征半导体

自然界中的物质，由于其原子结构不同，导电能力也各不相同。导电能力介于导体和绝缘体之间的物质称为半导体。常用的半导体材料有硅、锗和砷化镓等。

纯净的不含杂质的半导体称为本征半导体。本征半导体在绝对温度 $T=0$ K 和没有外界影响的条件下，价电子全部束缚在共价键中。当本征半导体在外界因素作用下(温度升高或受光照等)，共价键中的某些价电子获得能量，挣脱共价键的束缚，成为自由电子，同时在原共价键中留下相同数量的空位，通常把这种空位称为空穴，空穴与自由电子是成对出现的。每形成一个自由电子，同时就出现一个空穴，这种现象称为本征激发。

含空穴的原子带有正电，它将吸引相邻原子中的价电子，使它挣脱原来共价键的束缚去填补前者的空穴，从而在自己的位置上出现新的空穴。这样，当电子按某一方向填补空穴时，就像带正电荷的空穴向相反方向移动，于是空穴被看成是带正电的载流子，空穴的运动相当于正电荷的运动。自由电子和空穴又称载流子。

自由电子在运动过程中又会和空穴相遇，重新结合而消失，这个过程称为复合。自由电子-空穴对的产生与复合，在一定温度下呈现动态平衡。在室温下，本征半导体中的载流子数目是一定的，数量很少，当温度升高时，会有更多的价电子挣脱束缚，产生的自由电子-空穴对的数目也相对增加，半导体的导电能力随之增强。

在没有外电场作用下，自由电子和空穴的运动是无规则的，半导体中没有电流。在外电场作用下，带负电的自由电子将逆电场方向做定向运动，形成自由电子电流，带正电的空穴将顺电场方向做定向运动，形成空穴电流。

二、杂质半导体

在本征半导体中掺入微量杂质，如磷、硼等，将使其导电性能发生显著变化。

1. N 型半导体

在本征半导体晶体中掺入微量的 5 价元素，例如磷。由于磷原子的最外层电子轨道上有 5 个价电子，其中 4 个和相邻的硅原子构成共价键，多出的一个电子很容易摆脱原子核的束缚成为自由电子，磷原子则因失去一个电子而带正电。每掺入一个磷原子都能提供一个自由电子，从而使半导体中自由电子的数目大大增加，这种半导体导电主要靠自由电子，所以称为电子型半导体，又称 N 型半导体。其中自由电子是多数载流子，空穴是少数载流子。

2. P 型半导体

在本征半导体晶体中掺入微量的 3 价元素，例如硼。由于硼的价电子只有 3 个，当它与硅原子组成共价键时，因缺少一个价电子而形成空穴，相邻的价电子很容易被吸引过来填补这个空穴，使硼原子变成带负电的粒子。每掺入一个硼原子都能提供一个空穴，从而使半导体中空穴的数目大大增加，这种半导体导电主要靠空穴，因此称为空穴型半导体，又称 P 型半导体。其中空穴是多数载流子，自由电子是少数载流子。

由此可见：杂质半导体中的多数载流子主要是掺杂形成的，尽管杂质含量很少，但它们对半导体的导电能力有很大影响。少数载流子是本征激发产生的，数量少，对温度非常敏感。

三、PN 结及其单向导电性

1. PN 结的形成

当通过一定的工艺，使一块 P 型半导体和一块 N 型半导体结合在一起时，在它们的交界处会形成一个特殊区域，称为 PN 结。

微课

PN 结的形成

在 P 型半导体和 N 型半导体交界处，由于 P 型半导体中空穴多于自由电子，N 型半导体中自由电子多于空穴，这样在交界面附近将产生多数载流子的扩散运动。P 区的空穴向 N 区扩散，与 N 区的自由电子复合；N 区的自由电子向 P 区扩散，与 P 区的空穴复合。随着扩散运动的进行，在 P 区一侧留下不能移动的负离子，在 N 区一侧留下不能移动的正离子，这个区域称为空间电荷区。如图 7-2 所示。

空间电荷区形成内电场，内电场方向由 N 区指向 P 区，内电场对多数载流子的扩散运动起阻碍作用，故空间电荷区也称阻挡层。内电场有助于少数载流子的漂移运动（漂移是指在电场作用下少数载流子越过空间电荷区进入另一侧），因此在内电场作用下，N 区的空穴向 P 区漂移，P 区的自由电子向 N 区漂移。显然多数载流子的扩散运动和少数载流子的漂移运动是对立的，当扩散运动与漂移运动达到动态平衡时，空间电荷区的宽度便基本稳定下来，PN 结处于相对稳定的状态。

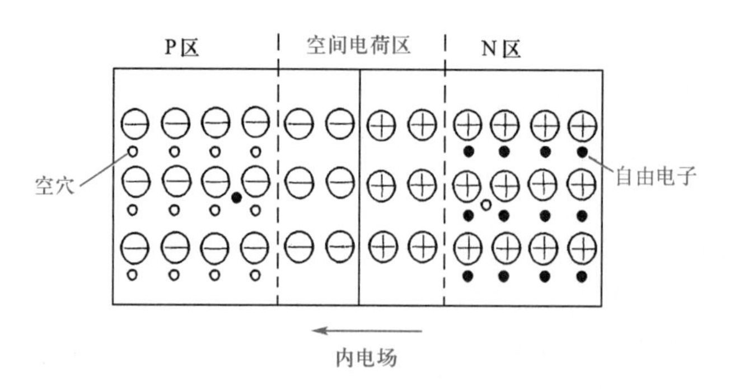

图 7-2 PN 结的形成

另外，在这个区域内，由于多数载流子已扩散到对方并复合掉，好像耗尽了一样，因此空间电荷区又称耗尽层。

2. PN 结的单向导电性

PN 结外加正向电压(简称正偏)如图 7-3 所示。这时，外电场与内电场方向相反，内电场被削弱，空间电荷区变窄，有利于多数载流子的扩散运动，因而形成较大的扩散电流。而漂移电流是由少数载流子的漂移运动形成的，少数载流子数量很少，故对总电流的影响可忽略，所以外接正向电压时，PN 结处于导通状态，并呈低电阻状态。

PN 结外加反向电压(简称反偏)如图 7-4 所示。这时，外电场与内电场方向一致，内电场增强，多数载流子扩散难以进行，只有少数载流子在电场作用下形成漂移电流，漂移电流与扩散电流方向相反，又称反向电流。少数载流子数量少，所以形成的反向电流很小。反向电流受温度影响较大，当温度一定时反向电流基本上不受外加电压的影响。

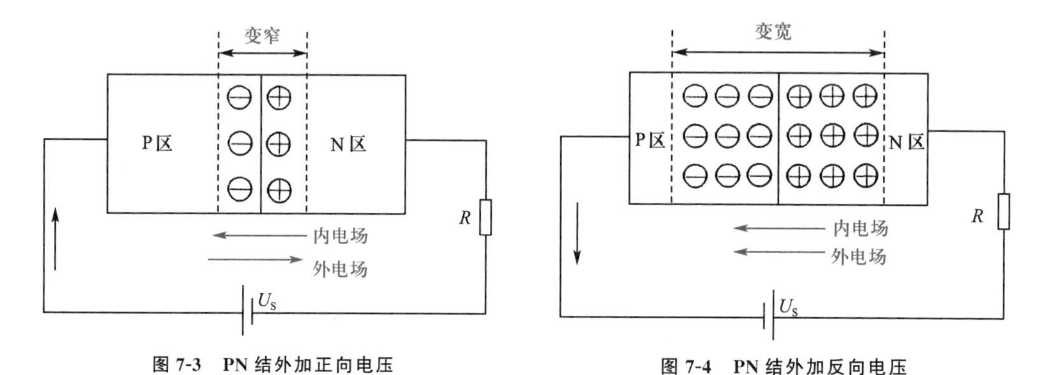

图 7-3 PN 结外加正向电压　　图 7-4 PN 结外加反向电压

综上所述：PN 结具有单向导电性。PN 结加正向电压时，电路中有较大电流流过，PN 结导通；PN 结加反向电压时，电路中电流很小，PN 结截止。

四、半导体二极管

1. 结构与类型

半导体二极管是由 PN 结两端接上电极引线并用管壳封装构成的，如图 7-5(a)所示。P 区引出的电极为半导体二极管的正极或阳极，N 区引出的电极为半导体二极管的负极或阴极。半导体二极管按结构不同可分为点接触型二极管和面接触型二极管。点接触型二极管的特点是 PN 结面积小，结电容小，工作电流小，可以在高频下工作，常用于高频检波；面接触型二极管的特点是 PN 结面积大，允许较大的电流通过，但因面积大，其结电容也较大，只能在较低的频率下工作,常用作整流。

半导体二极管按材料不同又可分为硅二极管和锗二极管。

半导体二极管的外形及符号如图 7-5(b)、7-5(c)所示。

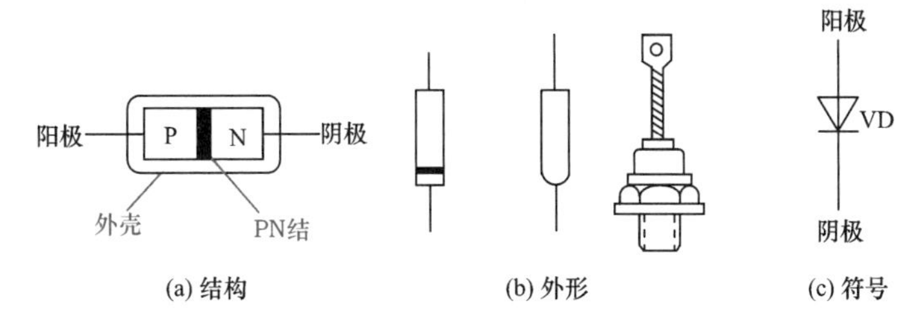

图 7-5 半导体二极管结构、外形及符号

2. 半导体二极管的伏安特性

半导体二极管的伏安特性是指半导体二极管两端电压 U 和流过的电流 I 之间的关系。半导体二极管的伏安特性曲线如图 7-6 所示。

(1)正向特性

在外加正向电压较小时,外电场不足以克服内电场对多数载流子扩散运动所造成的阻力,电路中的正向电流几乎为零,这个范围称为死区,相应的电压称为死区电压。锗管死区电压约为 0.1 V,硅管死区电压约为 0.5 V。当外加正向电压超过死区电压时,电流随电压增加而快速上升,半导体二极管处于导通状态。锗管的正向导通压降为 0.2～0.3 V,硅管的正向导通压降为 0.6～0.7 V。

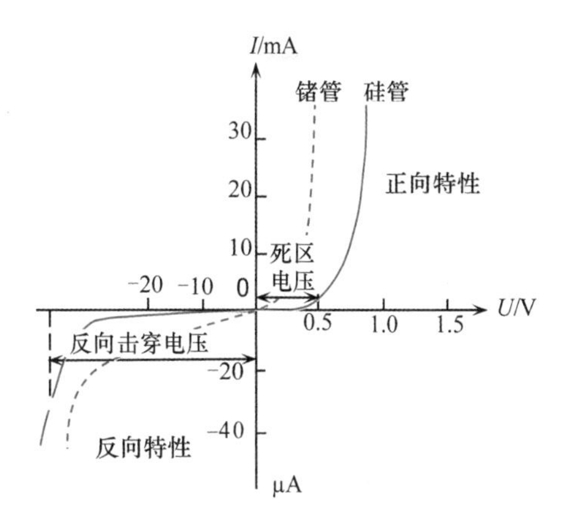

图 7-6 半导体二极管的伏安特性曲线

(2)反向特性

在反向电压作用下,少数载流子漂移形成的反向电流很小,在反向电压不超过某一范围时,反向电流基本恒定,通常称之为反向饱和电流。在同样的温度下,硅管的反向电流比锗管小,硅管为几微安至几十微安,锗管可达几百微安,此时半导体二极管处于截止状态。当反向电压继续增加到某一电压时,反向电流剧增,半导体二极管失去了单向导电性,称为反向击穿,该电压称为反向击穿电压。半导体二极管正常工作时,不允许出现这种情况。

3. 半导体二极管的主要参数

半导体二极管的参数是合理选择和使用半导体二极管的依据。

(1)最大整流电流 I_{FM}

最大整流电流是半导体二极管长期使用时允许流过的最大正向平均电流。使用时工作电流不能超过最大整流电流,否则二极管会过热烧坏。

(2)最大反向工作电压 U_{RM}

最大反向工作电压是半导体二极管使用时允许承受的最大反向电压。使用时半导体二极管的实际反向电压不能超过规定的最大反向工作电压。为了安全起见,最大反向工作电压为击穿电压的一半左右。

(3)最大反向电流 I_{RM}

最大反向电流是半导体二极管加最大反向工作电压时的反向电流。反向电流越小,半导体二极管的单向导电性能越好。反向电流受温度影响较大。

(4)最高工作频率 f_M

半导体二极管使用中若频率超过了最高工作频率,单向导电性能将变差,甚至无法使用。

五、特殊二极管

1. 硅稳压二极管

硅稳压二极管是半导体二极管中的一种,其正常工作在反向击穿区。在电路中它与适当的电阻配合,具有稳定电压的作用,故又称为稳压管。

稳压管的伏安特性曲线及符号如图 7-7 所示。稳压管的反向特性曲线比较陡,当加于稳压管的反向电压很小时,反向电流很小,基本不变;当电压增加到稳压管反向击穿电压时,反向电流突然剧增,稳压管击穿后,电流在相当大的范围内变化,稳压管两端电压的变化却很小。利用这一特点,稳压管能起到稳定电压的作用。

稳压管的主要参数如下:

(1)稳定电压 U_Z

稳定电压即反向击穿电压,是稳压管在正常的反向击穿工作状态下管子两端的电压。同一型号的管子,其稳压值也有一定的分散性,使用时要进行测试,按需要挑选。

(2)稳定电流 I_Z

稳定电流为稳压管工作在稳定电压时的电流。

(3)最大稳定电流 I_{ZM}

最大稳定电流为稳压管正常工作时允许通过的最大反向电流。稳压管使用时,其工作电流不能超过最大稳定电流。

(4)动态电阻 r_Z

动态电阻是指稳压管在正常工作时,电压变化量与电流变化量之比,即 $r_Z=\frac{\Delta U_Z}{\Delta I_Z}$。动态电阻值越小,稳压效果越好。

(5)最大允许耗散功率 P_{ZM}

最大允许耗散功率是指稳压管工作时所允许的最大耗散功率,其值等于最大稳定电流

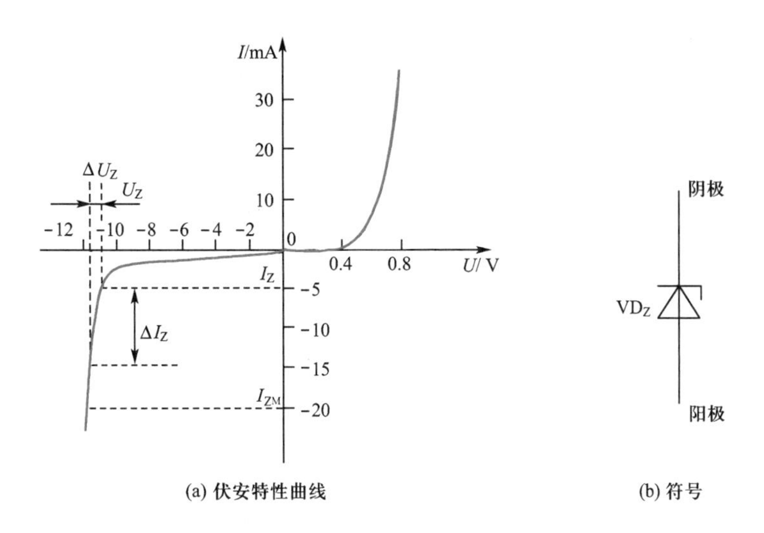

(a) 伏安特性曲线　　(b) 符号

图 7-7 稳压管的伏安特性曲线和符号

与相应的稳定电压的乘积。

2. 发光二极管

发光二极管(LED)是一种能将电能转换成光能的半导体器件。当有正向电流通过时，发光二极管就会发光。发光二极管用砷化镓、磷化镓等制成，主要用于音响设备及线路通、断状态的指示等。

3. 光电二极管

光电二极管是一种能将光信号转换成电信号的半导体器件。光电二极管的反向电流随光照强度的变化而变化。光电二极管主要用于需要光电转换的自动探测、计数、控制装置中。

7.2 半导体三极管

半导体三极管是组成放大电路的主要元件。

一、半导体三极管的基本结构

半导体三极管可分为 PNP 型和 NPN 型两类，图 7-8 所示为半导体三极管的结构、符号及常见外形。半导体三极管有两个 PN 结、三个电极和三个区。基区与发射区之间的 PN 结称为发射结，基区与集电区之间的 PN 结称为集电结。从基区、发射区和集电区各引出一个电极，基区引出的是基极(B)，发射区引出的是发射极(E)，集电区引出的是集电极(C)。

半导体三极管的基区很薄，集电区的几何尺寸比发射区大；发射区杂质浓度最高，基区杂质浓度最低；发射区和集电区不能互换。

PNP 型和 NPN 型半导体三极管的工作原理基本相同，不同之处在于使用时电源连接极性不同，电流方向相反。

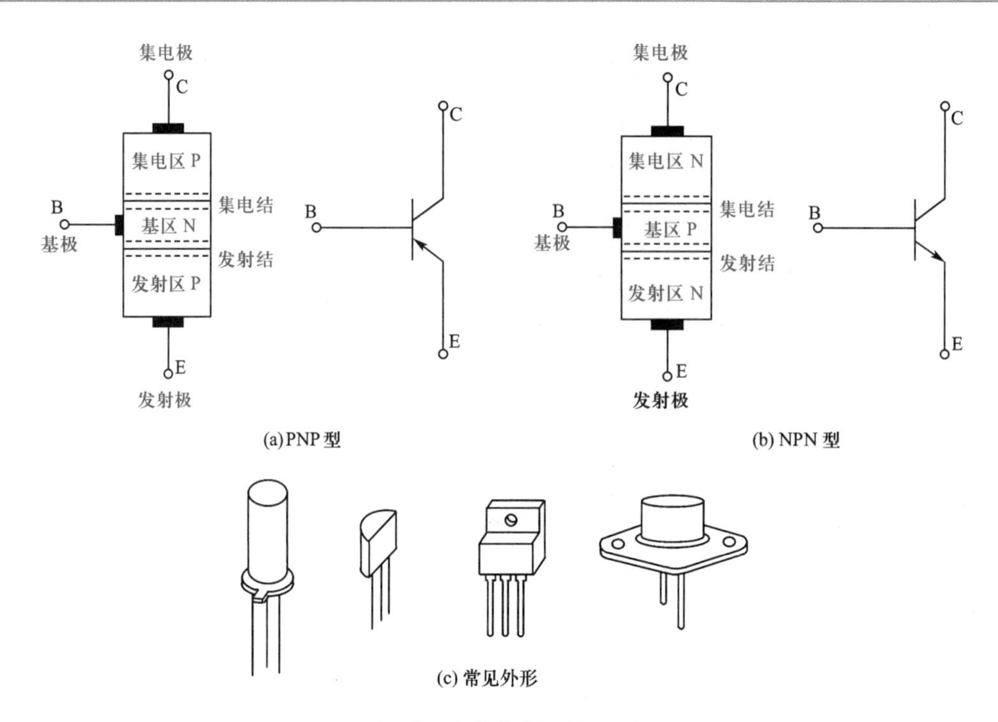

图 7-8 半导体三极管的结构、符号及常见外形

二、半导体三极管的放大原理

以 NPN 型半导体三极管为例，要使其具有电流放大作用，发射结要正向偏置，集电结要反向偏置，如图 7-9 所示，这种接法是半导体三极管的共发射极接法。电源 U_{BB} 使发射结正偏，电源 U_{CC} 接在集电极与发射极之间，$U_{CC}>U_{BB}$，使集电结反偏。

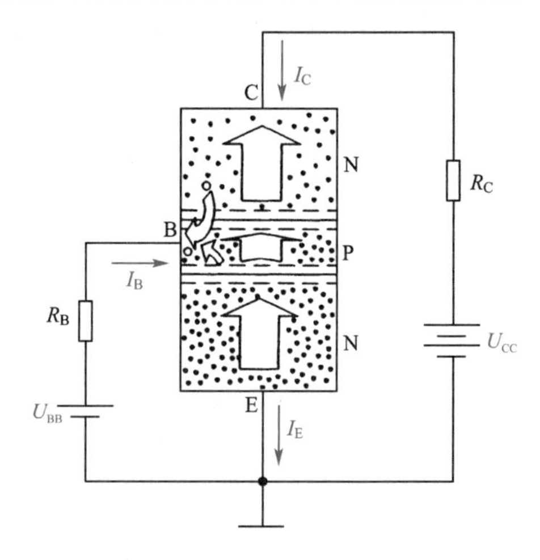

图 7-9 半导体三极管中载流子的运动

半导体三极管内部载流子的运动过程如下：

(1)发射区向基区发射自由电子

发射结加正向电压，则发射区中的多数载流子——自由电子将从发射区扩散到基区，形成发射极电流 I_E，同时基区中的多数载流子——空穴也不断扩散到发射区，但基区的空穴浓度远小于发射区的自由电子浓度，因此基区扩散到发射区的空穴电流可以忽略不计。

(2)自由电子在基区扩散与复合

由于基区很薄，且空穴浓度很低，因此由发射区扩散到基区的自由电子只有少量与基区的空穴复合，形成很小的基极电流 I_B，其余的自由电子将在基区中继续向集电区扩散，聚集到集电结边缘。

(3)自由电子被集电极收集

三极管内载流子运动与电流放大作用

由于集电结是反向偏置,所以扩散到集电结边缘的自由电子在电场作用下,很容易漂移过集电结被集电极收集,形成集电极电流 I_C;同时还有从集电区向基区漂移的空穴形成的电流,用 I_{CBO} 表示,其数值很小。

从以上分析可以看出:$I_E = I_B + I_C$,且 I_C 与 I_B 的分配比例取决于自由电子扩散与复合的比例。$I_C \gg I_B$,把 I_C 与 I_B 之比称为直流电流放大系数 $\bar{\beta}$,即

$$\bar{\beta} = \frac{I_C}{I_B}$$

半导体三极管具有电流放大作用,其内部条件是基区做得很薄,杂质浓度较低,集电区面积大,发射区掺杂浓度高;外部条件是集电结反偏,发射结正偏。因此,基极电流微小的变化会引起集电极电流较大的变化。

三、半导体三极管的特性曲线

半导体三极管的特性曲线是指各电极电压与电流之间的关系曲线。如图 7-10 所示为测试共发射极电路输入特性和输出特性的电路。

1. 输入特性

输入特性是指集电极和发射极之间的电压 U_{CE} 为一常数时,基极电流 I_B 与 U_{BE} 间的关系,即

$$I_B = f(U_{BE})\big|_{U_{CE}=\text{常数}}$$

当 $U_{CE}=0$ 时,集电极与发射极之间短路,基极与发射极之间相当于两个半导体二极管并联,两个半导体二极管均承受正向电压。

当 U_{CE} 增加时,特性曲线右移,这是因为集电区收集载流子的能力增强,可以把从发射区进入基区的自由电子绝大部分拉入集电区。集电结已反向偏置,内电场足够大,因此在相同的 U_{BE} 下,流向基极的电流比 $U_{CE}=0$ V 时小。但是当 U_{CE} 超过一定数值(如 1 V)后,即使再增加 U_{CE},只要 U_{BE} 不变,I_B 也不再明显减小,所以通常只画出 $U_{CE}\geq 1$ V 的一条输入特性曲线,就可以代表不同 U_{CE}(除小于 1 V)时的输入特性,如图 7-11 所示。

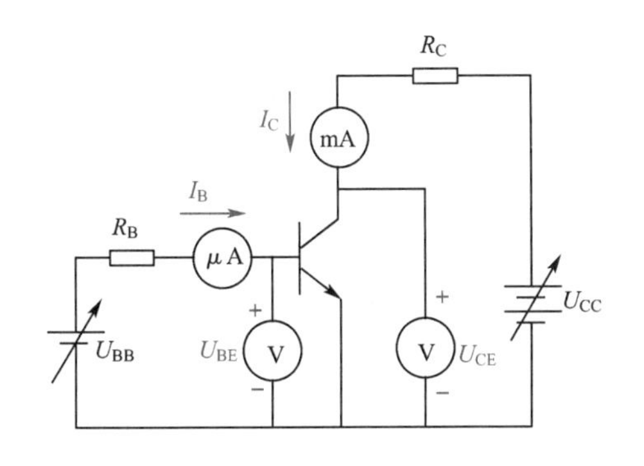

图 7-10 半导体三极管特性测试电路

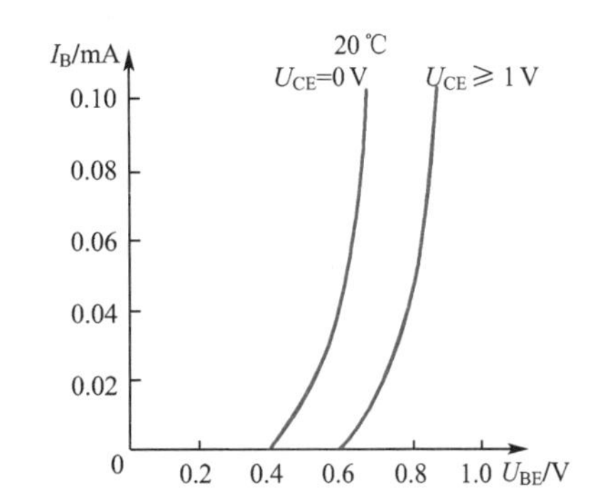

图 7-11 3DG4C 三极管输入特性曲线

从输入特性曲线可以看出,当 U_{BE} 较小时,$I_B=0$ A,这段区域称为死区,硅管的死区电

压为 0.5 V，锗管的死区电压为 0.1 V。当 U_{BE} 大于死区电压时，半导体三极管才有 I_B。在正常工作时，硅管的 U_{BE} 为 0.6～0.7 V，锗管的 U_{BE} 为 0.2～0.3 V。

2. 输出特性

输出特性是指当基极电流 I_B 为某一固定值时，集电极电流 I_C 与 U_{CE} 的关系，即

$$I_C = f(U_{CE})\big|_{I_B=\text{常数}}$$

如图 7-12 所示为 3DG4C 三极管输出特性曲线，从输出特性曲线可以看出它分为三个区域。

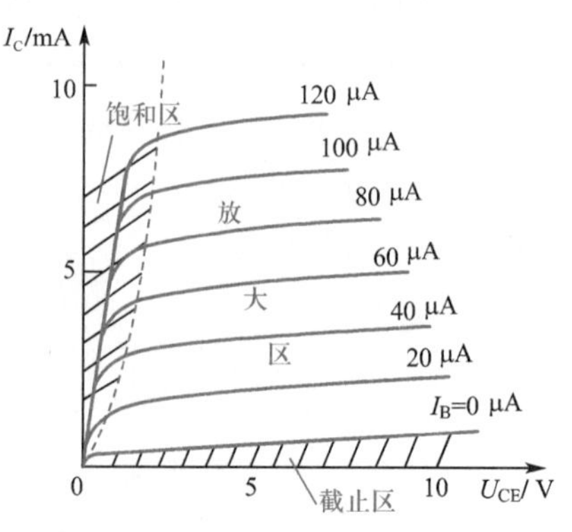

图 7-12　3DG4C 三极管输出特性曲线

(1)截止区

将 I_B=0 μA 以下的区域称为截止区。此时电流 I_C 为基极开路时从发射极到集电极的反向截止电流，称为穿透电流，用 I_{CEO} 表示，常温下其数值很小。

半导体三极管处于截止状态时，发射结和集电结均为反向偏置。

(2)放大区

在放大区，各条输出特性曲线较平坦，当 I_B 一定时，I_C 的值基本上不随 U_{CE} 变化，且 I_C 只受 I_B 控制，即 $I_C=\beta I_B$，反映出半导体三极管的电流放大作用。

半导体三极管工作于放大状态时，发射结正向偏置，集电结反向偏置。

(3)饱和区

在饱和区，半导体三极管失去电流放大作用。半导体三极管饱和时 C、E 间的电压称为饱和压降，用 U_{CES} 表示。硅管的饱和压降约为 0.3 V，锗管的饱和压降约为0.1 V。

当半导体三极管工作在饱和状态时，集电结、发射结均处于正向偏置。

四、半导体三极管的主要参数

半导体三极管的参数是设计电路、合理选择半导体三极管的依据。以下主要介绍常用的参数。

1. 电流放大系数

(1)直流电流放大系数 $\bar{\beta}$

在无输入信号(静态)时，集电极电流与基极电流的比值，即

$$\bar{\beta}=\frac{I_C}{I_B} \tag{7-1}$$

(2)交流电流放大系数 β

在有输入信号(动态)时，集电极电流变化量与基极电流变化量之比，即

$$\beta=\frac{\Delta I_C}{\Delta I_B} \tag{7-2}$$

近似计算时，可认为 $\bar{\beta}\approx\beta$。

2. 极间反向电流

(1)集电极和基极之间的反向饱和电流 I_{CBO}

I_{CBO}是指发射极开路时，集电极和基极之间的电流。在一定温度下，I_{CBO}数值很小，基本是一个常数。I_{CBO}受温度的影响较大，温度升高，I_{CBO}增加。一般小功率锗管的 I_{CBO}为几微安到几十微安；硅管的 I_{CBO}要小得多，可达到纳安级，因此硅管的热稳定性比锗管好。

(2)集电极和发射极之间的穿透电流 I_{CEO}

I_{CEO}是指基极开路时，集电极流向发射极的电流。

$$I_{CEO}=(1+\beta)I_{CBO} \tag{7-3}$$

当温度升高时，I_{CBO}增加，则 I_{CEO}增加更快，对半导体三极管的工作影响更大。因此 I_{CEO}是衡量管子质量好坏的重要参数，其值越小越好。

半导体三极管工作在放大区并考虑穿透电流时，有集电极电流 $I_C=\beta I_B+I_{CEO}$。

3. 极限参数

(1)集电极最大允许电流 I_{CM}

当集电极电流 I_C 超过 I_{CM}时，管子的放大系数 β 显著下降，性能降低，甚至损坏半导体三极管。

(2)集电极最大允许耗散功率 P_{CM}

当集电极电流流过集电结时，将使集电结温度升高，管子发热，甚至使管子性能变坏，烧坏管子，所以集电极消耗的功率 P_C 有一个最大允许值 P_{CM}。使用时，P_C 不允许超过 P_{CM}。

(3)极间反向击穿电压

半导体三极管有 $U_{(BR)EBO}$、$U_{(BR)CBO}$和 $U_{(BR)CEO}$三种击穿电压，其中 $U_{(BR)CEO}$是指基极开路时，加在集电极和发射极间的最大允许电压。使用时若反向电压超过规定值，则会发生击穿。

根据极限参数 I_{CM}、$U_{(BR)CEO}$和 P_{CM}，可确定半导体三极管的安全工作区。

7.3 场效应管

场效应管与普通的半导体三极管相比具有体积小、质量轻、耗电低、寿命长、输入阻抗高、噪声低、热稳定性好、抗辐射、易于集成等优点。

绝缘栅型场效应管(MOS 管)按制造工艺可分为增强型和耗尽型两类，每类又有 N 沟道和 P 沟道两种类型。下面以 N 沟道为例介绍绝缘栅型场效应管。

一、N 沟道绝缘栅型场效应管的结构

如图 7-13 所示为两种 N 沟道绝缘栅型场效应管的结构及符号。它们都是以 P 型硅为

衬底，在衬底上用扩散法制作两个高掺杂的 N^+ 区，引出两个电极，为源极 S 和漏极 D。在两个高掺杂的 N^+ 区中间的半导体表面覆盖一层数十纳米的二氧化硅作为绝缘层，其上再覆盖金属薄层，由金属薄层引出电极，为栅极 G。耗尽型的结构稍有不同，在绝缘层中掺入了大量的正离子。

增强型和耗尽型的区别在于是否有原始导电沟道，在栅源极电压为零（$U_{GS}=0$）时，增强型漏、源极之间只是两个反向串联的 PN 结，没有导电沟道，而耗尽型漏、源极之间已有导电沟道。

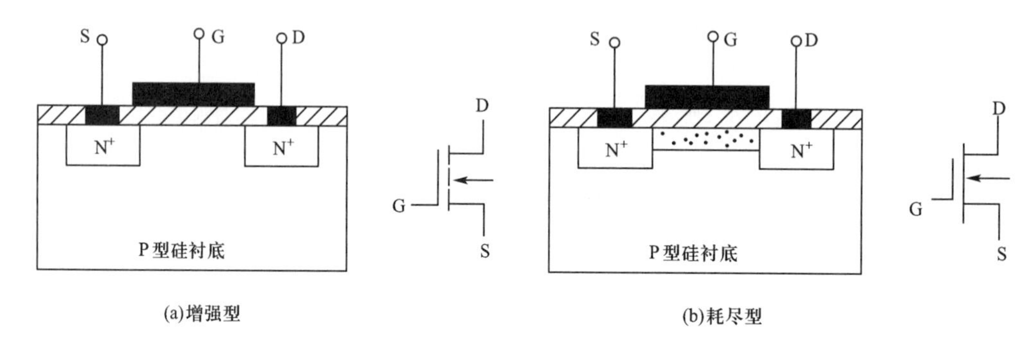

图 7-13　N 沟道绝缘栅型场效应管的结构及符号

二、N 沟道增强型绝缘栅场效应管的工作原理

当栅源极电压 $U_{GS}=0$ 时，漏、源极之间为两个反向串联的 PN 结，漏极电流 $I_D=0$，漏源极之间不导通。

当栅、源极间加上电压 U_{GS}时，在 U_{GS}作用下，产生了垂直于衬底表面的电场，P 型硅衬底中的自由电子受到电场力的作用到达表层，除填补空穴形成负离子耗尽层外，还在靠近绝缘层那一面形成一个 N 型层，称为反型层。反型层是沟通源极 S 和漏极 D 之间的导电沟道。U_{GS}越大，导电沟道越宽。形成导电沟道后，在漏源极电压 U_{DS}作用下将产生漏极电流 I_D，如图7-14所示，管子导通。把管子由不导通转为导通的电压称为开启电压，用 U_T 表示。由此可见，这种 MOS 管是一个受栅源极电压 U_{GS}控制的器件。

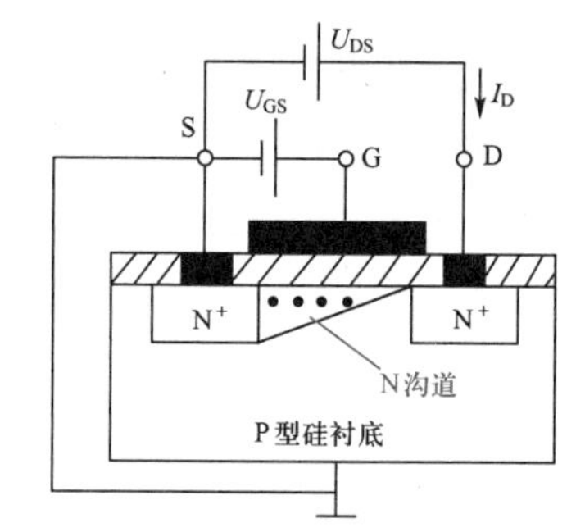

图 7-14　N 沟道增强型绝缘栅场效应管的工作原理

三、N 沟道增强型绝缘栅场效应管的特性曲线

1. 漏极特性

漏极特性是指 U_{GS}为常数时，I_D 随 U_{DS}的变化关系，如图 7-15 所示。

$U_{GS}<U_T$，$I_D\approx 0$ 的区域为截止区。

$U_{GS}\geqslant U_T$ 且 U_{DS}较小的区域，即图 7-15 中靠近纵坐标轴的区域为可变电阻区。

$U_{GS}>U_T$ 且 U_{DS}较大的区域为放大区。在此区域 I_D 受 U_{GS}控制，与 U_{DS}无关。

2. 转移特性

转移特性是指 U_{DS} 为常数时，I_D 和 U_{GS} 之间的关系，如图 7-16 所示。在某一固定的 U_{DS} 下，当 $U_{GS}<U_T$ 时，没有形成导电沟道；当 $U_{GS}=U_T$ 时，开始形成导电沟道，随着 U_{GS} 的增大，沟道加宽，I_D 逐渐增大。

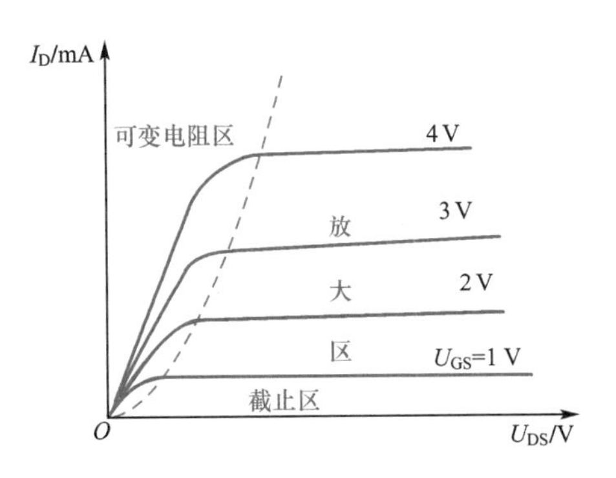

图 7-15　N 沟道增强型绝缘栅场效应管的漏极特性

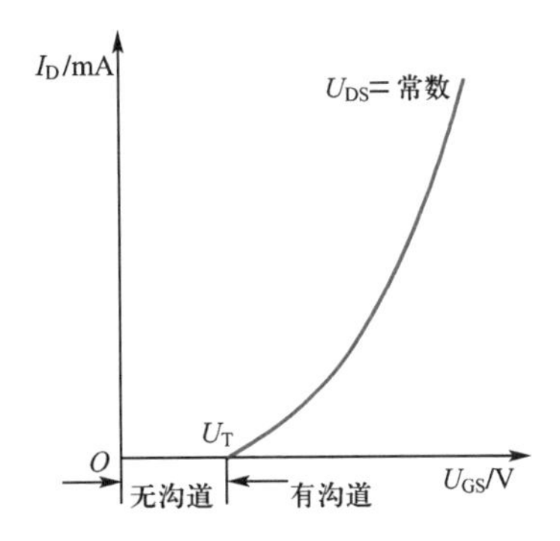

图 7-16　N 沟道增强型绝缘栅场效应管的转移特性

四、N 沟道耗尽型绝缘栅场效应管

如果制造时在二氧化硅绝缘层中掺入大量的正离子，即使 $U_{GS}=0$，正离子产生的电场也能吸引足够的自由电子形成反型层，就有一导电沟道，这种场效应管称为耗尽型场效应管。此时流过导电沟道的饱和漏极电流为 I_{DSS}。

N 沟道耗尽型绝缘栅场效应管的漏极特性和转移特性如图 7-17 所示。转移特性曲线表明：

当 $U_{GS}>0$ 时，沟道加宽，I_D 随 U_{GS} 增加而增大。

当 $U_{GS}<0$ 时，沟道变窄，I_D 随 U_{GS} 减小而减小。

当 $U_{GS}=U_P$ 时，沟道消失，$I_D=0$，此时的 U_P 称为夹断电压。

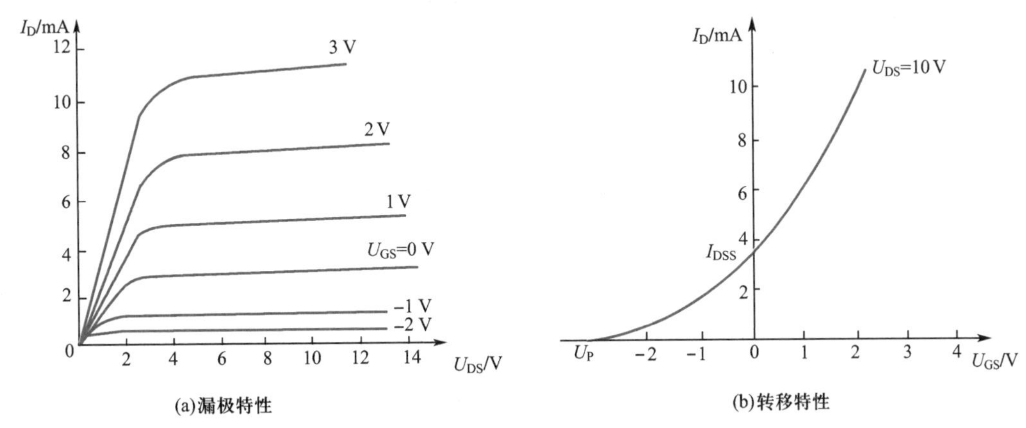

图 7-17　N 沟道耗尽型绝缘栅场效应管的特性

实际上，不仅 N 沟道绝缘栅型场效应管有增强型和耗尽型之分，P 沟道绝缘栅型场效应管也有增强型和耗尽型之分。注意使用时，不同类型的绝缘栅型场效应管所加电压极性不同。

五、主要参数

1. 开启电压 U_T

这是增强型 MOS 管的参数，指 U_{DS} 为某一固定值（通常为 10 V）时，I_D 电流所需要的最小 $|U_{GS}|$ 值。P 沟道增强型 MOS 管的开启电压 U_T 为负值。

2. 夹断电压 U_P

这是耗尽型 MOS 管的参数，指 U_{DS} 为某一固定值（通常为 10 V）且 I_D 等于某一微小电流时，栅、源极之间所加的电压 $|U_{GS}|$ 值。P 沟道耗尽型 MOS 管的夹断电压 U_P 是正值。

3. 跨导 g_m

跨导是指当 U_{DS} 为某一固定值时，漏极电流的变化量 ΔI_D 与引起这个变化量的栅源极电压变化量 ΔU_{GS} 之比，即

$$g_m = \left.\frac{\Delta I_D}{\Delta U_{GS}}\right|_{U_{DS}=\text{常数}} \tag{7-4}$$

该参数反映了栅源极电压对漏极电流的控制能力，是表示管子放大性能的重要参数。

4. 极限参数

场效应管的极限参数主要有最大漏极电流 I_{DM}、栅源击穿电压 $U_{(BR)GS}$、漏源击穿电压 $U_{(BR)DS}$ 和最大耗散功率 P_{DM}。

场效应管在使用时除了不能超过极限参数外，还要特别注意管子栅极开路时可能出现因栅极感应电压过高而造成绝缘层击穿的问题。为了避免这种情况，在保存时必须将三个电极短接；在使用时需在栅极加保护电路；在焊接时，烙铁要接地良好。通常将场效应管漏极与源极互换使用，但有些产品源极与衬底已连在一起，这时漏极与源极不能互换。

思考题与习题

1. 怎样用万用表判断二极管正负极和质量好坏？

2. 什么是二极管的死区电压？硅管和锗管的死区电压值各为多少？

3. 在如图 7-18 所示电路中，试判断二极管是导通还是截止？截止的二极管承受的反向电压是多少？

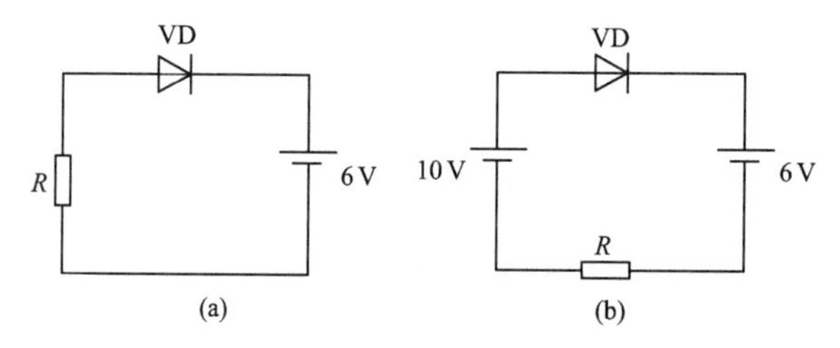

图 7-18　题 3 图

4. 如图 7-19 所示，$u_i = 4\sin\omega t$，$U_{REF} = 2$ V，设二极管为理想二极管，画出相应的输出电压波形。

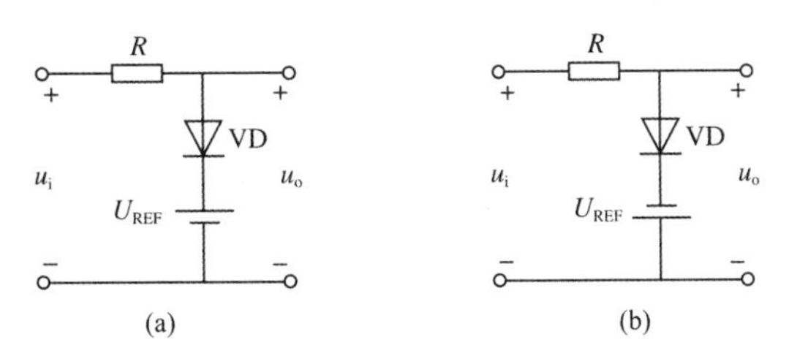

图 7-19　题 4 图

5. 有两只三极管，一只 $\beta = 100$，$I_{CEO} = 100\ \mu A$，另一只 $\beta = 50$，$I_{CEO} = 10\ \mu A$，其他参数相同。试问哪只三极管热稳定性好？为什么？

6. 在电路中，测得三极管各点对地电位如图 7-20 所示，判断三极管处于截止、放大还是饱和状态。

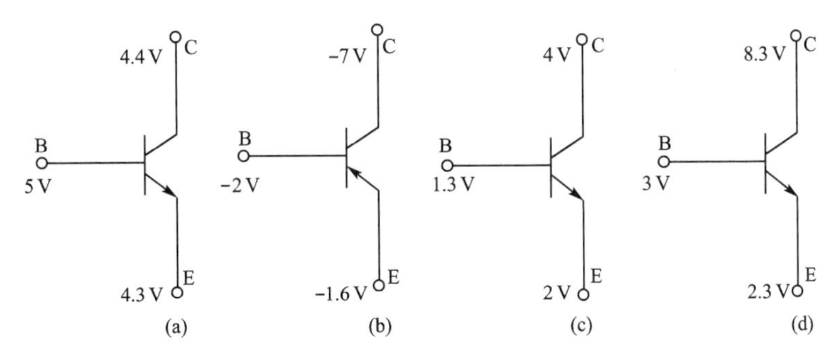

图 7-20　题 6 图

7. 怎样用万用表判断三极管的类型和引脚？

8. 在电路中，测得一只三极管各引脚对地电位是 8 V、4 V、4.7 V。试问该管是硅管还是锗管？是 PNP 型还是 NPN 型？基极、发射极和集电极分别是哪一个引脚？

9. 如图 7-21 所示，分析三极管的三个引脚哪个是集电极、基极和发射极？是 NPN 型还是 PNP 型，并估算 β 值。

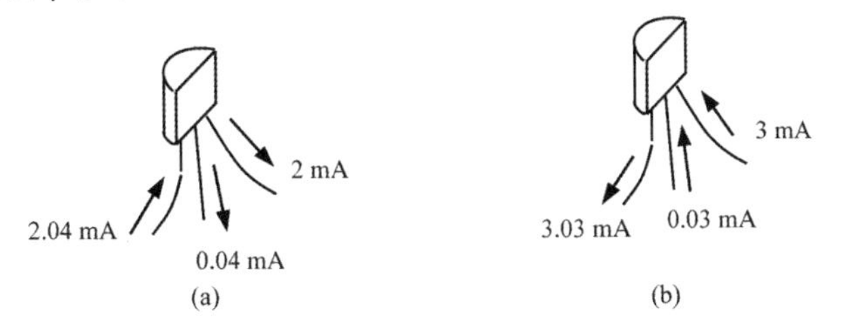

图 7-21　题 9 图

10. 某型号三极管极限参数为 $I_{CM} = 20$ mA，$P_{CM} = 100$ mW，$U_{(BR)CEO} = 20$ V，实际电路中，$U_{CE} = 15$ V，$I_C = 12$ mA，该三极管能否正常工作？

11. 三极管的集电极和发射极均属于同一类型的半导体，是否可以把三极管的发射极和集电极互换使用？为什么？

第 8 章

交流放大电路

知识目标

1. 掌握放大电路的静态分析，掌握微变等效电路法，掌握放大倍数、输入和输出电阻的计算。

2. 掌握射极输出器的电路结构、特点及应用。

3. 掌握多级放大电路的耦合方式及阻容耦合多级放大电路电压放大倍数、输入和输出电阻的分析。

4. 掌握负反馈的概念及反馈极性、反馈类型判别，掌握负反馈对放大电路性能的影响。

5. 了解功率放大电路的特点及类型，掌握互补对称功率放大电路的工作原理。

技能目标

1. 会调整、测量放大电路的静态工作点，会测量放大电路的放大倍数、输入电阻和输出电阻。

2. 能分析、处理电子电路的简单故障。

素质目标

1. 通过实际操作，要求学生测量数据要真实可靠，培养学生诚实守信的品质及实事求是的工作作风。

2. 以案例——电子助记器电路导入，通过共射极基本放大电路和射极输出器电压放大倍数、输入电阻和输出电阻的比较，使学生能以积极的态度对待学习和生活，积极进取，敢于面对挫折。

案例

电子助记器电路

电子助记器能将微弱的声音信号放大，最后在耳机中听到洪亮的声音，起到助听、助记的作用。

1. 电路及工作过程

电路如图 8-1 所示。传声器将接收到的微弱的声音信号转换为电信号，经三极管 VT_1、VT_2、VT_3、VT_4 四级放大后，再由耳机进行电声转换，在耳机中就能听到放大后的洪亮的声音。

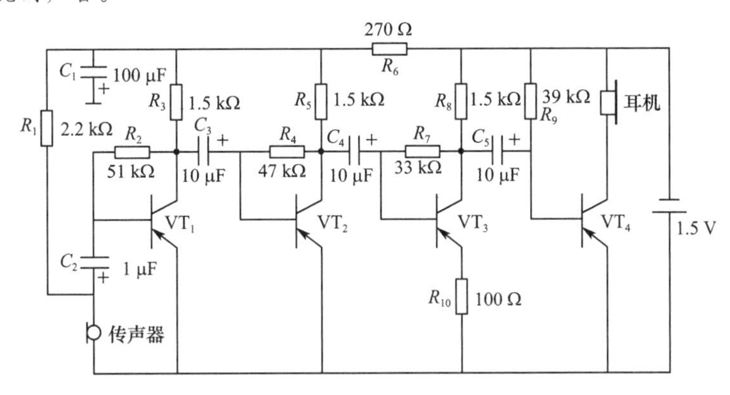

图 8-1 电子助记器电路

2. 电路元器件

三极管(9015)四个；电阻 100 Ω、270 Ω、2.2 kΩ、33 kΩ、39 kΩ、47 kΩ 和 51 kΩ 各一个，1.5 kΩ 三个；电解电容 1 μF/16 V、100 μF/16 V 各一个，10 μF/16 V 三个；驻极体传声器一个；头戴式高阻耳机一个；1.5 V 电池一块；万能板一块；连接导线若干。

3. 案例实施

(1)认真检查、检测元器件，确保元器件完好。

(2)自己设计电路安装图，在万能板上安装元器件，并焊接。

(3)对照电路，检查元器件引脚及连线无误后，接上 1.5 V 电源。对着传声器说话，用耳机试听，若无声音或声音不正常，应查找故障，直至正常为止。

4. 案例思考

(1)驻极体传声器如何检测？

(2)三极管各级电流、各极电位如何测量？

带着案例思考中的问题进入本章内容的学习。

晶体管是电子设备中的基本单元。主要用途是利用其放大作用组成放大电路。

8.1 基本交流电压放大电路

根据放大电路的输入、输出信号的连接方式，有共射极、共集电极和共基极三种基本放大电路。

共射极基本放大电路如图 8-2 所示。三极管 VT 为放大元件，用基极电流 i_B 控制集电极电流 i_C。电源 U_{CC} 使集电结反偏，U_{BB} 使三极管的发射结正偏，三极管处在放大状态，同时 U_{CC} 也是放大电路的能量来源。U_{CC} 一般在几伏到十几伏之间。偏置电阻 R_B 用来调节基极偏置电流 I_B，使三极管有一个合适的工作点，一般为几十千欧到几百千欧。集电极负载电阻 R_C 将集电极电流 i_C 的变化转换为电压的变化，以获得放大电压，一般为几千欧。电容 C_1、C_2 用来传递交流信号，起到耦合的作用，同时又使放大电路与信号源和负载间直流相隔离。为了减小传递信号的电压损失，C_1、C_2 应选得足够大，一般为几微法至几十微法，通常采用电解电容器。如图 8-3 所示为共射极基本放大电路的简化画法。

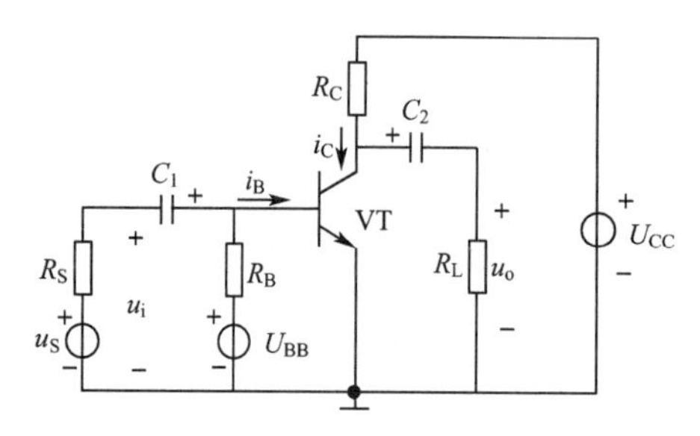

图 8-2　共射极基本放大电路

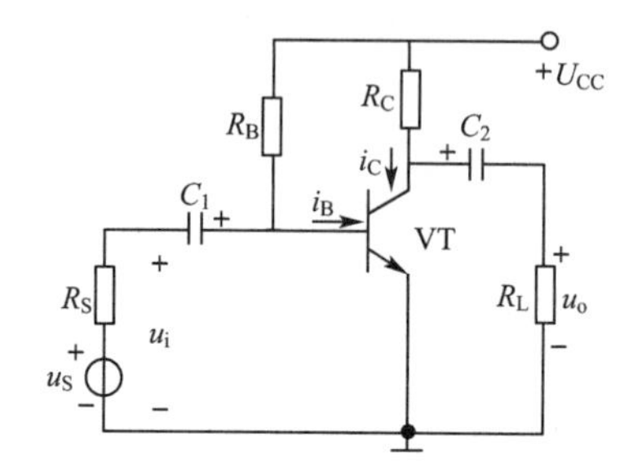

图 8-3　共射极基本放大电路的简化画法

8.2　基本交流电压放大电路分析

一、共射极基本放大电路的静态分析

静态是指无交流信号输入时，电路中的电流、电压的状态，静态时三极管各极电流和电压值称为静态工作点 Q（主要指 I_{BQ}、I_{CQ} 和 U_{CEQ}）。静态分析主要是确定放大电路中的静态值 I_{BQ}、I_{CQ} 和 U_{CEQ}。

1. 估算法计算静态工作点

共射极基本放大电路的直流通路如图 8-4 所示。有

$$
\begin{aligned}
I_{BQ} &= \frac{U_{CC}-U_{BEQ}}{R_B} \\
I_{CQ} &= \beta I_{BQ} \\
U_{CEQ} &= U_{CC}-I_{CQ}R_C
\end{aligned}
\tag{8-1}
$$

对于硅管 $U_{BEQ}=0.6\sim0.7$ V，对于锗管 $U_{BEQ}=0.2\sim0.3$ V。

2. 图解法求静态工作点

图解法确定静态工作点如图 8-5 所示，具体步骤如下：

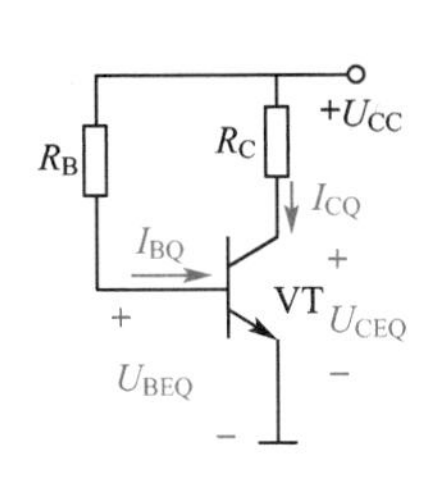

图 8-4 共射极基本放大电路的直流通路

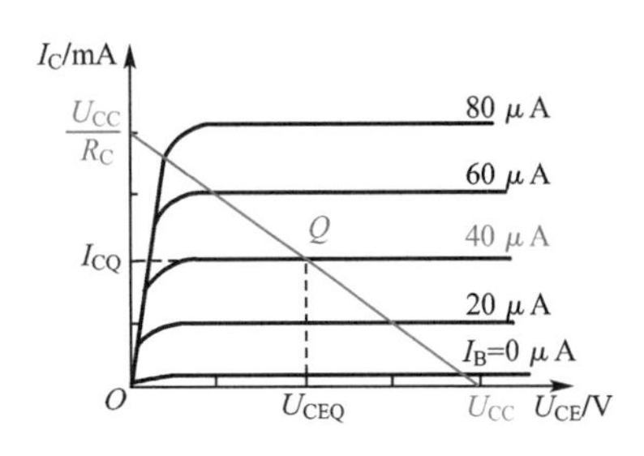

图 8-5 图解法确定静态工作点

(1)用估算法求出基极偏置电流 I_B(如 40 μA)。

(2)根据 I_B值在输出特性曲线中找到对应的曲线。

(3)作直流负载线,根据集电极电流 I_C 与集射极电压 U_{CE}的关系式 $U_{CE}=U_{CC}-I_CR_C$ 可画出一条直线,该直线在纵轴上的截距为 U_{CC}/R_C,在横轴上的截距为 U_{CC},其斜率为 $-1/R_C$,由于该直线是通过直流通路得出的,又与集电极负载电阻 R_C 有关,故称为直流负载线。

(4)求静态工作点 Q 并确定 I_{CQ}、U_{CEQ}的值。三极管的 I_{CQ}和 U_{CEQ}既要满足 $I_B=40$ μA 的输出特性曲线,又要满足直流负载线,因而三极管必然工作在它们的交点 Q,该点就是静态工作点。由静态工作点 Q 便可在坐标上查得静态值 I_{CQ}和 U_{CEQ}。

例8-1

如图 8-3 所示电路,已知 $U_{CC}=12$ V,$R_B=300$ kΩ,$R_C=3$ kΩ,$R_L=3$ kΩ,$R_S=3$ kΩ,$\beta=50$,试求放大电路的静态工作点。

解:

$$I_{BQ}=\frac{U_{CC}-U_{BEQ}}{R_B}\approx\frac{U_{CC}}{R_B}=\frac{12}{300}\text{ mA}=40\ \mu\text{A}$$

$$I_{CQ}=\beta I_{BQ}=50\times40\ \mu\text{A}=2\text{ mA}$$

$$U_{CEQ}=U_{CC}-I_{CQ}R_C=(12-2\times3)\text{ V}=6\text{ V}$$

二、共射极基本放大电路的动态分析

动态分析主要是分析放大电路的放大作用。静态工作点 Q 设置得不合适,会对放大电路的性能造成影响。

动态是指有交流信号输入时,电路中的电流、电压随输入信号做相应变化的状态。由于动态时放大电路是在直流电源 U_{CC}和交流输入信号 u_i 共同作用下工作,电路中的电压 u_{CE}、电流 i_B 和 i_C 均包含两个分量。

交流通路即为 u_i 单独作用下的电路。由于电容 C_1、C_2 足够大,容抗近似为零(相当于短路),直流电源 U_{CC}去掉(短接),如图 8-6 所示为共射极基本放大电路的交流通路。

1. 图解法进行动态性能分析

(1)根据静态分析方法,求出静态工作点 Q。

(2)根据 u_i 在输入特性曲线上求 u_{BE}和 i_B,如图 8-7(a)所示。

(3)作交流负载线。交流负载线反映动态时电流 i_c 和电压 u_{ce} 的变化关系。由于可将交流信号作用时直流电源及电容 C_1、C_2 视为短路,R_L 与 R_C 并联,得到集电极交流电流 i_c 与集射极交流电压 u_{ce} 的关系为

$$u_{ce}=-i_c(R_C /\!/ R_L) \quad (8\text{-}2)$$

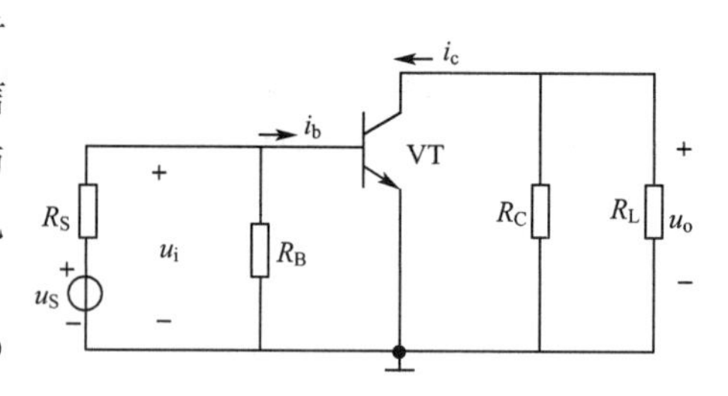

图 8-6 共射极基本放大电路的交流通路

其斜率为 $-1/(R_C /\!/ R_L)$,如图 8-7(b)所示。当输入交流信号为零时,放大电路工作在静态工作点 Q,可见交流负载线也要过 Q 点,这样过 Q 点作斜率为 $-1/(R_C /\!/ R_L)$ 的直线即为交流负载线,该直线为动态时工作点的移动轨迹。

(4)设输入端加入中频电压 $u_i=\sqrt{2}U_i\sin(\omega t)$,则可得到三极管各极相关电压与电流的波形如图 8-7 所示。由输出特性曲线和交流负载线求 i_c 和 u_{ce}。

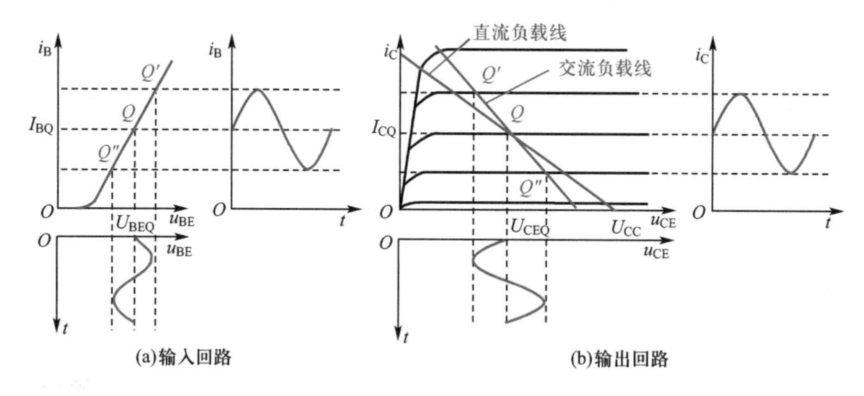

(a)输入回路　(b)输出回路

图 8-7 图解法分析放大电路的动态放大过程

由图解分析波形可得到以下几点结论:

①交流信号的传输情况为:u_i(即 u_{be})→i_b→i_c→u_o(即 u_{ce})。

②电压和电流都含有直流分量和交流分量。由于 C_2 的隔直作用,集射极的直流分量不能传递到输出端,只有交流分量构成输出电压 u_o。

③输入电压信号 u_i 与输出电压信号 u_o 相位相反,即实现了倒相放大。

④从图 8-7 中可以计算出电压放大倍数 A_u,其值等于输出交流电压的幅值与输入交流电压的幅值之比。显然 R_L 阻值越小,交流负载线越陡,电压放大倍数越小。

静态工作点 Q 设置得不合适,会对放大电路的性能造成影响。若 Q 点偏高,在输入信号的正半周,Q' 进入饱和区,造成 i_C 和 u_{CE} 的波形与 i_B(或 u_i)的波形不一致,输出电压 u_o 的负半周出现平顶畸变,称为饱和失真,如图 8-8(a)所示;若 Q 点偏低,则输出电压 u_o 的正半周出现平顶畸变,称为截止失真,如图 8-8(b)所示。饱和失真和截止失真统称为非线性失真。

2. 微变等效电路法

微变等效电路法是解决放大元件非线性问题的另一种常用的方法,其实质是在信号变化范围很小(微变)的前提下,可认为三极管电压、电流之间的关系基本上是线性的,这样就可用一个线性等效电路来代替非线性的三极管,将放大电路转化成线性电路。

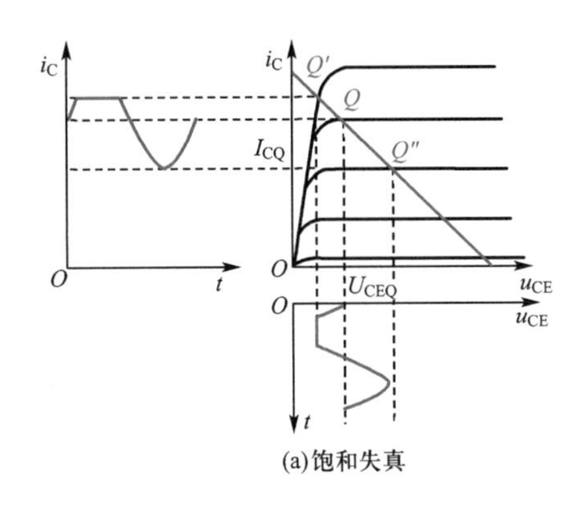

(a)饱和失真

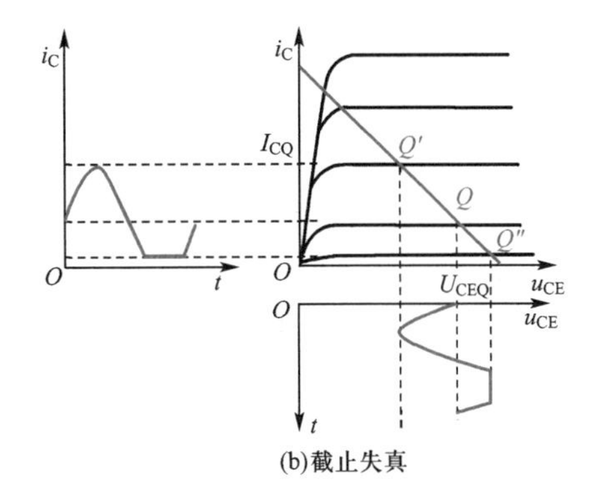

(b)截止失真

图 8-8 非线性失真

(1)三极管的微变等效电路

所谓等效，就是替代前后电路的伏安关系不变。

三极管的输入端、输出端的伏安关系可用其输入、输出特性曲线来表示。将 Q 点设置在放大区，在输入特性的 Q 点附近，特性基本上是一段直线，即 Δi_B 与 Δu_{BE} 成正比，故在三极管的 B、E 间可用一等效电阻 r_{be} 来代替。r_{be} 的近似值为

$$r_{be}=300+(1+\beta)\frac{26\ (\text{mV})}{I_{EQ}(\text{mA})} \tag{8-3}$$

从输出特性看，在 Q 点附近的一个小范围内，可将各条输出特性曲线近似认为是水平的，而且相互之间平行等距，即集电极电流的变化量 Δi_C 与集电极电压的变化量 Δu_{CE} 无关，而只取决于 Δi_B，即 $\Delta i_C=\beta\Delta i_B$。故在三极管的 C、E 间可用一个线性的受控电流源来等效，其大小为 $\beta\Delta i_B$。

(2)放大电路的微变等效电路

共射极放大电路的微变等效电路如图 8-9 所示。

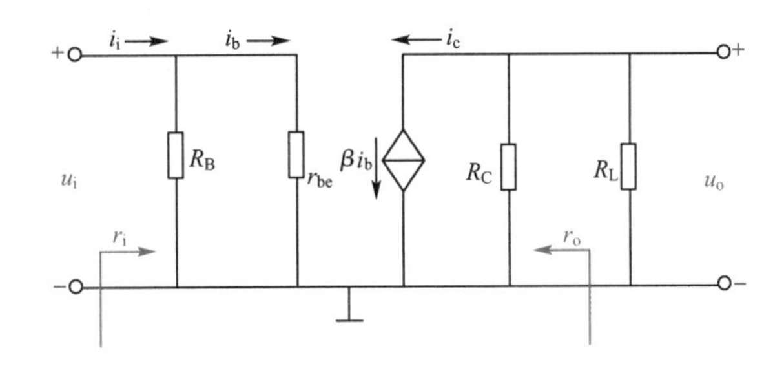

图 8-9 共射极放大电路的微变等效电路

(3)电压放大倍数的计算

如图 8-9 所示，输入的信号为 $u_i=\sqrt{2}U_i\sin(\omega t)$，电压和电流均用相量表示，则有

$$\dot{U}_i=r_{be}\dot{I}_b,\dot{U}_o=-R_L'\dot{I}_c=-\beta R_L'\dot{I}_b$$

式中，$R_L'=R_C/\!/R_L$。

故电压放大倍数为

$$A_u=\frac{\dot{U}_o}{\dot{U}_i}=-\beta\frac{R_L'}{r_{be}} \tag{8-4}$$

放大倍数为负值,表示输出电压与输入电压相位相反。

(4)输入电阻

$$r_i=\frac{\dot{U}_i}{\dot{I}_i}=R_B /\!/ r_{be} \tag{8-5}$$

输入电阻 r_i 的大小决定了放大电路从信号源吸取电流(输入电流)的大小。为了减轻信号源的负担,总希望 r_i 越大越好。另外,较大的输入电阻 r_i 也可以降低信号源内阻 R_S 的影响,使放大电路获得较高的输入电压。在式(8-5)中,由于 R_B 比 r_{be} 大得多,r_i 近似等于 r_{be},在几百欧到几千欧之间,一般认为是较低的,并不理想。

(5)输出电阻

输出电阻 r_o 的计算方法是:信号源 $\dot{U}_S$ 短路,断开负载 R_L,在输出端加电压 $\dot{U}$,求出由 $\dot{U}$ 产生的电流 $\dot{I}$,则输出电阻为

$$r_o=\frac{\dot{U}}{\dot{I}}=R_C \tag{8-6}$$

对于负载而言,放大器的输出电阻 r_o 越小,负载电阻 R_L 的变化对输出电压的影响就越小,表明放大器带负载能力越强,因此总希望 r_o 越小越好。式(8-6)中,r_o 在几千欧到几十千欧之间,一般认为是较大的,也不理想。

例8-2

如图 8-3 所示电路,已知 $U_{CC}=12$ V,$R_B=300$ kΩ,$R_C=3$ kΩ,$R_L=3$ kΩ,$R_S=3$ kΩ,$\beta=50$。试求:

(1)R_L 接入和断开两种情况下电路的电压放大倍数 A_u;

(2)输入电阻 r_i 和输出电阻 r_o;

(3)输出端开路时的电源电压放大倍数 A_{uS}。

解:【例 8-1】中已求出电路的静态工作点,则三极管的动态输入电阻为

$$r_{be}=\left[300+(1+\beta)\frac{26}{I_{EQ}}\right]\ \Omega=\left[300+(1+50)\frac{26}{2}\right]\ \Omega=963\ \Omega=0.963\ \text{k}\Omega$$

(1)R_L 接入时的电压放大倍数 A_u 为

$$A_u=-\beta\frac{R_L'}{r_{be}}=-50\times\frac{\frac{3\times3}{3+3}}{0.963}=-78$$

R_L 断开时的电压放大倍数 A_u 为

$$A_u=-\beta\frac{R_C}{r_{be}}=-50\times\frac{3}{0.963}=-156$$

(2)输入电阻 r_i 为

$$r_i=R_B /\!/ r_{be}=(300 /\!/ 0.963)\ \text{k}\Omega=0.96\ \text{k}\Omega$$

输出电阻 r_o 为

$$r_o=R_C=3\ \text{k}\Omega$$

$$(3)\ A_{uS}=\frac{\dot{U}_o}{\dot{U}_S}=\frac{\dot{U}_i}{\dot{U}_S}\times\frac{\dot{U}_o}{\dot{U}_i}=\frac{r_i}{R_S+r_i}A_u=\frac{0.96}{3+0.96}\times(-156)=-38$$

三、射极输出器

射极输出器电路如图 8-10(a)所示，图 8-10(b)、8-10(c)分别是射极输出器的直流通路和微变等效电路。射极输出器是共集电极放大电路，该电路具有如下特点：

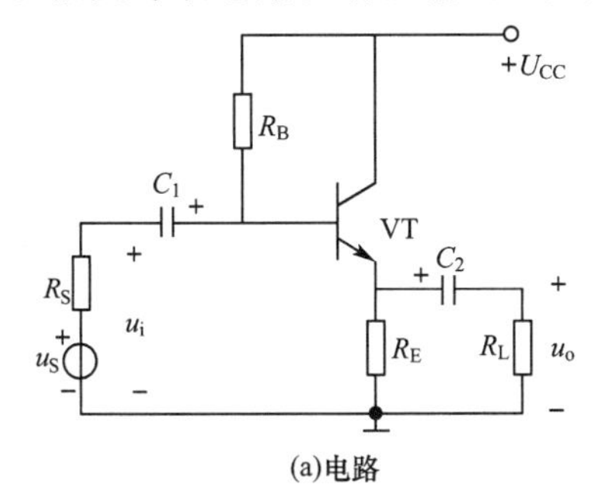

(a)电路

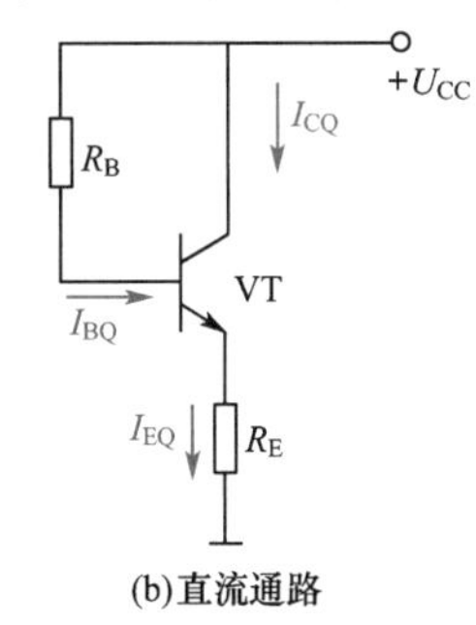

(b)直流通路

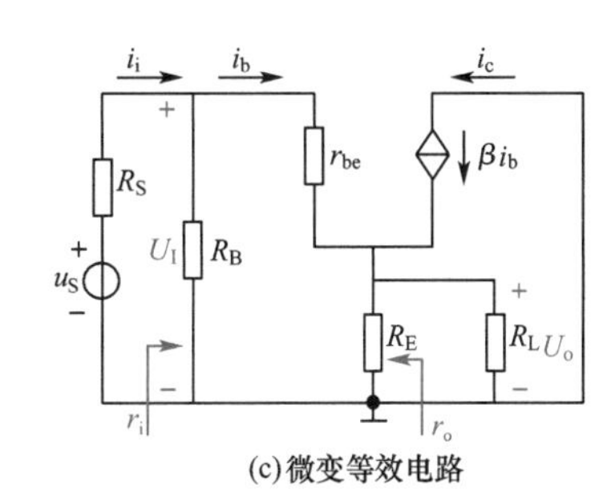

(c)微变等效电路

图 8-10 射极输出器

(1)电压放大倍数小于 1，但约等于 1，即电压跟随。

(2)输入电阻较高。

(3)输出电阻较低。

射极输出器具有较高的输入电阻和较低的输出电阻，这是射极输出器最突出的优点。射极输出器常用作多级放大器的第一级或最末级，也可用作中间隔离级。用作输入级时，其较高的输入电阻可以减轻信号源的负担，提高放大器的输入电压。用作输出级时，其较低的输出电阻可以减小负载变化对输出电压的影响，并易于与低阻负载相匹配，向负载传送尽可能大的功率。

例8-3

如图 8-10(a)所示电路，已知 $U_{CC}=12\ V$，$R_B=200\ k\Omega$，$R_E=2\ k\Omega$，$R_L=3\ k\Omega$，$R_S=100\ \Omega$，$\beta=50$。试估算静态工作点，并求电压放大倍数 A_u、输入电阻 r_i 和输出电阻 r_o。

解：(1)用估算法计算静态工作点

如图 8-10(b)所示，根据 KVL，基极回路的方程式为

$$U_{CC}=I_{BQ}R_B+U_{BEQ}+U_{RE}$$

式中，$U_{RE}=I_{EQ}R_E=(1+\beta)I_{BQ}R_E$。

故有 $$I_{BQ}=\frac{U_{CC}-U_{BEQ}}{R_B+(1+\beta)R_E}=\frac{12-0.7}{200+(1+50)\times 2}\ mA=0.037\ 4\ mA=37.4\ \mu A$$

$$I_{CQ}=\beta I_{BQ}=50\times 0.037\ 4\ mA=1.87\ mA$$

$$U_{CEQ}\approx U_{CC}-I_{CQ}R_E=(12-1.87\times 2)\ V=8.26\ V$$

(2)求电压放大倍数 A_u、输入电阻 r_i 和输出电阻 r_o

根据图 8-10(c)所示的射极输出器的微变等效电路，则有

$$r_{be}=\left[300+(1+\beta)\frac{26}{I_{EQ}}\right]\Omega=\left[300+(1+50)\frac{26}{1.87}\right]\ \Omega=1\ 009\ \Omega\approx 1\ k\Omega$$

$$A_u=\frac{\dot{U}_o}{\dot{U}_i}=\frac{(1+\beta)R_L'}{r_{be}+(1+\beta)R_L'}=\frac{(1+50)\times1.2}{1+(1+50)\times1.2}=0.98$$

式中，$R_L'=R_E/\!/R_L=(2/\!/3)\ \text{k}\Omega=1.2\ \text{k}\Omega$。

$$r_i=R_B/\!/[r_{be}+(1+\beta)R_L']=\{200/\!/[1+(1+50)\times1.2]\}\ \text{k}\Omega=47.4\ \text{k}\Omega$$

$$r_o\approx\frac{r_{be}+R_S'}{\beta}=\frac{1\ 000+100}{50}\ \Omega=22\ \Omega$$

式中，$R_S'=R_B/\!/R_S=(200\times10^3/\!/100)\ \Omega=100\ \Omega$。

8.3 分压式偏置放大电路

温度对三极管放大电路的工作点影响较大，当环境温度升高时会引起 U_{BE} 减小，I_{CBO} 增大，β 增大，进而导致 I_C 增大。为保证放大电路具有稳定的静态工作点，在决定放大器工作状态的偏置电路中常采取一些必要的措施。如图 8-11(a)所示为分压式偏置放大电路，图 8-11(b)、图 8-11(c)分别为分压式偏置放大电路的直流通路和微变等效电路。

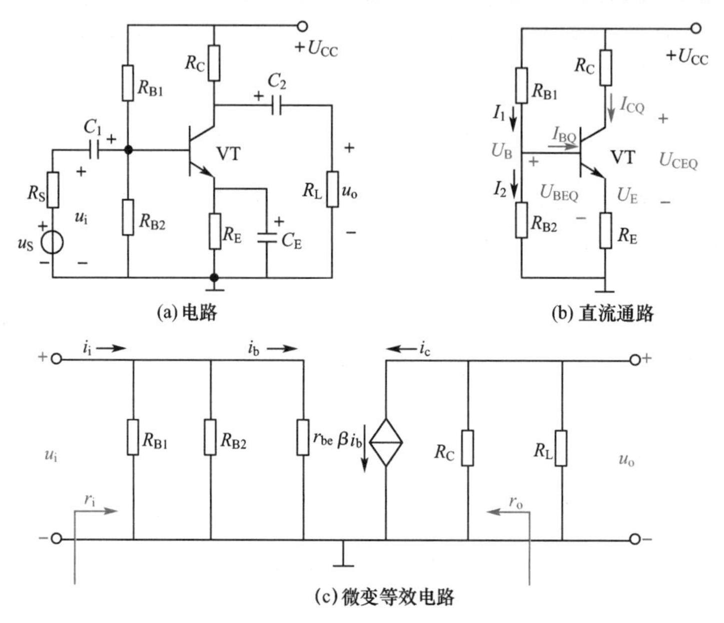

图 8-11 分压式偏置放大电路

在如图 8-11(b)所示电路中，当满足条件 $I_2\gg I_B$ 时，$I_1=I_2$，$U_B=\frac{R_{B2}}{R_{B1}+R_{B2}}U_{CC}$ 与温度基本无关。当环境温度变化时，电路可以完成如下自动调节过程：

温度 $T\uparrow\rightarrow I_C\uparrow\rightarrow I_E\uparrow\rightarrow U_E(=I_E R_E)\uparrow\rightarrow U_{BE}(=U_B-I_E R_E)\downarrow\rightarrow I_B\downarrow\rightarrow I_C\downarrow$

通过上述调节达到稳定静态工作点的目的。

例8-4

如图 8-11(a)所示电路，已知 $U_{CC}=12\ \text{V}$，$R_{B1}=20\ \text{k}\Omega$，$R_{B2}=10\ \text{k}\Omega$，$R_C=3\ \text{k}\Omega$，$R_E=2\ \text{k}\Omega$，$R_L=3\ \text{k}\Omega$，$\beta=50$。试估算静态工作点，并求电压放大倍数、输入电阻和输出电阻。

解：(1)用估算法计算静态工作点

$$U_B=\frac{R_{B2}}{R_{B1}+R_{B2}}U_{CC}=\frac{10}{20+10}\times 12\ \text{V}=4\ \text{V}$$

$$I_{CQ}\approx I_{EQ}=\frac{U_B-U_{BEQ}}{R_E}=\frac{4-0.7}{2}\ \text{mA}=1.65\ \text{mA}$$

$$I_{BQ}=\frac{I_{CQ}}{\beta}=\frac{1.65}{50}\ \text{mA}=33\ \mu\text{A}$$

$$U_{CEQ}=U_{CC}-I_{CQ}(R_C+R_E)=[12-1.65\times(3+2)]\ \text{V}=3.75\ \text{V}$$

(2)求电压放大倍数

$$r_{be}=\left[300+(1+\beta)\frac{26}{I_{EQ}}\right]\ \Omega=\left[300+(1+50)\frac{26}{1.65}\right]\ \Omega=1104\ \Omega\approx 1.1\ \text{k}\Omega$$

$$A_u=-\frac{\beta R_L'}{r_{be}}=-\frac{50\times\frac{3\times 3}{3+3}}{1.1}=-68$$

(3)求输入电阻和输出电阻

$$r_i=R_{B1}/\!/R_{B2}/\!/r_{be}=(20/\!/10/\!/1.1)\ \text{k}\Omega=0.944\ \text{k}\Omega$$

$$r_o=R_C=3\ \text{k}\Omega$$

8.4　多级放大电路

电子电路中经常需要将若干个单级放大电路连接起来，组成多级放大电路，将信号逐渐放大。多级放大电路的框图如图 8-12 所示。

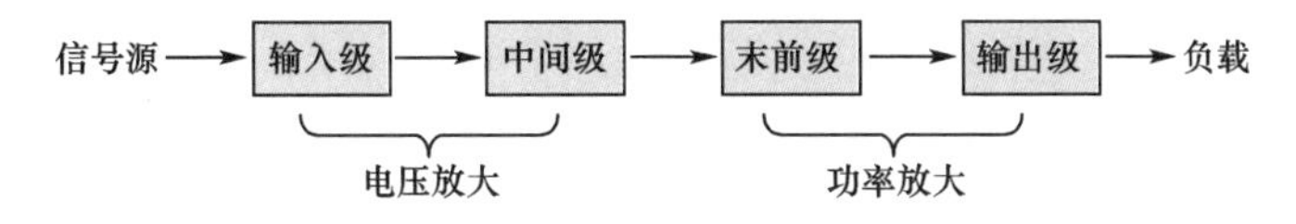

图 8-12　多级放大电路的框图

多级放大电路中级与级之间的连接方式称为耦合。常用的耦合方式有阻容耦合、直接耦合和变压器耦合。

一、阻容耦合多级放大电路

如图 8-13 所示电路为阻容耦合多级放大电路，该电路通过耦合电容与下级输入电阻连接。各级静态工作点互不影响，可以单独调整到合适位置，且不存在零点漂移问题。但不能放大变化缓慢的信号和直流分量变化的信号，且由于需要大容量的耦合电容，因此不能在集成电路中采用。

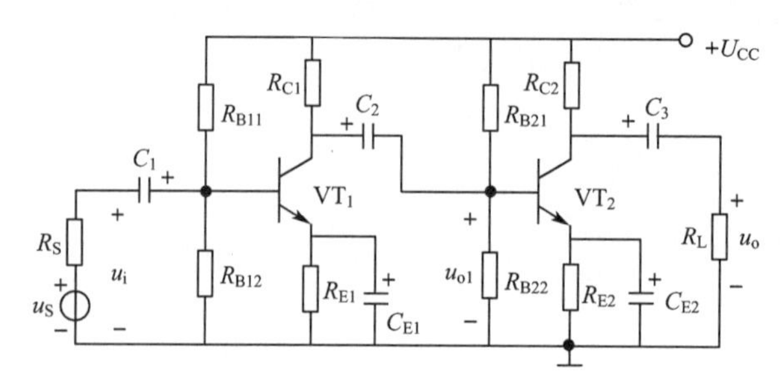

图 8-13　阻容耦合多级放大电路

1. 静态工作点分析

各级单独计算。

2. 动态分析

(1)电压放大倍数等于各级电压放大倍数的乘积，即

$$A_u=\frac{\dot{U}_o}{\dot{U}_i}=\frac{\dot{U}_{o1}}{\dot{U}_i}\cdot\frac{\dot{U}_o}{\dot{U}_{o1}}=A_{u1}\cdot A_{u2}$$

注意：(1)计算前级的电压放大倍数时必须把后级的输入电阻考虑到前级的负载电阻之中。如计算第一级的电压放大倍数时，其负载电阻就是第二级的输入电阻。

(2)输入电阻就是第一级的输入电阻。

(3)输出电阻就是最后一级的输出电阻。

二、直接耦合多级放大电路

如图 8-14 所示为直接耦合多级放大电路，该电路能放大变化很缓慢的信号和直流分量变化的信号，且由于没有耦合电容，故非常适宜于大规模集成。

值得注意的是，各级静态工作点互相影响，且由于温度影响等因素，放大电路在无输入信号的情况下，输出电压 u_o 出现缓慢、不规则波动的现象，这种现象称作零点漂移。

抑制零点漂移的方法有多种，如采用温度补偿电路、高性能的稳压电源及精选电路元件等方法。最有效且广泛采用的方法是输入级采用差动放大电路。

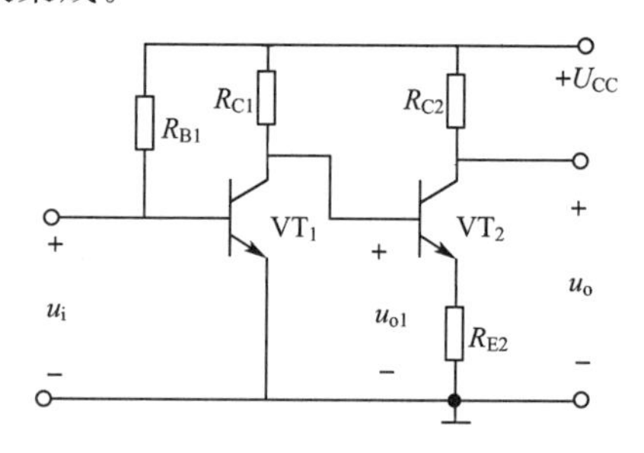

图 8-14　直接耦合多级放大电路

三、变压器耦合多级放大电路

变压器耦合是用变压器将前级的输出端与后级的输入端连接起来的方式，如图 8-15 所示。图中，VT_1 输出的信号通过变压器 T_1 加到 VT_2 基极和发射极之间。VT_2 输出的信号通过变压器 T_2 耦合到负载 R_L 上。R_1、R_2、R_3 和 R_4、R_5、R_6 可分别确定 VT_1 和 VT_2 静态工作点。

变压器耦合的优点是：各级直流通路相互独立，变压器通过磁路，把初级线圈的交流信

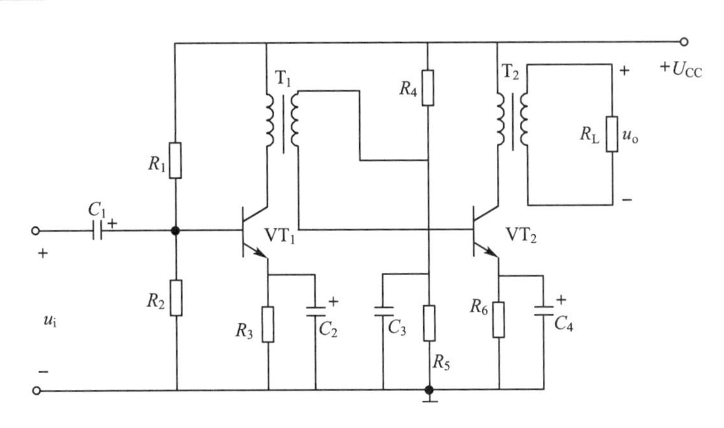

图 8-15 变压器耦合多级放大电路

号传到次级线圈,直流电压或电流无法通过变压器传给次级。变压器在传递信号的同时,能实现阻抗变换。

变压器耦合的缺点是:体积大,不能实现集成化。此外,由于频率特性比较差,一般只应用于低频功率放大和中频调谐放大电路中。

8.5 放大电路中的负反馈

一、反馈的基本概念

反馈是指把放大电路输出回路中某个电量(电压或电流)的一部分或全部,通过一定的电路形式(反馈网络)送回到放大电路的输入回路,并同输入信号一起参与控制作用,使放大电路的某些性能获得改善的过程。这一过程可用图 8-16 所示的方框图来表示。引入反馈后的放大电路称为反馈放大电路。

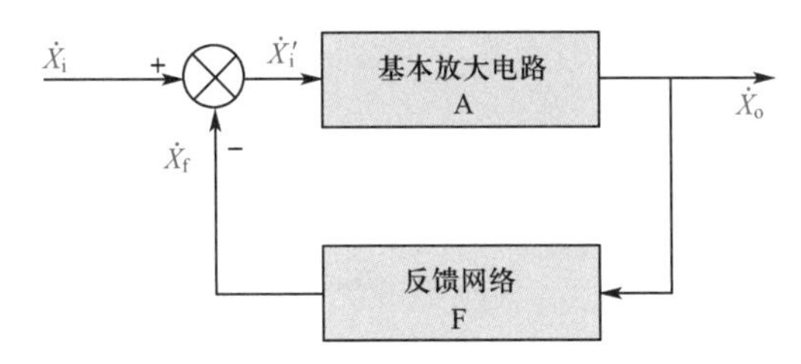

图 8-16 反馈放大电路方框图

实际上,在图 8-11(a)所示的分压式偏置放大电路中,通过射极电阻 R_E,将输出回路中的直流电流 I_E 以 $U_E = I_E R_E$ 的形式回送到了输入回路,三极管发射结两端的电压 $U_{BE} = U_B - I_E R_E$,因其受到输出电流的影响,从而使输出电流趋于稳定。这种输出电量影响输入电量的方式就是反馈。不过这里的反馈仅仅是直流电量的反馈(交流电量被 C_E 旁路),称为直流反馈。直流反馈主要用于稳定静态工作点。如果将 C_E 去掉,这时输出回路中的交流信号也将反馈到输入回路,并使放大电路的性能发生一系列改变,这种交流信号的反馈称为交流反馈。实际放大电路中,一般同时存在直流反馈和交流反馈。这里主要讨论交流反馈对放大电路性能的影响。

二、反馈的极性和类型

1. 反馈的极性

按照反馈对放大电路性能影响的效果，可将反馈分为正反馈和负反馈两种极性。凡引入反馈后，反馈到放大电路输入回路的信号（称为反馈信号，用 $\dot{X}_f$ 表示）与外加激励信号（用 $\dot{X}_i$ 表示）比较的结果，使得放大电路的有效输入信号（也称净输入信号，用 $\dot{X}_i'$ 表示）削弱，即 $\dot{X}_i'<\dot{X}_i$，从而使放大倍数降低，这种反馈称为负反馈。凡引入反馈后，比较结果使 $\dot{X}_i'>\dot{X}_i$，从而使放大倍数提高，这种反馈称为正反馈。正反馈虽能提高放大倍数，但同时也加剧了放大电路性能的不稳定性，主要用于振荡电路；负反馈虽降低了放大倍数，但却换来了放大电路性能的改善。

判断反馈极性的简便方法是瞬时极性法，具体做法如下：

（1）不考虑电路中所有电抗元件的影响。

（2）用正负号（或箭头）表示电路中各点电压的瞬时极性（或瞬时变化）。

（3）假定输入电压 u_i 的极性，看 u_i 经过放大和反馈后得到的反馈信号（u_f 或 i_f）的极性是增强还是减弱有效输入信号（u_i' 或 i_i'）。使有效输入信号减弱的反馈就是负反馈，使有效输入信号增强的反馈就是正反馈。

注意

推断反馈信号瞬时极性时，应遵循放大电路的放大原理。对单级放大电路而言，共射极电路输出电压与输入电压反相，共集电极电路和共基极电路输出电压与输入电压同相。

例8-5

放大电路如图 8-17 所示。说明该电路中有无反馈，如果有反馈，是正反馈还是负反馈。

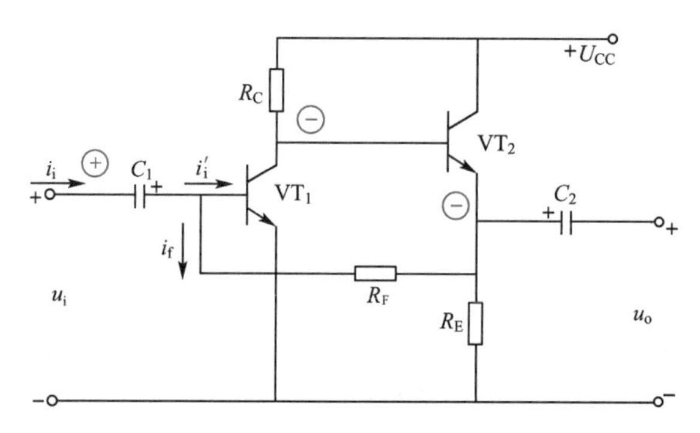

图 8-17 反馈极性判断实例

解：判断一个电路中是否存在反馈，就是要看电路中有无联系输出回路和输入回路的元件。图 8-17 中 R_F 就是起这种联系作用的元件，因此 R_F 就是反馈元件，它构成反馈网络。

判断反馈极性利用瞬时极性法。假定 u_i 的极性为"＋"(对地)，则经一级共射极电路放大后，u_{o1} 的极性为"－"，再经一级共集电极电路放大后，u_{o2} 的极性为"－"，通过 R_F 的反馈电流的瞬时流向由其两端的瞬时电压极性决定。如图 8-17 所示，由于 i_f 的分流作用，使得放大电路的有效输入信号 $i_i'=i_i-i_f$ 减弱，故为负反馈。

2. 反馈的类型

(1)根据输入端采样对象的不同，可以将反馈分为并联反馈和串联反馈。

①并联反馈：反馈信号以电流形式出现在输入端，这时反馈信号、输入信号在同一点引入。如图 8-18(a)所示为并联反馈。

$$i_i'=i_i-i_f$$

②串联反馈：反馈信号以电压形式出现在输入端，这时反馈信号、输入信号不在同一点引入。如图 8-18(b)所示为串联反馈。

$$u_i'=u_i-u_f$$

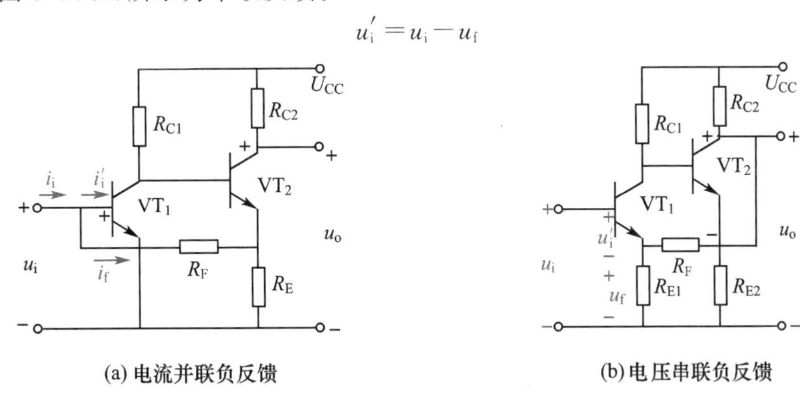

(a) 电流并联负反馈　　(b) 电压串联负反馈

图 8-18　反馈类型的判断

(2)根据输出端反馈采样对象的不同，可以将反馈分为电压反馈和电流反馈。

①电压反馈：反馈采样对象是输出电压。

②电流反馈：反馈采样对象是输出电流。

为了判断是电压反馈还是电流反馈，将负载短路(即 $u_o=0$)。若反馈依然存在，则为电流反馈，如图 8-18(a)所示；否则为电压反馈，如图 8-18(b)所示。

由于输入端分为串联和并联，输出端反馈采样分为电压和电流，因此反馈有电压串联、电压并联、电流串联和电流并联四种类型。不同的反馈电路形式，其作用不同。

电压并联负反馈：稳定放大器的输出电压，使输入电阻降低，输出电阻降低。

电压串联负反馈：稳定放大器的输出电压，使输入电阻升高，输出电阻降低。

电流并联负反馈：稳定放大器的输出电流，使输入电阻降低，输出电阻升高。

电流串联负反馈：稳定放大器的输出电流，使输入电阻升高，输出电阻升高。

三、反馈放大电路的基本关系式

反馈放大电路均可用图 8-16 所示的方框图来表示。它表明，反馈放大电路是由基本放大电路和反馈网络构成的一个闭环系统，故常称反馈放大电路为闭环放大电路，相应地称未引入反馈的放大电路为开环放大电路。

基本放大电路的放大倍数为

$$\dot{A}=\frac{\dot{X}_o}{\dot{X}_i'}$$

反馈网络的反馈系数为

$$\dot{F}=\frac{\dot{X}_f}{\dot{X}_o}$$

图 8-16 所示方框图有如下关系

$$\dot{X}_o=\dot{A}\dot{X}_i',\dot{X}_i'=\dot{X}_i-\dot{X}_f,\dot{X}_f=\dot{F}\dot{X}_o$$

由此可得反馈放大电路的闭环放大倍数为

$$\dot{A}_f=\frac{\dot{X}_o}{\dot{X}_i}=\frac{\dot{A}}{1+\dot{A}\dot{F}}$$

这是反馈放大电路的基本关系式，也是分析单环反馈放大电路的重要公式。

为了分析方便，在以后讨论反馈放大电路性能时，除频率特性外，均假定工作信号在中频范围，且反馈网络具有纯电阻性质，因此 $\dot{A}$、$\dot{F}$ 均可用实数表示。于是上式变为

$$A_f=\frac{A}{1+AF}$$

式中，$(1+AF)$称为反馈深度，用 D 表示，负反馈对放大电路性能改善的程度均与 D 有关。当$|1+AF|\gg 1$ 时，有

$$A_f\approx\frac{1}{F}$$

这种情况称为深度负反馈。此时，闭环放大倍数仅与反馈系数有关。

四、负反馈对放大电路性能的影响

放大电路引入负反馈后，虽然使放大电路的增益有所下降，但却从多方面改善了放大电路的性能。

1. 对放大倍数的影响

(1)负反馈使放大倍数下降。放大倍数的一般表达式为

$$A_f=\frac{A}{1+AF}$$

从上式可以看出引入负反馈后，放大倍数下降了$(1+AF)$倍。

(2)负反馈能提高放大倍数的稳定性。用相对变化量来表示，即

$$\frac{dA_f}{A_f}=\frac{1}{1+AF}\frac{dA}{A}$$

从上式可以看出放大倍数的稳定性也提高了$(1+AF)$倍。

2. 减小非线性失真

负反馈可以使输出波形的失真得到一定的改善。

3. 扩展频带

放大电路都有一定的频带宽度，超过这个范围的信号，增益将显著下降。一般将增益下

降 3 dB 时所对应的频率范围叫作放大电路的通频带，也称为带宽，用 BW 表示。引入负反馈后，电路中频区的增益要减小很多，但高、低频区的增益减小较少，使电路在高、中、低三个频区上的增益比较均匀，放大电路的通频带自然加宽。

4. 负反馈对输入电阻的影响

负反馈对输入电阻的影响只取决于反馈电路在输入端的连接方式，即取决于是串联反馈还是并联反馈。

(1)串联反馈使输入电阻提高，即 $r_{if}=(1+AF)r_i$。

(2)并联反馈使输入电阻下降，即 $r_{if}=r_i/(1+AF)$。

5. 负反馈对输出电阻的影响

负反馈对输出电阻的影响只取决于反馈电路在输出端的连接方式，即取决于是电压反馈还是电流反馈。

(1)电压反馈使输出电阻降低，即 $r_{of}=r_o/(1+AF)$。

(2)电流反馈使输出电阻提高，即 $r_{of}=(1+AF)r_o$。

8.6　互补对称功率放大电路

一、功率放大电路的特点及类型

1. 功率放大电路的特点

功率放大电路的任务是向负载提供足够大的功率，这就要求功率放大电路不仅要有较高的输出电压，还要有较大的输出电流。因此功率放大电路中的三极管通常工作在高电压大电流状态，三极管的功耗也比较大。对三极管的各项指标必须认真选择，且尽可能使其得到充分利用。由于功率放大电路中的三极管处在大信号极限工作状态，因此非线性失真也要比小信号的电压放大电路严重得多。此外，功率放大电路从电源取用的功率较大，为提高电源的利用率，必须尽可能提高功率放大电路的效率。放大电路的效率是指负载得到的交流信号功率与直流电源供出功率的比值。

2. 功率放大电路的类型

甲类功率放大电路的静态工作点设置在交流负载线的中点。在工作过程中，三极管始终处在导通状态。这种电路功率损耗较大，效率较低，最高只能达到 50%。其波形如图8-19(a)所示。

甲类、乙类、甲乙类功放

乙类功率放大电路的静态工作点设置在交流负载线的截止点，三极管仅在输入信号的半个周期导通。这种电路功率损耗减到最少，使效率大大提高。其波形如图 8-19(b)所示。

甲乙类功率放大电路的静态工作点介于甲类和乙类之间，三极管有不大的静态偏置电流。其失真情况和效率介于甲类和乙类之间。其波形如图 8-19(c)所示。

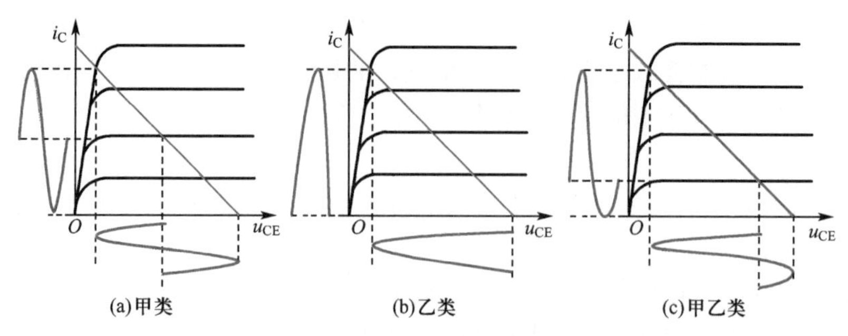

图 8-19 功率放大电路的类型

二、互补对称功率放大电路

1. OCL 功率放大电路

OCL 功率放大电路如图 8-20 所示，VT_1、VT_2 两管特性对称一致。静态($u_i=0$ V)时，$U_B=0$ V，$U_E=0$ V，偏置电压为零，VT_1、VT_2 均处于截止状态，负载中没有电流，电路工作在乙类状态。

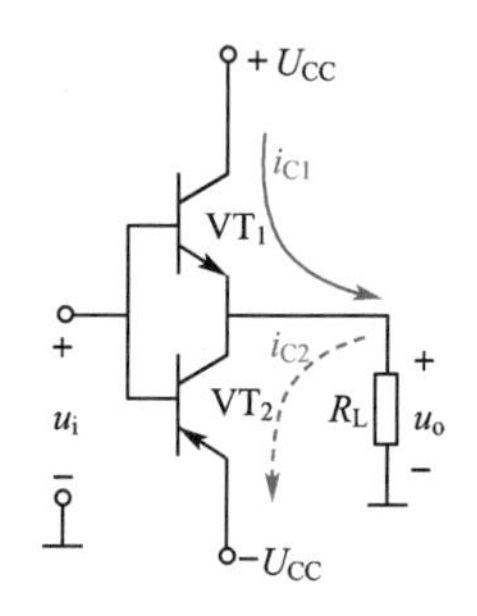

图 8-20 OCL 功率放大电路

动态($u_i \neq 0$ V)时，在 u_i 的正半周，VT_1 导通而 VT_2 截止，VT_1 以射极输出器的形式将正半周信号输出给负载；在 u_i 的负半周，VT_2 导通而 VT_1 截止，VT_2 以射极输出器的形式将负半周信号输出给负载。可见，在输入信号 u_i 的整个周期内，VT_1、VT_2 两管轮流交替地工作，互相补充，使负载获得完整的信号波形，故称互补对称电路。

由于 VT_1、VT_2 都工作在共集电极电路中，输出电阻极小，可与低阻负载 R_L 直接匹配。

图 8-21 所示为 OCL 功率放大电路的输出波形。从输出波形可以看到，在波形过零的一个小区域内，输出波形产生了失真，这种失真称为交越失真。产生交越失真的原因是 VT_1、VT_2 发射结静态偏压为零，放大电路工作在乙类状态。当输入信号 u_i 小于三极管的发射结死区电压时，两个三极管都截止，在这一区域内输出电压为零，使波形失真。

为减小交越失真，可给 VT_1、VT_2 发射结加适当的正向偏压，以产生一个不大的静态偏置电流，使 VT_1、VT_2 导通时间稍微超过半个周期，即工作在甲乙类状态，如图 8-22 所示。图中二极管 VD_1、VD_2 用来提供偏置电压。静态时 VT_1、VT_2 虽然都已基本导通，但因它们对称，U_E 仍为零，负载中仍无电流流过。

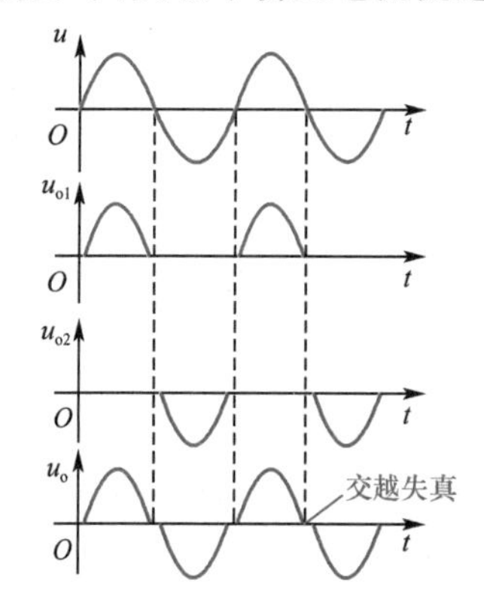

图 8-21 OCL 功率放大电路的输出波形

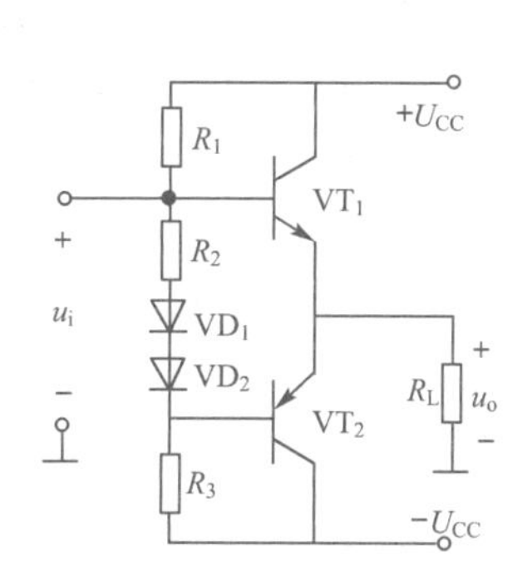

图 8-22 OCL 功率放大电路工作在甲乙类状态

2. OTL 功率放大电路

OCL 功率放大电路结构简单、效率高，但需要两个电源供电，不经济且不方便。为此将电路加以改进，省去一个电源。如图 8-23 所示为 OTL 功率放大电路。因电路对称，静态时两个三极管发射极连接点电位为电源电压的一半，负载中没有电流。动态时，在 u_i 的正半周，VT_1 导通而 VT_2 截止，VT_1 以射极输出器的形式将正半周信号输出给负载，同时对电容 C 充电；在 u_i 的负半周，VT_2 导通而 VT_1 截止，电容 C 通过 VT_2、R_L 放电，VT_2 以射极输出器的形式将负半周信号输出给负载，电容 C 在这时起到负电源的作用，形成了与双电源供电相同的效果。为了使输出波形对称，必须保持电容 C 上的电压基本维持在 $U_{CC}/2$ 不变，因此电容 C 的容量必须足够大。

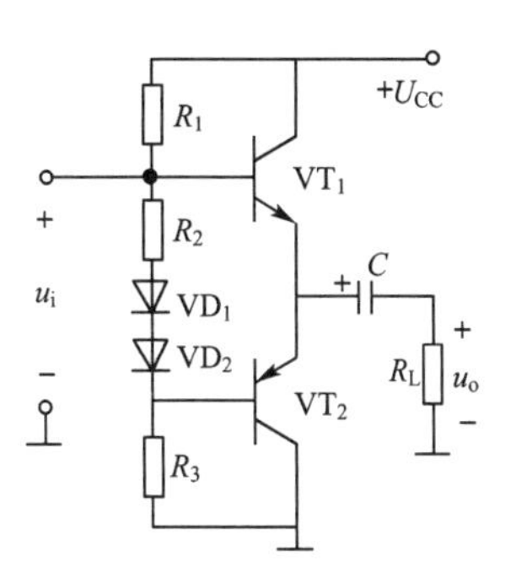

图 8-23　OTL 功率放大电路

三、集成功率放大器

集成功率放大器具有体积小、工作稳定、易于安装和调试等优点，应用广泛。集成功率放大器的种类和型号很多，LM386 是低电压通用型小功率音频集成功率放大器，主要应用于收音机、对讲机和信号发生器中。LM386 集成功率放大器（功率放大器简称功放）的外形及引脚图如图 8-24 所示。LM386 集成功率放大器组成的典型 OTL 电路如图 8-25 所示。信号从 3 脚（同相输入端）输入，从 5 脚经电容（220 μF）输出，2 脚（反相输入端）接地，4 脚接地，7 脚所接的电容（20 μF）为去耦滤波电容，1 脚和 8 脚间接的电阻（20 kΩ）和电容（10 μF）用于调节电路增益，5 脚和地之间所接的电阻（10 kΩ）和电容（0.1 μF）网络，用于抵消负载中的感抗分量，防止电路自激。

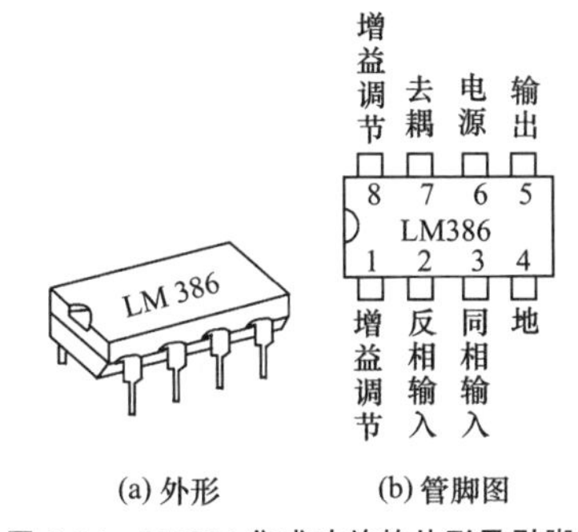

图 8-24　LM386 集成功放的外形及引脚图

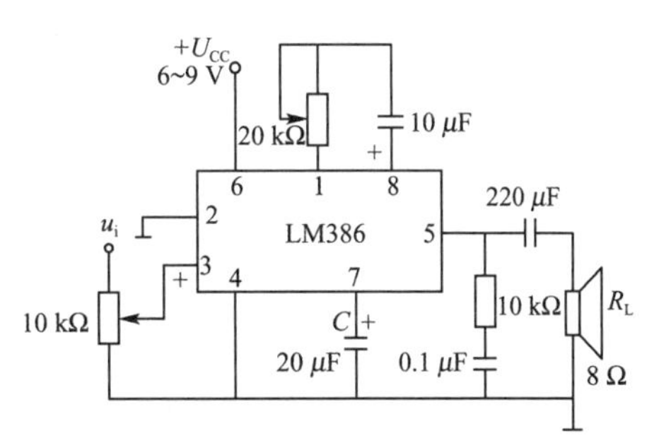

图 8-25　由 LM386 组成的典型 OTL 电路

思考题与习题

1. 放大电路为什么要设置静态工作点？如图 8-3 所示电路，已知 $U_{CC}=15$ V，$R_B=500$ kΩ，$R_C=5$ kΩ，$R_L=5$ kΩ，$\beta=50$，估算电路的静态工作点，并求未接入负载电阻时的电压放大倍数。当接入负载电阻后，电压的放大倍数又是多少？

2. 判断如图 8-26 所示各电路能否实现交流电压放大作用，为什么？（设电路中电压与

电阻均为合适值）

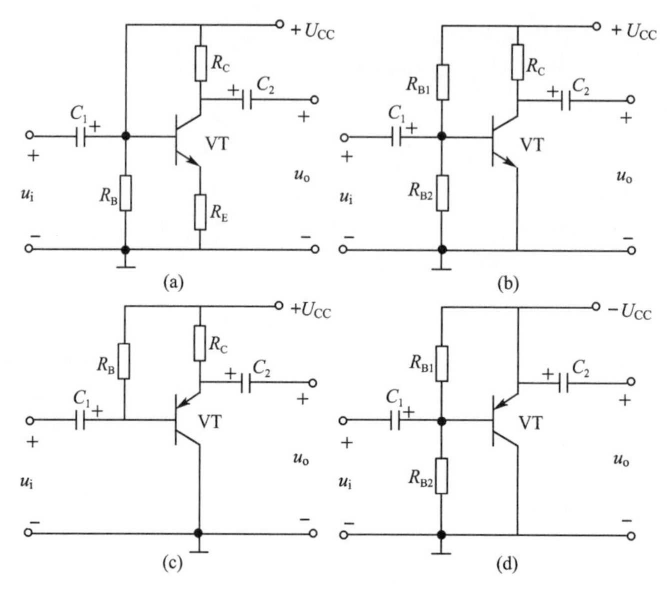

图 8-26 题 2 图

3. 如图 8-27(a)所示电路，已知三极管的 $\beta=100$，$U_{BE}=0.7$ V。

(1)试估算该电路的静态工作点；

(2)画出简化的微变等效电路；

(3)求该电路的增益 A_u、输入电阻 r_i、输出电阻 r_o；

(4)若 u_o 中的交流成分出现图 8-27(b)所示的失真现象，问是截止失真还是饱和失真？为消除此失真，应调整电路中的哪些元件？如何调整？

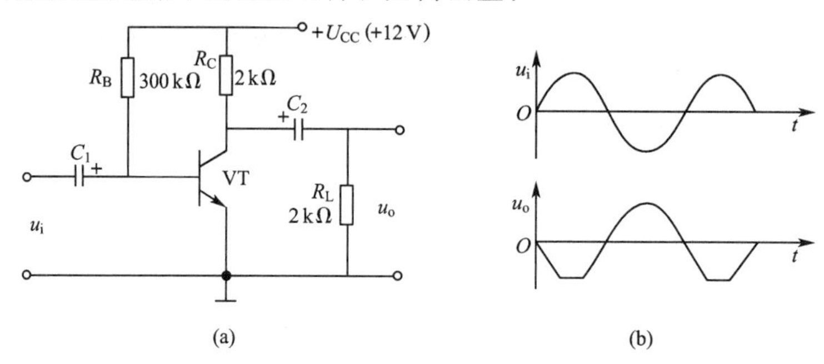

图 8-27 题 3 图

4. 如图 8-28 所示电路，已知三极管 $\beta=50$，在下列情况下，用直流电压表测三极管的集电极电位，应分别为多少？设 $U_{CC}=12$ V，三极管饱和压降 $U_{CES}=0.5$ V。

(1)正常情况；(2)R_{B1} 短路；(3)R_{B1} 开路；(4)R_{B2} 开路；(5)R_C 短路。

5. 已知图 8-29 所示电路中，三极管的 $\beta=100$，$r_{be}=1$ kΩ。(1)现已测得静态管压降 $U_{CEQ}=6$ V，估算 R_B；(2)若测得 u_i 和 u_o 的有效值分别为 1 mV 和 100 mV，则负载电阻 R_L 为多少？

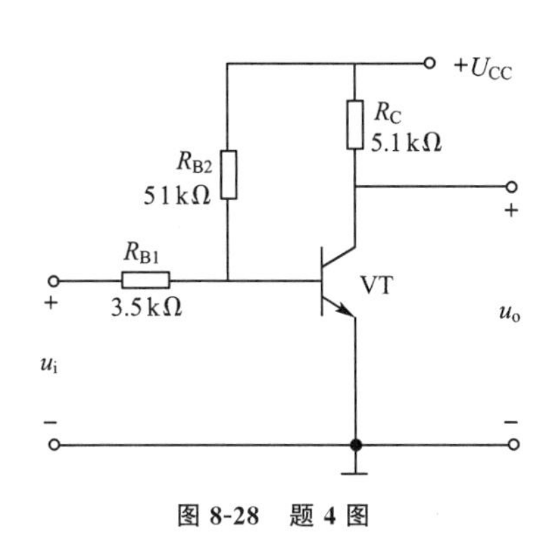

图 8-28 题 4 图

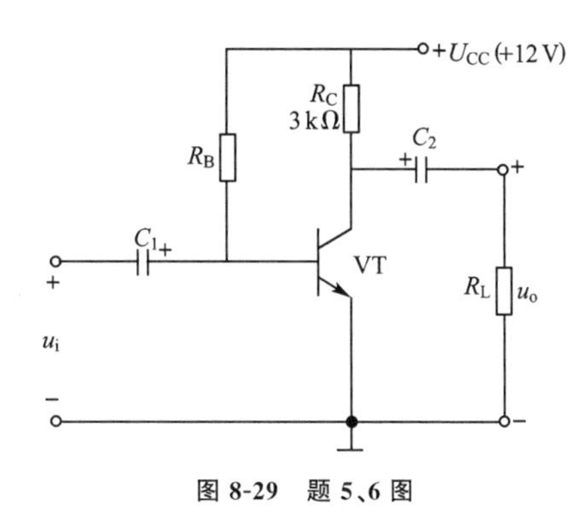

图 8-29 题 5、6 图

6. 在图 8-29 所示电路中，设某一参数变化时其余参数不变，在下表中填入：①增大；②减小；③基本不变。

参数变化	I_{BQ}	U_{CEQ}	$\|A_u\|$	r_i	r_o
R_B 增大					
R_C 增大					
R_L 增大					

7. 如图 8-10(a)所示电路，已知电路参数为 $U_{CC}=20$ V，$R_B=390$ kΩ，$R_E=3$ kΩ，$R_L=1.2$ kΩ，$\beta=50$。计算静态工作点、输入电阻、输出电阻，画出微变等效电路。

8. 分压式电流负反馈电路如图 8-11(a)所示，已知 $U_{CC}=12$ V，$R_{B1}=20$ kΩ，$R_{B2}=10$ kΩ，$R_C=R_E=2$ kΩ，$R_L=4$ kΩ，$\beta=40$。

(1)估算电路的静态工作点；

(2)画出微变等效电路；

(3)计算带负载时的电压放大倍数；

(4)说明温度变化时，该电路稳定工作的过程。

9. 如图 8-30 所示放大电路，已知：$U_{CC}=12$ V，$\beta=60$，$R_{B1}=20$ kΩ，$R_{B2}=10$ kΩ，$R_C=3$ kΩ，$R_E=2$ kΩ，$R_L=6$ kΩ，$U_{BE}=0.7$ V。画出该放大电路的直流通路，求静态工作点；画出该放大电路的微变等效电路，计算放大电路的放大倍数、输入电阻和输出电阻。

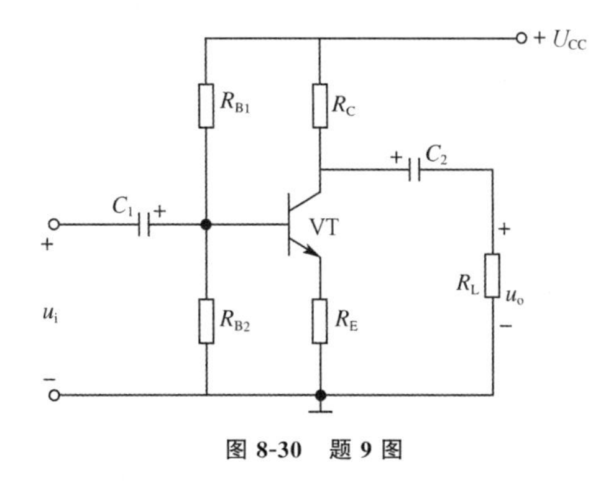

图 8-30 题 9 图

10. 如图 8-31 所示，已知 $U_{CC}=12$ V，$R_{B1}=400$ kΩ，$R_{C1}=3$ kΩ，$R_{B2}=200$ kΩ，$R_{C2}=3$ kΩ，$R_L=3$ kΩ，β_1、β_2 均为 50。

(1)估算各级的静态工作点；

(2)画出微变等效电路；

(3)计算电压放大倍数、输入电阻、输出电阻。

11. 两级阻容耦合放大电路如图 8-32 所示。

(1)画出微变等效电路；

(2)计算电路的输入电阻和输出电阻；

(3)计算各级电压放大倍数及总电压放大倍数。

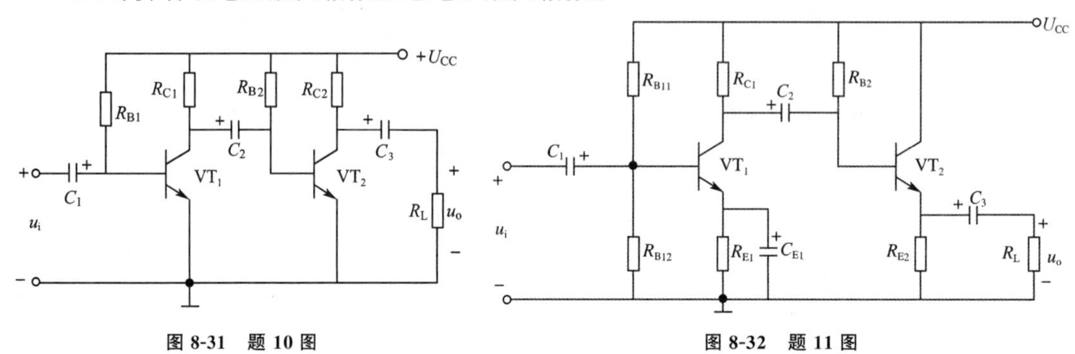

图 8-31　题 10 图　　图 8-32　题 11 图

12. 分析图 8-33 所示电路图中的反馈形式。

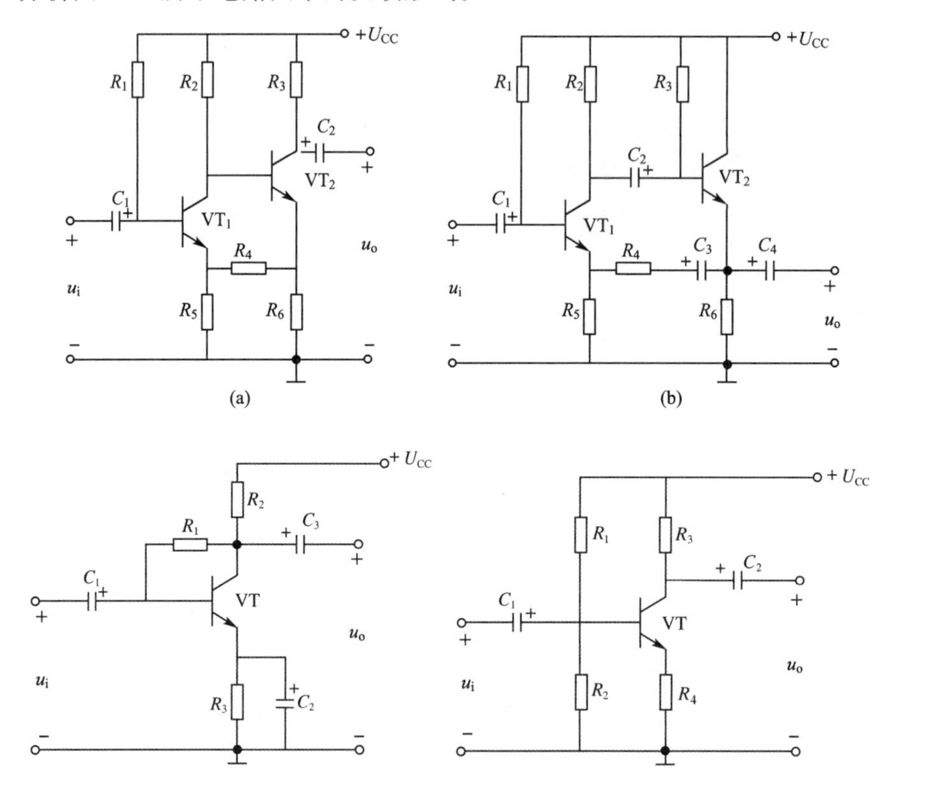

图 8-33　题 12 图

第 9 章

集成运算放大器

知识目标

1. 了解差动放大电路基本特点。
2. 了解集成运算放大器的主要参数，掌握集成运算放大器的基本分析方法。
3. 掌握比例运算、加法运算、减法运算、积分运算的电路结构及运算关系。

技能目标

1. 能借助手册等工具书查阅模拟集成电路的有关数据、逻辑功能和使用方法。
2. 会集成运算放大器基本运算电路的测量。

素质目标

1. 通过集成电路之父杰克·基尔比研制世界上第一块集成电路的介绍，让学生体会到科学精神，培养学生不畏艰难、勇于探索的科学精神。
2. 以案例——霍尔计数器导入，增强学生的创新和创造意识，提高学生实践能力。

案例

霍尔计数器

1. 电路及工作过程

霍尔开关传感器 SL3501 是具有较高灵敏度的集成霍尔元件，能感受到很小磁场的变化，可以检测出黑色金属的有无。利用这一特性，可制成霍尔计数器。如图 9-1 所示，当钢球滚过霍尔开关时，霍尔开关传感器输出一个峰值为 20 MV 的霍尔电动势，此信号将经过 μA741 放大器的运算放大后，驱动 2N5812 三极管，完成导通和截止的过程。把计数器接在 2N5812 三极管的输出端即可以构成霍尔计数器。

2. 电路元器件

霍尔开关 SL3501 一个；放大器 μA741 一个；三极管 2N5812 一个；计数器 74LS160 一个；电阻 470 kΩ 两个；电阻 10 kΩ、11 kΩ、2.1 kΩ、1 kΩ 各一个；电解电容 22 μF/18 V 一个；5 V 直流电源；12 V 直流电源。

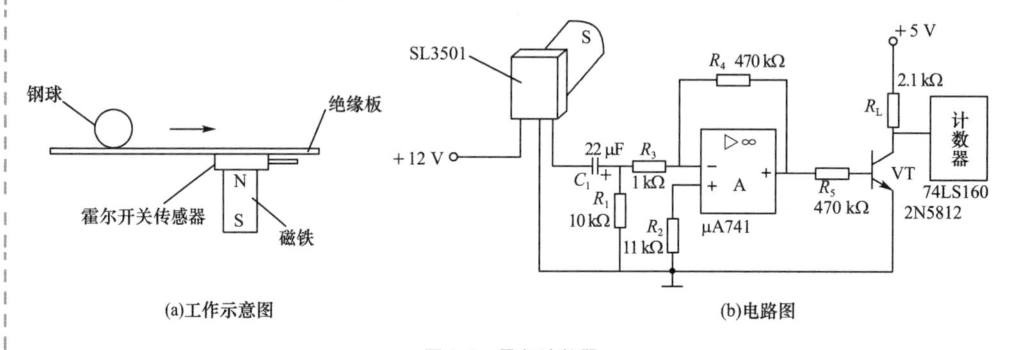

图 9-1 霍尔计数器

3. 案例实施

按电路图接好电路后，用一小钢球在霍尔传感器前移动，移动一次，三极管通断一次，计数器接收一个脉冲信号，如果需要将移动次数显示出来，需另设计显示部分电路

4. 案例思考

因本案例没有显示计数结果电路，如果在 VT 三极管集电极接一发光二极管，是否可以观察到放大器对传感器输出微小电信号的放大作用？

带着案例思考中的问题进入本章内容的学习。

直流放大电路在工业技术领域中，特别是在一些测量仪器和自动控制系统中应用得非常广泛。能够有效地放大缓慢变化的直流信号的最常用的器件是集成运算放大器。目前所用的集成运算放大器是把多个三极管组成的直接耦合的具有高放大倍数的电路集成在一块微小的硅片上。集成运算放大器最初应用于模拟电子计算机，用于实现加、减、乘、除、比例、微分、积分等运算功能。随着集成电路的发展，以差分放大电路为基础的各种集成运算放大器迅速发展起来，由于其运算精度的提高和工作可靠性的增强，很快便成为一种灵活的通用器件，在信号变换、测量技术、自动控制等领域都获得了广泛的应用。

9.1 差动放大电路

差动放大电路又称差分放大电路，主要用作直流放大的输入级，具有很强的“零点漂移”抑制作用。这里所说的直流是指变化缓慢的电信号。如图 9-2 所示，该电路由两个特性相同的三极管组成对称的电路，其参数也对称，且有两个输入端和两个输出端。

电路输入电压：　$u_i=u_{i1}-u_{i2}$

电路输出电压：　$u_o=u_{o1}-u_{o2}$

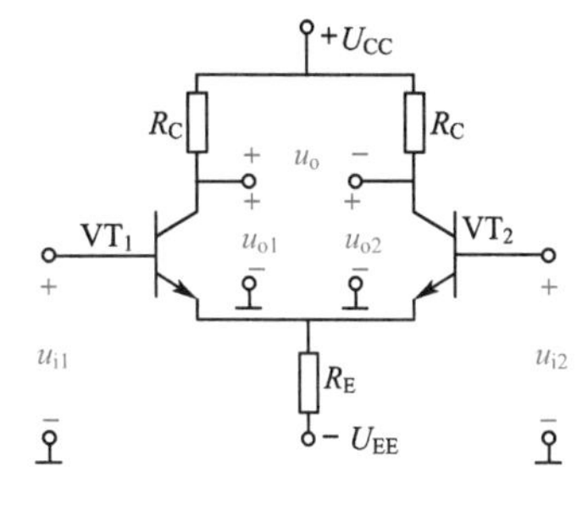

图 9-2　差动放大电路

温度变化时，两个单管放大电路的工作点都要发生变动，分别产生输出漂移 Δu_{o1} 和 Δu_{o2}。由于电路是对称的，所以 $\Delta u_{o1}=\Delta u_{o2}$，差动放大电路的输出漂移 $\Delta u_o=\Delta u_{o1}-\Delta u_{o2}=0$，即消除了零点漂移。

当两输入端加的信号大小相等、极性相反时，输入信号为差模信号，设两输入信号为

$$u_{i1}=\frac{1}{2}u_i,u_{i2}=-\frac{1}{2}u_i$$

因两侧电路对称，放大倍数相等，电压放大倍数用 A_d 表示，则输出电压为

$$u_{o1}=A_d u_{i1},u_{o2}=A_d u_{i2}$$

$$u_o=u_{o1}-u_{o2}=A_d(u_{i1}-u_{i2})=A_d u_i$$

由上式可得差模电压放大倍数为

$$A_d=\frac{u_o}{u_i}$$

可见差模电压放大倍数等于单管放大电路的电压放大倍数。差动放大电路用多一倍的元件为代价，换来了对零点漂移的抑制能力。

当两输入端加的信号大小相等、极性相同时，输入信号为共模信号，设两输入信号为

$$u_{i1}=u_{i2}=u_i$$

则输出电压为

$$u_{o1}=u_{o2}=A_u u_i,u_o=u_{o1}-u_{o2}=0$$

可得共模电压放大倍数为

$$A_c=\frac{u_o}{u_i}=0$$

上式说明电路对共模信号无放大作用，即完全抑制了共模信号。实际上，差动放大电路对零点漂移的抑制就是该电路抑制共模信号的一个特例。所以差动放大电路对共模信号抑制能力的大小，也就反映了它对零点漂移的抑制能力。

定义：共模抑制比 $K_{CMR}=20\lg\left|\frac{A_d}{A_c}\right|$，共模抑制比越大，表示电路放大差模信号和抑制共模信号的能力越强。

9.2　集成运算放大器简介

所谓集成电路，是相对于分立电路而言的，就是把整个电路的各个元器件及相互之间的连接同时制作在一块半导体芯片上，组成一个不可分割的整体。由于集成电路中元器件密度高，引线短，外部接线大为减少，因而大大提高了电子电路的可靠性和灵活性，促进了各个科学技术领域先进技术的发展。

一、集成运算放大器的基本组成

集成运算放大器是一种集成化的半导体器件，它实质上是一个具有很高放大倍数的直接耦合的多级放大电路。集成运算放大器的类型很多，电路也各不相同，但从电路的角度上看，基本上都由输入级、中间级、输出级和偏置电路四个部分组成，如图 9-3 所示。输入级一般采用具有恒流源的双输入端的差分放大电路，其目的就是减小放大电路的零点漂移、提高输入阻抗。中间级的主要作用是电压放大，使整个集成运算放大器有足够的电压放大倍数。输出级一般采用射极输出器，其目的是实现与负载的匹配，使电路有较大的功率输出和较强的带负载能力。偏置电路的作用是为上述各级电路提供稳定合适的偏置电流，稳定各级的静态工作点，一般由各种恒流源电路构成。

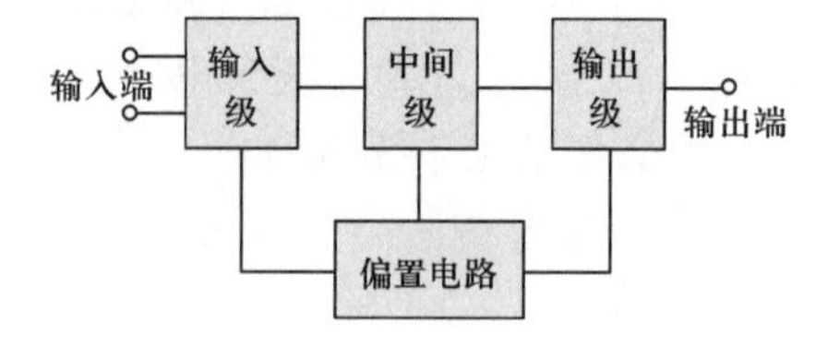

图 9-3　集成运算放大器的基本放大电路

图 9-4 所示为 LM741 集成运算放大器的外形和引脚图。它有 8 个引脚，各引脚的用途如下：

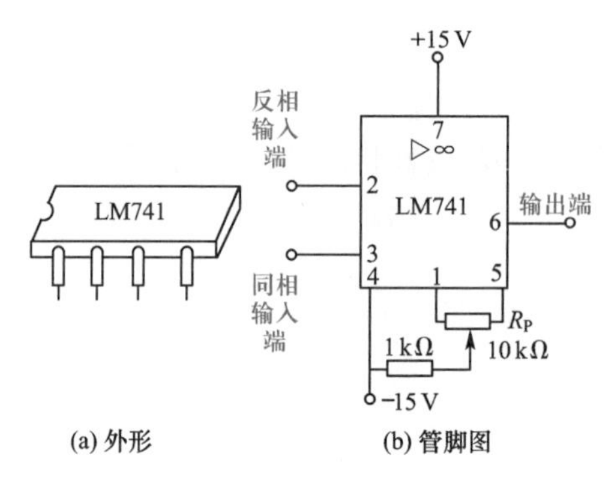

图 9-4　LM741 集成运算放大器的外形和引脚图

(1)输入端和输出端

LM741 的引脚 6 为放大器的输出端，引脚 2 和 3 为差分输入级的两个输入端。引脚 2 为运放反相输入端，输入信号由此端与参考端接入时，6 端的输出信号与输入信号反相(或极性相反)。引脚 3 为运放同相输入端，输入信号由此端与参考端接入时，6 端的输出信号与输入信号同相(或极性相同)。集成运算放大器的反相和同相输入端对于它的应用极为重要，绝对不能搞错。

(2)电源端

引脚 7 与 4 为外接电源端，为集成运算放大器提供直流电源。集成运算放大器通常采用双电源供电方式，引脚 4 接负电源组的负极，引脚 7 接正电源组的正极，使用时不能接错。

(3)调零端

引脚 1 和 5 为外接调零电位器端。集成运算放大器的输入级虽为差分电路，但电路参数和三极管特性不可能完全对称，因而当输入信号为零时，输出一般不为零。调节调零电位

器 R_P，可使输入信号为零时，输出信号为零。

二、集成运算放大器的主要参数

集成运算放大器性能的好坏常用一些参数表征。这些参数是选用集成运算放大器的主要依据。下面介绍集成运算放大器的一些主要参数：

1. 最大输出电压 U_{OPP}

能使输出电压和输出电流保持不失真关系的最大输出电压称为集成运算放大器的最大输出电压。F007 的最大输出电压约为±12 V。

2. 开环电压放大倍数 A_{uo}

在没有外接反馈电路时所测出的差模电压放大倍数，即为开环电压放大倍数。A_{uo} 越高，所构成的运算电路越稳定，精度也越高。

3. 输入失调电压 U_{IO}

在理想情况下，当输入信号为零时，输出电压 $u_o=0$。实际上，当输入信号为零时，输出 $u_o\neq0$，在输入端加上相应的补偿电压使其输出电压为零，该补偿电压称为输入失调电压 U_{IO}。U_{IO} 一般为毫伏级。

4. 输入失调电流 I_{IO}

当输入信号为零时，输入级两个差分端的静态电流之差称为输入失调电流 I_{IO}。I_{IO} 的存在，将在输入回路电阻上产生一个附加电压，使输入信号为零时，输出电压 $u_o\neq0$，所以 I_{IO} 越小越好，其值一般为几十至几百纳安。

5. 开环差模输入电阻 r_i 和输出电阻 r_o

运放组件两个输入端之间的电阻 $r_i=\dfrac{\Delta U_{IO}}{\Delta I_i}$，称为差模输入电阻。这是一个动态电阻，它反映了运放组件的差分输入端向差模输入信号源所取用电流的大小。通常希望 r_i 尽可能大一些，一般为几百千欧到几兆欧。

r_o 是集成运放开环工作时，从输出端向里看进去的等效电阻，其值越小，说明集成运放带负载的能力越强。

6. 共模抑制比 K_{CMR}

共模抑制比是衡量输入级各参数对称程度的标志，它的大小反映了集成运算放大器抑制共模信号的能力，其定义为差模电压放大倍数与共模电压放大倍数的比值，表示为

$$K_{CMR}=\frac{A_{ud}}{A_{uc}}$$

7. 最大共模输入电压 U_{iCM}

U_{iCM} 是指集成运算放大器在线性工作范围内所能承受的最大共模输入电压。集成运放对共模信号具有抑制的性能，这个性能在规定的共模电压范围内才具备。如果超出这个电压范围，集成运算放大器的共模抑制性能就大为下降，甚至损坏器件。

三、集成运算放大器的基本分析方法

在分析集成运算放大器时，为了简化分析并突出主要性能，通常把集成运算放大器看成

是理想集成运算放大器。理想集成运算放大器应当满足下列条件：

开环电压放大倍数　　　　$A_{uo}\to\infty$

开环差模输入电阻　　　　$r_i\to\infty$

开环差模输出电阻　　　　$r_o\to 0$

共模抑制比　　　　$K_{CMR}\to\infty$

理想集成运算放大器当然是不存在的，但是由于实际集成运算放大器的参数接近理想集成运算放大器的条件，通常可以把集成运算放大器看成理想元件。用分析理想集成运算放大器的方法分析和计算实际集成运算放大器，所得的结果完全可以满足工程要求。

集成运算放大器可以工作在线性区域，也可以工作在非线性区域。理想集成运算放大器的符号如图 9-5 所示，集成运算放大器的开环电压放大倍数 A_{uo} 很大，即使加到两个输入端的信号很小，甚至受到一些外界信号的干扰，都会使输出达到饱和，从而进入非线性状态。在直流信号放大电路中使用的集成运算放大器是工作在线性区域的，把集成运算放大器作为一个线性放大元件应用，它的输出和输入之间应满足如下关系

$$u_o=A_{uo}u_i=A_{uo}(u_+-u_-) \tag{9-1}$$

集成运算放大器的电压传输特性如图 9-6 所示。图中横坐标为 $u_i=u_+-u_-$，实线表示理想集成运算放大器的电压传输特性，虚线表示实际集成运算放大器的电压传输特性。由于实际集成运算放大器的 $A_{uo}\neq\infty$，当输入信号电压 $u_i=u_+-u_-$ 很小时，经放大 A_{uo} 倍后，输出电压幅值仍小于集成运算放大器的饱和电压 $+U_{oM}$（或 $-U_{oM}$），所以实际集成运算放大器有一个线性工作区域（实际集成运算放大器电压传输特性曲线的斜直线部分）。但由于 A_{uo} 很大，实际集成运算放大器的特性很接近理想特性，如果集成运算放大器的外部电路接成正反馈，则可以加速变化过程，使实际的电压传输特性更接近理想特性。

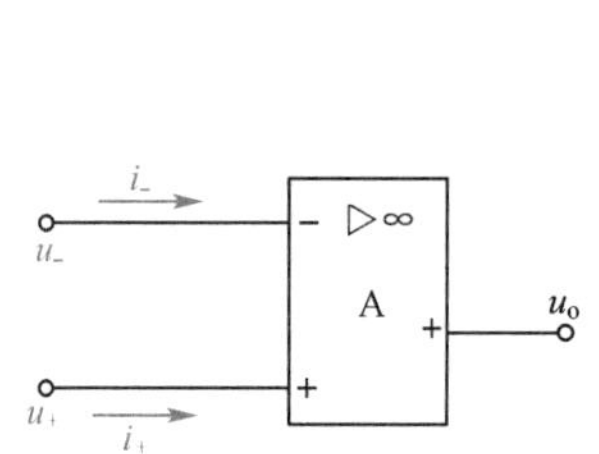

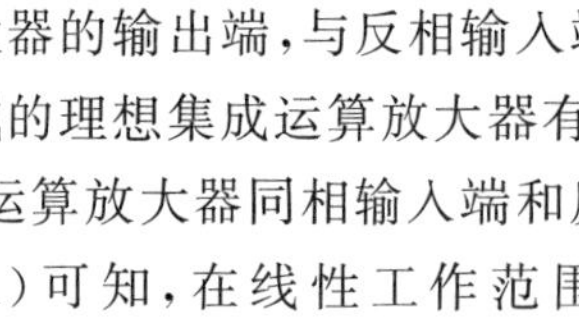

图 9-5　理想集成运算放大器的符号

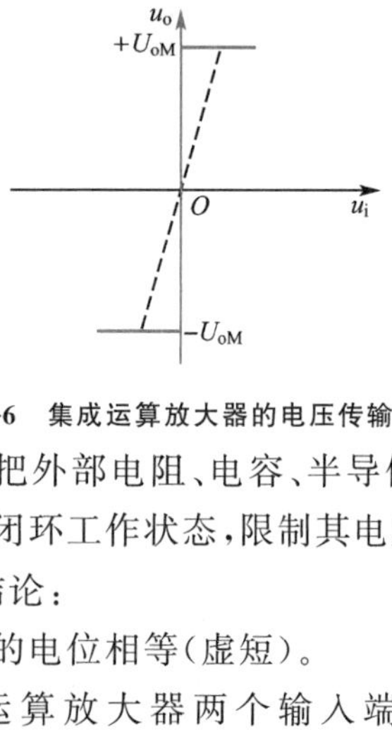

图 9-6　集成运算放大器的电压传输特性

为了使集成运算放大器工作在线性区域，通常把外部电阻、电容、半导体器件等跨接在集成运算放大器的输出端，与反相输入端之间构成闭环工作状态，限制其电压放大倍数。工作在线性区域的理想集成运算放大器有两个重要结论：

(1)集成运算放大器同相输入端和反相输入端的电位相等（虚短）。

由式(9-1)可知，在线性工作范围内，集成运算放大器两个输入端之间的电压为 $u_i=u_+-u_-=\dfrac{u_o}{A_{uo}}$。而理想集成运算放大器的 $A_{uo}\to\infty$，输出电压 u_o 又是一个有限值，所以有

$$u_i=u_+-u_-\approx 0$$

即

$$u_+\approx u_- \tag{9-2}$$

(2)集成运算放大器同相输入端和反相输入端的输入电流等于零（虚断）。

因为理想集成运算放大器的 $r_i \to \infty$，所以由同相输入端和反相输入端流入集成运算放大器的信号电流为零，即

$$i_+ \approx i_- \approx 0 \tag{9-3}$$

由第一个结论可知，集成运算放大器同相输入端和反相输入端的电位相等，因此两个输入端之间好像短路，但又不是真正的短路(即不能用一根导线把同相输入端和反相输入端短接起来)，故这种现象称为虚短。理想集成运算放大器工作在线性区域时，虚短现象总是存在的。

由第二个结论可知，理想集成运算放大器的两个输入端不从外部电路取用电流，两个输入端间好像断开一样，但又不能真正地断开，故这种现象通常称为虚断。对于理想集成运算放大器，无论它是工作在线性区域还是工作在非线性区域，式(9-3)总是成立的。

应用上述两个结论，可以使集成运算放大器应用电路的分析大大简化，因此这两个结论是分析具体集成运算放大器组成的电路的依据。

集成运算放大器工作在饱和区域时，式(9-1)不能满足，这时输出电压 u_o 只有两种可能，或等于 $+U_{oM}$ 或等于 $-U_{oM}$。而 u_+ 与 u_- 不相等：当 $u_+ > u_-$ 时，$u_o = +U_{oM}$；当 $u_+ < u_-$ 时，$u_o = -U_{oM}$。

9.3　集成运算放大器的基本运算电路

运算电路是指电路的输出信号与输入信号之间存在某种数学运算关系。运算电路是由运放和外接元件组成的，工作时运放工作于线性区域，因此这时运放都引入了负反馈，只不过这时放大环节是集成运放而不是分立元件放大电路而已。

运算电路可实现模拟量的运算。现今，尽管数字计算机在许多方面代替了模拟计算机，然而在许多实时控制和物理量的测量方面，模拟运算仍有其优越性，因此运算电路仍是集成运放应用的重要方面。

一、比例运算电路

比例运算电路的输出电压与输入电压成正比例关系。基本比例运算电路有如下两种类型：

1. 反相比例运算电路

反相比例运算电路如图 9-7 所示，输入信号 u_i 经输入外接电阻 R_1 送到反相输入端，而同相输入端通过电阻 R_2 接地。反馈电阻 R_F 跨接在输出端和反相输入端之间，形成电压并联负反馈。

根据集成运算放大器工作在线性区域的两个结论：

流入集成运算放大器的电流趋近于零，即

$$i_+ \approx i_- \approx 0$$

反相输入端与同相输入端电位近似相等，即

$$u_+ \approx u_- \approx 0$$

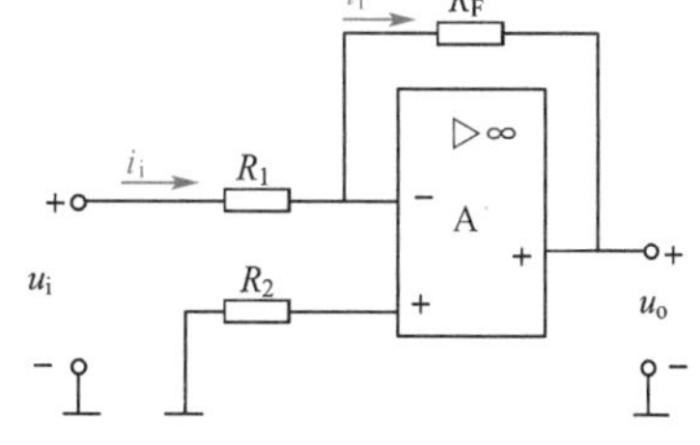

图 9-7　反相比例运算电路

得 $$i_i = i_f + i_- \approx i_f$$

所以 $$\frac{u_i - u_-}{R_1} = \frac{u_- - u_o}{R_F}$$

即 $$\frac{u_i}{R_1} = -\frac{u_o}{R_F}$$

因此，闭环（引入反馈后的）电压放大倍数为

$$A_{uf} = \frac{u_o}{u_i} = -\frac{R_F}{R_1} \tag{9-4}$$

可见，u_o 与 u_i 成正比，负号表示 u_o 与 u_i 相位相反，故称为反相比例运算电路。比例系数 A_{uf} 即为电路的电压放大倍数。改变 R_F 与 R_1 的比值，即可改变 A_{uf} 的值。若取 $R_1 = R_F$，则 $A_{uf} = -1$，这时输出电压与输入电压数值相等、相位相反，即 $u_o = -u_i$，称此电路为反相器。

在反相比例运算电路中，只要 R_1 和 R_F 的阻值足够精确，就可保证比例运算的精度和工作稳定性。与三极管构成的电压放大电路相比，显然用集成运算放大器设计电压放大电路既方便，性能又好，且可以按比例缩放。

图 9-7 中的 R_2 称为静态平衡电阻，其作用是使静态运放的输入级差动放大器的偏置电流 I_B 保持平衡，即运放的两输入端对地静态电阻应相等，所以要求 $R_2 = R_1 // R_F$。今后凡将运放外接其他元件组成集成运算电路时均应考虑静态平衡，引入平衡电阻。

例9-1

在图 9-7 中，设 $R_1 = 10\ \text{k}\Omega$，$R_F = 50\ \text{k}\Omega$，求 A_{uf}。如果 $u_i = 0.5\ \text{V}$，u_o 为多少？

解：

$$A_{uf} = -\frac{R_F}{R_1} = -\frac{50}{10} = -5$$

$$u_o = A_{uf} u_i = (-5) \times 0.5\ \text{V} = -2.5\ \text{V}$$

2. 同相比例运算电路

如图 9-8 所示，输入信号 u_i 通过外接电阻 R_2 输入送到同相输入端，而反相输入端经电阻 R_1 接地。反馈电阻 R_F 跨接在输出端和反相输入端之间，形成电压串联负反馈。

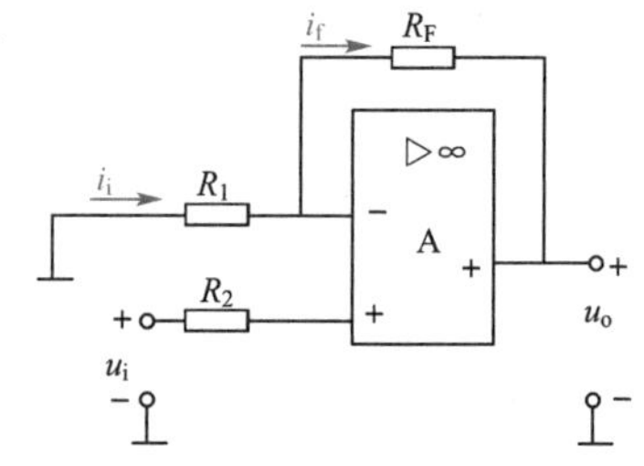

图 9-8　同相比例运算电路

根据集成运算放大器工作在线性区域时的两个结论：

反相输入端与同相输入端电压相等，即

$$u_+ \approx u_- = u_i$$

流入集成运算放大器的电流趋近于零，即

$$i_+ \approx i_- \approx 0$$

则可得 $$i_i = i_f + i_- \approx i_f$$

由图 9-8 可列出

$$\frac{0 - u_i}{R_1} = \frac{u_i - u_o}{R_F}$$

解得

$$u_o=\left(1+\frac{R_F}{R_1}\right)u_i$$

闭环电压放大倍数为

$$A_{uf}=\frac{u_o}{u_i}=1+\frac{R_F}{R_1} \tag{9-5}$$

可见，u_o 与 u_i 成正比且同相，故称此电路为同相比例运算电路。也可认为 u_o 与 u_i 之间的比例关系与集成运算放大器本身无关，只取决于电阻，其精度和稳定度非常高。A_{uf} 为正值，这表示 u_o 与 u_i 同相。且 A_{uf} 总是大于或等于 1，即只能放大信号，这点与反相比例运算电路不同。另外，在同相比例运算电路中，信号源提供的信号电流为 0，即输入电阻无穷大，这也是同相比例运算电路特有的优点。

当 $R_1=\infty$（断开）或 $R_F=0$ 时，则 $A_{uf}=u_o/u_i=1$，输出电压与输入电压始终相同，这时电路称为电压跟随器，如图 9-9 所示。电压跟随器放在输入级可减轻信号源的负担，放在两级电路的中间可起到隔离电路的作用。

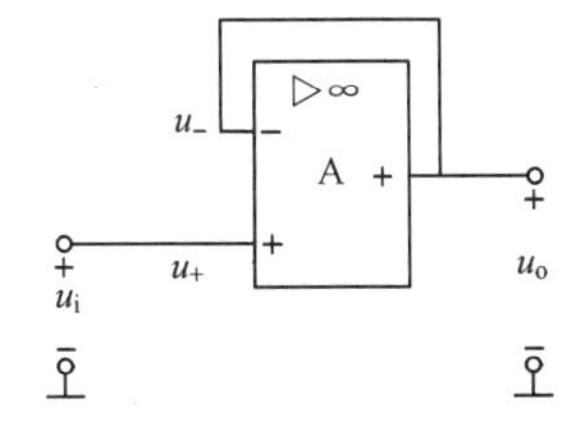

图 9-9 电压跟随器

例9-2

分析图 9-10 所示电路中输出电压与输入电压的关系，并说明电路的作用。

解：图 9-10 所示电路中反相输入端未接电阻 R_1（即 $R_1=\infty$），稳压管电压 U_Z 作为输入信号 u_i 加到同相输入端，该电路形式如同电压跟随器，则有

$$u_o=u_i=U_Z$$

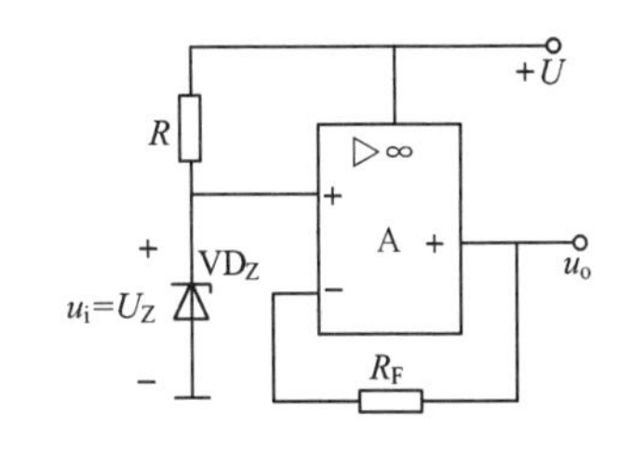

图 9-10 【例 9-2】图

由于比较稳定、精确，此电路可作为基准电压源，且可以提供较大输出电流。

3. 比例运算电路应用举例

图 9-11 所示为电子温度计原理图。A_1 和 A_2 分别为同相比例运算电路和反相比例运算电路。三极管 VT 为温度传感器，管子导通电压 U_{BE} 随温度 T 线性变化，温度系数为负值，即 T 上升时 U_{BE} 减小，这时信号源电压 $u_S=\Delta U_{BE}$。设温度 T 的变化范围为 $-50\sim+50$ ℃。电容 C 可对交流干扰起旁路作用。

电路的输出端接有电流表 M，其量程范围为 $I_M=0\sim1$ mA，与温度 T 的变化范围相对应，当 T 上升时，则 I_M 随之上升。设 M 的标尺刻度为 100 格，则每格对应温升 1 ℃。

图 9-11 中 R_6 和 R_P 为定标电阻。在 $T=-50$ ℃时，调节 R_P 使 $I_M=0$，则 I_6 就固定下来。测量过程如下：

$$T\uparrow\rightarrow u_S\downarrow\rightarrow u_{o1}\downarrow\rightarrow u_o\uparrow\rightarrow I_M\uparrow$$

当温度下降时，则各量变化相反，M 指示值下降。

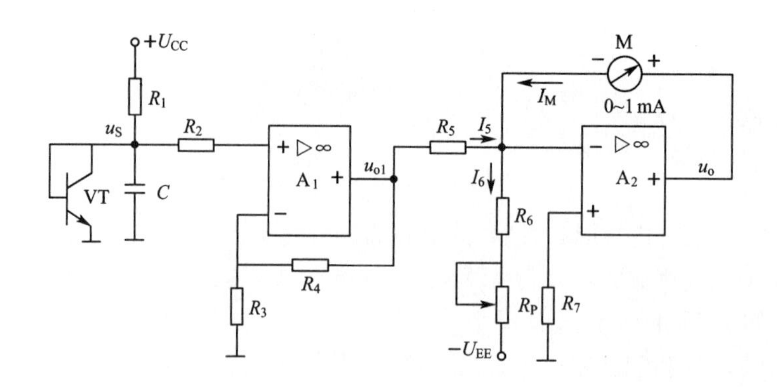

图 9-11　电子温度计原理图

二、加法与减法运算电路

1.加法运算电路

加法运算电路的输出电压与若干个输入电压的代数和成比例。在实际应用中，常需要对一些信号进行组合处理，各个信号既要有公共的接地点，又要能够组合，实际中往往把电压信号转换成电流信号之后再进行加减。如果在反相比例运算电路的输入端增加若干输入电路，如图 9-12 所示，则构成反相加法运算电路。

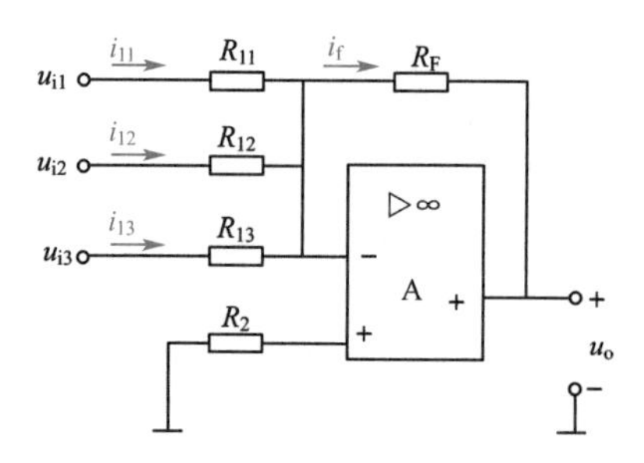

图 9-12　反相加法运算电路

由节点电流定律得

$$i_f = i_{11} + i_{12} + i_{13}$$

依据

$$u_+ \approx u_- \approx 0$$

有

$$i_{11} = \frac{u_{i1}}{R_{11}}, i_{12} = \frac{u_{i2}}{R_{12}}, i_{13} = \frac{u_{i3}}{R_{13}}$$

整理得

$$u_o = -\left(\frac{R_F}{R_{11}}u_{i1} + \frac{R_F}{R_{12}}u_{i2} + \frac{R_F}{R_{13}}u_{i3}\right)$$

当 $R_{11} = R_{12} = R_{13} = R_1$ 时，则上式为

$$u_o = -\frac{R_F}{R_1}(u_{i1} + u_{i2} + u_{i3}) \tag{9-6}$$

当 $R_1 = R_F$ 时，则有

$$u_o = -(u_{i1} + u_{i2} + u_{i3})$$

平衡电阻为

$$R_2 = R_{11} /\!/ R_{12} /\!/ R_{13} /\!/ R_F$$

例9-3

一个测量系统的输出电压和一些待测量（经传感器变换为电压信号）的关系为 $u_o = 2u_{i1} + 0.5u_{i2} + 4u_{i3}$，试用集成运放构成信号处理电路，若取 $R_F = 100\ \text{k}\Omega$，求各电阻值。

解：分析得知输入信号为加法关系，因此第一级采用加法电路，输入信号与输出信号要求同相位，所以再加一级反相器。电路构成如图 9-13 所示。

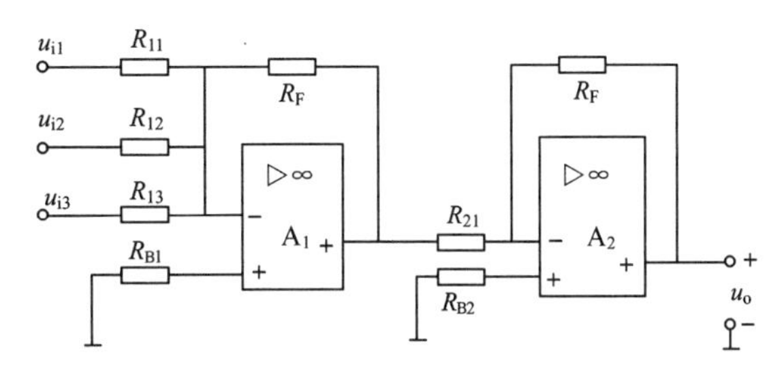

图 9-13 【例 9-3】图

推导第一级电路的各电阻阻值：

$$u_o = -\left(\frac{R_F}{R_{11}}u_{i1} + \frac{R_F}{R_{12}}u_{i2} + \frac{R_F}{R_{13}}u_{i3}\right)$$

由 $R_F = 100\ \text{k}\Omega$ 得

$$R_{11} = 50\ \text{k}\Omega, R_{12} = 200\ \text{k}\Omega, R_{13} = 25\ \text{k}\Omega$$

平衡电阻为

$$R_{B1} = R_F /\!/ R_{11} /\!/ R_{12} /\!/ R_{13} = (100 /\!/ 50 /\!/ 200 /\!/ 25)\ \text{k}\Omega = 13\ \text{k}\Omega$$

第二级为反相电路，则有

$$R_{21} = R_F = 100\ \text{k}\Omega$$

平衡电阻为

$$R_{B2} = R_F /\!/ R_{21} = (100 /\!/ 100)\ \text{k}\Omega = 50\ \text{k}\Omega$$

2. 减法运算电路

如果两个输入端都有信号输入，则为差分输入。差分运算在测量和控制系统中应用很多，其放大电路如图 9-14 所示。

根据叠加原理可知，u_o 为 u_{i1} 和 u_{i2} 分别单独在反相比例运算电路和同相比例运算电路上产生的响应之和，即

$$u_o = u_o' + u_o'' = \left(1 + \frac{R_F}{R_1}\right)u_+ - \frac{R_F}{R_1}u_{i1}$$

$$= \left(1 + \frac{R_F}{R_1}\right)\frac{R_3}{R_2 + R_3}u_{i2} - \frac{R_F}{R_1}u_{i1}$$

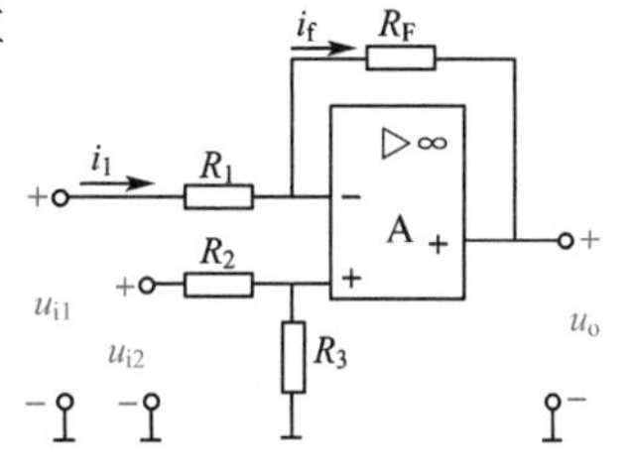

图 9-14 差分输入放大电路

当 $R_1 = R_2$、$R_3 = R_F$ 时，则有

$$u_o=\frac{R_F}{R_1}(u_{i2}-u_{i1})\tag{9-7}$$

可见,此电路输出电压与两输入电压之差成比例,故称其为差分运算电路或减法运算电路。其差模放大倍数只与电阻 R_1 和 R_F 的取值有关。当 $R_1=R_F$ 时,则得 $u_o=u_{i2}-u_{i1}$。

在控制和测量系统中,两个输入信号可分别为反馈输入信号和基准信号,取其差值送到放大器中进行放大后可控制执行机构。

差分输入放大电路结构简单,但若输入信号不止一个且有一定的关系时,调整电阻比较困难。差分输入时电路存在共模电压,为了保证运算精度,应当选用 K_{CMR} 较高的集成运算放大器。

三、微分运算电路和积分运算电路

1. 微分运算电路

微分运算电路如图 9-15(a)所示。依据 $u_+\approx u_-\approx 0$,可得

$$i_R=i_C$$

所以

$$\frac{u_- - u_o}{R}=C\,\frac{\mathrm{d}(u_i-u_-)}{\mathrm{d}t}$$

即

$$u_o=-RC\,\frac{\mathrm{d}u_i}{\mathrm{d}t}\tag{9-8}$$

可见 u_o 与 u_i 的微分成比例,因此称为微分运算电路。

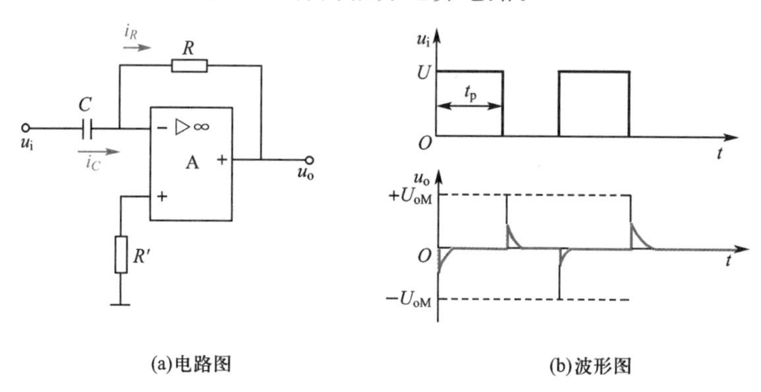

(a)电路图　　(b)波形图

图 9-15　微分运算电路

在自动控制电路中,微分运算电路不仅可实现数学微分运算,还可用于延时、定时及波形变换。如图 9-15(b)所示,当 u_i 为矩形脉冲时,则 u_o 为尖脉冲。这是由于在 $u_i=U$ 期间 $\mathrm{d}u/\mathrm{d}t=0$,在 u_i 的上升或下降沿 $\mathrm{d}u_i/\mathrm{d}t$ 值很大,u_o 等于运放饱和时的输出电压 $\pm U_{oM}$。显然正的尖脉冲比 u_i 的上升沿滞后一个信号脉冲宽度 t_p,可见微分电路对输入信号的脉冲沿起到延时作用。

2. 积分运算电路

积分运算电路如图 9-16(a)所示。由电路可得

$$u_o=u_C=-\frac{1}{C}\int i_C\mathrm{d}t=-\frac{1}{C}\int i_R\mathrm{d}t=-\frac{1}{C}\int\frac{u_i}{R}\mathrm{d}t=-\frac{1}{RC}\int u_i\mathrm{d}t\tag{9-9}$$

可见,u_o 与 u_i 的积分成比例,因此称为积分运算电路。

若 $u_i=-U$，则由式(9-9)可得

$$u_o=\frac{U}{RC}t+u_C(0) \tag{9-10}$$

此时 u_o 与时间 t 成比例，其中 $u_C(0)$ 为电容 C 端电压的初始值，图 9-16(b)所示为 $u_C(0)=0$时 u_o 和 u_i 的波形。

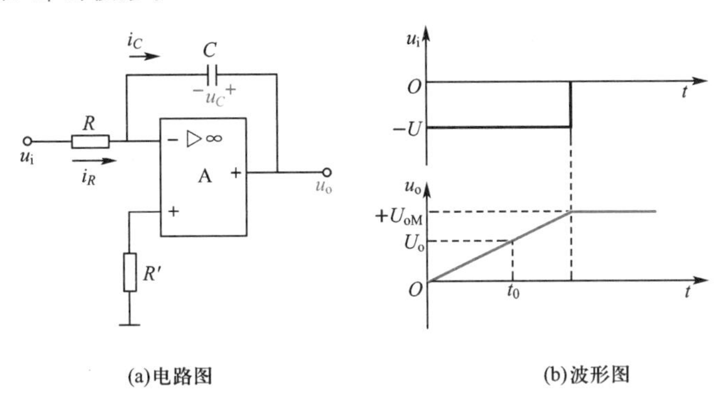

(a)电路图 (b)波形图

图 9-16 积分运算电路

3. 应用举例

微分和积分运算电路应用很广，除了微积分运算外，还可用于延时、波形变换、波形发生、模数转换及移相等。由于微分与积分互为逆运算，两者的应用也类似，下面仅举几个积分运算电路的应用例子。

(1)延时作用

由图 9-16(b)可知，如果积分运算电路输出端的负载所需驱动电压为$u_o=U_o$，在$t=0$时使 $u_i=-U$，则经过时间 t_0，输出电压 u_o 即上升达到 U_o 值使负载动作。

(2)将方波变换为三角波

如果积分运算电路中 u_i 为方波，则根据式(9-9)可画出 u_o 波形为三角波，u_i 和 u_o 波形如图 9-17(a)所示。

(3)移相作用

如果积分运算电路中 u_i 为正弦波，则由式(9-9)可求得 u_o 为余弦波，u_i 和 u_o 波形如图 9-17(b)所示，可见 u_o 超前 u_i 90°，因此积分运算电路可对输入的正弦信号实现移相。

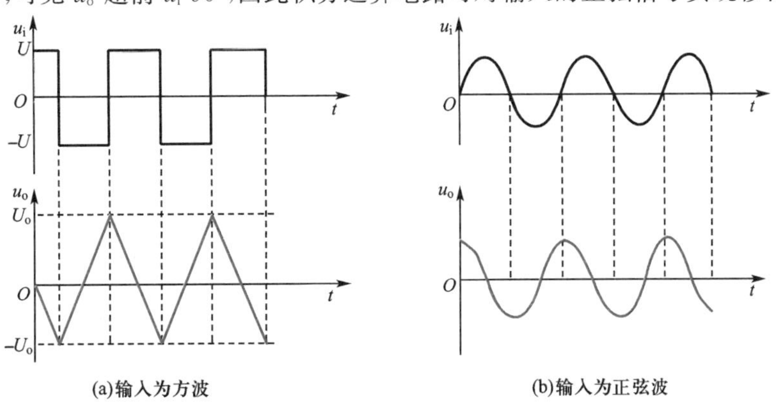

(a)输入为方波 (b)输入为正弦波

图 9-17 积分运算电路的波形变换和移相作用

9.4 集成运算放大电路的反馈分析

集成运算放大器工作在线性区域时，负反馈电路是必不可少的。而且集成运算放大器的开环放大倍数趋于无穷大，所以都是深度负反馈，在构成振荡电路（信号发生器等）时才要用到正反馈。对于集成运算放大电路，还可以不必区分是交流反馈还是直流反馈，因为集成运算放大电路是高增益的交直流放大器，其放大的信号可以是直流信号。集成运算放大电路的反馈支路一般很容易找到，下面对集成运算放大器组成的各种类别的负反馈放大器逐一进行介绍。

一、电压串联负反馈

电压串联负反馈电路的典型例子是同相比例运算电路，如图 9-18 所示。电阻 R_F 和 R_1 构成反馈支路，在放大器的输出端，反馈电路直接与输出端相连，反馈信号取自电压信号，即 $X_o=u_o$，形成电压反馈。R_F 并未直接接入信号输入端，而是接在放大器的反相输入端，形成负反馈。将输出电压的一部分以电压 $u_f\left(u_f=\dfrac{R_1}{R_1+R_F}u_o\right)$ 的形式（利用 $u_-\approx u_+$）串联接入输入回路，所以是串联反馈。

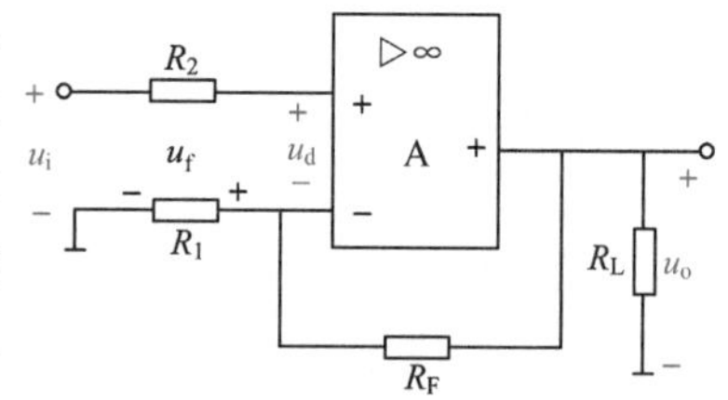

图 9-18 电压串联负反馈电路

反馈系数 F 可以定义为 $F=\dfrac{X_F}{X_o}$，则有 $F=\dfrac{u_f}{u_o}=\dfrac{R_1}{R_1+R_F}$。

由前面的讨论可知，电压负反馈的作用是稳定输出电压，串联反馈电路则有很高的输入电阻。

二、电压并联负反馈

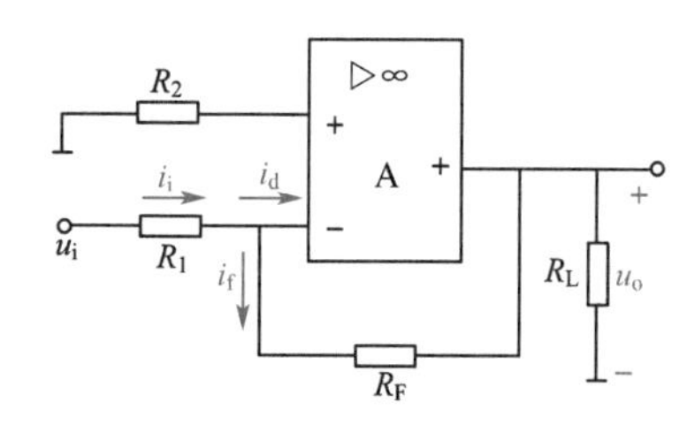

图 9-19 电压并联负反馈电路

电压并联负反馈的典型电路就是反相比例运算电路，如图 9-19 所示。从输出端分析，仍为电压反馈，在放大器的输入端，反馈信号直接接在信号输入端上，与输入电路并联，为并联反馈。反馈信号是以电流的形式出现，净输入电流为 $i_d=i_i-i_f$，反馈电流减小了输入电流，使实际输入放大器的电流变得很微弱（$i_d\approx 0$），所以为负反馈。

反馈系数由定义 $F=\dfrac{X_F}{X_o}$ 得出，其中 X_F 为反馈电流 i_f，$i_f=\dfrac{u_- -u_o}{R_F}\approx-\dfrac{u_o}{R_F}$，所以反馈系数 $F=\dfrac{i_f}{u_o}\approx-\dfrac{1}{R_F}$。可见，反馈系数具有电导的量纲，称为互导反馈系数。

电压负反馈的作用是稳定输出电压，并联反馈电路则降低输入电阻。

三、电流串联负反馈

电流串联负反馈电路如图 9-20 所示。这是一个电压控制电流源电路，也称电流转换器。反馈电路由 R_F 一个电阻构成，在放大器的输出端，反馈电路与输出电阻串联，反馈信号取自输出电流 i_o（也就是负载电流），$X_o=i_o$，形成电流反馈。也可以这样分析：如果输出端接地，从电路中可看到，流过 R_F 的电流并不为零，故为电流反馈。在输入端，反馈信号以电压的形式与输入信号串联，所以是串联反馈（或反馈电流未直接接入输入端就是串联反馈）。其反馈电压 $u_f=i_oR_F$，反馈系数 $F=\dfrac{u_f}{i_o}=R_F$。可见，反馈系数 F 具有电阻的量纲，称为互阻反馈系数。

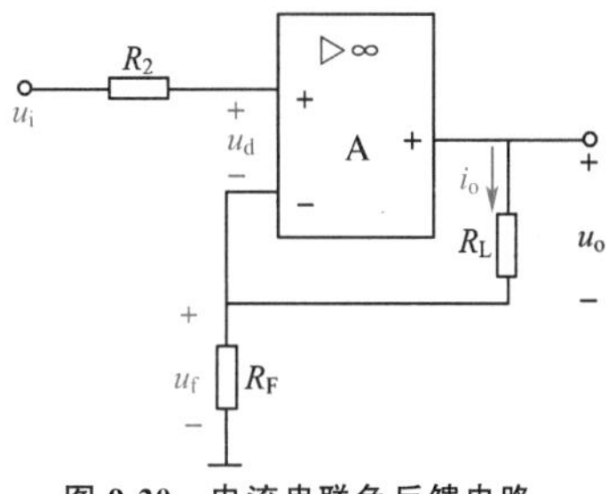

图 9-20 电流串联负反馈电路

四、电流并联负反馈

电流并联负反馈电路如图 9-21 所示，这是另一种反相比例运算电路。反馈电路是由电阻 R_F 和 R 构成的，在放大器的输出端，反馈电路并未直接接在输出端，而是接在 R_L 和 R 之间，取 $R_F \gg R$，则可忽略不计 R_F 的分流作用，故认为 $u_i=(R_L+R)i_o$。

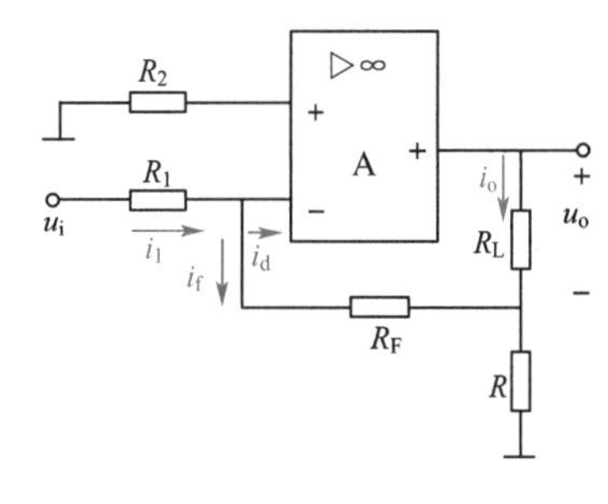

图 9-21 电流并联负反馈电路

根据 $u_- \approx u_+ =0$，R_F 上所加的电压 $u_R=Ri_o$，反馈信号取自输出电流 i_o（也就是负载电流），$X_o=i_o$，形成电流反馈。也可以这样分析：如果输出电压不变，因负载变化引起输出电流 i_o 变化，反馈信号也发生变化，故为电流反馈。在输入端，反馈信号以电流 i_f 的形式与输入信号并联，所以是并联反馈。其反馈电流 $i_f=\dfrac{u_R}{R_F}=\dfrac{i_oR}{R_F}$，反馈系数 $F=\dfrac{i_f}{i_o}=\dfrac{R}{R_F}$。

对于单级集成运算放大电路，判断正负反馈的方法十分简单，输出信号引入反相输入端的就是负反馈；对于多级集成运算放大电路，可用前述的瞬时极性法进行判别。

>>> 9.5 集成运算放大器的应用 <<<

一、集成运放的线性应用

在自动控制和非电量测量等系统中，常用各种传感器将非电量（如温度、流量、压力等）变换为电压信号。但这种非电量的变化是缓慢的，电信号的变化量常常很小（一般只有几毫伏到几十毫伏），所以要将电信号加以放大。常用的测量放大器（或称数据放大器）电路如图 9-22 所示。

该电路由三个集成运放组成，其中每个集成运放都接成比例运算电路的形式。A_1、A_2 组成第一级，二者均接成同相输入方式，因此输入电阻很高。由于电路结构对称，它们的漂移和失调可以互相抵消。A_3 组成差动放大级。

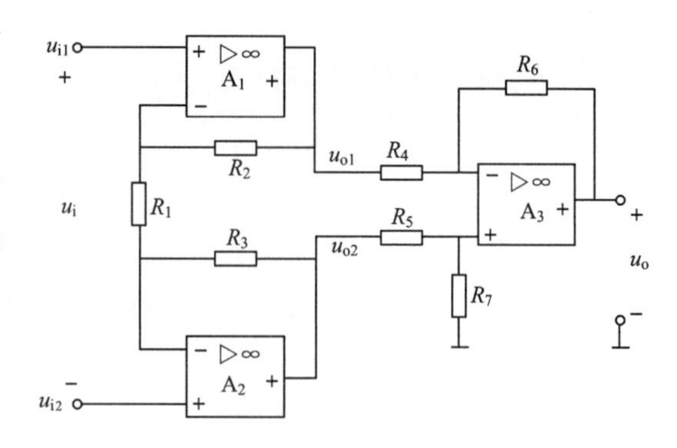

图 9-22　测量放大器电路

在图 9-22 中，当加上差模输入信号 u_i 时，若运放 A_1 和 A_2 的参数对称，且 $R_2=R_3$，则电阻 R_1 的中点将为地电位，此时 A_1、A_2 的工作情况将如图 9-23 所示，则有

$$\frac{u_{o1}}{u_{i1}}=1+\frac{R_2}{R_1/2}=1+\frac{2R_2}{R_1}$$

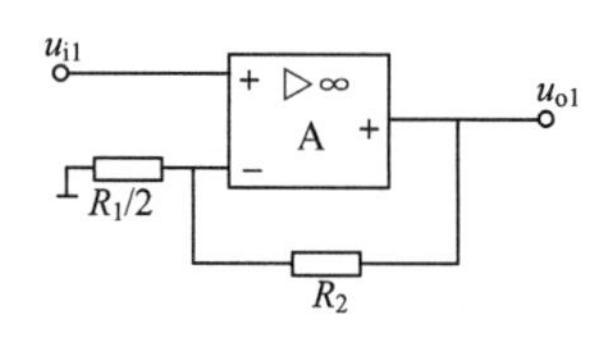

图 9-23　A_1、A_2 的工作情况

则

$$u_{o1}=\left(1+\frac{2R_2}{R_1}\right)u_{i1}$$

同理

$$u_{o2}=\left(1+\frac{2R_3}{R_1}\right)u_{i2}=\left(1+\frac{2R_2}{R_1}\right)u_{i2}$$

因此

$$u_{o1}-u_{o2}=\left(1+\frac{2R_2}{R_1}\right)(u_{i1}-u_{i2})=\left(1+\frac{2R_2}{R_1}\right)u_i$$

则第一级的电压放大倍数为

$$\frac{u_{o1}-u_{o2}}{u_i}=1+\frac{2R_2}{R_1}$$

由上式可知，只要改变电阻 R_1，即可灵活地调节电压放大倍数。当 R_1 开路时，$\frac{u_{o1}-u_{o2}}{u_i}=1$，得到单位增益。

A_3 为差动输入比例放大电路，如果 $R_4=R_5$，$R_6=R_7$，可得

$$\frac{u_o}{u_{o1}-u_{o2}}=-\frac{R_6}{R_4}$$

因此，该测量放大器总的电压放大倍数为

$$A_u=\frac{u_o}{u_i}=\frac{u_o}{u_{o1}-u_{o2}}\cdot\frac{u_{o1}-u_{o2}}{u_i}=-\frac{R_6}{R_4}\left(1+\frac{2R_2}{R_1}\right)$$

由图 9-22 可知，测量放大器的差模输入电阻等于两个同相比例电路的输入电阻之和。

必须指出，R_4、R_5、R_6、R_7 四个电阻必须采用高精密度电阻并要精确匹配，否则不仅会给电压放大倍数带来误差，而且将降低电路的共模抑制比。

二、集成运放的非线性应用

电压比较器是电子技术中的基本单元电路，它将输入电压与一参考电压进行大小比较，并将比较结果以高电平或低电平的形式输出。可以想象，电压比较器的输入是连续变化的模拟信号，而输出是数字电压波形。电压比较器是信号发生、波形变换、模拟-数字转换等

电路中常用的单元电路。

此时的集成运算放大器工作于开环状态，由于开环电压放大倍数很高，即使输入端有一个非常微小的差值信号，也会使输出电压达到饱和，所以集成运算放大器工作在非线性区域。

1. 单值比较器

图 9-24(a)所示为基本单值比较器电路。由图可知它就是一个处于开环状态的运放。被比较的输入电压 u_i 加在运放反相输入端，基准电压 U_R 为直流量，加在运放的同相输入端。

由集成运放的特点可知：当 $u_i > U_R$ 时，$u_o = -U_{oM}$；当 $u_i < U_R$ 时，$u_o = +U_{oM}$。这就是基本单值比较器的输入与输出的关系。其电压传输特性曲线如图 9-24(b)所示。

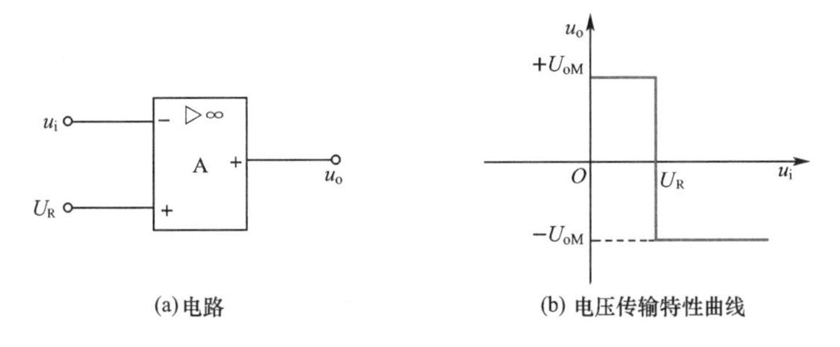

图 9-24 基本单值比较器

当参考电压为零时，输入电压和零电平进行比较，形成过零比较器(或称零电平比较器)。同样，为了限制输出电压的最大值，可用双向稳压管来限幅，形成过零限幅比较器。

稳压管的接入有两种方法：一是接在运放的输出端；二是接在输出和反相输入端之间，形成过零限幅比较器。如图 9-25 所示。

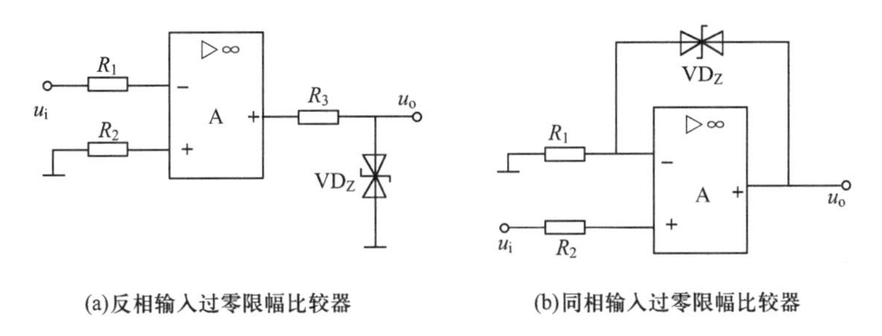

图 9-25 过零限幅比较器

2. 滞回比较器

基本单值比较器电路比较简单，除了用于纯粹的电压比较外，几乎没有实用价值。因为在实际生产和实验中，不可避免地会有干扰信号，干扰信号的幅值如果恰好在参考电压附近，就会引起电路输出的频繁变化，致使电路的执行元件产生误动作。为了解决这个问题，在运放中加入正反馈，形成具有滞回特性的比较器，可以大大提高比较器的抗干扰能力。

图 9-26(a)所示为滞回比较器电路。由图可知运放引入了电压串联正反馈，工作于非线性区域。与单值比较器一样，为确定滞回比较器的输出与输入之间的关系，应根据运放的临界条件方程求其阈值电压 U_T。由图 9-26(a)可知，输入端虚断，利用叠加定理分析，则有

$$u_I = u_- - u_+ = u_i - \frac{R_1 U_R + R_2 u_o}{R_1 + R_2} = 0$$

阈值电压为

$$U_T=u_i=\frac{R_1U_R+R_2u_o}{R_1+R_2}=u_+ \tag{9-11}$$

而 $u_o=\pm U_{oM}$，因此滞回比较器有两个阈值电压，分别为

$$U_{T+}=\frac{R_1U_R+R_2U_{oM}}{R_1+R_2} \tag{9-12}$$

$$U_{T-}=\frac{R_1U_R-R_2U_{oM}}{R_1+R_2} \tag{9-13}$$

U_{T+} 称为上限阈值电压，U_{T-} 称为下限阈值电压，显然 $U_{T+}>U_{T-}$。由 U_{T+} 和 U_{T-} 可画出滞回比较器的电压传输特性曲线，如图 9-26(b)所示(图中假设 $U_T>0$)。下面结合图 9-26(a)、图 9-26(b)来讨论滞回比较器的工作原理。

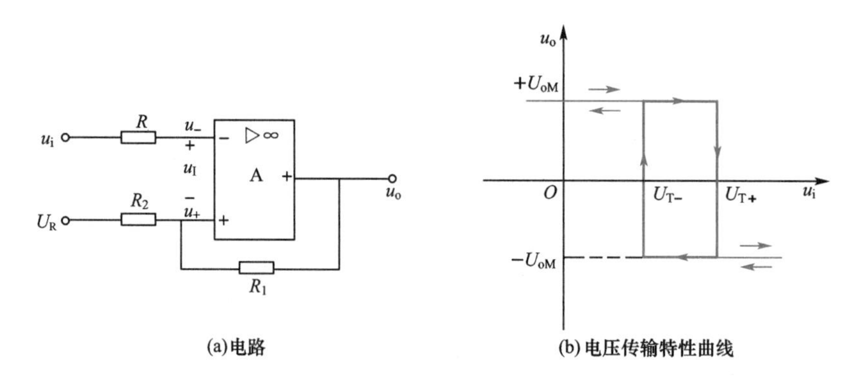

(a)电路　　(b)电压传输特性曲线

图 9-26　滞回比较器

由式(9-11)可知，当 $u_o=+U_{oM}$ 时，$u_+=U_{T+}$；当 $u_o=-U_{oM}$ 时，$u_+=U_{T-}$。因此当 $u_i<U_{T-}$ 时，由于 $u_+=U_{T+}$，则 $u_I<0$，恒有 $u_o=+U_{oM}$；当 $u_i>U_{T+}$ 时，由于 $u_+=U_{T-}$，则 $u_I>0$，恒有 $u_o=-U_{oM}$。

若 u_i 由小于 U_{T-} 开始正向增大，则 u_o 在 u_i 达到 U_{T-} 时仍保持为 $+U_{oM}$，直到 u_i 增大到稍大于 U_{T+} 时，u_o 才由 $+U_{oM}$ 翻转为 $-U_{oM}$。反之，若 u_i 由大于 U_{T+} 开始负向减少，则 u_o 在 u_i 达到 U_{T+} 时仍保持为 $-U_{oM}$，直到 u_i 减少到稍小于 U_{T-} 时，u_o 才由 $-U_{oM}$ 翻转为 $+U_{oM}$。可见不论 u_i 正向或负向通过阈值点时，u_o 都是在下一个阈值点处才翻转，具有滞后特点。由传输特性曲线形状也可看出，曲线在阈值点处形成回环(类似于磁性材料的磁滞回线)，因此称这种具有滞后回环特性的比较器为滞回比较器(又称施密特触发器)。滞回比较器有两个阈值，两阈值之差($U_{T+}-U_{T-}$)称为回差电压，用 ΔU 表示，即

$$\Delta U=U_{T+}-U_{T-}$$

回差电压是滞回比较器的一个重要参数，回差电压越大，滞回比较器的抗干扰能力越强。在生产实践中，经常需要对温度、水位进行控制，这些都可以用滞回比较器来实现。

三、集成运放应用的一些实际问题

1. 消振

由于集成运算放大器内部三极管的极间电容和其他寄生参数的影响，很容易产生自激振荡，破坏正常工作。为此，在使用时要注意消除自激振荡。通常的方法是外接 RC 消振电路或消振电容，用它来破坏产生自激振荡的条件。判断是否已消振，可将输入端接地，用示波器观察输出端有无自激振荡。目前，由于集成工艺水平的提高，很多集成运算放大器内部

已有消振元件，无须外接消振电路。

2. 电路的调零

由于集成运算放大器的内部参数不可能完全对称，以致当输入信号为零时，仍有输出信号。为此在使用时除了要求运放的同相和反相两输入端的外接直流通路等效电阻保持平衡之外，还要外接调零电路。如图 9-4 所示的 LM741 集成运算放大器，它的调零电路由−15 V 电压、1 kΩ 固定电阻和调零电位器 R_P 组成。调零时应将电路接成闭环。一种是在无输入时调零，即将两个输入端接地，调节调零电位器，使输出电压为零；另一种是在有输入时调零，即按已知输入信号电压计算输出电压，而后将实际值调到计算值。

对于没有专用调零引脚的运放器件，可在输入端采用调零电路措施，如图 9-27 所示。由图可知，它是利用正、负电源通过电位器 R_P 引入一个电压到集成运算放大器的同相输入端，调节电位器 R_P 可以补偿输入失调量对输出的影响。该调零措施的优点是电路简单，适应性广；缺点是电源电压不稳定等因素会使输出引进附加漂移。

若在调零过程中，输出端电压始终偏向电源某一端电压，则无法调零。其原因可能是接线有错或有虚焊，运放成为开环工作状态。若外部因素均排除后仍不能调零，可能是器件损坏。

3. 电源极性错接保护

为了防止电源极性接反，引起器件损坏，可利用二极管的单向导电性，在电源连接线中串接二极管来实现保护，如图 9-28 所示。

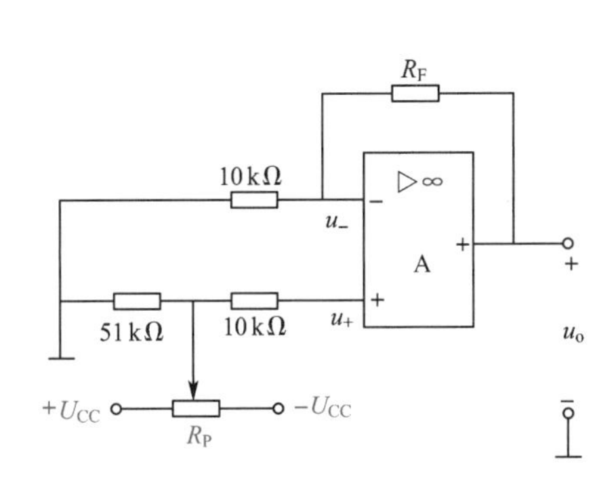

图 9-27 调零电路

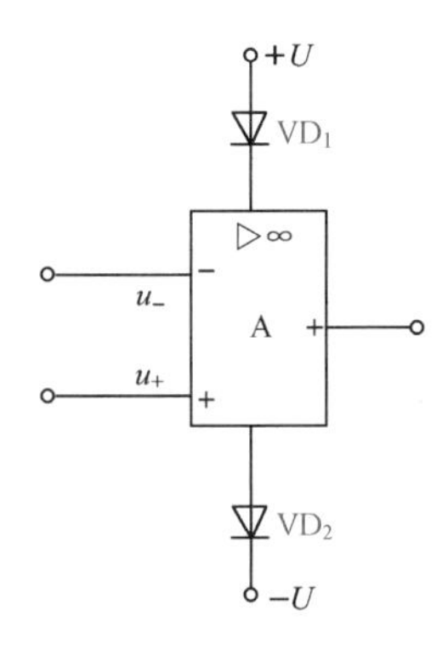

图 9-28 电源极性错接保护电路

4. 输入保护

当运放的差模或共模输入信号电压过大时，会引起运放输入级的损坏。另外，当运放受到强的干扰信号或同相输入信号时，共模信号过大，可能使输出电压突然骤增到正电源或负电源电压值而且维持不变，即产生了所谓的自锁现象。这时运放器件出现不能调零或信号加不进去的现象。为此，可在运放输入端加限幅保护。如图 9-29 所示，将两只二极管反向并联在两个输入端之间，利用二极管的正向限幅作用，把输入端的电压限制在二极管正向压降的数值之内。集成运算放大器正常工作时，输入端的电压（即其净输入电压）极小，两只二极管均处于截止状态（正向偏置的二极管工作于死区），对放大器的正常工作没有影响。

5. 输出保护

输出保护包括过电压保护和过电流保护，当输出端短路时，将产生过电流，使运放组件功耗过大，容易造成损坏。不过，多数集成运算放大器组件内部已有过电流保护电路。图 9-30 所示为常用的输出端的过电压保护电路。正常工作时，输出端电压小于双向稳压管的稳压值，稳压管相当于开路。当输出端电压大于稳压管的稳压值时，稳压管击穿，使运放负反馈加深，输出电压被限制在稳压范围内。

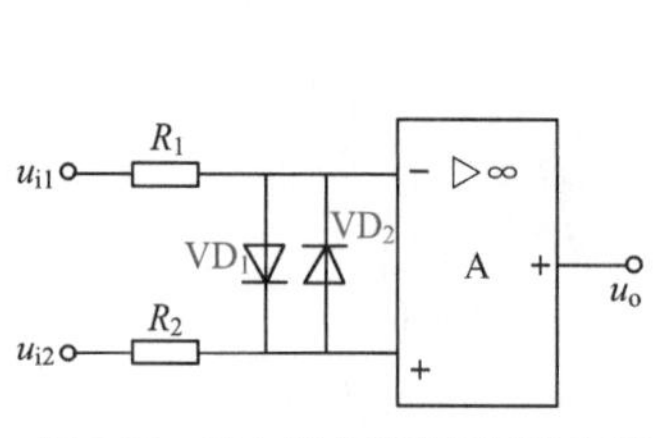

图 9-29　输入端的过电压保护电路

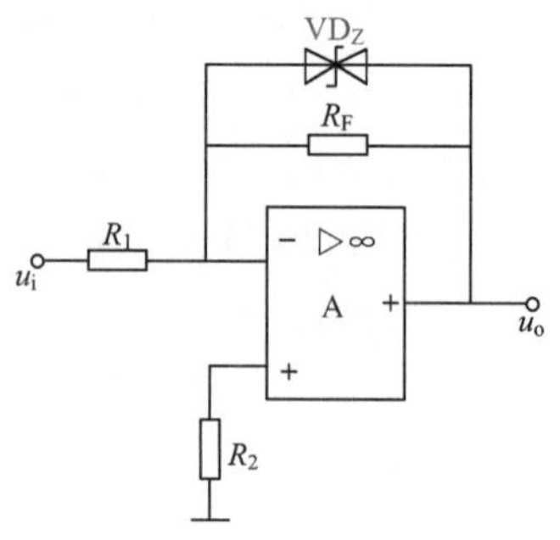

图 9-30　输出端的过电压保护电路

思考题与习题

1. 如图 9-31 所示电路，试求：

(1)当 $R_1=200\ k\Omega$、$R_F=100\ k\Omega$ 时，u_o 与 u_i 的运算关系；

(2)当 $R_F=100\ k\Omega$ 时，欲使 $u_o=-25u_i$，则 R_1 为何值？

2. 如图 9-32 所示电路中，已知 $R_1=50\ k\Omega$，$R_2=33\ k\Omega$，$R_3=33\ k\Omega$，$R_4=3\ k\Omega$，$R_F=100\ k\Omega$，求电压放大倍数。如果 $R_3=0\ \Omega$，要得到同样大的电压放大倍数，R_F 的阻值应增大到多少？

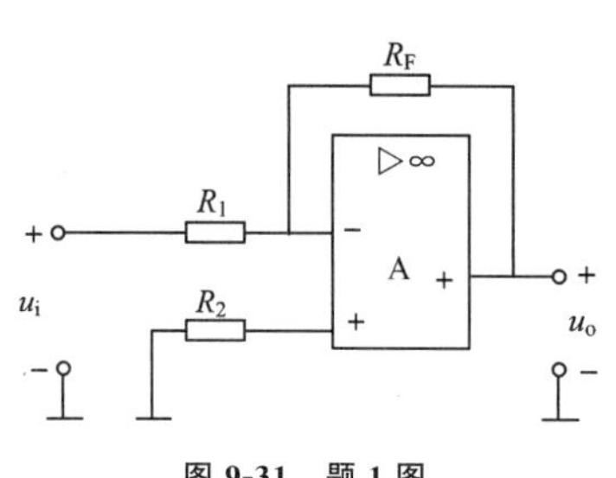

图 9-31　题 1 图

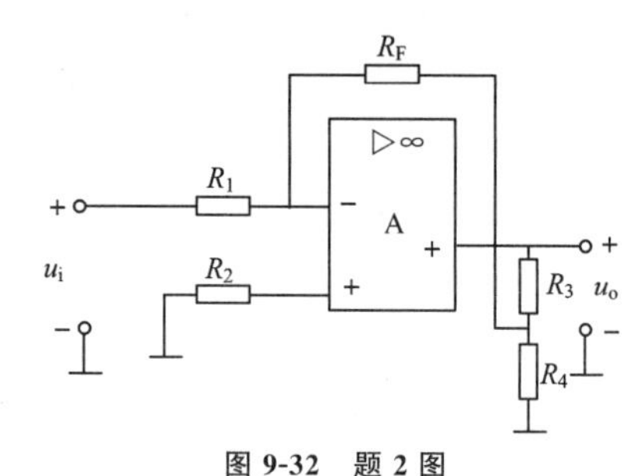

图 9-32　题 2 图

3. 如图 9-33(a)所示的两信号相加的反相加法运算电路，其电阻 $R_1=R_2=R_F$，如果 u_{i1} 和 u_{i2} 分别为如图 9-33(b)所示的三角波和矩形波，试画出输出电压的波形。

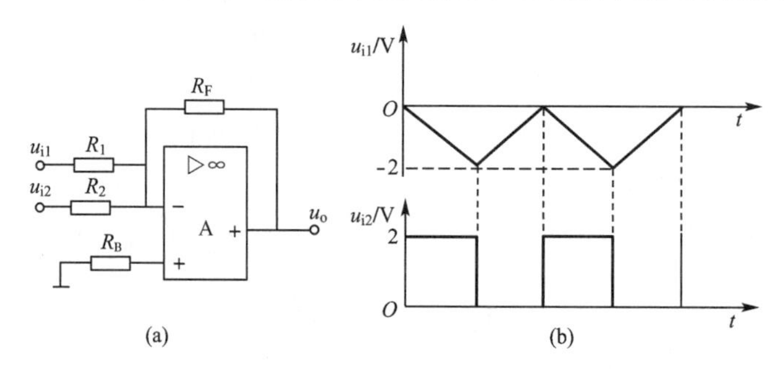

图 9-33　题 3 图

4. 如图 9-34 所示的电路中，当调节电位器 R_P 时，输出电压 u_o 可调，如果 $u_i=0.1$ V，计算输出电压 u_o 的调节范围。

5. 求如图 9-35 所示电路中 u_o 与各输入电压 u_{i1}、u_{i2}、u_{i3} 的运算关系式。

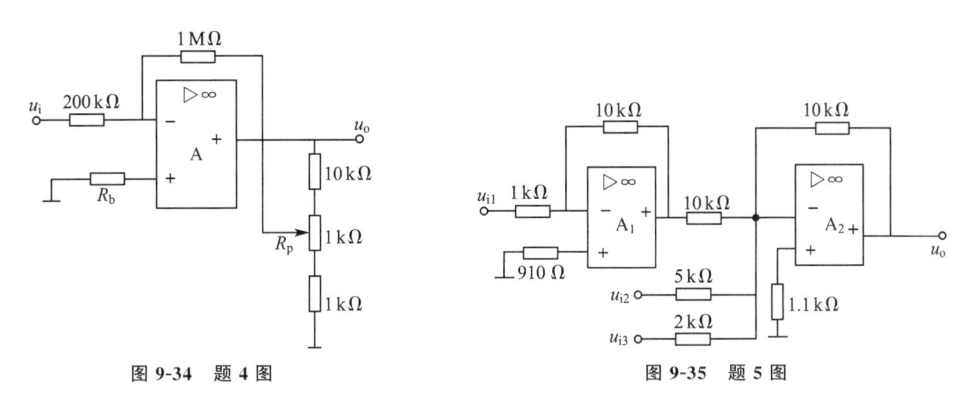

图 9-34 题 4 图　　　图 9-35 题 5 图

6. 求图 9-36 中运放电路的输出电压 u_{21}。

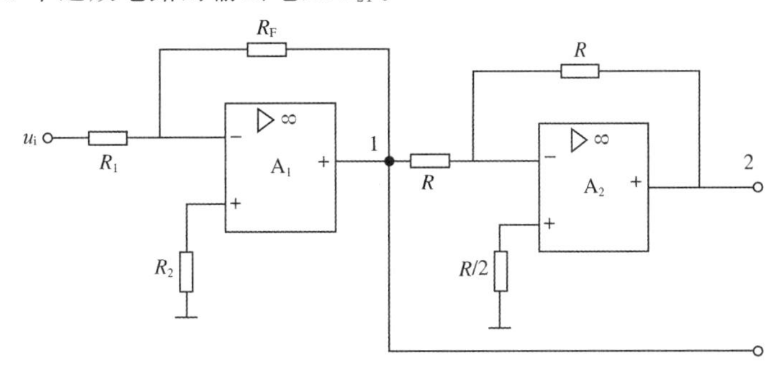

图 9-36 题 6 图

7. 如图 9-37 所示，分析 u_o 与 u_i 的关系。

8. 两个集成运放组成的抗共模噪声电路如图 9-38 所示，已知 $R_1=9$ kΩ，$R_2=1$ kΩ，$R_3=1$ kΩ，$R_4=9$ kΩ，求放大倍数。

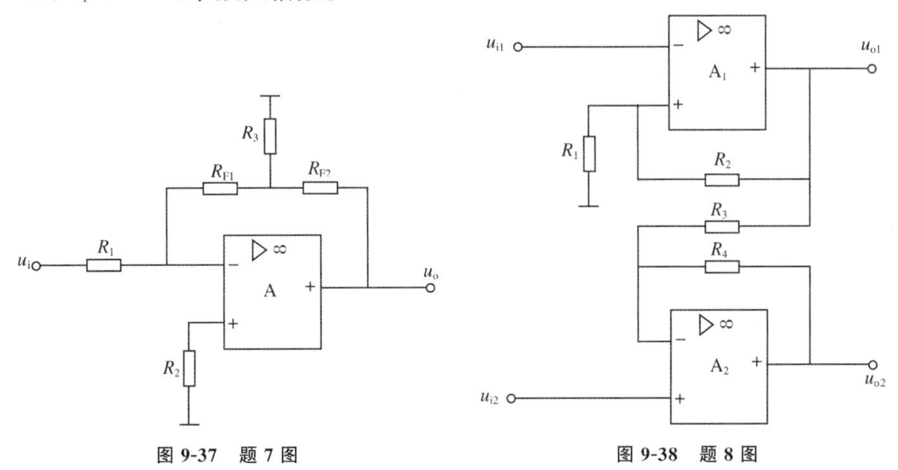

图 9-37 题 7 图　　　图 9-38 题 8 图

9. 按下列关系式设计出运算电路，并根据括号中给出的参考值计算各电阻的阻值。

(1) $u_o=-3u_i$ ($R_F=50$ kΩ)

(2) $u_o=-5u_i$ ($R_F=20$ kΩ)

(3)$u_o=-(2u_{i1}+u_{i2})(R_F=100\ \text{k}\Omega)$

(4)$u_o=-2u_{i1}+u_{i2}-0.5u_{i3}(R_F=50\ \text{k}\Omega)$

(5)$u_o=-20\int u_i \mathrm{d}t(C_F=0.1\ \mu\text{F})$

10. 在图 9-39(a)所示的积分运算电路中,如果 $R_1=50\ \text{k}\Omega$,$C_F=1\ \mu\text{F}$,输入电压 u_i 的波形如图 9-39(b)所示,试画出输出电压 u_o 的波形。

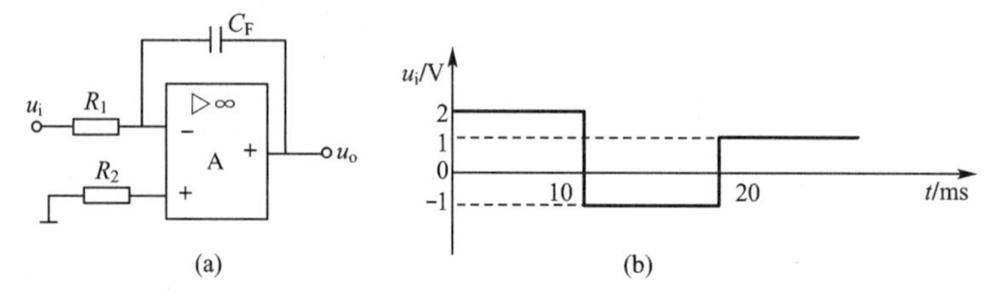

图 9-39 题 10 图

11. 求图 9-40 中各电路的输出与输入关系。

12. 求图 9-41 所示各积分电路中 u_o 与 u_i 的关系。

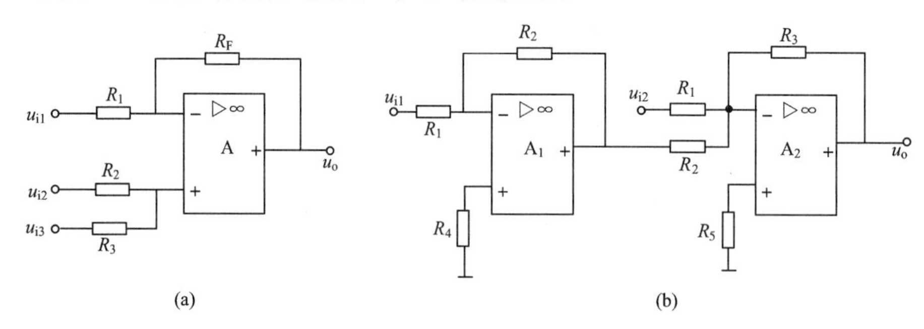

图 9-40 题 11 图

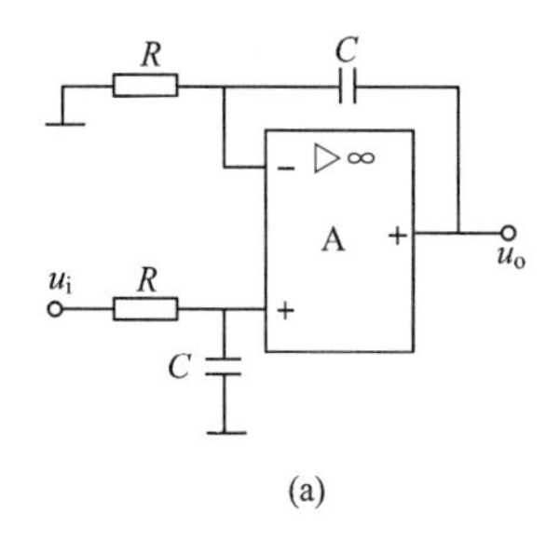

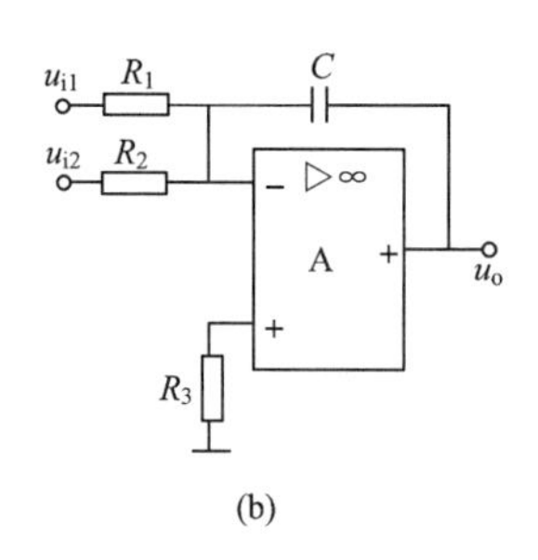

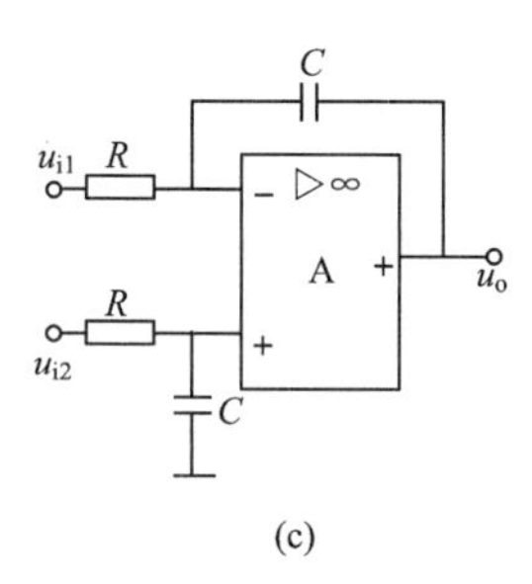

图 9-41 题 12 图

第10章

直流稳压电源

知识目标

1. 掌握整流电路、电容滤波电路的分析与计算，会选择电路中的元件。
2. 了解稳压电路的工作原理，熟悉三端集成稳压器。

技能目标

1. 能正确使用常用的三端集成稳压器。
2. 能分析、处理电子电路的简单故障。

素质目标

1. 通过直流稳压电源的介绍，弘扬精益求精的工匠精神，引导学生成为可以担当民族伟大复兴大任的时代青年。
2. 以案例——声控灯电路导入，培养学生的创新意识和创新精神。

案例

声控灯电路

1. 电路及电路原理

声控灯电路如图10-1所示。

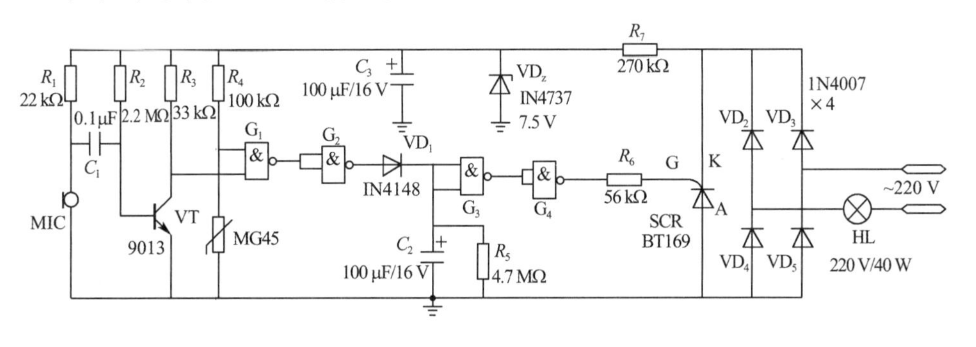

图10-1 声控灯电路

(1) $VD_2 \sim VD_5$ 构成桥式电路，在 G_4 输出端为低电平时，可控硅 SCR 不导通，电灯 HL 没有电流流过不会亮。只有在 G_4 输出端为高电平时，可控硅 SCR 才会导通，电灯 HL 才会亮。

(2) $VD_2 \sim VD_5$、R_7、VD_z、C_3 组成稳压二极管稳压电路，产生 7.5 V 直流电压给控制电路供电。

(3)控制电路由三极管 9013、与非门 G_1、G_2、G_3、G_4 等元件组成。声电转换器 MIC 将声音转换成电信号，光敏电阻 MG45 受光线控制改变其电阻的大小(光强电阻变小)。C_2 和 R_5 组成延时电路。

(4)当 MIC 收到声音信号时，C_1 短路，三极管 9013 截止，集电极输出高电平，没光照时 MG45 电阻很大，即与非门 G_1 的两个输入端都是高电平，则与非门 G_4 的输出端也为高电平，可控硅 SCR 导通，电灯 HL 亮。

2. 电路元器件

MIC 选用驻极体话筒(54±2 dB)，一个；光敏电阻 MG45 一个；与非门 CD4011 一个；9013 三极管一个；可控硅 BT169 一个；二极管 1N4007 四个；二极管 IN4148 一个；220 V/40 W 白炽灯一个；稳压二极管 IN4737(7.5 V)一个；电解电容 100 μF/16 V 两个；瓷片电容 0.1 μF 一个；电阻 22 kΩ、2.2 MΩ、33 kΩ、100 kΩ、4.7 MΩ、56 kΩ、270 kΩ 各一个。

3. 案例实施

(1)认真检查元器件，确保器件完好。

(2)按图 10-1 正确接线，检查无误后，接上 220 V 电源。

(3)在光亮处，电灯不会亮，用盒子遮住光敏电阻，然后，在 MIC 处发出不同大小的声音，灯会发光。

(4)若电路不能正常工作，应查找故障，直至正常为止。

4. 案例思考

(1)电灯 HL 要想点亮，G_1 的输入端应该为高电平还是低电平？

(2)二极管 VD_1 可以省略吗？

带着案例思考中的问题进入本章内容的学习。

在各种电子设备和装置(测量仪器、自动控制系统和电子计算机等)中，通常都需要供给电压稳定的直流电源。因此，为了满足对各种电子线路的要求，必须对交流电源输出的电压进行整流、滤波和稳压。

10.1 整流电路

利用具有单向导电性能的整流元件如二极管等，将交流电转换成单向脉动直流电的电路称为整流电路。整流电路按输入电源相数可分为单相整流电路和三相整流电路，按输出波形又可分为半波整流电路和全波整流电路。目前广泛使用的是桥式整流电路。

一、单相半波整流电路

单相半波整流电路如图10-2所示。当 u_2 为正半周时，二极管VD承受正向电压而导通，此时有电流流过负载，并且和二极管上的电流相等，即 $i_o=i_D$。忽略二极管的电压降，则负载两端的输出电压等于变压器副边电压，即 $u_o=u_2$，输出电压 u_o 的波形与 u_2 相同。

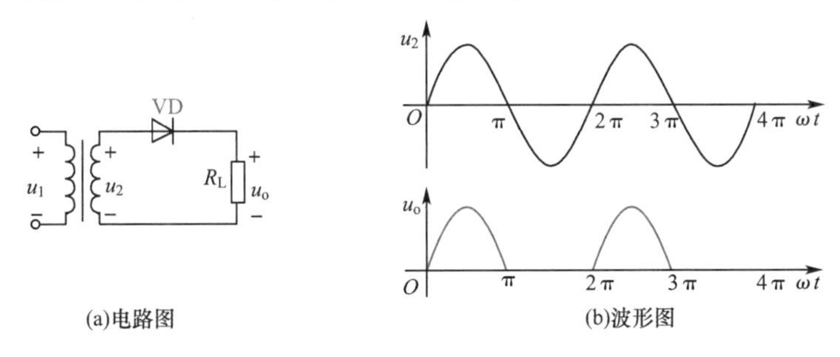

图10-2 单相半波整流电路

当 u_2 为负半周时，二极管VD承受反向电压而截止。此时负载上无电流流过，输出电压 $u_o=0$，变压器副边电压 u_2 全部加在二极管VD上。

单相半波整流电压的平均值为

$$U_o=\frac{1}{2\pi}\int_0^{\pi}\sqrt{2}U_2\sin(\omega t)\mathrm{d}(\omega t)=\frac{\sqrt{2}}{\pi}U_2=0.45U_2 \tag{10-1}$$

流过负载电阻 R_L 的电流平均值为

$$I_o=\frac{U_o}{R_L}=0.45\frac{U_2}{R_L} \tag{10-2}$$

流经二极管的电流平均值与负载电流平均值相等，即

$$I_D=I_o=0.45\frac{U_2}{R_L} \tag{10-3}$$

二极管截止时承受的最高反向电压为 u_2 的最大值，即

$$U_{RM}=U_{2m}=\sqrt{2}U_2 \tag{10-4}$$

二、单相桥式整流电路

如图10-3所示为单相桥式整流电路。u_2 为正半周时，a 点电位高于 b 点电位，二极管 VD_1、VD_3 承受正向电压而导通，VD_2、VD_4 承受反向电压而截止。此时电流的路径为：$a\rightarrow VD_1\rightarrow R_L\rightarrow VD_3\rightarrow b$。

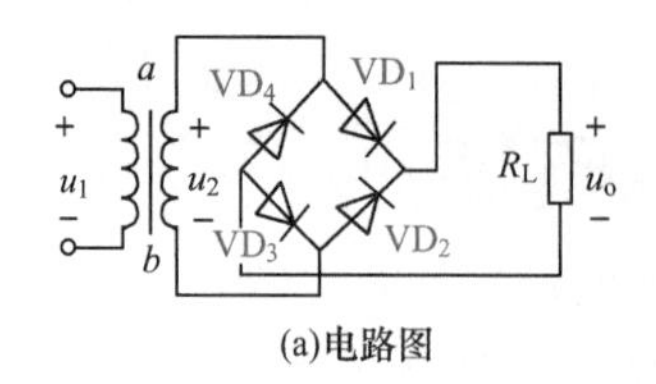

(a)电路图

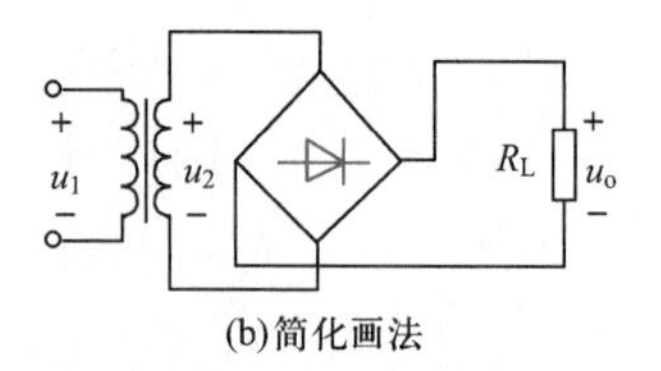

(b)简化画法

图 10-3　单相桥式整流电路

u_2 为负半周时，b 点电位高于 a 点电位，二极管 VD_2、VD_4 承受正向电压而导通，VD_1、VD_3 承受反向电压而截止。此时电流的路径为：$b \to VD_2 \to R_L \to VD_4 \to a$。该电路波形如图 10-4 所示。

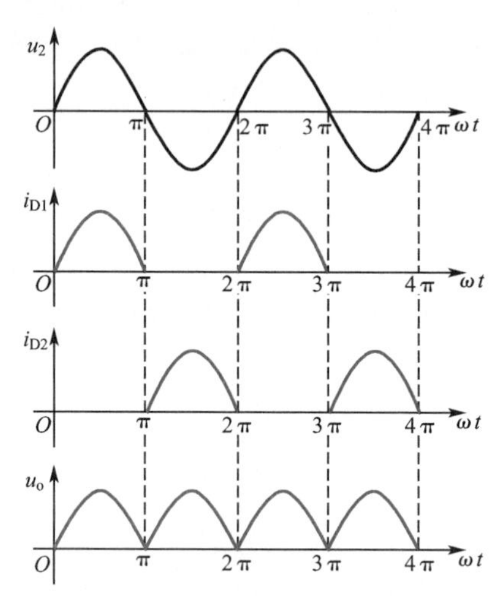

图 10-4　单相桥式整流电路波形

单相全波整流电压的平均值为

$$U_o = \frac{1}{\pi}\int_0^{\pi}\sqrt{2}U_2\sin(\omega t)\,\mathrm{d}(\omega t) = \frac{2\sqrt{2}}{\pi}U_2 = 0.9U_2 \tag{10-5}$$

流过负载电阻 R_L 的电流平均值为

$$I_o = \frac{U_o}{R_L} = 0.9\frac{U_2}{R_L} \tag{10-6}$$

流经每个二极管的电流平均值为负载电流的一半，即

$$I_D = \frac{1}{2}I_o = 0.45\frac{U_2}{R_L} \tag{10-7}$$

每个二极管在截止时承受的最高反向电压为 u_2 的最大值，即

$$U_{RM} = U_{2m} = \sqrt{2}U_2 \tag{10-8}$$

例10-1

试设计一台输出电压为 24 V、输出电流为 1 A 的直流电源，电路形式可采用单相半波整流或单相桥式整流，试确定两种电路形式的变压器副边绕组的电压有效值，并选定相应的整流二极管。

解：(1)当采用单相半波整流电路时，变压器副边绕组电压有效值为

$$U_2 = \frac{U_o}{0.45} = \frac{24}{0.45}\ \mathrm{V} \approx 53.3\ \mathrm{V}$$

整流二极管承受的最高反向电压为

$$U_{RM} = \sqrt{2}U_2 \approx 1.41 \times 53.3\ \mathrm{V} \approx 75.2\ \mathrm{V}$$

流过整流二极管的平均电流为

$$I_D = I_o = 1\ \mathrm{A}$$

因此可选用四只 2CZ12B 整流二极管，其最大整流电流为 3 A，最高反向工作电压为200 V。

(2)当采用单相桥式整流电路时，变压器副边绕组电压有效值为

$$U_2=\frac{U_o}{0.9}=\frac{24}{0.9}\ \text{V}\approx26.7\ \text{V}$$

整流二极管承受的最高反向电压为

$$U_{RM}=\sqrt{2}U_2=1.41\times26.7\ \text{V}\approx37.6\ \text{V}$$

流过整流二极管的平均电流为

$$I_D=\frac{1}{2}I_o=0.5\ \text{A}$$

因此可选用四只 2CZ11A 整流二极管，其最大整流电流为 1 A，最高反向工作电压为 100 V。

10.2 滤波电路

整流电路可以将交流电转换为直流电，但脉动较大，在某些应用（如电镀、蓄电池充电等）中可直接使用脉动直流电源，但许多电子设备需要平稳的直流电源。这种电源中的整流电路后面还需加滤波电路将交流成分滤除，以得到比较平滑的输出电压。滤波通常是利用电容或电感的能量存储功能来实现的。实用滤波电路的形式很多，如电容滤波、电感滤波、复式滤波电路等。

如图 10-5(a)所示为电容滤波电路。假设电路接通时恰恰在 u_2 由负到正过零的时刻，这时二极管 VD 开始导通，电源 u_2 在向负载 R_L 供电的同时又对电容 C 充电。如果忽略二极管正向压降，电容电压 u_C 紧随输入电压 u_2 按正弦规律上升至 u_2 的最大值。然后 u_2 继续按正弦规律下降，且 $u_2<u_C$，使二极管 VD 截止，而电容 C 则对负载电阻 R_L 按指数规律放电。当 u_C 降至小于 u_2 时，二极管又导通，电容 C 再次充电……这样循环下去，u_2 周期性变化，电容 C 周而复始地进行充电和放电，使输出电压脉动减小，如图10-5(b)所示。电容 C 放电的快慢取决于时间常数（$\tau=R_LC$）的大小，时间常数越大，电容 C 放电越慢，输出电压 u_o 就越平坦，平均值也越高。

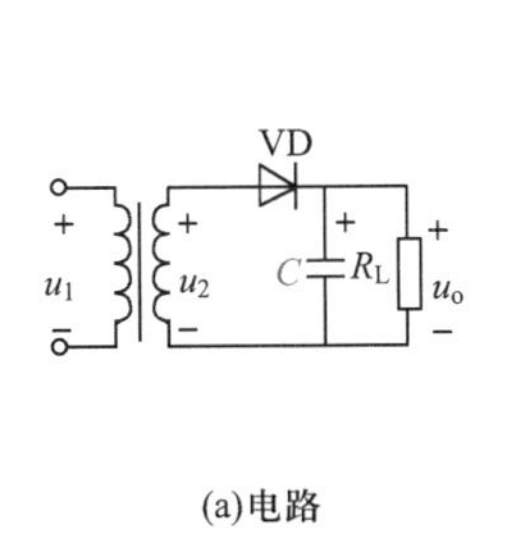

(a)电路

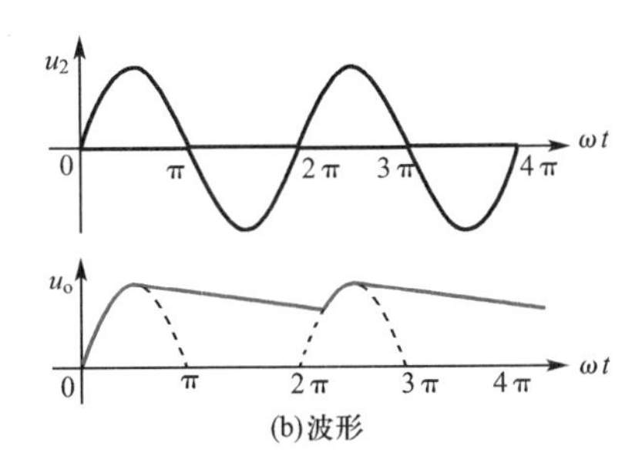

(b)波形

图 10-5 电容滤波电路及其波形

一般常用如下经验公式估算电容滤波时的输出电压平均值

半波 $U_o=U_2$

全波 $U_o=1.2U_2$（有载）

为了获得较平滑的输出电压，一般要求 $R_L \geqslant (10 \sim 15)\frac{1}{\omega C}$，即

$$\tau = R_L C \geqslant (3 \sim 5)\frac{T}{2} \tag{10-9}$$

式中，T 为交流电压的周期。滤波电容 C 一般选择体积小、容量大的电解电容器。应注意，普通电解电容器有正、负极性，使用时正极必须接高电位端，如果接反会造成电解电容器的损坏。

加入滤波电容后，二极管导通时间缩短，且在短时间内承受较大的冲击电流（$i_C + i_o$）。为了保证二极管的安全，选管时应放宽裕量。

单相半波整流电容滤波电路中，二极管承受的反向电压为 $u_{DR} = u_C + u_2$，当负载开路时，二极管承受的反向电压最高，为 $U_{RM} = 2\sqrt{2}U_2$。

例10-2

设计一单相桥式整流电容滤波电路。要求输出电压 $U_o = 48$ V，已知负载电阻 $R_L = 100\ \Omega$，交流电源频率为 50 Hz，试确定二极管的平均电流和最高反向工作电压及滤波电容的容量及耐压要求。

解：流过整流二极管的平均电流为

$$I_D = \frac{1}{2}I_o = \frac{1}{2} \cdot \frac{U_o}{R_L} = \frac{1}{2} \times \frac{48}{100}\ \text{A} = 0.24\ \text{A} = 240\ \text{mA}$$

变压器副边电压有效值为

$$U_2 = \frac{U_o}{1.2} = \frac{48\ \text{V}}{1.2} = 40\ \text{V}$$

整流二极管承受的最高反向电压为

$$U_{RM} = \sqrt{2}U_2 = 1.41 \times 40\ \text{V} = 56.4\ \text{V}$$

取 $\tau = R_L C = 5 \times \frac{T}{2} = 5 \times \frac{0.02}{2}\ \text{s} = 0.05\ \text{s}$，则

$$C = \frac{\tau}{R_L} = \frac{0.05}{100}\ \text{F} = 500 \times 10^{-6}\ \text{F} = 500\ \mu\text{F}$$

电容的耐压应大于电容两端可能出现的最高电压，即 $\sqrt{2}U_2 = 56.4$ V。

对于负载功率较大即负载电流很大的情况，可以采用另一种滤波电路——电感滤波电路，如图 10-6 所示。它是在整流电路的输出端和负载电阻 R_L 之间串联一个电感较大的电感器 L。电流变化时，电感线圈中将产生自感电动势来阻止电流的变化，使电流脉动趋于平缓，起到滤波作用。

采用单一的电容或电感滤波时，滤波效果欠佳。为进一步减小脉动程度，通常采用复式滤波，如图 10-7 所示是 LC 型滤波电路，它由电感滤波和电容滤波组成。图 10-8 所示是 $LC\pi$ 型滤波电路，可看成是电容滤波和 LC 型滤波电路的组合。图 10-9 所示是 $RC\pi$ 型滤波电路，选用电阻器 R 来代替电感器 L。

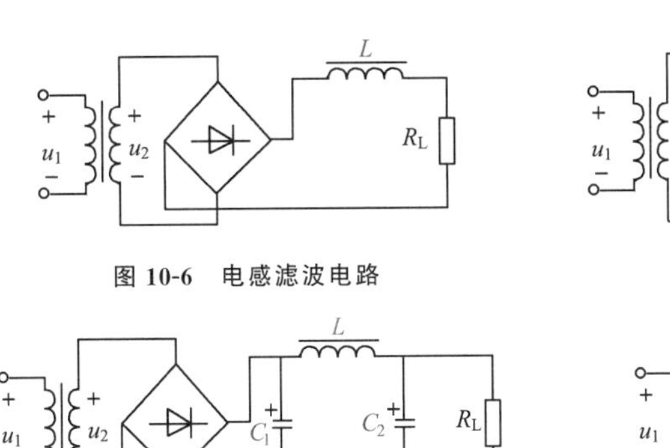

图 10-6 电感滤波电路

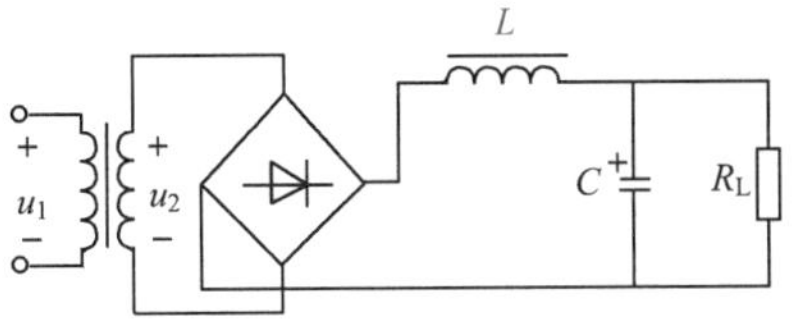

图 10-7 *LC* 型滤波电路

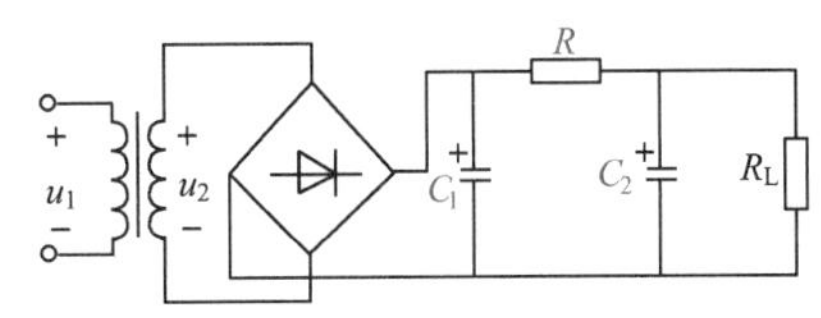

图 10-8 *LCπ* 型滤波电路

图 10-9 *RCπ* 型滤波电路

10.3 直流稳压电路

将不稳定的直流电压变换成稳定的直流电压的电路称为直流稳压电路。直流稳压电路按调整器件的工作状态可分为线性稳压电路和开关稳压电路两大类。前者使用起来简单易行,但转换效率低,体积大;后者体积小,转换效率高,但控制电路较复杂。随着自关断电力电子器件和电子集成电路的迅速发展,开关电源已得到越来越广泛的应用。

一、并联型稳压电路

如图 10-10 所示为并联型稳压电路。输入电压 U_i 波动时会引起输出电压 U_o 波动。如 U_i 升高将引起 U_o 随之升高,导致稳压管的电流 I_Z 急剧增加,使得电阻 R 上的电流 I 和电压 U_R 迅速增大,从而使 U_o 基本上保持不变。反之,当 U_i 减小时,U_R 相应减小,仍可保持 U_o 基本不变。

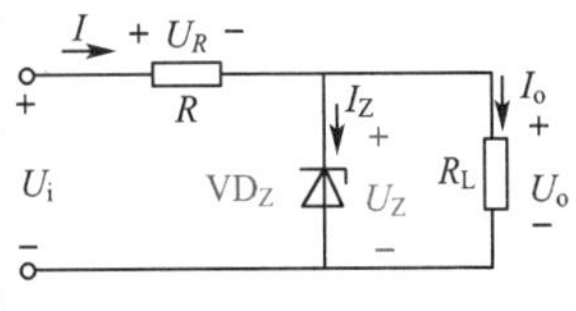

图 10-10 并联型稳压电路

当负载电流 I_o 发生变化而引起输出电压 U_o 发生变化时,同样会引起 I_Z 的相应变化,使得 U_o 保持基本稳定。如当 I_o 增大时,I 和 U_R 均会随之增大而使得 U_o 下降,这将导致 I_Z 急剧减小,使 I 仍维持原有数值且保持 U_R 不变,使 U_o 得到稳定。

二、串联型稳压电路

1. 电路的组成及各部分的作用

串联型稳压电路如图 10-11 所示。

(1)取样环节

由 R_1、R_P、R_2 组成的分压电路构成,它将输出电压 U_o 分出一部分作为取样电压 U_F,送到比较放大环节。

(2)基准电压

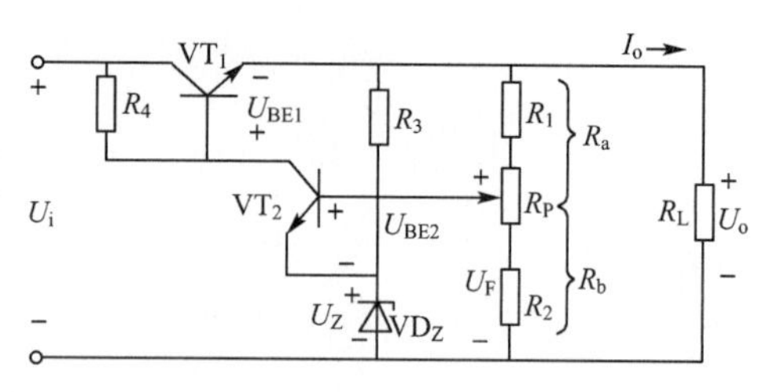

图 10-11　串联型稳压电路

由稳压二极管 VD_Z 和电阻 R_3 构成的稳压电路,为电路提供一个稳定的基准电压 U_Z,作为调整、比较的标准。

(3)比较放大环节

由 VT_2 和 R_4 构成的直流放大器,其作用是将取样电压 U_F 与基准电压 U_Z 比较放大后来控制调整管 VT_1。

(4)调整环节

由工作在线性放大区的调整管 VT_1 组成,VT_1 的基极电流 I_{B1} 受比较放大电路输出的控制,它的改变又可使集电极电流 I_{C1} 和集、射电压 U_{CE1} 改变,从而达到自动调整稳定输出电压的目的。

2. 电路工作原理

当输入电压 U_i 或输出电流 I_o 变化引起输出电压 U_o 增加时,取样电压 U_F 相应增大,使 VT_2 管的基极电流 I_{B2} 和集电极电流 I_{C2} 随之增加,VT_2 管的集电极电位 V_{C2} 下降,因此 VT_1 管的基极电流 I_{B1} 下降,使得 I_{C1} 下降,U_{CE1} 增加,U_o 下降,使 U_o 保持基本稳定,即

$$U_o\uparrow \rightarrow U_F\uparrow \rightarrow I_{B2}\uparrow \rightarrow I_{C2}\uparrow \rightarrow V_{C2}\downarrow \rightarrow I_{B1}\downarrow \rightarrow I_{C1}\downarrow \rightarrow U_{CE1}\uparrow \rightarrow U_o\downarrow$$

同理,当 U_i 或 I_o 变化使 U_o 降低时,调整过程相反,U_{CE1} 将减小使 U_o 保持基本不变。从上述调整过程可以看出,该电路是依靠电压负反馈来稳定输出电压的。

3. 电路的输出电压

设 VT_2 发射结电压 U_{BE2} 可忽略,则

$$U_F=U_Z=\frac{R_b}{R_a+R_b}\cdot U_o$$

或

$$U_o=\frac{R_a+R_b}{R_b}\cdot U_Z \tag{10-10}$$

用电位器 R_P 即可调节输出电压 U_o 的大小,U_o 必定大于或等于 U_Z。

如 $U_Z=6$ V,$R_1=R_2=R_P=100\ \Omega$,则 $R_a+R_b=R_1+R_2+R_P=300\ \Omega$,$R_b$ 最大为200 Ω,最小为 100 Ω。由此可知输出电压 U_o 在 9~18 V 范围内连续可调。

三、集成稳压器

集成稳压器是将稳压电路的主要元件甚至全部元件制作在一块硅基片上的集成电路,因而具有体积小、使用方便、工作可靠等特点。

集成稳压器的种类很多,作为小功率的直流稳压电源,应用最为普遍的是三端式串联型集成稳压器。三端式是指稳压器仅有输入端、输出端和公共端三个接线端子。如 CW78××和 WC79××系列稳压器。CW78××系列正输出电压有 5 V、6 V、8 V、9 V、

10 V、12 V、15 V、18 V、24 V 等多种。若要获得负输出电压，选 CW79××系列即可。这两种集成稳压器的引脚与外形如图 10-12 所示。例如，CW7805 输出+5 V 电压，CW7905 则输出−5 V 电压。这类三端稳压器在加装散热器的情况下，输出电流可达 1.5～2.2 A，最高输入电压为 35 V，最小输入、输出电压差为 2～3 V，输出电压变化率为 0.1%～0.2%。如图 10-13 所示电路为集成稳压器的典型应用，即能同时输出正、负电压的电路。

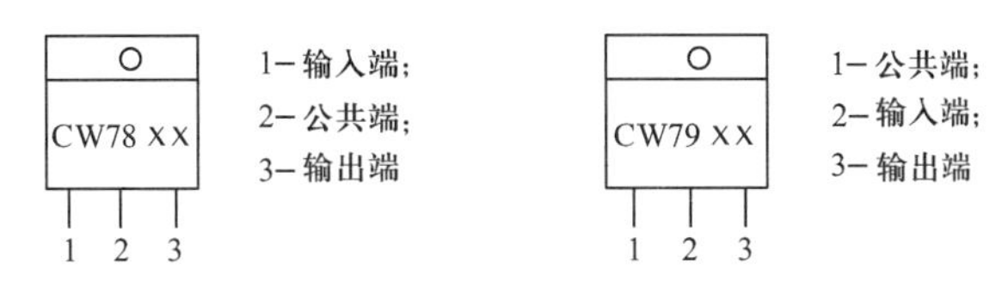

图 10-12 集成稳压器的引脚与外形

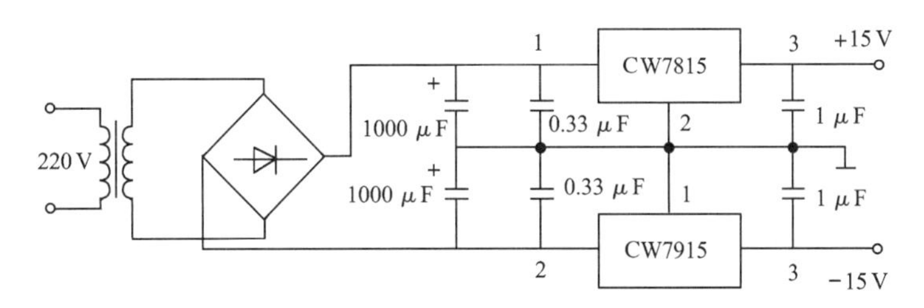

图 10-13 集成稳压器的典型应用

10.4 开关稳压电源

开关稳压电源的基本组成框图如图 10-14(a)所示，把交流电压经整流滤波后，得到直流电压 U_i 加于直流换能器输入端，在输出负载上获得稳定的直流电压 U_o。开关式电源与串联式稳压电源相比，主要差别在于换能器的调整方式不同，它不是通过改变调整管内阻来改变调整管压降以实现输出电压 U_o 的稳定，而是通过控制调整管的导通时间来实现输出电压 U_o 的稳定。所以，开关电源中调整管工作在开关状态。

如图 10-14(b)所示，由控制信号输出一定周期 T 的开关脉冲信号 U_b，加于换能器中开关调整管的基极上，使其在 T_1 期间导通，T_2 期间截止，如此重复。于是输入直流电压 U_i 被截成一个个矩形脉冲，由换能器中的滤波电路滤除交流分量后，输出直流电压 U_o 为矩形脉冲的平均分量。所以输出直流电压 U_o 为

$$U_o=\frac{T_1}{T_1+T_2}U_i=\frac{T_1}{T}U_i=\delta U_i \tag{10-11}$$

式中，$T=T_1+T_2$ 为开关脉冲的重复周期；δ 为开关脉冲的占空比，其值小于 1，表示调整管导通时间占开关脉冲周期的百分比。显然，只要控制占空比，就能实现输出电压的调整和稳定。

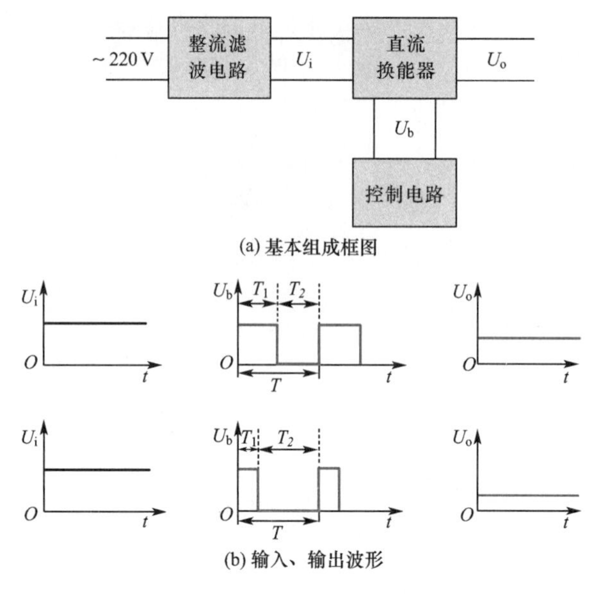

图 10-14　开关稳压电源

思考题与习题

1. 如图 10-15 所示为小功率直流稳压电源的组成框图，画出各组成部分输出电压波形。

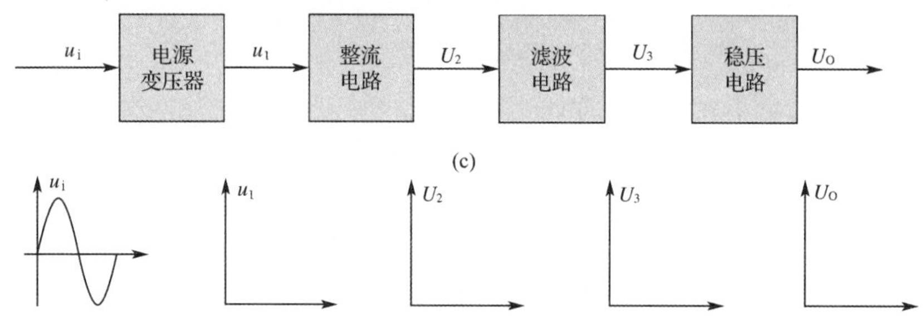

图 10-15　题 1 图

2. 分别画出单相半波整流电路和单相桥式整流电路的电路图，并画出输出电压的波形图。

3. 在整流电路中选择整流二极管时应注意哪些问题？

4. 整流输出电路有滤波电容时和无滤波电容时，输出电压与波形相同吗？说明原因。

5. 如图 10-3 所示电路，当整流二极管 VD_1 分别短路、开路时对输出电压的大小和波形有何影响？

6. 一桥式整流电容滤波电路，要求输出电压 $U_o = 30$ V，负载电阻 $R_L = 50$ Ω，交流电源电压频率 50 Hz，试选择整流二极管及滤波电容。

7. 如图 10-11 所示电路，分析当稳压二极管分别短路和开路时对输出电压的影响。

8. 如图 10-11 所示电路，分析当调节电位器 R_P 触点向上移动或向下移动时对输出电压的影响。

9. 查阅相关技术说明书，指出型号“CW78××”中“W”的含义。

10. 如图 10-16 所示电路，合理连接电路，构成一个 12 V 直流稳压电源。

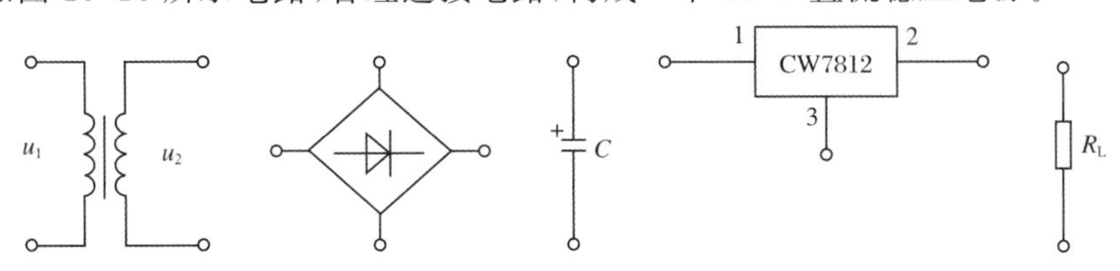

图 10-16 题 10 图

11. 实际需要的直流稳压电源，如果超过集成稳压器的输出电压数值时，可外接一些元件提高输出电压。分析图 10-17 所示电路的输出电压。

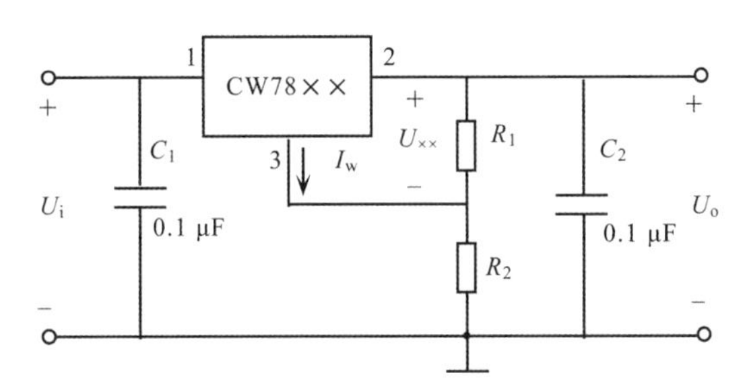

图 10-17 题 11 图

12. 参阅相关资料，说明如何扩展集成稳压器的输出电流。

13. 结合具体设备说明开关稳压电源的形式。

第11章 逻辑代数基础与组合逻辑电路

知识目标

1. 掌握常用数制与码制及不同数制之间的转换。

2. 掌握基本逻辑运算关系的表示方法，掌握逻辑代数的基本公式和常用公式，掌握逻辑函数的代数化简法。

3. 掌握集成逻辑门电路的功能及应用。

4. 掌握组合逻辑电路的特点和逻辑函数表示法，掌握组合逻辑电路的分析、设计方法，掌握编码器、译码器功能。

技能目标

1. 能借助手册等工具书查阅数字集成电路的有关数据、逻辑功能和使用方法。

2. 能测试TTL与非门的主要参数和特性，能测试译码器功能，会使用数码显示器。

素质目标

1. 通过集成电路发展史、我国电子芯片技术发展现状，培养学生树立爱国、敬业的社会主义核心价值观。

2. 以案例——三人表决电路导入，引导学生广开思路，同一问题可以有多种不同的解决方法，要以包容的心态看待问题。

案例

三人表决电路

在进行提案、做出某些决议或在一些体育比赛中对成绩进行判决时，经常用到表决器。

1. 电路及工作过程

如图11-1所示为三人表决电路。当有两个或两个以上人按下按键时，A、B、C中至少有两个是高电平，此时三输入与非门输出为高电位，发光二极管发光。

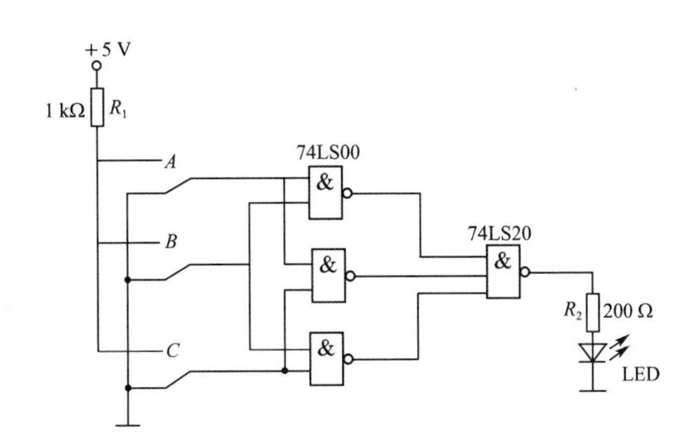

图 11-1　三人表决电路

2. 电路元器件

与非门 74LS00、74LS20 各一块；电阻 200 Ω、1 kΩ 各一个；发光二极管一个；5 V 直流电源；开关三个；14 脚集成电路插座、12 脚集成电路插座各一个；万能板一块；连接导线若干。

3. 案例实施

(1) 查阅集成电路手册，熟悉 74LS00、74LS20 各引脚；并认真检查元器件，确保器件完好。

(2) 自己设计电路安装图，在万能板上安装元器件，并焊接。注意集成块应先焊好集成块座，再按引脚顺序插入集成块。

(3) 对照电路，检查无误后，接上 5 V 电源。注意发光二极管的极性是否正确。

(4) 分别设置 A、B、C 的不同输入组合，观察发光二极管的状态。在 ABC 输入 011、101、110、111 时发光二极管应发光。

若状态不正常，应查找故障，排除故障点，直至正常为止。

4. 案例思考

(1) 若用 CD4011 和 CD4012 能否设计出三人表决电路，应注意什么？

(2) 若是五人表决电路，如何实现？

带着案例思考中的问题进入本章内容的学习。

电子信号有模拟信号和数字信号两类。模拟信号是指随时间连续变化的信号，处理模拟信号的电路就是模拟电路，如前面学习的交直流放大电路、集成运算放大电路、直流稳压电路等。数字信号是指随时间离散变化的信号，处理数字信号的电路就是数字电路。

数字电路分为组合逻辑电路和时序逻辑电路两种。组合逻辑电路的特点是电路在任意时刻的输出状态只取决于该时刻的输入状态，而与该时刻之前的电路状态无关，也就是说组合逻辑电路不具有记忆功能。

11.1 数制与编码

一、数字信号

数字信号只有两个离散值(代表某种对应的逻辑关系),常用数字 0 和 1 来表示。

注意

这里的 0 和 1 没有大小之分,只代表两种对立的状态,称为逻辑 0 和逻辑 1,也称为二值数字逻辑。

数字信号在电路中往往表现为突变的电压或电流,如图 11-2 所示。该信号有如下两个特点:

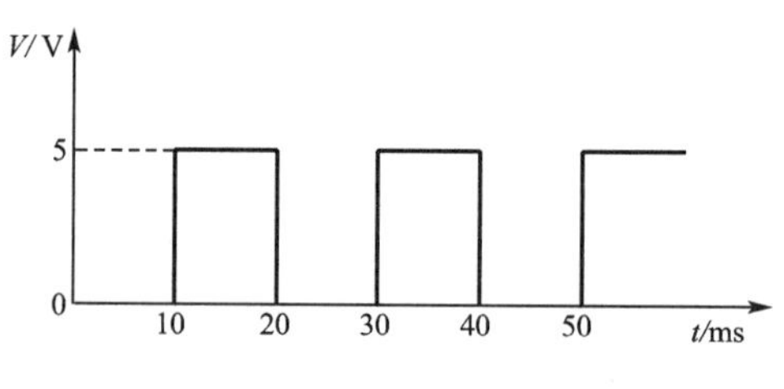

图 11-2 典型的数字信号

(1)信号只有两个电压值 5 V 和 0 V。我们可以用 5 V 来表示逻辑 1,用 0 V 来表示逻辑 0;当然也可以用 0 V 来表示逻辑 1,用 5 V 来表示逻辑 0。这两个电压值常被称为逻辑电平,5 V 为高电平,0 V 为低电平。

(2)信号从高电平变为低电平或从低电平变为高电平是一个突然变化的过程,这种信号又称为脉冲信号。

数字信号是一种二值信号,用两个电平(高电平和低电平)分别来表示两个逻辑值(逻辑 1 和逻辑 0)。

正逻辑规定:高电平为逻辑 1,低电平为逻辑 0。

负逻辑规定:低电平为逻辑 1,高电平为逻辑 0。

如果采用正逻辑,图 11-2 所示的数字电压信号就成为如图 11-3 所示的逻辑信号。

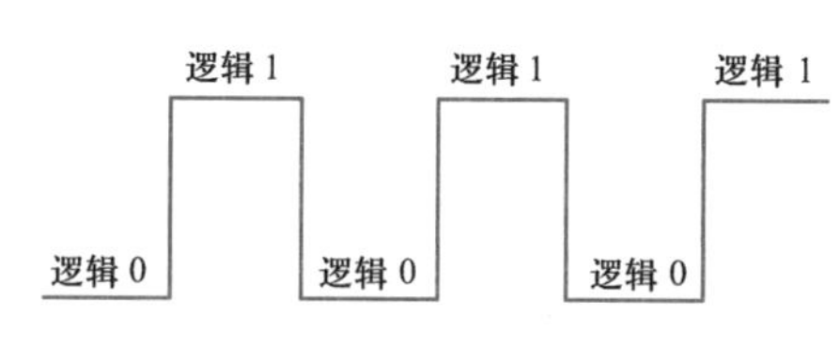

图 11-3 逻辑信号

二、数制

数制是一种计数的方法,它是进位计数制的简称,也称为进制。采用何种计数方法应根据实际需要而定。

1. 常用的几种进制

在数字电路中,常用的计数进制除十进制外,还有二进制、八进制和十六进制。

(1)十进制

十进制是以 10 为基数的计数制。在十进制中,有 0、1、2、3、4、5、6、7、8、9 十个数码,它

的进位规律是逢十进一。在十进制数中，数码所处的位置不同时，其所代表的数值是不同的，如

$$3\,176.54=3\times10^{3}+1\times10^{2}+7\times10^{1}+6\times10^{0}+5\times10^{-1}+4\times10^{-2}$$

式中，10^3、10^2、10^1、10^0 分别为整数部分千位、百位、十位、个位的权，而 10^{-1} 和 10^{-2} 分别为小数部分十分位和百分位的权，它们都是基数 10 的幂。数码与权的乘积，称为加权系数，十进制数的数值为各位加权系数之和。

(2)二进制

二进制是以 2 为基数的计数制。在二进制中，只有 0 和 1 两个数码，它的进位规律是逢二进一。

(3)八进制和十六进制

八进制是以 8 为基数的计数制。在八进制中，有 0、1、2、3、4、5、6、7 八个不同的数码，它的进位规律是逢八进一。

十六进制是以 16 为基数的计数制。在十六进制中，有 0、1、2、3、4、5、6、7、8、9、A(10)、B(11)、C(12)、D(13)、E(14)、F(15)十六个不同的数码，它的进位规律是逢十六进一。

表 11-1 中列出了十进制、二进制、八进制和十六进制不同数制的对照关系。

表 11-1　十进制、二进制、八进制、十六进制对照表

十进制	二进制	八进制	十六进制	十进制	二进制	八进制	十六进制
0	0000	0	0	8	1000	10	8
1	0001	1	1	9	1001	11	9
2	0010	2	2	10	1010	12	A
3	0011	3	3	11	1011	13	B
4	0100	4	4	12	1100	14	C
5	0101	5	5	13	1101	15	D
6	0110	6	6	14	1110	16	E
7	0111	7	7	15	1111	17	F

2. 不同数制间的转换

(1)各种数制转换成十进制

二进制、八进制、十六进制转换成十进制时，只要将它们按权展开，求出各加权系数的和(称为按权展开求和法)，便得到相应进制数对应的十进制数。如

$$(11010.011)_2=1\times2^4+1\times2^3+0\times2^2+1\times2^1+0\times2^0+0\times2^{-1}+1\times2^{-2}+1\times2^{-3}$$
$$=16+8+0+2+0+0+0.25+0.125=(26.375)_{10}$$

$$(172.01)_8=1\times8^2+7\times8^1+2\times8^0+0\times8^{-1}+1\times8^{-2}$$
$$=64+56+2+0+0.015\,625=(122.015\,625)_{10}$$

$$(4C2)_{16}=4\times16^2+12\times16^1+2\times16^0=1\,024+192+2=(1\,218)_{10}$$

(2)十进制转换为二进制

十进制数转换为二进制数时，由于整数和小数的转换方法不同，因此，需将整数部分和小数部分分别进行转换，再将转换结果合并在一起，就得到该十进制数转换的完整结果。

将十进制数的整数部分转换为二进制数采用“除基数，取余法，逆排列”的方法，即将整

数部分逐次除 2，依次记下余数，直到商为 0。第一个余数为二进制数的最低位，最后一个余数为最高位。

将十进制数的小数部分转换为二进制数采用“乘基数，取整法，顺排列”的方法，即将小数部分逐次乘以 2，取乘积的整数部分作为二进制数的各位。乘积的小数部分继续乘以 2，直到乘积的小数部分为 0 或达到要求的精度为止。如$(53.625)_{10}=(110101.101)_2$

(3)二进制与八进制、十六进制相互转换

二进制数转换为十六进制数的方法是：整数部分从低位开始，每四位二进制数为一组，最后不足四位的，则在高位加 0 补足四位；小数部分从高位开始，每四位二进制数为一组，最后不足四位的，在低位加 0 补足四位。然后每组二进制数用对应的十六进制数来代替，再按顺序排列得出结果。如$(1001011.111)_2=(4B.E)_{16}$。

二进制数转换为八进制数的方法与二进制数转换为十六进制数的方法相同，只是每三位二进制数为一组。

三、二进制代码

在数字系统中，二进制数码不仅可表示数值的大小，而且还常用来表示特定的信息。将若干个二进制数码 0 和 1 按一定规则排列起来表示某种特定含义的代码，称为二进制代码，或称二进制编码。二进制编码方式有多种，其中二-十进制码又称为 BCD 码(Binary Coded Decimal)，是一种常用的二进制代码。

BCD 码是用二进制数表示十进制数的 0～9 十个数。由于十进制数有十个不同的数码，因此，需用四位二进制数来表示。而四位二进制代码有 16 种不同的组合，从中取出 10 种组合来表示 0～9 十个数可有多种方案，所以 BCD 码也有多种。表 11-2 中列出了几种常用的 BCD 码。

表 11-2　常用 BCD 码表

十进制数	有权码				无权码	
	8421BCD 码	5421BCD 码	2421(A)BCD 码	2421(B)BCD 码	余 3BCD 码	格雷码
0	0000	0000	0000	0000	0011	0000
1	0001	0001	0001	0001	0100	0001
2	0010	0010	0010	0010	0101	0011
3	0011	0011	0011	0011	0110	0010
4	0100	0100	0100	0100	0111	0110
5	0101	1000	0101	1011	1000	0111
6	0110	1001	0110	1100	1001	0101
7	0111	1010	0111	1101	1010	0100
8	1000	1011	1110	1110	1011	1100
9	1001	1100	1111	1111	1100	1101

(1)8421BCD 码

这种代码每一位的权值是固定不变的，为恒权码。它取了四位自然二进制数的前 10 种组合，即 0000～1001，从高位到低位的权值分别为 8、4、2、1，所以称为 8421BCD 码。

(2)5421BCD码和2421BCD码

这两种也是恒权码，从高位到低位的权值分别是5、4、2、1和2、4、2、1。每组代码各位加权系数的和为其代表的十进制数。2421(A)码和2421(B)BCD码的编码状态不完全相同，由表11-2可看出：2421(B)BCD码具有互补性，0和9、1和8、2和7、3和6、4和5这五对代码互为反码。

(3)余3BCD码

这种代码没有固定的权，为无权码，它比8421BCD码多余3(0011)，所以称为余3码。由表11-2可看出：0和9、1和8、2和7、3和6、4和5这五对代码互为反码。

BCD码用四位二进制数表示的只是十进制数的一位，如果是多位，应先将每一位用BCD码表示，然后组合起来。

(4)格雷码

还有一种常用的二进制编码——格雷码，它是一种无权码。它的特点是任意两组相邻代码之间只有一位不同，其余各位都相同(即按照“相邻原则”进行编码)，而0和最大数(2^n-1)之间也只有一位不同。因此，它是一种循环码。格雷码的这个特性使它在形成和传输过程中引起的误差较小。如计数电路按格雷码计数时，电路每次状态更新只有一位代码变化，从而减少了计数错误。

11.2 逻辑运算

数字电路实现的是逻辑关系。逻辑关系是指某事物的条件(或原因)与结果之间的关系。逻辑关系常用逻辑函数来描述。

一、基本逻辑运算

逻辑代数中只有三种基本运算：与、或、非。

1.与运算

只有当决定一件事情的条件全部具备之后，这件事情才会发生，我们把这种因果关系称为与逻辑。电路图如图11-4(a)所示。

(1)可以用列表的方式表示上述逻辑关系，称为逻辑状态表，如图11-4(b)所示。

(2)如果用二值逻辑0和1来表示，并设1表示开关闭合或灯亮，0表示开关不闭合或灯不亮，则得到如图11-4(c)所示的表格，称为逻辑真值表。

(3)若用逻辑表达式来描述，则可写为

$$Y=A\cdot B \tag{11-1}$$

与运算的规则为：输入有0，输出为0；输入全1，输出才为1。

(4)在数字电路中能实现与运算的电路称为与门电路，其逻辑符号如图11-4(d)所示。

与运算可以推广到多变量，即

$$Y=A\cdot B\cdot C\cdot\cdots$$

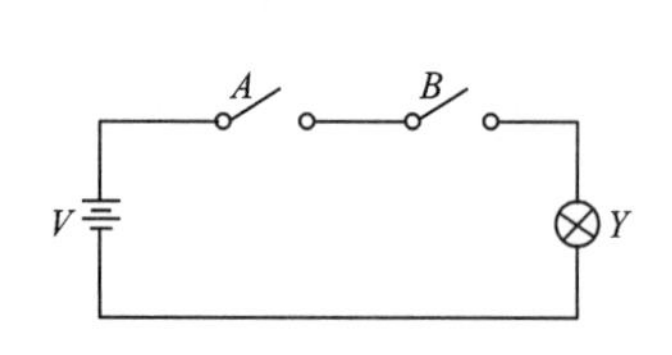

(a)电路图

A	B	Y
不闭合	不闭合	不亮
不闭合	闭合	不亮
闭合	不闭合	不亮
闭合	闭合	亮

(b)逻辑状态表

A	B	Y
0	0	0
0	1	0
1	0	0
1	1	1

(c)逻辑真值表

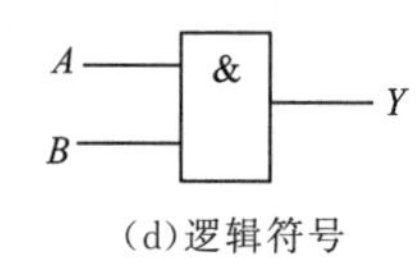

(d)逻辑符号

图 11-4 与运算

2. 或运算

决定一件事情的几个条件中，只要有一个或一个以上条件具备，这件事情就会发生，我们把这种因果关系称为或逻辑。电路图如图 11-5(a)所示。

或运算的逻辑状态表如图 11-5(b)所示，逻辑真值表如图 11-5(c)所示。若用逻辑表达式来描述，则可写为

$$Y=A+B \tag{11-2}$$

或运算的规则为：输入有 1，输出为 1；输入全 0，输出才为 0。

在数字电路中能实现或运算的电路称为或门电路，其逻辑符号如图 11-5(d)所示。或运算也可以推广到多变量，即

$$Y=A+B+C+\cdots$$

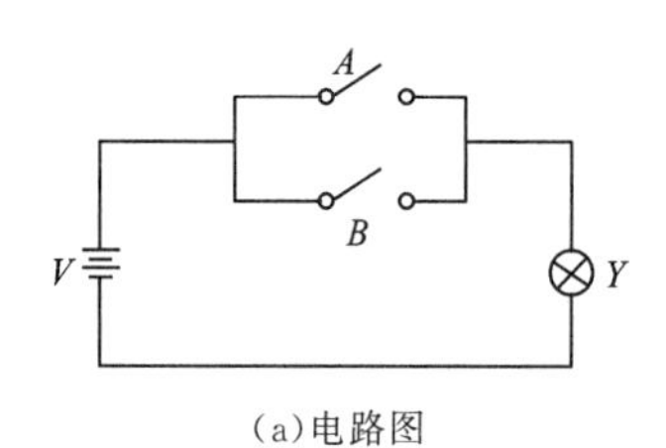

(a)电路图

A	B	Y
不闭合	不闭合	不亮
不闭合	闭合	亮
闭合	不闭合	亮
闭合	闭合	亮

(b)逻辑状态表

A	B	Y
0	0	0
0	1	1
1	0	1
1	1	1

(c)逻辑真值表

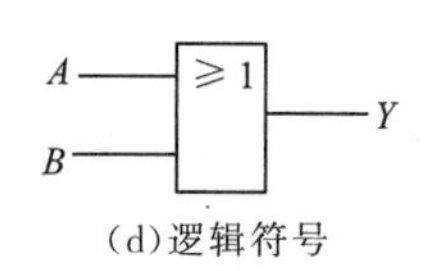

(d)逻辑符号

图 11-5 或运算

3. 非运算

某事情发生与否，仅取决于一个条件，而且是对该条件的否定，即条件具备时事情不发生，条件不具备时事情才发生。

例如图 11-6(a)所示的电路，当开关 A 闭合时，灯不亮；而当开关 A 不闭合时，灯亮。其逻辑状态表如图 11-6(b)所示，逻辑真值表如图 11-6(c)所示。若用逻辑表达式来描述，则可写为

$$Y=\overline{A} \tag{11-3}$$

非运算的规则为：输入 1，输出为 0；输入 0，输出为 1。

在数字电路中实现非运算的电路称为非门电路，其逻辑符号如图 11-6(d)所示。

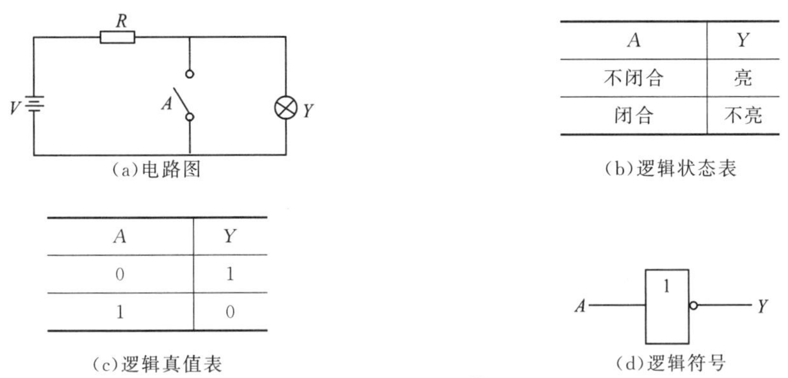

A	Y
不闭合	亮
闭合	不亮

(b)逻辑状态表

A	Y
0	1
1	0

(c)逻辑真值表

图 11-6 非运算

二、其他逻辑运算

任何复杂的逻辑运算都可以由三种基本逻辑运算组合而成。由三种基本逻辑运算组合而成的逻辑运算称为组合逻辑运算。表 11-3 中列出了几种常用的组合逻辑运算。

表 11-3 几种常用的组合逻辑运算

组合逻辑运算	逻辑符号	逻辑表达式
与非运算	A, B — & — Y	$Y=\overline{AB}$
或非运算	A, B — ≥1 — Y	$Y=\overline{A+B}$
与或非运算	A, B, C, D — & ≥1 — Y	$Y=\overline{AB+CD}$
异或运算	A, B — =1 — Y	$Y=A\oplus B=\overline{A}B+A\overline{B}$
同或运算	A, B — =1 — Y	$Y=A\odot B=\overline{A}\,\overline{B}+AB$

比较异或运算和同或运算真值表可知，异或函数与同或函数在逻辑上互为反函数，即

$$\overline{A\oplus B}=A\odot B,\overline{A\odot B}=A\oplus B$$

11.3 逻辑代数及化简

逻辑代数和普通代数一样，有一套完整的运算规则，包括公理、定理和定律，它们是分析、设计逻辑电路，化简、变换逻辑函数式的重要工具。

一、逻辑代数的基本公式

逻辑代数的定律有其独特性，但也有一些逻辑代数和普通代数具有相似性，因此要严格区分，不能混淆。

1. 逻辑常量运算公式

逻辑常量只有 0 和 1 两个。常量间的与、或、非三种基本逻辑运算公式列于表 11-4 中。

表 11-4　　逻辑常量运算公式

与运算	或运算	非运算
$0\cdot 0=0$	$0+0=0$	
$0\cdot 1=0$	$0+1=1$	$\overline{1}=0$
$1\cdot 0=0$	$1+0=1$	$\overline{0}=1$
$1\cdot 1=1$	$1+1=1$	

2. 逻辑变量、常量运算基本公式

设 A、B、C 为逻辑变量，则逻辑变量、常量间的运算基本公式列于表 11-5 中。

表 11-5　　逻辑变量、常量运算基本公式

名称	公式 1	公式 2
0-1 律	$A\cdot 0=0$ $A\cdot 1=A$	$A+0=A$ $A+1=1$
互补律	$A\overline{A}=0$	$A+\overline{A}=1$
重叠律	$AA=A$	$A+A=A$
交换律	$AB=BA$	$A+B=B+A$
结合律	$ABC=(AB)C=A(BC)$	$A+B+C=(A+B)+C=A+(B+C)$
分配律	$A(B+C)=AB+AC$	$A+BC=(A+B)(A+C)$
反演律	$\overline{AB}=\overline{A}+\overline{B}$	$\overline{A+B}=\overline{A}\,\overline{B}$
吸收律	$A(A+B)=A$ $A(\overline{A}+B)=AB$ $(A+B)(\overline{A}+C)(B+C)=(A+B)(\overline{A}+C)$	$A+AB=A$ $A+\overline{A}B=A+B$ $AB+\overline{A}C+BC=AB+\overline{A}C$
对合律	$\overline{\overline{A}}=A$	

反演律又称为摩根定律，摩根定律可推广到多个变量，其逻辑式为

$$\begin{cases}\overline{ABC\cdot\cdots}=\overline{A}+\overline{B}+\overline{C}+\cdots\\ \overline{A+B+C+\cdots}=\overline{A}\,\overline{B}\,\overline{C}\cdot\ \cdots\end{cases}$$

例11-1

证明吸收律 $AB+\overline{A}C+BC=AB+\overline{A}C$。

证明： $AB+\overline{A}C+BC=AB+\overline{A}C+BC(A+\overline{A})=AB+\overline{A}C+ABC+\overline{A}BC=$

$$AB(1+C)+\overline{A}C(1+B)=AB+\overline{A}C$$

二、逻辑代数的基本规则

1. 代入规则

对于任一个含有变量 A 的逻辑等式，可以将等式两边的所有变量 A 用同一个逻辑函数替代，替代后等式仍然成立。这个规则称为代入规则。

利用代入规则，可以把基本定律加以推广。如基本定律 $A+\overline{A}B=A+B$，用 $\overline{A}$ 替代 A 后，则有 $\overline{A}+AB=\overline{A}+B$，这可以看作是原基本定律的一种变形。这种变形可以扩大基本定律的应用。

例11-2

已知 $\overline{AB}=\overline{A}+\overline{B}$，试证明用 BC 替代 B 后，等式仍然成立。

证明： 左式 $=\overline{A(BC)}=\overline{A}+\overline{BC}=\overline{A}+\overline{B}+\overline{C}$

右式 $=\overline{A}+\overline{BC}=\overline{A}+\overline{B}+\overline{C}$

故　左式＝右式

这个例子证明了摩根定律的一个推广式。读者可以用代入规则证明摩根定律的另一个推广式。

2. 反演规则

对任何一个逻辑函数式 Y，如果将式中所有的“·”换成“+”，“+”换成“·”，“0”换成“1”，“1”换成“0”，原变量换成反变量，反变量换成原变量，则得逻辑函数 Y 的反函数。这种变换原则称为反演规则。在应用反演规则时必须注意以下两点：

(1)保持变换前后的运算优先顺序不变，必要时可加括号表明运算的先后顺序。

(2)规则中的反变量换成原变量只对单个变量有效。

反演规则常用于求一个已知逻辑函数的反函数。

例11-3

已知逻辑函数 $Y=A\overline{B}+\overline{A}B$，试用反演规则求反函数 $\overline{Y}$。

解： 根据反演规则，可写出

$$\overline{Y}=(\overline{A}+B)(A+\overline{B})=\overline{A}\,\overline{B}+AB$$

这个例子证明了同或等于异或非。

3. 对偶规则

对任何一个逻辑函数式 Y，如果把式中的所有的“·”换成“+”，“+”换成“·”，“0”换成“1”，“1”换成“0”，这样就得到逻辑函数 Y 的对偶式 Y'。变换时要注意保持变换前后运算的优先顺序不变。对偶规则的意义在于：若两个函数式相等，则它们的对偶式也一定相等。因此，对偶规则也适用于逻辑等式，如果将逻辑等式两边同时进行对偶变换，得到的对偶式仍然相等。

利用对偶规则可以帮助我们减少公式的记忆量。例如，表 11-5 中的公式 1 和公式 2 就互为对偶，只需记住一边的公式就可以了。因为利用对偶规则，不难得出另一边的公式。

三、逻辑表达式的化简

进行逻辑设计时，根据逻辑问题归纳出来的逻辑函数式往往不是最简逻辑函数式，并且可以有不同的形式。因此，实现这些逻辑函数就会有不同的逻辑电路。对逻辑函数进行化简和变换，可以得到最简的逻辑函数式和所需要的形式，设计出最简洁的逻辑电路。这对于节省元器件，优化生产工艺，降低成本和提高系统的可靠性，提高产品在市场的竞争力是非常重要的。

不同形式的逻辑函数式有不同的最简形式，但大多都可以根据最简与-或式变换得到，因此，这里只介绍最简与-或式的标准和化简方法。

最简与-或式的标准是：

(1)逻辑函数式中的乘积项(与项)的个数最少。

(2)每个乘积项中的变量数最少。

运用逻辑代数的基本定律和公式对逻辑函数式进行化简的方法称为代数化简法(公式化简法)。基本的化简方法有以下几种：

(1)并项法　运用互补律 $A+\overline{A}=1$，将两项合并为一项，同时消去一个变量。如

$$A\overline{B}C+A\overline{B}\,\overline{C}=A\overline{B}(C+\overline{C})=A\overline{B}$$

(2)吸收法　运用吸收律 $A+\overline{A}B=A+B$ 和 $AB+\overline{A}C+BC=AB+\overline{A}C$，消去多余的与项。如

$$AB+AB(E+F)=AB$$

(3)消去法　运用吸收律 $A+\overline{A}B=A+B$，消去多余因子。如

$$AB+\overline{A}C+\overline{B}C=AB+(\overline{A}+\overline{B})C=AB+\overline{AB}C=AB+C$$

(4)配项法　在不能直接运用公式、定律化简时，可通过乘 $A+\overline{A}=1$ 或加入零项 $A\overline{A}=0$ 进行配项，再化简。如

$$AB+\overline{B}\,\overline{C}+A\overline{C}D=AB+\overline{B}\,\overline{C}+A\overline{C}D(B+\overline{B})=AB+\overline{B}\,\overline{C}+AB\overline{C}D+A\overline{B}\,\overline{C}D=$$
$$AB(1+\overline{C}D)+\overline{B}\,\overline{C}(1+AD)=AB+\overline{B}\,\overline{C}$$

例11-4

化简逻辑式 $Y=AD+A\overline{D}+AB+\overline{A}C+\overline{C}D+A\overline{B}EF$。

解：$Y=AD+A\overline{D}+AB+\overline{A}C+\overline{C}D+A\overline{B}EF=$

$A+AB+\overline{A}C+\overline{C}D+A\overline{B}EF=$

$A+\overline{A}C+\overline{C}D=$

$A+C+D$

11.4 集成逻辑门电路

一、TTL 集成逻辑门电路

1. TTL 与非门电路的基本结构

如图 11-7 所示，该电路的输出高、低电平分别为 3.6 V 和 0.3 V，在下面的分析中假设输入高、低电平也分别为 3.6 V 和 0.3 V。

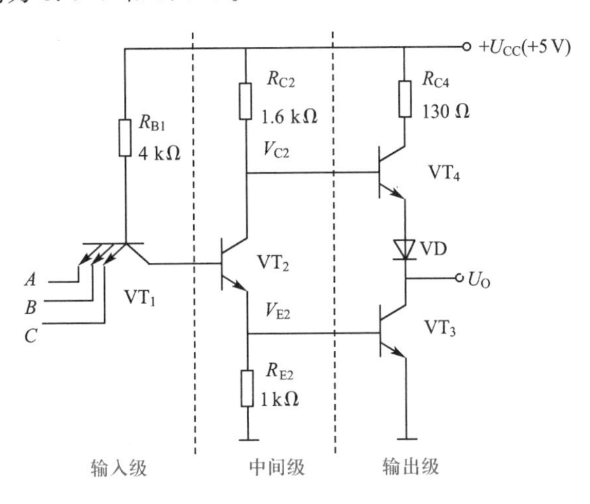

图 11-7 TTL 与非门电路

(1)输入全为高电平 3.6 V 时，VT_2、VT_3 导通，$V_{B1}=0.7\times3=2.1$ V，从而使 VT_1 的发射结因反偏而截止。此时 VT_1 的发射结反偏，而集电结正偏，称为倒置工作状态。

由于 VT_3 饱和导通，输出电压 $U_O=U_{CES3}\approx0.3$ V。

这时 $V_{E2}=V_{B3}=0.7$ V，而 $U_{CE2}=0.3$ V，故有 $V_{C2}=V_{E2}+U_{CE2}=1$ V。1 V的电压作用于 VT_4 的基极，使 VT_4 和二极管 VD 都截止。

上述过程实现了与非门的逻辑功能之一：输入全为高电平时，输出为低电平。

(2)输入有低电平 0.3 V 时，VT_1 的基极电位被钳位到 $V_{B1}=1$ V，VT_2、VT_3 都截止。由于 VT_2 截止，流过 R_{C2} 的电流仅为 VT_4 的基极电流，这个电流较小，在 R_{C2} 上产生的压降也较小，可以忽略，所以 $V_{B4}\approx U_{CC}=5$ V，使 VT_4 和 VD 导通，则有

$$U_O\approx U_{CC}-U_{BE4}-U_D=5-0.7-0.7=3.6\text{ V}$$

上述过程实现了与非门逻辑功能的另一方面：输入有低电平时，输出为高电平。

综合上述两种情况，该电路满足与非逻辑功能，是一个与非门。

7400 是一种典型的 TTL 与非门器件，内部含有 4 个 2 输入端与非门，共有 14 个引脚，引脚排列如图 11-8 所示。

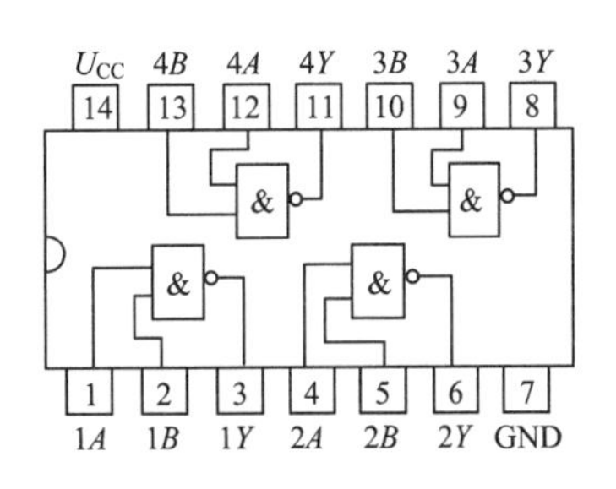

图 11-8 7400 引脚排列图

2. 主要参数

(1)输出高电平 U_{OH} 和输出低电平 U_{OL}

一般产品规定 $U_{OH} \geqslant 2.4$ V，$U_{OL} \leqslant 0.4$ V。

(2)关门电压 U_{OFF} 和开门电压 U_{ON}

保证输出电压为额定高电平(2.7 V)时，允许输入低电平的最大值称为关门电压 U_{OFF}，一般产品要求 $U_{OFF} \geqslant 0.8$ V。保证输出电平达到额定低电平(0.3 V)时，允许输入高电平的最小值称为开门电压 U_{ON}，一般产品要求 $U_{ON} \leqslant 1.8$ V。

(3)噪声容限

噪声容限用来说明门电路抗干扰能力的参数。低电平噪声容限是指在保证输出为高电平的前提下，允许叠加在输入低电平 U_{IL} 上的最大正向干扰电压，用 U_{NL} 表示，即

$$U_{NL} = U_{OFF} - U_{IL}$$

高电平噪声容限是指在保证输出为低电平的前提下，允许叠加在输入高电平 U_{IH} 上的最大正向干扰电压，用 U_{NH} 表示，即

$$U_{NH} = U_{IH} - U_{ON}$$

(4)输入短路电流

当输入电压为零时，流经这个输入端的电流称为输入短路电流。输入短路电流的典型值为 -1.5 mA。

(5)扇出系数 N

扇出系数表示输出端最多能驱动同类门的个数，它反映了与非门的最大负载能力，通常 $N \geqslant 8$，一般取 8～10。

3. TTL 门电路的其他类型

(1)集电极开路门(OC 门)

在工程实践中，有时需要将几个门的输出端并联使用，以实现与逻辑，称为线与。TTL 门电路的输出结构决定了它不能进行线与。为满足实际应用中实现线与的要求，专门生产了一种可以进行线与的门电路——集电极开路门，简称 OC(Open Collector)门，其电路与符号如图 11-9 所示。

OC 门主要有以下几方面的应用：

①实现线与。两个 OC 门实现线与的电路如图 11-10 所示。此时的逻辑关系为

$$Y = Y_1 \cdot Y_2 = \overline{AB} \cdot \overline{CD} = \overline{AB + CD}$$

即在输出线上实现了与运算，通过逻辑变换可转换为与或非运算。

在使用 OC 门进行线与时，外接上拉电阻 R_P 的选择非常重要，只有 R_P 选择得当，才能保证 OC 门输出满足要求的高电平和低电平。

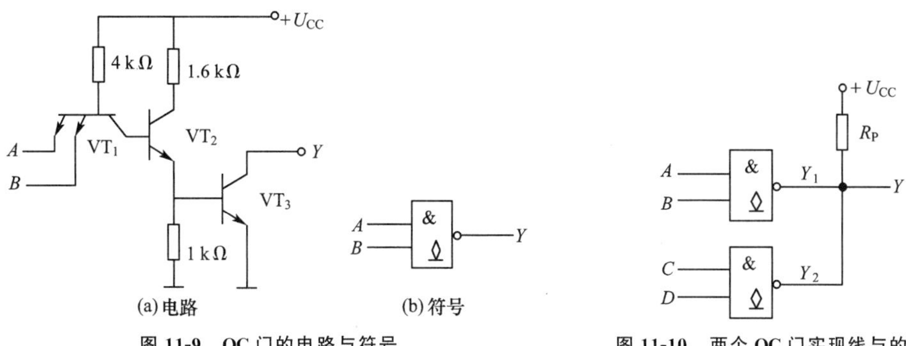

图 11-9 OC 门的电路与符号　　图 11-10 两个 OC 门实现线与的电路

②实现电平转换。在数字系统的接口部分(与外部设备相连接的地方)需要有电平转换的时候,常用 OC 门来完成。如图 11-11 所示,把上拉电阻接到 10 V 电源上,这样在 OC 门输入普通的 TTL 电平时,输出高电平就可以变为 10 V。

③用作驱动器。可用它来驱动发光二极管、指示灯、继电器和脉冲变压器等。图 11-12 所示为用来驱动发光二极管的电路。

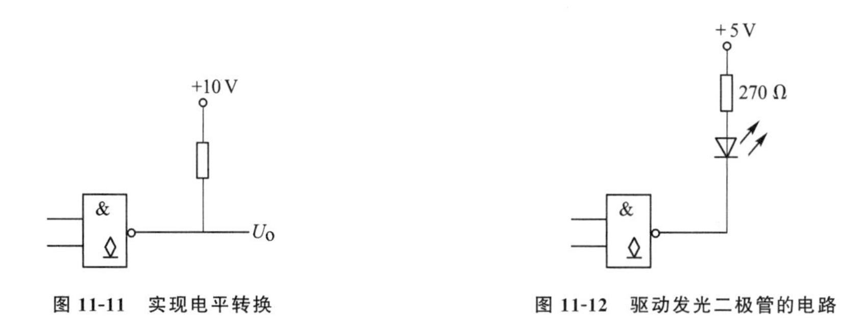

图 11-11 实现电平转换　　图 11-12 驱动发光二极管的电路

(2)三态输出门

三态输出门(简称三态门)除具有一般门电路的输出高、低电平两种状态外,还呈现高阻状态。

①三态门的逻辑图形:如图 11-13(a)所示,当$\overline{EN}=0$时,三态门相当于一个正常的二输入端与非门,输出$Y=\overline{AB}$,称为正常工作状态。

当$\overline{EN}=1$时,这时从输出端 Y 看进去,对地和对电源都相当于开路,呈现高阻状态,所以称这种状态为高阻态或禁止态。这种$\overline{EN}=0$时为正常工作状态的三态门称为低电平有效的三态门。如果使能端 $EN=1$ 时为正常工作状态,$EN=0$ 时为高阻态,这种三态门称为高电平有效的三态门,如图 11-13(b)所示。

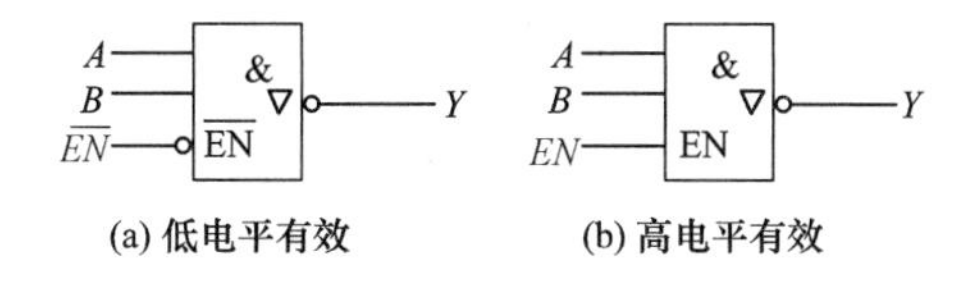

图 11-13 三态输出门

②三态门的应用:三态门在计算机总线结构中有着广泛的应用。图 11-14(a)所示为三态门组成的单向总线,可实现信号的分时传送。

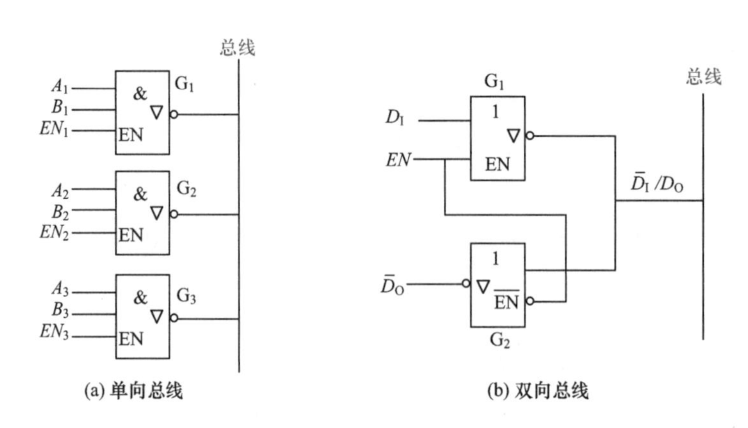

图 11-14　三态门组成的总线

图 11-14(b)所示为三态门组成的双向总线。当 EN 为高电平时，G_1 正常工作，G_2 为高阻态，输入数据 D_I 经 G_1 反相后送到总线上；当 EN 为低电平时，G_2 正常工作，G_1 为高阻态，总线上的数据 $\overline{D}_O$ 经 G_2 反相后输出D_O。这样就实现了信号的分时双向传送。

二、CMOS 集成逻辑门电路

MOS 逻辑门电路是继 TTL 之后发展起来的另一种应用广泛的数字集成电路。由于它功耗低、抗干扰能力强、工艺简单，几乎所有的大规模、超大规模数字集成器件都采用 MOS 工艺。就其发展趋势看，MOS 电路特别是 CMOS 集成逻辑门电路有可能超越 TTL 成为占统治地位的逻辑器件。

1. CMOS 集成逻辑门电路的系列

CMOS 集成逻辑门电路主要有以下几个系列：

(1)基本的 CMOS——4000 系列

这是早期的 CMOS 集成逻辑门产品，工作电源电压范围为 3～18 V，由于具有功耗低、噪声容限大、扇出系数大等优点，已得到普遍使用。缺点是工作速度较低，平均传输延迟时间为几十纳秒，最高工作频率小于 5 MHz。

(2)高速的 CMOS——HC(HCT)系列

该系列电路主要从制造工艺上做了改进，使其大大提高了工作速度，平均传输延迟时间小于 10 ns，最高工作频率可达 50 MHz。HC 系列的电源电压范围为 2～6 V。HCT 系列的主要特点是与 TTL 器件电压兼容，它的电源电压范围为 4.5～5.5 V，输入电压参数为 $U_{IH(min)}=2.0$ V，$U_{IL(max)}=0.8$ V，与 TTL 完全相同。另外，74HC/HCT 系列与 74LS 系列产品只要最后三位数字相同，则两种器件的逻辑功能、外形尺寸、引脚排列顺序也完全相同，这样就为以 CMOS 产品代替 TTL 产品提供了方便。

(3)先进的 CMOS——AC(ACT)系列

该系列的工作频率得到了进一步的提高，同时保持了 CMOS 超低功耗的特点。其中 ACT 系列与 TTL 器件电压兼容，电源电压范围为 4.5～5.5 V。AC 系列的电源电压范围为 1.5～5.5 V。AC(ACT)系列的逻辑功能、引脚排列顺序等都与同型号的 HC(HCT)系列完全相同。

2. CMOS 集成逻辑门电路的主要参数

CMOS 集成逻辑门电路主要参数的定义同 TTL 电路，下面主要说明 CMOS 集成逻辑门电路主要参数的特点。

(1)输出高电平 U_{OH} 与输出低电平 U_{OL}

CMOS 集成逻辑门电路 U_{OH} 的理论值为电源电压 U_{DD}，$U_{OH(min)}=0.9U_{DD}$；U_{OL} 的理论值为 0 V，$U_{OL(max)}=0.01U_{DD}$。所以 CMOS 集成逻辑门电路的逻辑摆幅(即高、低电平之差)较大，接近电源电压 U_{DD} 值。

(2)抗干扰容限

CMOS 非门的关门电压 U_{OFF} 为 $0.45U_{DD}$，开门电压 U_{ON} 为 $0.55U_{DD}$。因此，其高、低电平噪声容限均可达 $0.45U_{DD}$。其他 CMOS 集成逻辑门电路的噪声容限一般也大于 $0.3U_{DD}$。电源电压 U_{DD} 越大，其抗干扰能力越强。

(3)扇出系数

因 CMOS 集成逻辑门电路有极高的输入阻抗，故其扇出系数很大，一般额定扇出系数可达 50。但必须指出的是，扇出系数是指驱动 CMOS 集成逻辑门电路的个数，若就灌电流负载能力和拉电流负载能力而言，CMOS 集成逻辑门电路远远低于 TTL 集成逻辑门电路。

11.5 组合逻辑电路分析与设计

描述组合逻辑电路逻辑功能的方法主要有真值表、逻辑表达式(函数式)、波形图、卡诺图和逻辑图等。组合逻辑电路的分析主要是根据给定的逻辑图，找出输出信号与输入信号间的关系，从而确定它的逻辑功能。组合逻辑电路的设计主要是根据给出的实际问题，求出能实现这一逻辑要求的最简逻辑电路。

一、组合逻辑电路分析

1. 组合逻辑电路的基本分析过程

组合逻辑电路分析

(1)根据给定的逻辑电路写出输出逻辑函数式。一般从输入端向输出端逐级写出各个门输出对其输入的逻辑函数式，从而写出整个逻辑电路的输出对输入变量的逻辑函数式。必要时，可进行化简，求出最简输出逻辑函数式。

(2)列出逻辑函数的真值表。将输入变量的状态以自然二进制数顺序的各种取值组合代入输出逻辑函数式，求出相应的输出状态，并填入表中，即得真值表。

(3)分析逻辑功能。通常通过分析真值表的特点来说明电路的逻辑功能。

2. 分析举例

例11-5

分析如图 11-15 所示逻辑电路的功能。

解：输出逻辑函数表达式为

$Y_1 = A \oplus B$

$Y = Y_1 \oplus C = (A \oplus B) \oplus C = (A\overline{B} + \overline{A}B) \oplus C =$

$(\overline{A}\,\overline{B} + AB)C + (A\overline{B} + \overline{A}B)\overline{C} =$

$\overline{A}\,\overline{B}C + \overline{A}B\overline{C} + A\overline{B}\,\overline{C} + ABC$

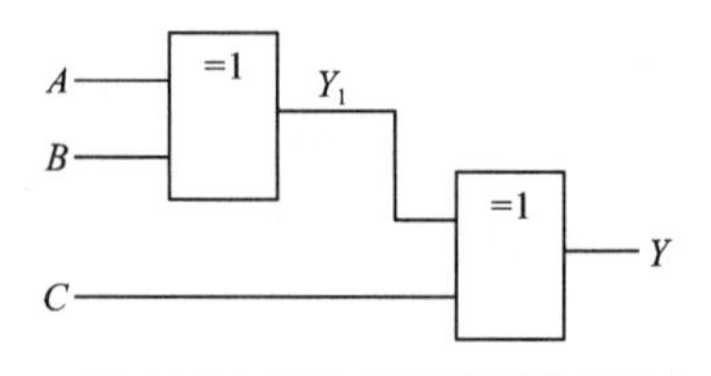

图 11-15 【例 11-5】的逻辑电路

将输入 A、B、C 取值的各种组合代入上式中，求出输出 Y 的值。由此可列出表 11-6 所示的真值表。

表 11-6　　【例 11-5】的真值表

输　入			输　出
A	B	C	Y
0	0	0	0
0	0	1	1
0	1	0	1
0	1	1	0
1	0	0	1
1	0	1	0
1	1	0	0
1	1	1	1

由表 11-6 可看出：在输入 A、B、C 三个变量中，有奇数个 1 时，输出 Y 为 1，否则 Y 为 0。因此，图 11-15 所示电路为三位判奇电路，又称为奇校验电路。

二、组合逻辑电路设计

1. 组合逻辑电路基本设计方法

微课

组合逻辑电路设计

(1)分析设计要求，列出真值表。根据题意确定输入变量和输出函数及它们之间的关系，然后将输入变量以自然二进制数顺序的各种取值组合排列，列出真值表。

(2)根据真值表写出输出逻辑函数式。找出真值表中输出为 1 的输入变量取值的组合，若输入变量取值为 1 时用原变量表示，输入变量取值为 0 时用反变量表示，这些变量相与可得到若干个与项，将这些对应函数为 1 的若干与项相或后，便得到输出逻辑函数表达式。

(3)对输出逻辑函数式进行化简。通常用代数法(或卡诺图法)对逻辑函数式进行化简。

(4)根据最简输出逻辑函数式画出逻辑图。

2. 设计举例

例11-6

设计一个 A、B、C 三人表决电路。当表决某个提案时，多数人同意，提案通过，同时 A 具有否决权。

解：分析设计要求，列出真值表。设 A、B、C 三个人表决同意提案时用 1 表示，不同意时用 0 表示；Y 为表决结果，提案通过用 1 表示，不通过用 0 表示，同时还应考虑 A 具有否决权。由此可列出表 11-7 所示的真值表。

表 11-7 【例 11-6】的真值表

输入			输出
A	B	C	Y
0	0	0	0
0	0	1	0
0	1	0	0
0	1	1	0
1	0	0	0
1	0	1	1
1	1	0	1
1	1	1	1

输出逻辑函数式为

$$Y=A\overline{B}C+AB\overline{C}+ABC$$

将输出逻辑函数式化简后，可得

$$Y=AC+AB$$

变换为与非表达式为

$$Y=\overline{\overline{AC+AB}}=\overline{\overline{AC}\cdot\overline{AB}}$$

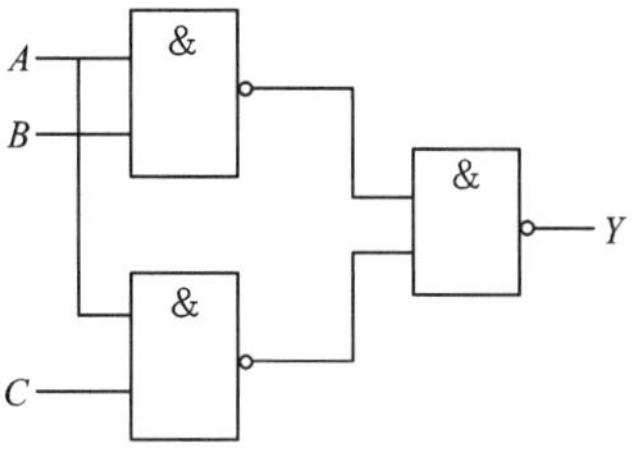

根据输出逻辑函数画逻辑电路。根据上式可画出如图11-16所示的逻辑电路。

图 11-16 【例 11-6】的逻辑电路

11.6 编码器

编码是指将字母、数字、符号等信息编成一组二进制码。

一、键控 8421BCD 编码器

如图 11-17 所示，左端的十个按键 $\overline{S}_0 \sim \overline{S}_9$ 代表输入的十个十进制数符号 0～9，输入为低电平有效，即某一按键按下，对应的输入信号为 0。输出对应的 8421BCD 码为四位码，所以有四个输出端 Y_3、Y_2、Y_1、Y_0。

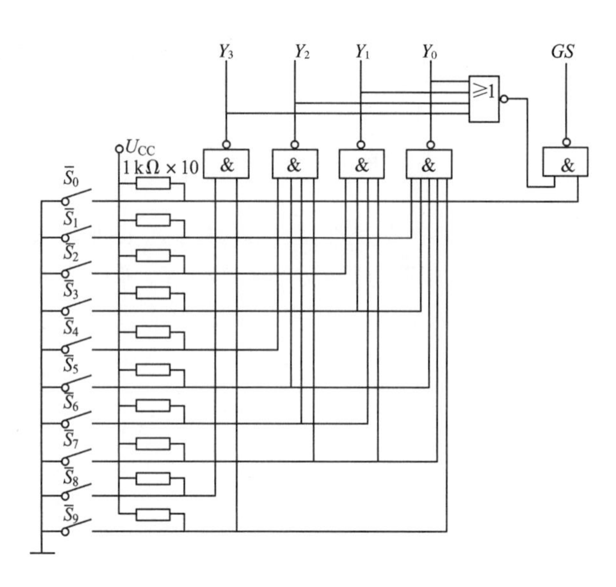

图 11-17　键控 8421BCD 编码器

键控 8421BCD 编码器真值表见表 11-8。其中 GS 为控制使能标志，当按下 $\overline{S}_0 \sim \overline{S}_9$ 任意一个键时，$GS=1$，表示有信号输入；当 $\overline{S}_0 \sim \overline{S}_9$ 均没按下时，$GS=0$，表示没有信号输入，此时的输出代码 0000 为无效代码。

表 11-8　　　　　　　　　键控 8421BCD 编码器真值表

输入										输出				
$\overline{S}_9$	$\overline{S}_8$	$\overline{S}_7$	$\overline{S}_6$	$\overline{S}_5$	$\overline{S}_4$	$\overline{S}_3$	$\overline{S}_2$	$\overline{S}_1$	$\overline{S}_0$	Y_3	Y_2	Y_1	Y_0	GS
1	1	1	1	1	1	1	1	1	1	0	0	0	0	0
1	1	1	1	1	1	1	1	1	0	0	0	0	0	1
1	1	1	1	1	1	1	1	0	1	0	0	0	1	1
1	1	1	1	1	1	1	0	1	1	0	0	1	0	1
1	1	1	1	1	1	0	1	1	1	0	0	1	1	1
1	1	1	1	1	0	1	1	1	1	0	1	0	0	1
1	1	1	1	0	1	1	1	1	1	0	1	0	1	1
1	1	1	0	1	1	1	1	1	1	0	1	1	0	1
1	1	0	1	1	1	1	1	1	1	0	1	1	1	1
1	0	1	1	1	1	1	1	1	1	1	0	0	0	1
0	1	1	1	1	1	1	1	1	1	1	0	0	1	1

由真值表写出各输出的逻辑表达式为

$$Y_3 = \overline{\overline{S}}_8 + \overline{\overline{S}}_9 = \overline{\overline{S}_8 \overline{S}_9}$$

$$Y_2 = \overline{\overline{S}}_4 + \overline{\overline{S}}_5 + \overline{\overline{S}}_6 + \overline{\overline{S}}_7 = \overline{\overline{S}_4 \overline{S}_5 \overline{S}_6 \overline{S}_7}$$

$$Y_1 = \overline{\overline{S}}_2 + \overline{\overline{S}}_3 + \overline{\overline{S}}_6 + \overline{\overline{S}}_7 = \overline{\overline{S}_2 \overline{S}_3 \overline{S}_6 \overline{S}_7}$$

$$Y_0 = \overline{\overline{S}}_1 + \overline{\overline{S}}_3 + \overline{\overline{S}}_5 + \overline{\overline{S}}_7 + \overline{\overline{S}}_9 = \overline{\overline{S}_1 \overline{S}_3 \overline{S}_5 \overline{S}_7 \overline{S}_9}$$

二、二进制编码器

用 n 位二进制码对 2^n 个信号进行编码的电路称为二进制编码器。

三位二进制编码器有八个输入端和三个输出端，所以常称为 8 线-3 线编码器，其真值表见表 11-9，输入为高电平有效。

表 11-9　　8 线-3 线编码器真值表

输入								输出		
I_0	I_1	I_2	I_3	I_4	I_5	I_6	I_7	Y_2	Y_1	Y_0
1	0	0	0	0	0	0	0	0	0	0
0	1	0	0	0	0	0	0	0	0	1
0	0	1	0	0	0	0	0	0	1	0
0	0	0	1	0	0	0	0	0	1	1
0	0	0	0	1	0	0	0	1	0	0
0	0	0	0	0	1	0	0	1	0	1
0	0	0	0	0	0	1	0	1	1	0
0	0	0	0	0	0	0	1	1	1	1

由真值表写出各输出的逻辑表达式为

$$Y_2=\overline{\overline{I}_4\ \overline{I}_5\ \overline{I}_6\ \overline{I}_7}$$

$$Y_1=\overline{\overline{I}_2\ \overline{I}_3\ \overline{I}_6\ \overline{I}_7}$$

$$Y_0=\overline{\overline{I}_1\ \overline{I}_3\ \overline{I}_5\ \overline{I}_7}$$

用门电路实现逻辑电路，如图 11-18 所示。

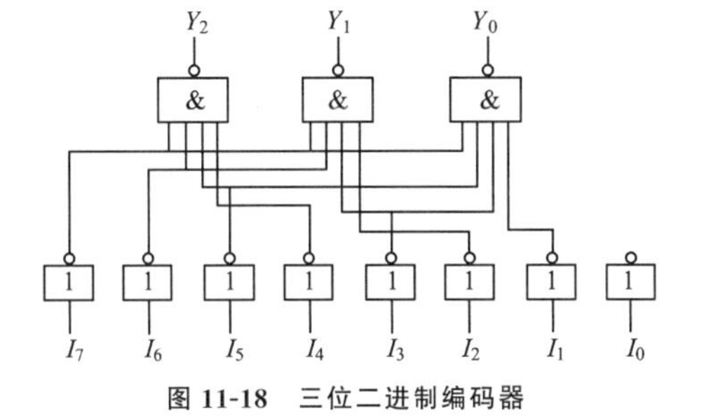

图 11-18　三位二进制编码器

三、优先编码器

优先编码器允许同时输入两个及两个以上的编码信号，编码器给所有的输入信号规定了优先顺序，当多个输入信号同时出现时，只对其中优先级最高的一个进行编码。

74148 是一种常用的 8 线-3 线优先编码器。其真值表见表 11-10，其中 $\overline{I}_0\sim\overline{I}_7$ 为编码器输入端，低电平有效；$\overline{Y}_0\sim\overline{Y}_2$ 为编码器输出端，也为低电平有效，即反码输出。其他功能如下：

(1)$\overline{EI}$为使能输入端，低电平有效。当$\overline{EI}=0$ 时，编码器工作。

(2)优先顺序为 $\overline{I}_7\to\overline{I}_0$，即 $\overline{I}_7$ 的优先级最高，然后是 $\overline{I}_6$、$\overline{I}_5$、…、$\overline{I}_0$。

(3)$\overline{GS}$为优先编码工作标志端，低电平有效。当$\overline{EI}=0$ 且有优先码时，$\overline{GS}=0$；无优先码时，$\overline{GS}=1$。

(4)EO 为使能输出端，高电平有效。$EO=1$ 时，表示有优先码输入式编码器不工作。

表 11-10　　74148 优先编码器真值表

输入									输出				
$\overline{EI}$	$\overline{I}_0$	$\overline{I}_1$	$\overline{I}_2$	$\overline{I}_3$	$\overline{I}_4$	$\overline{I}_5$	$\overline{I}_6$	$\overline{I}_7$	$\overline{Y}_2$	$\overline{Y}_1$	$\overline{Y}_0$	$\overline{GS}$	EO
1	×	×	×	×	×	×	×	×	1	1	1	1	1
0	1	1	1	1	1	1	1	1	1	1	1	1	0
0	×	×	×	×	×	×	×	0	0	0	0	0	1
0	×	×	×	×	×	×	0	1	0	0	1	0	1
0	×	×	×	×	×	0	1	1	0	1	0	0	1
0	×	×	×	×	0	1	1	1	0	1	1	0	1
0	×	×	×	0	1	1	1	1	1	0	0	0	1
0	×	×	0	1	1	1	1	1	1	0	1	0	1
0	×	0	1	1	1	1	1	1	1	1	0	0	1
0	0	1	1	1	1	1	1	1	1	1	1	0	1

如图 11-19 所示是用两块 74148 扩展的 16 线-4 线优先编码器电路。

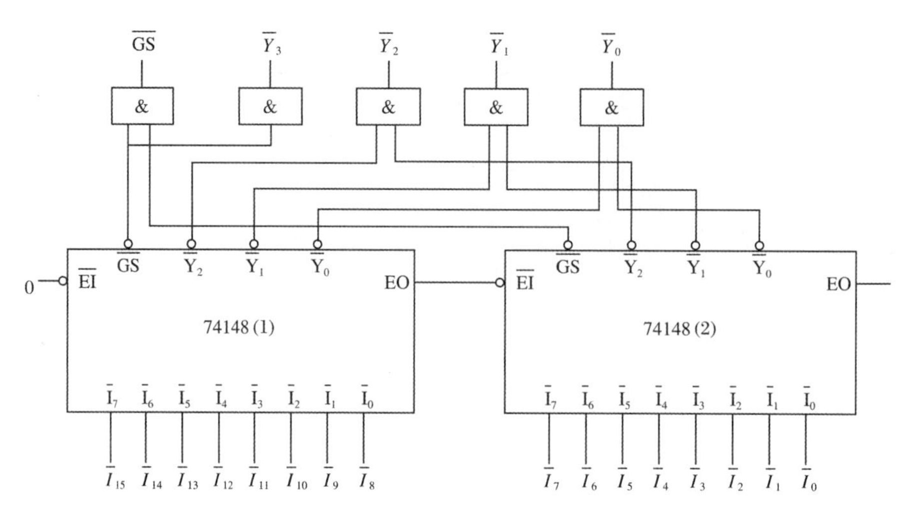

图 11-19 用两块 74148 扩展的 16 线-4 线优先编码器电路

11.7 译码器和数字显示

一、译码器

译码是指将输入代码转换成特定的输出信号。

假设译码器有 n 个输入信号和 N 个输出信号，如果 $N=2^n$，就称为全译码器(二进制译码器)。常见的全译码器有 2 线-4 线译码器、3 线-8 线译码器、4 线-16 线译码器等。如果 $N<2^n$，称为部分译码器(非二进制译码器)，如二-十进制译码器(也称作 4 线-10 线译码器)等。

下面以 2 线-4 线译码器为例说明译码器的工作原理和电路结构。2 线-4 线译码器的功能表见表 11-11。由表 11-11 可写出各输出函数表达式为

$$Y_0=\overline{\overline{EI}\,\overline{A}\,\overline{B}},\ Y_1=\overline{\overline{EI}\,\overline{A}B},\ Y_2=\overline{\overline{EI}A\overline{B}},\ Y_3=\overline{\overline{EI}AB}$$

用门电路实现 2 线-4 线译码器的逻辑电路如图 11-20 所示。

表 11-11 2 线-4 线译码器的功能表

输入			输出			
$\overline{EI}$	A	B	Y_0	Y_1	Y_2	Y_3
1	×	×	1	1	1	1
0	0	0	0	1	1	1
0	0	1	1	0	1	1
0	1	0	1	1	0	1
0	1	1	1	1	1	0

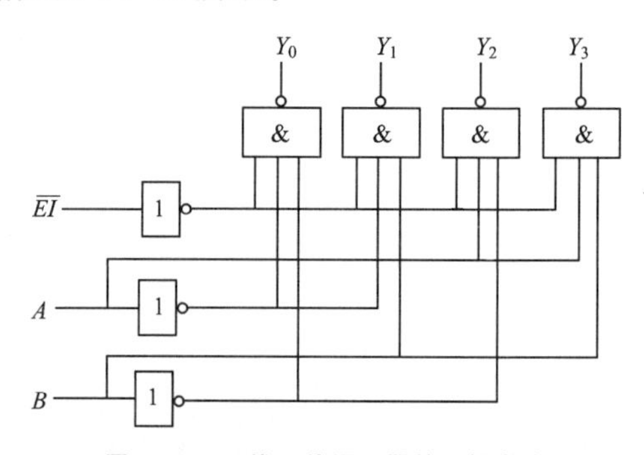

图 11-20 2 线-4 线译码器的逻辑电路

74138 是一种典型的二进制译码器，它有三个输入端 A_2、A_1、A_0，八个输出端 $\overline{Y}_0\sim\overline{Y}_7$，所以常称为 3 线-8 线译码器，属于全译码器。输出为低电平有效，G_1、$\overline{G}_{2A}$和 $\overline{G}_{2B}$为使能输入

端。表 11-12 为 3 线-8 线译码器 74138 功能表。

表 11-12　　　　3 线-8 线译码器 74138 功能表

输入						输出							
G_1	$\overline{G}_{2A}$	$\overline{G}_{2B}$	A_2	A_1	A_0	$\overline{Y}_0$	$\overline{Y}_1$	$\overline{Y}_2$	$\overline{Y}_3$	$\overline{Y}_4$	$\overline{Y}_5$	$\overline{Y}_6$	$\overline{Y}_7$
×	1	×	×	×	×	1	1	1	1	1	1	1	1
×	×	1	×	×	×	1	1	1	1	1	1	1	1
0	×	×	×	×	×	1	1	1	1	1	1	1	1
1	0	0	0	0	0	0	1	1	1	1	1	1	1
1	0	0	0	0	1	1	0	1	1	1	1	1	1
1	0	0	0	1	0	1	1	0	1	1	1	1	1
1	0	0	0	1	1	1	1	1	0	1	1	1	1
1	0	0	1	0	0	1	1	1	1	0	1	1	1
1	0	0	1	0	1	1	1	1	1	1	0	1	1
1	0	0	1	1	0	1	1	1	1	1	1	0	1
1	0	0	1	1	1	1	1	1	1	1	1	1	0

当 $G_1=1$，$\overline{G}_{2A}$、$\overline{G}_{2B}$ 均为 0 时，译码器处于工作状态。当 $A_2A_1A_0=000$ 时，$\overline{Y}_0=0$，当 $A_2A_1A_0=001$ 时，$\overline{Y}_1=0$……依此类推。

利用译码器的使能输入端可以方便地扩展译码器的容量。图 11-21 所示是用两块 74138 扩展的 4 线-16 线译码器电路。

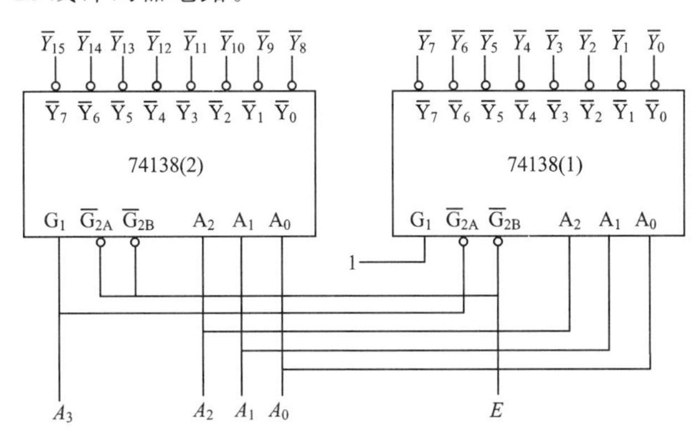

图 11-21　用两块 74138 扩展的 4 线-16 线译码器

其工作原理为：当 $E=1$ 时，两个译码器都禁止工作，输出全 1；当 $E=0$ 时，译码器工作。这时，如果 $A_3=0$，高位芯片禁止，低位芯片工作，输出 $\overline{Y}_0\sim\overline{Y}_7$ 由输入二进制码 $A_2A_1A_0$ 决定；如果 $A_3=1$，低位芯片禁止，高位芯片工作，输出 $\overline{Y}_8\sim\overline{Y}_{15}$ 由输入二进制码 $A_2A_1A_0$ 决定，从而实现了 4 线-16 线译码器功能。

二、数字显示译码器

在数字系统中，常常需要将数字、字母、符号等直观地显示出来，供人们读取或监视系统的工作情况。能够显示数字、字母或符号的器件称为数字显示器。

在数字电路中，数字量都是以一定的代码形式出现的，所以这些数字量要先经过译码，才能送到数字显示器中去显示。这种能把数字量翻译成数字显示器所能识别的信号的译码器称为数字显示译码器。

常用的数字显示译码器有多种类型。按显示方式分，有字形重叠式、点阵式、分段式等；按发光物质分，有半导体显示器（又称发光二极管（LED）显示器）、荧光显示器、液晶显示器、气体放电管显示器等。目前应用最广泛的是由发光二极管构成的七段数字显示器。

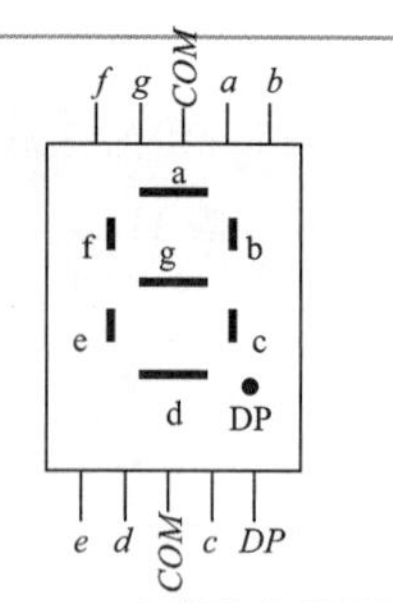

图 11-22 七段数字显示器

如图 11-22 所示，七段数字显示器就是将七个发光二极管(加小数点为八个)按一定的方式排列起来，七段 a、b、c、d、e、f、g(小数点 DP)各对应一个发光二极管，利用不同发光段的组合，显示不同的阿拉伯数字。

按内部连接方式不同，七段数字显示器分为共阴极和共阳极两种。如图 11-23 所示为共阳极接法，图 11-24 所示为共阴极接法。

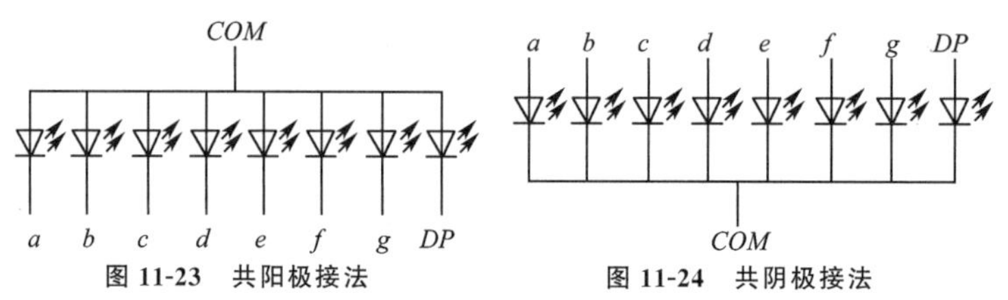

图 11-23 共阳极接法　　图 11-24 共阴极接法

半导体显示器的优点是工作电压较低(1.5～3 V)，体积小，寿命长，亮度高，响应速度快，工作可靠性高；缺点是工作电流大，每个字段的工作电流约为 10 mA。

七段显示译码器 7448 是一种与共阴极数字显示器配合使用的集成译码器，它的功能是将输入的四位二进制代码转换成显示器所需要的七段信号 a～g。七段显示译码器 7448 符号如图 11-25 所示。

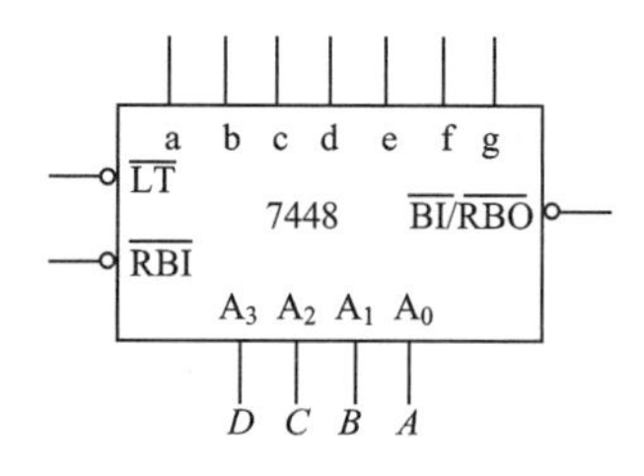

图 11-25 七段显示译码器 7448 符号

七段显示译码器 7448 输出高电平有效，用以驱动共阴极显示器。该集成显示译码器设有多个辅助控制端，以增强器件的功能。7448 的功能表见表 11-13，它有三个辅助控制端 $\overline{LT}$、$\overline{RBI}$、$\overline{BI}/\overline{RBO}$，现简要说明如下：

表 11-13　　7448 功能表

十进制或功能	输入						$\overline{BI}/\overline{RBO}$	输出							字形
	$\overline{LT}$	$\overline{RBI}$	D	C	B	A		a	b	c	d	e	f	g	
0	1	1	0	0	0	0	1	1	1	1	1	1	1	0	0
1	1	×	0	0	0	1	1	0	1	1	0	0	0	0	1
2	1	×	0	0	1	0	1	1	1	0	1	1	0	1	2
3	1	×	0	0	1	1	1	1	1	1	1	0	0	1	3
4	1	×	0	1	0	0	1	0	1	1	0	0	1	1	4
5	1	×	0	1	0	1	1	1	0	1	1	0	1	1	5
6	1	×	0	1	1	0	1	0	0	1	1	1	1	1	6
7	1	×	0	1	1	1	1	1	1	1	0	0	0	0	7
8	1	×	1	0	0	0	1	1	1	1	1	1	1	1	8
9	1	×	1	0	0	1	1	1	1	1	1	0	1	1	9
10	1	×	1	0	1	0	1	0	0	0	1	1	0	1	c
11	1	×	1	0	1	1	1	0	0	1	1	0	0	1	ɔ
12	1	×	1	1	0	0	1	0	1	0	0	0	1	1	u
13	1	×	1	1	0	1	1	1	0	0	1	1	1	1	Ε
14	1	×	1	1	1	0	1	0	0	0	1	1	1	1	t

续表

十进制或功能	输入						$\overline{BI}/\overline{RBO}$	输出							字形
	$\overline{LT}$	$\overline{RBI}$	D	C	B	A		a	b	c	d	e	f	g	
15	1	×	1	1	1	1	1	0	0	0	0	0	0	0	
消隐	×	×	×	×	×	×	0	0	0	0	0	0	0	0	
脉冲消隐	1	0	0	0	0	0	0	0	0	0	0	0	0	0	
灯测试	0	×	×	×	×	×	1	1	1	1	1	1	1	1	8

(1)灭灯输入/动态灭零输出$\overline{BI}/\overline{RBO}$

$\overline{BI}/\overline{RBO}$是特殊控制端，有时作为输入，有时作为输出。当$\overline{BI}/\overline{RBO}$作为输入使用且$\overline{BI}=0$时，无论其他输入端是什么电平，所有各段输出 $a \sim g$ 均为 0，所以字形熄灭。

$\overline{BI}/\overline{RBO}$作为输出使用时，受控于$\overline{LT}$和$\overline{RBI}$。当$\overline{LT}=1$ 且$\overline{RBI}=0$，输入代码 $DCBA=0000$ 时，$\overline{RBO}=0$；若$\overline{LT}=0$ 或者$\overline{LT}=1$ 且$\overline{RBI}=1$，则$\overline{RBO}=1$。该端主要用于显示多位数字时多个译码器之间的连接。

(2)试灯输入$\overline{LT}$

当$\overline{LT}=0$ 时，$\overline{BI}/\overline{RBO}$是输出端，且$\overline{RBO}=1$，此时无论其他输入端是什么状态，所有各段输出 $a \sim g$ 均为 1，显示字形为 8。该输入端常用于检查 7448 本身及显示器的好坏。

(3)动态灭零输入$\overline{RBI}$

当$\overline{LT}=1$、$\overline{RBI}=0$ 且输入代码 $DCBA=0000$ 时，各段输出 $a \sim g$ 均为低电平，与 BCD 码相应的字形 0 熄灭，故称“灭零”。利用$\overline{LT}=1$ 与$\overline{RBI}=0$ 可以实现某一位的“消隐”，此时$\overline{BI}/\overline{RBO}$是输出端，且$\overline{RBO}=0$。

从功能表还可看出，对输入代码 0000，译码条件是$\overline{LT}$和$\overline{RBI}$同时等于 1，而对其他输入代码则仅要求$\overline{LT}=1$，这时译码器各段 $a \sim g$ 输出的电平是由输入 BCD 码决定的，并且满足显示字形的要求。

思考题与习题

1. 试用列真值表的方法证明下列运算公式。

(1)$A \oplus 1=\overline{A}$

(2)$A \oplus A=0$

(3)$(A \oplus B) \oplus C=A \oplus (B \oplus C)$

2. 根据要求完成下列各题。

(1)用代数法化简函数：

$F=\overline{AC+\overline{A}BC+\overline{B}C}+\overline{A\,\overline{B}C+\overline{A}C+BC}$

$F=ABC+C\overline{D}+\overline{D}+AB+(\overline{A}+\overline{B})C$

$F=A+\overline{A}C+BCD$

$F=AB+\overline{B}C+\overline{A}BC+ACDE$

(2)证明下列恒等式：

$A\overline{B}+\overline{A}B=(A+B)(\overline{A}+\overline{B})=\overline{AB+\overline{A}\,\overline{B}}$

3. TTL 与非门逻辑电路中，多余的输入端应如何处理？或门、或非门、与或非门的多余输入端应如何处理？

4. 什么是“线与”？普通 TTL 门电路为什么不能“线与”？

5. 三态门输出有哪三种状态？保证接至同一母线上的许多三态门电路能够正常工作的必要条件是什么？

6. 写出如图 11-26 所示各逻辑图的逻辑表达式。

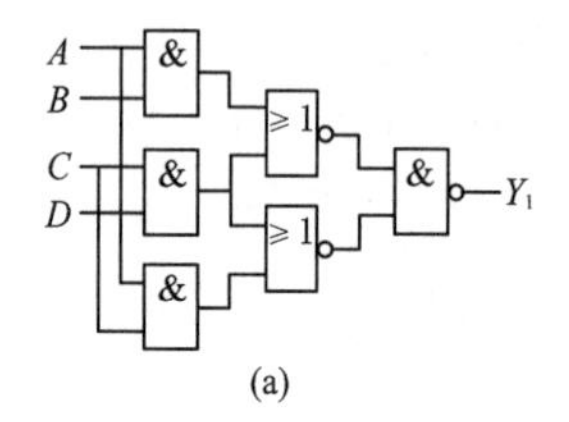

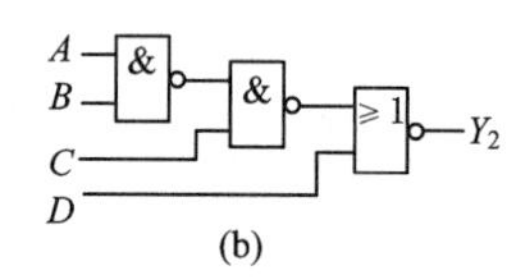

图 11-26 题 6 图

7. 对应于图 11-27 所示的各种情况，分别画出输出 Y_1、Y_2、Y_3 的波形。

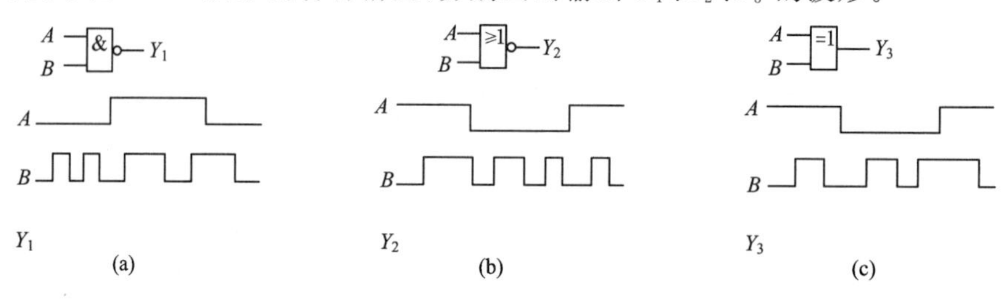

图 11-27 题 7 图

8. 如图 11-28 所示各门电路均为 74 系列 TTL 电路，分别指出电路的输出状态(高电平、低电平或高阻态)。

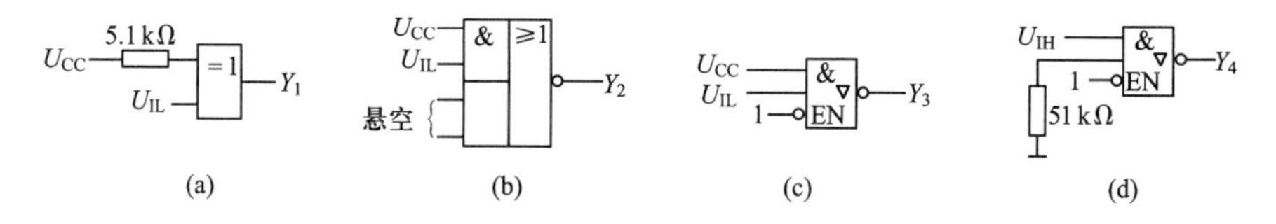

图 11-28 题 8 图

9. 如图 11-29 所示各门电路均为 CC4000 系列的 CMOS 电路，分别指出电路的输出状态是高电平还是低电平。

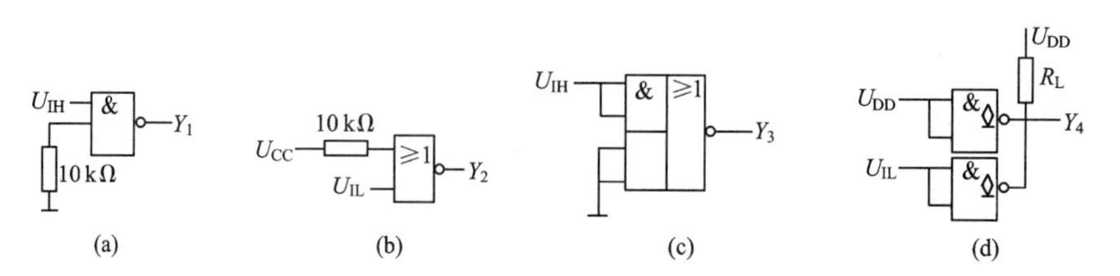

图 11-29 题 9 图

10. 已知逻辑函数 $Y=A+\overline{B}C+\overline{A}B\overline{C}$，求与它对应的真值表，并画逻辑图。

11. 分析图 11-30 所示电路的逻辑功能。

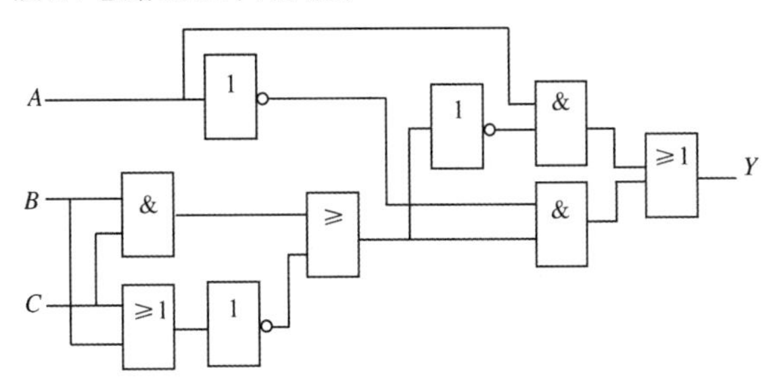

图 11-30 题 11 图

12. 设计一个交通灯故障自动检测器，实现红、黄、绿三种灯的远程监控。

13. 设计一个 4 位的奇偶校验器，当 4 位数中有奇数个 1 时，输出为 0，否则输出为 1。

14. 设计一个电路，用以判别一位 8421BCD 码是否大于 5。大于 5 时，电路输出 1，否则输出 0。

第 12 章

触发器与时序逻辑电路

知识目标

1. 掌握 RS 触发器、JK 触发器、D 触发器的逻辑功能。

2. 掌握时序逻辑电路的分析。

3. 了解寄存器和计数器的结构及工作原理，掌握集成二进制计数器和十进制计数器的功能。

技能目标

1. 能阅读和分析一般程度的电子电路原理图。

2. 能运用典型的中小规模集成电路组成简单应用电路。

素质目标

以案例——24 进制计数、译码、显示电路导入，引导学生开阔视野、创新思维，培养实际应用的能力。

案例

24 进制计数、译码、显示电路

在电子技术高速发展的今天，很多电子产品都具有计数、译码、显示功能。如电子钟、抢答器、交通信号灯等。24 进制计数、译码、显示电路是数字电子钟的计时、显示电路的一部分。

1. 电路及工作过程

电路如图 12-1 所示。74LS160 具有异步清零端，74LS160 从 0000 0000 状态开始计数(显示 00)，当输入第 24 个计数脉冲(上升沿)时，高位输出 $Q_3Q_2Q_1Q_0=0010$，低位输出 $Q_3Q_2Q_1Q_0=0100$，与非门输出端变低电平，反馈给$\overline{CR}$端一个清零信号，立即使输出返回 0000 0000 状态。

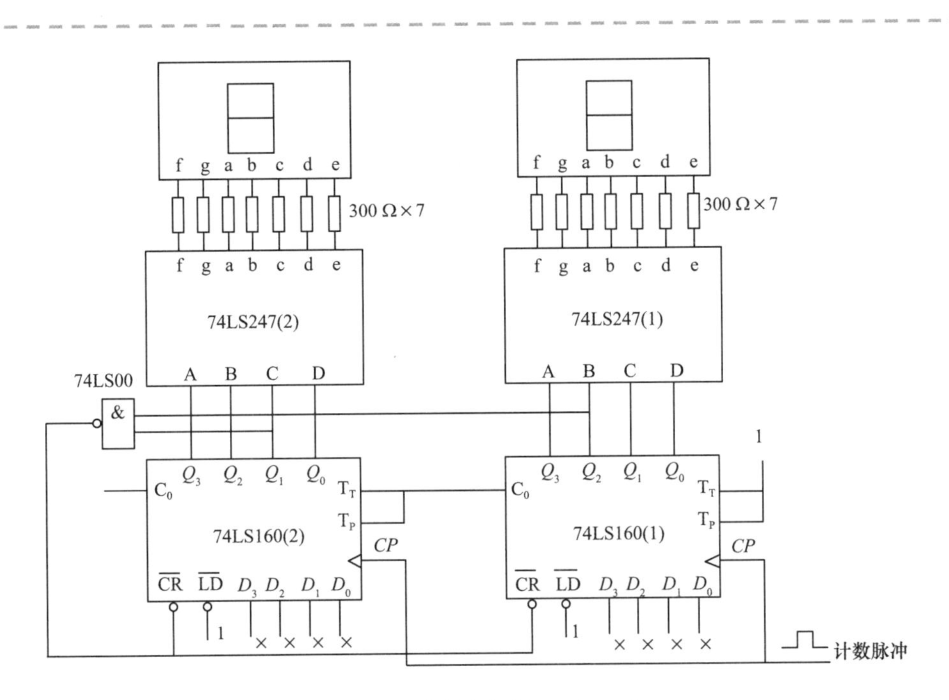

图 12-1 24 进制计数、译码、显示电路

2.电路元器件

十进制计数器 74LS160 两块；4 线七段译码器 74LS247 两块；共阴极接法的七段数码显示器两块；与非门 74LS00 一块；电阻 300 Ω 十四个；5 V 直流电源；脉冲信号源；16 脚集成电路插座四个；14 脚集成电路插座一个；万能板一块；连接导线若干。

3.案例实施

(1)查阅集成电路手册，熟悉 74LS00、74LS160、74LS247 各引脚；认真检查元器件，确保元器件完好。

(2)自己设计电路安装图，在万能板上安装元器件，并焊接。注意集成块应先焊好集成块座，再按引脚顺序插入集成块。

(3)对照电路，检查无误后，接上 5 V 电源。

(4)输入计数脉冲，依次显示 00、01、02、03、…、23、24、00、01……不断循环。若不能正常显示，应查找故障，直至正常为止。

4.案例思考

(1)若想实现 60 进制计数、译码、显示电路，应如何接线？

(2)若用 74LS290 计数器实现 24 进制计数、译码、显示电路，应如何接线？

带着案例思考中的问题进入本章内容的学习。

实际中的许多电路，任何时刻的输出信号不仅取决于当时的输入信号，而且与电路以前所处的状态也有关，具有这种特征的电路称为时序逻辑电路。在时序逻辑电路中应包含能够记忆电路以前所处状态的器件，该器件称为记忆元件。

数字电路中的记忆元件称为触发器，含有触发器是时序逻辑电路的特征，也是判断一个电路是属于时序逻辑电路还是组合逻辑电路的依据。

触发器的种类很多，根据触发器电路结构的特点，可以将触发器分为主从触发器、维持阻塞触发器和 CMOS 边沿触发器等几种类型。

根据触发器逻辑功能的不同，又可以将触发器分为 RS 触发器、JK 触发器、T 触发器和 D 触发器等几种类型。

在数字电路中，根据触发器在时序逻辑电路中状态的翻转是否同步的特征，可将时序逻辑电路分成同步时序逻辑电路和异步时序逻辑电路。触发器的状态同时发生翻转的时序逻辑电路称为同步时序逻辑电路；触发器的状态不是同时发生翻转的时序逻辑电路称为异步时序逻辑电路。

>>> 12.1 双稳态触发器 <<<

双稳态触发器必须具备两个基本的特点：一是具有两个能自行保持的稳定状态，用来表示二进制信号的 0 或 1；二是不同的输入信号可以将触发器置成 0 或 1 的状态。

一、基本 RS 触发器的电路结构和动作特点

最基本的 RS 触发器电路如图 12-2(a)所示，图 12-2(b)是基本 RS 触发器的符号。基本 RS 触发器是由两个与非门交叉直接耦合组成的，且这种交叉直接耦合形成闭环的正反馈，使与非门的两个输出端 Q 和 $\overline{Q}$ 有稳定的输出信号 1 和 0 或 0 和 1，且在两个输入端 $\overline{S}$ 和 $\overline{R}$ 上输入信号，可以很方便地将触发器输出端的信号置成 1 或 0。下面来讨论 RS 触发器的工作原理。

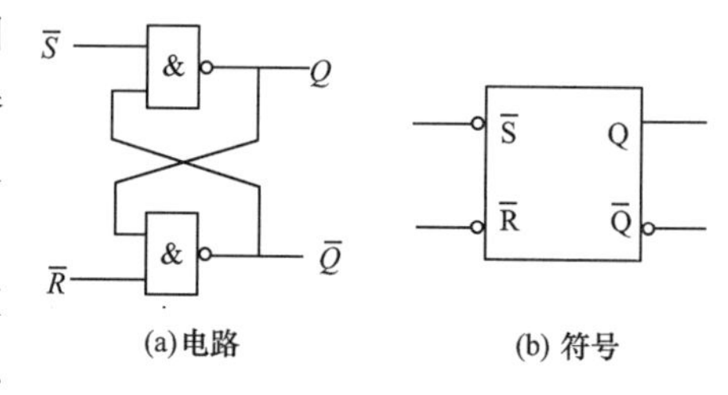

图 12-2 基本 RS 触发器

在数字电路中，用触发器输出端 Q 的状态来定义触发器的状态。当触发器的输出端 Q 为高电平信号 1 时，称触发器的状态为 1；当触发器的输出端 Q 为低电平信号 0 时，称触发器的状态为 0。把触发器接收信号之前所处的状态称为现态，用 Q^n 和 $\overline{Q}^n$ 表示；把触发器接收信号之后所处的状态称为次态，用 Q^{n+1} 和 $\overline{Q}^{n+1}$ 表示。反映次态 Q^{n+1} 和现态 Q^n 与 $\overline{R}$、$\overline{S}$ 之间对应关系的表格称为特性表。用特性表可直观地描述触发器的动作特点，图 12-2(a)所示电路的特性表见表 12-1。

表 12-1　　基本 RS 触发器的特性表

$\overline{R}$	$\overline{S}$	Q^n	Q^{n+1}	功　能
0	0	0	1*	不可用
0	0	1	1*	
0	1	0	0	置 0(复位)
0	1	1	0	

续表

$\overline{R}$	$\overline{S}$	Q^n	Q^{n+1}	功　能
1	0	0	1	置 1(置位)
1	0	1	1	
1	1	0	0	记忆
1	1	1	1	

在表 12-1 中，当输入变量 $\overline{R}=0$、$\overline{S}=1$ 时，不管现态 Q^n 是 1 还是 0，因 $\overline{R}$ 端所在的与非门遵守"有 0 出 1"的逻辑关系，所以 $\overline{Q}^{n+1}=1$，该信号与 $\overline{S}=1$ 信号与非的结果使次态 Q^{n+1} 都等于 0。触发器的这个动作过程称为置 0 或复位，所以触发器的输入端 $\overline{R}$ 称为复位端。

同理可得，当输入变量 $\overline{R}=1$、$\overline{S}=0$ 时，不管现态 Q^n 是 1 还是 0，次态 Q^{n+1} 都等于 1。触发器的这个动作过程称为置 1 或置位，所以触发器的输入端 $\overline{S}$ 称为置位端。

当输入变量 $\overline{R}=1$、$\overline{S}=1$ 时，触发器的次态 Q^{n+1} 等于现态 Q^n，触发器的这个动作过程称为记忆。因触发器具备记忆的功能，所以触发器在数字电路中作为记忆元件来使用。

当输入变量 $\overline{R}=0$、$\overline{S}=0$ 时，不管现态 Q^n 是 1 还是 0，次态 Q^{n+1} 和 $\overline{Q}^{n+1}$ 同时都为 1。该状态既不是触发器定义的状态 1，也不是规定的状态 0，且当 $\overline{R}$ 和 $\overline{S}$ 同时变为 1 以后，无法断定触发器是处在 1 的状态还是处在 0 的状态。为了区别于稳定的状态 1，用符号"1^*"来表示。因为这种状态是触发器工作的非正常状态，是不允许出现的，所以图12-1(a)所示电路的触发器处在正常工作情况下时，应遵守 $RS=0$ 的约束条件。

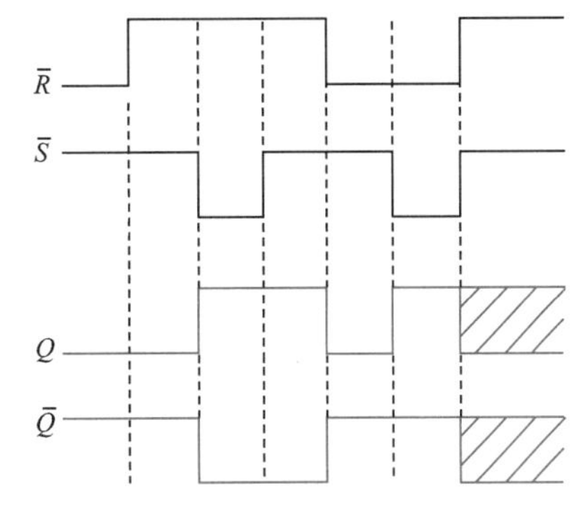

图 12-3　基本 RS 触发器的工作波形图

由上面的讨论可知，图 12-2(a)所示触发器的触发信号是低电平有效的，所以图12-1(b)所示符号的输入端旁边有小圆圈。

触发器的动作特点除了用特性表来描述外，还可以用工作波形图来描述，图 12-2(a)所示电路的工作波形图如图 12-3 所示。

画触发器工作波形图的方法是在输入信号的跳变处引入虚线，根据特性表画出每一时间间隔内的信号，用斜线来表示不确定的状态。

基本 RS 触发器除了可由与非门组成外，还可以由或非门来组成，由或非门组成的 RS 触发器电路如图 12-4(a)所示，图 12-4(b)是该电路的符号。根据或非门的逻辑关系式可列出图 12-4(a)所示触发器的特性表，见表 12-2。

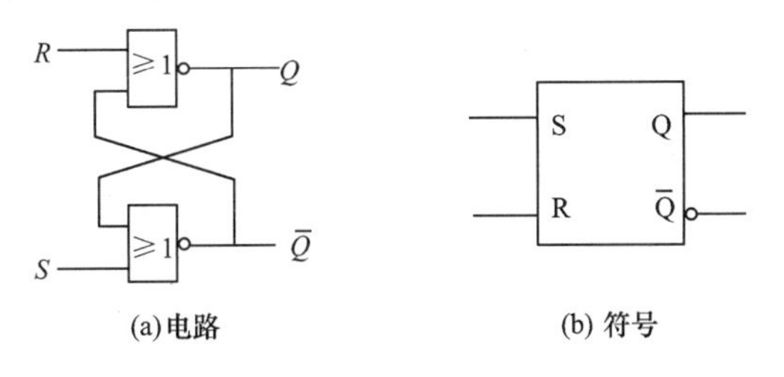

图 12-4　由或非门组成的 RS 触发器

表 12-2　　由或非门组成的 **RS** 触发器的特性表

R	S	Q^n	Q^{n+1}
0	0	0	0
0	0	1	1
0	1	0	1
0	1	1	1
1	0	0	0
1	0	1	0
1	1	0	0*
1	1	1	0*

由表 12-2 可见，由或非门组成的 RS 触发器的触发信号是高电平有效的，所以图 12-4(b) 所示触发器的符号中输入端旁边没有小圆圈。

二、主从 RS 触发器及主从 JK 触发器

基本 RS 触发器的输入信号直接加在输出门电路的输入端，在输入信号存在期间，触发器的输出状态 Q 直接受输入信号的控制，所以基本 RS 触发器又称为直接复位、置位触发器。直接复位、置位触发器不仅抗干扰能力差，而且不能实施多个触发器的同步工作。为了解决多个触发器同步工作的问题，发明了同步触发器。

在触发器的输入端引入脉冲方波信号作为同步控制信号，通常称为时钟脉冲或时钟信号，简称时钟，用字母 CP(Clock Pulse)来表示，也称为 CP 控制端。

1. 主从 RS 触发器

主从 RS 触发器的电路如图 12-5(a)所示，图 12-5(b)是主从 RS 触发器的符号。其中与非门 G_1、G_2、G_3、G_4 组成主触发器，与非门 G_5、G_6、G_7、G_8 组成从触发器，且两个触发器 CP 脉冲的相位正好相反。

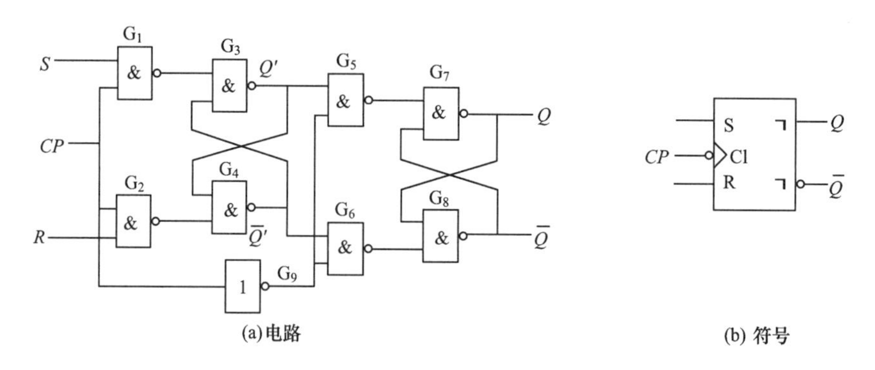

图 12-5　主从 **RS** 触发器

主从 RS 触发器的动作特点是：在 CP 信号为高电平 1 时，主触发器的输入控制门 G_1 和 G_2 打开，输入的 RS 信号可以使主触发器的输出状态发生变化；因为从触发器的输入控制门是低电平受限的，所以从触发器的输入控制门 G_5 和 G_6 关闭，主触发器的输出信号 Q' 和 $\overline{Q}'$不能输入从触发器，因而不能使从触发器的状态发生变化，从触发器保持原态。

当 CP 信号从高电平 1 跳变到低电平 0 时，CP 信号将产生一个脉冲下降沿信号。当脉冲下降沿信号到来以后，主触发器的输入控制门 G_1 和 G_2 关闭，RS 信号不能输入主触发器，因而不能使主触发器的状态发生变化，主触发器保持脉冲下降沿到来时刻的信号 Q' 和

$\overline{Q'}$；从触发器的输入控制门 G_5 和 G_6 打开，主触发器的输出信号 Q' 和 $\overline{Q'}$ 输入从触发器，使从触发器的状态发生变化。

上面所描述的主从 *RS* 触发器的动作特点，说明主从 *RS* 触发器中从触发器的输出状态是主触发器输出的延迟，图 12-5(b)所示方框中的符号“¬”就表示这种延迟的作用，*CP* 输入控制端旁边的小圆圈和符号“＞”用来表示触发器的状态变换仅发生在脉冲下降沿到来之时，在列特性表时，*CP* 脉冲的下降沿用符号“⊓↓”来表示。

根据图 12-5(a)可列出主从 *RS* 触发器的特性表，见表 12-3。

表 12-3　　主从 *RS* 触发器的特性表

CP	R	S	Q^n	Q^{n+1}
0	×	×	0	0
0	×	×	1	1
⊓↓	0	0	0	0
⊓↓	0	0	1	1
⊓↓	0	1	0	1
⊓↓	0	1	1	1
⊓↓	1	0	0	0
⊓↓	1	0	1	0
⊓↓	1	1	0	1*
⊓↓	1	1	1	1*

根据表 12-3 可得主从 *RS* 触发器的特性方程为

$$Q^{n+1}=\overline{R}\,\overline{S}Q^n+\overline{R}S\,\overline{Q^n}+\overline{R}SQ^n=S+\overline{R}Q^n$$

$RS=0$　　（时钟脉冲下降沿有效）

主从 *RS* 触发器的工作波形图即为主从 *RS* 触发器的时序图，主从 *RS* 触发器在现态 $Q=0$ 情况下的时序图如图 12-6 所示。画时序图的方法是：先在脉冲下降沿所在处引入虚线，虚线的左边表示触发器的现态，将虚线上的 *R*、*S* 值和触发器的现态 Q^n 值代入特性方程，计算出次态 Q^{n+1} 的值，并将其画在虚线的右边。

触发器的输出有 0 和 1 两个稳定状态，规定在小圆圈内标注 0 表示触发器的状态 0，在小圆圈内标注 1 表示触发器的状态 1，并用箭头表示触发器状态转换的过程，箭头旁边的式子表示触发器状态转换的条件。根据这些规定制作的触发器状态转换的过程图称为触发器的状态转换图。主从 *RS* 触发器的状态转换图如图 12-7 所示。

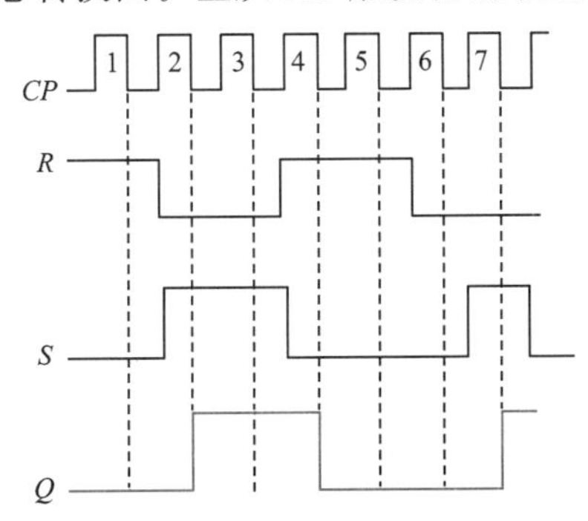

图 12-6　主从 *RS* 触发器的时序图(现态 $Q=0$)

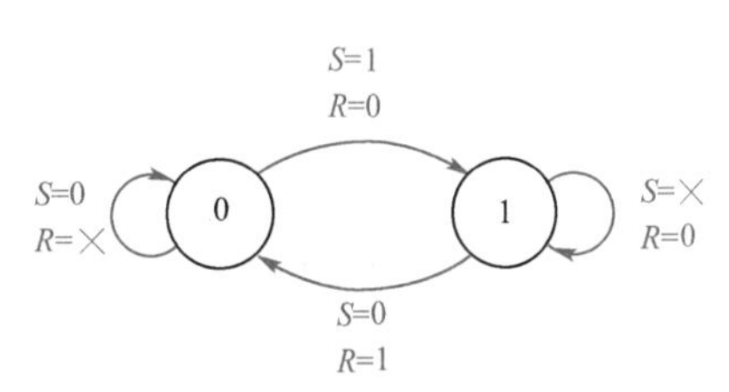

图 12-7　主从 *RS* 触发器的状态转换图

2. 主从 JK 触发器

由上面的讨论过程可见，主从 RS 触发器输入变量还必须受约束条件 $RS=0$ 的约束，按照图 12-8(a)所示的反馈方法改进电路，可以解决触发器输入变量 RS 受约束条件约束的问题。

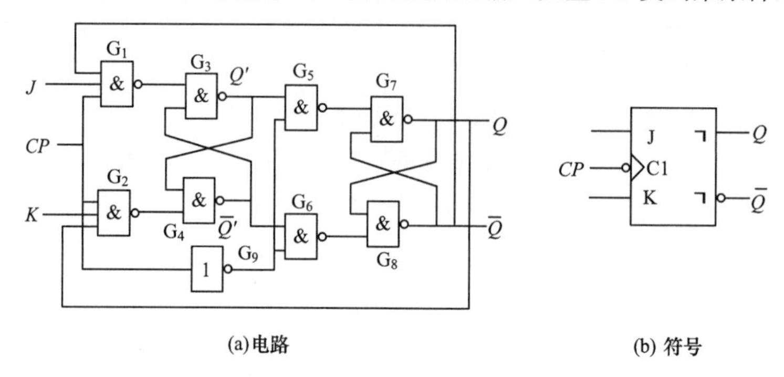

图 12-8 主从 *JK* 触发器

为了与原来的主从 RS 触发器相区别，将触发器的输入端改称为 JK 输入端，触发器称为主从 JK 触发器，图 12-8(b)是主从 JK 触发器的符号。

由图 12-8(a)可得主从 JK 触发器的特性表，见表 12-4。

表 12-4 主从 *JK* 触发器的特性表

CP	J	K	Q^n	Q^{n+1}
0	×	×	0	0
0	×	×	1	1
$\sqcap\!\downarrow$	0	0	0	0
$\sqcap\!\downarrow$	0	0	1	1
$\sqcap\!\downarrow$	0	1	0	0
$\sqcap\!\downarrow$	0	1	1	0
$\sqcap\!\downarrow$	1	0	0	1
$\sqcap\!\downarrow$	1	0	1	1
$\sqcap\!\downarrow$	1	1	0	1
$\sqcap\!\downarrow$	1	1	1	0

根据表 12-4 可得主从 JK 触发器的特性方程为

$$Q^{n+1}=J\overline{Q}^n+\overline{K}Q^n \qquad \text{（时钟脉冲下降沿有效）}$$

设主从 JK 触发器的现态 $Q=0$，根据特性方程可得主从 JK 触发器的时序图，如图 12-9 所示。根据画触发器状态转换图的方法可得主从 JK 触发器的状态转换图，如图 12-10 所示。

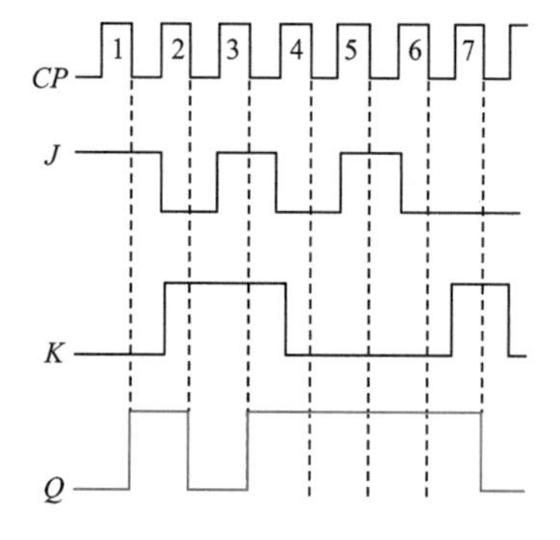

图 12-9 主从 *JK* 触发器的时序图(现态 $Q=0$)

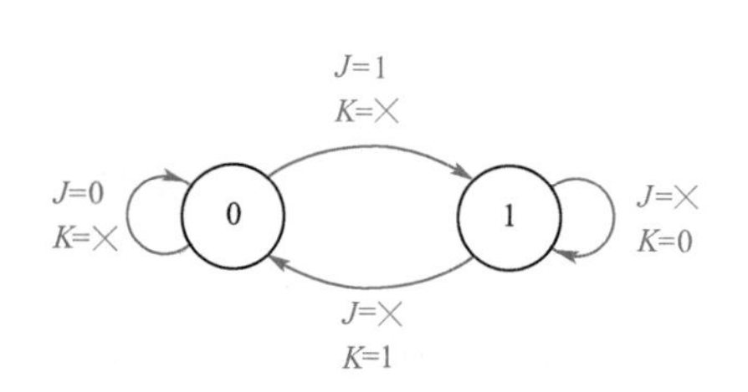

图 12-10 主从 *JK* 触发器的状态转换图

三、边沿 D 触发器

由 CMOS 传输门组成的边沿触发器电路如图 12-11(a)所示，图 12-11(b)是边沿触发器的符号。因电路中只有一个输入端 D，所以该触发器又称为边沿 D 触发器。边沿 D 触发器也是一个主从触发器，图中的 CMOS 传输门 TG_1、TG_2 和反相器 G_1、G_2 组成主触发器，CMOS 传输门 TG_3、TG_4 和反相器 G_3、G_4 组成从触发器，CMOS 传输门 TG_1 和 TG_3 分别为主触发器和从触发器的输入控制门。

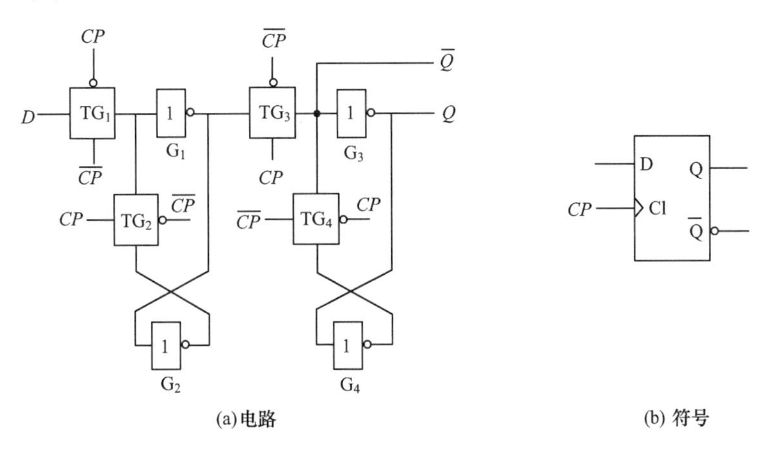

(a)电路　　(b) 符号

图 12-11　边沿 D 触发器

边沿 D 触发器的工作原理是：当 $CP=0$、$\overline{CP}=1$ 时，TG_1 导通，TG_2 切断，D 输入端的信号输入主触发器中，反相器 G_1 输出端的信号为 $\overline{D}$。但这时的主触发器因 TG_2 切断，尚未形成反馈连接，不能自行保持输入的数据，反相器 G_1 输出端的信号随输入信号 D 的变化而变化。同时，由于传输门 TG_3 切断，反相器 G_1 的输出信号对从触发器的状态不影响。

当 CP 从 0 跳变到 1 的瞬间，CP 信号将产生一个脉冲的上升沿。当脉冲上升沿到来时，TG_1 截止，切断外界的输入信号 D 对主触发器的影响；TG_2 导通形成反馈连接，主触发器保持脉冲上升沿到达瞬间的输入信号值 D。同时，传输门 TG_3 导通，反相器 G_1 的输出信号输入从触发器，反相器 G_3 的输出信号(从触发器的输出信号)为脉冲上升沿到达瞬间的输入信号值 D。

当脉冲上升沿过后，CP 又恢复到 $CP=0$、$\overline{CP}=1$ 的状态，TG_3 截止，切断主触发器的输出信号对从触发器状态的影响。同时，TG_4 导通，反相器 G_3 和 G_4 形成反馈连接，自行保持脉冲上升沿到达瞬间的输入信号值 D。

由上面的讨论可见，边沿 D 触发器的输出状态取决于脉冲上升沿到达时的输入信号值 D，所以该触发器是脉冲上升沿触发的边沿 D 触发器，其符号的表示上没有了 CP 输入端旁边的小圆圈，如图 12-11(b)所示。边沿 D 触发器的特性表见表 12-5。

表 12-5　边沿 D 触发器的特性表

CP	D	Q^{n+1}
0	×	Q^n
↑	0	0
↑	1	1

由表 12-5 可得边沿 D 触发器的特性方程为

$$Q^{n+1}=D \qquad \text{(时钟脉冲上升沿有效)}$$

设边沿 D 触发器的现态 $Q=0$，根据特性方程可得边沿 D 触发器的时序图，如图 12-12 所示。边沿 D 触发器的状态转换图如图 12-13 所示。

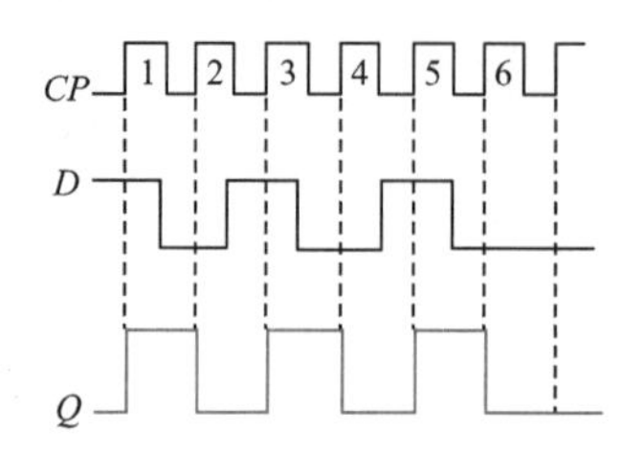

图 12-12 边沿 D 触发器的时序图(现态 $Q=0$)

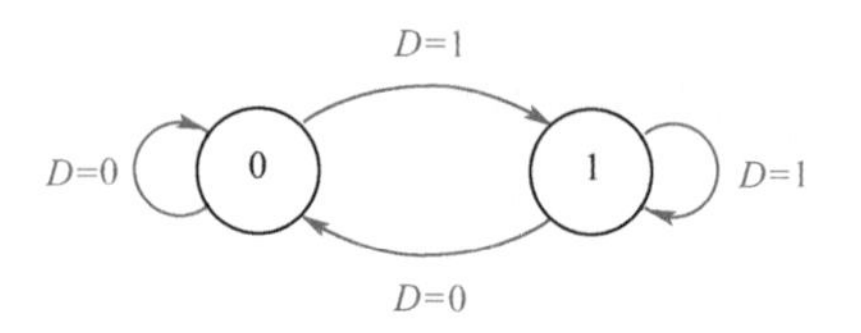

图 12-13 边沿 D 触发器的状态转换图

12.2 时序逻辑电路分析

一、时序逻辑电路的基本分析方法

时序逻辑电路分析

一般分析时序逻辑电路时给定的是时序逻辑电路，待求的是状态表、特性表、状态图或时序图。分析时序逻辑电路的目的是确定已知电路的逻辑功能和工作特点。具体步骤如下：

(1)写出方程。根据给定的时序逻辑电路图写出电路中各触发器的时钟方程、驱动方程和输出方程。时钟方程：时序逻辑电路中各触发器 CP 脉冲的逻辑关系。驱动方程：时序逻辑电路中各触发器输入信号之间的逻辑关系。输出方程：时序逻辑电路输出方程。

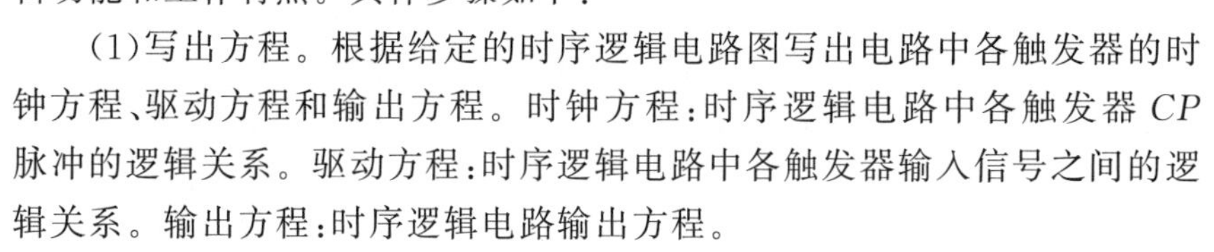

(2)求状态方程。把驱动方程代入相应触发器的特性方程，即可求出时序逻辑电路的状态方程，也就是各个触发器次态输出的逻辑表达式。

(3)进行计算。把电路输入和现态的各种可能取值，代入输出方程和状态方程进行计算，求出相应的输出和次态。

(4)画出状态图或列出特性表，画出时序图。

状态转换是由现态转换到次态；输出是现态和输入的函数；只有当 CP 触发沿到来时才会更新状态。

(5)电路功能说明。说明电路的逻辑功能，或结合时序图说明时钟脉冲与输入、输出及内部变量之间的时间关系。

二、时序逻辑电路分析举例

例12-1

分析图 12-14 所示的时序逻辑电路。

解:(1)写出方程。

①时钟方程:各触发器的触发时钟是相同的,于是有

$$CP_0=CP_1=CP_2=CP$$

②输出方程为

$$Y=\overline{Q_2^n\overline{Q_1^n}\,\overline{Q_0^n}}$$

显然,时序逻辑电路的输出只与电路的现态有关。

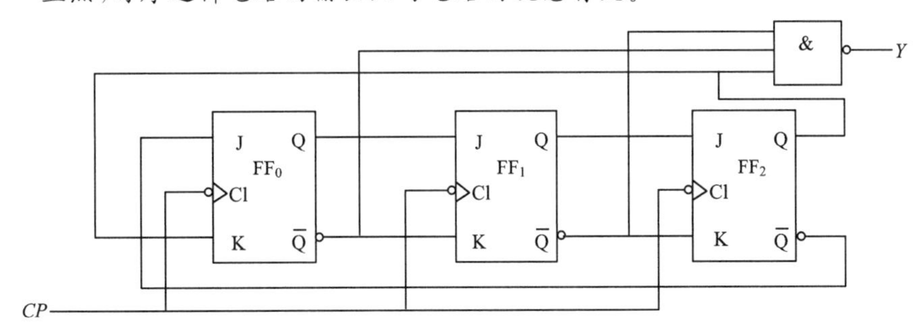

图 12-14 【例 12-1】的时序逻辑电路

③驱动方程为

$$J_0=\overline{Q_2^n},K_0=Q_2^n$$

$$J_1=Q_0^n,K_1=\overline{Q_0^n}$$

$$J_2=Q_1^n,K_2=\overline{Q_1^n}$$

(2)求状态方程。JK 触发器的特性方程为

$$Q^{n+1}=J\overline{Q^n}+\overline{K}Q^n \quad (\text{时钟脉冲下降沿有效})$$

将驱动方程分别代入特性方程,即可得

$$Q_0^{n+1}=J_0\overline{Q_0^n}+\overline{K_0}Q_0^n=\overline{Q_2^n}\,\overline{Q_0^n}+\overline{Q_2^n}Q_0^n=\overline{Q_2^n}$$

$$Q_1^{n+1}=J_1\overline{Q_1^n}+\overline{K_1}Q_1^n=Q_0^n\overline{Q_1^n}+\overline{\overline{Q_0^n}}Q_1^n=Q_0^n$$

$$Q_2^{n+1}=J_2\overline{Q_2^n}+\overline{K_2}Q_2^n=Q_1^n\overline{Q_2^n}+\overline{\overline{Q_1^n}}Q_2^n=Q_1^n$$

(3)进行计算。依次假设电路的现态 $Q_2^nQ_1^nQ_0^n$,分别代入状态方程和输出方程进行计算,求出相应的次态和输出,状态表见表 12-6。

表 12-6 【例 12-1】的状态表

现 态			次 态			输 出
Q_2^n	Q_1^n	Q_0^n	Q_2^{n+1}	Q_1^{n+1}	Q_0^{n+1}	Y
0	0	0	0	0	1	1
0	0	1	0	1	1	1

续表

现态			次态			输出
Q_2^n	Q_1^n	Q_0^n	Q_2^{n+1}	Q_1^{n+1}	Q_0^{n+1}	Y
0	1	0	1	0	1	1
0	1	1	1	1	1	1
1	0	0	0	0	0	0
1	0	1	0	1	0	1
1	1	0	1	0	0	1
1	1	1	1	1	0	1

(4)画出状态图和时序图。状态图和时序图分别如图12-15和图12-16所示，排列顺序为$Q_2^nQ_1^nQ_0^n$。

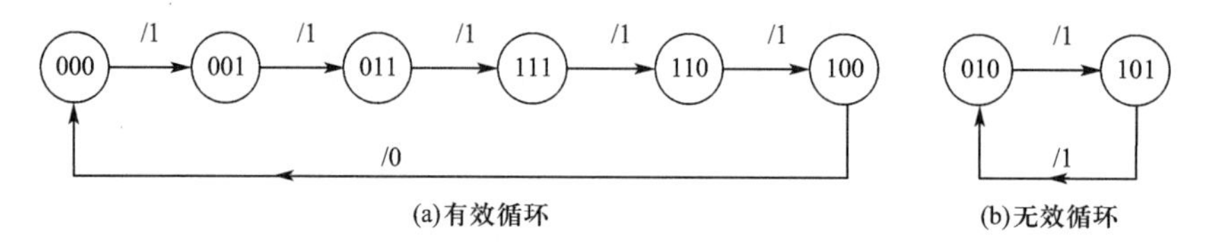

图12-15 【例12-1】的状态图

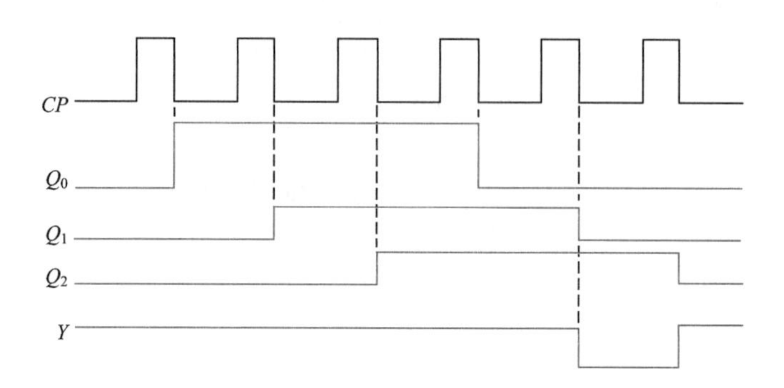

图12-16 【例12-1】的时序图

(5)有效状态、有效循环、无效状态、无效循环、能自启动和不能自启动的概念。

在时序逻辑电路中，凡是被利用的状态都称为有效状态。凡是有效状态形成的循环都称为有效循环，如图12-15(a)所示。

在时序逻辑电路中，凡是没有被利用的状态都称为无效状态。如果无效状态形成了循环，这种循环就称为无效循环，如图12-15(b)所示。

在时序逻辑电路中，虽然存在无效状态，但它们没有形成循环，这样的时序逻辑电路称为能自启动的时序逻辑电路。若既有无效状态存在，它们之间又形成了循环，这样的时序逻辑电路称为不能自启动的时序逻辑电路。本例中的电路就不能自启动，即启动后可能进入无效循环中工作，而不能自动进入有效循环中。

例12-2

分析图12-17所示的时序逻辑电路。

解:(1)写出方程。时钟方程为

$$CP_0=CP_2=CP, CP_1=\overline{Q}_0^n$$

驱动方程为

$$D_0=\overline{Q}_2^n\overline{Q}_0^n, D_1=\overline{Q}_1^n, D_2=Q_1^nQ_0^n$$

(2)求状态方程。D触发器的特性方程为

$$Q^{n+1}=D \quad \text{(时钟脉冲上升沿时刻有效)}$$

将驱动方程分别代入特性方程,可得

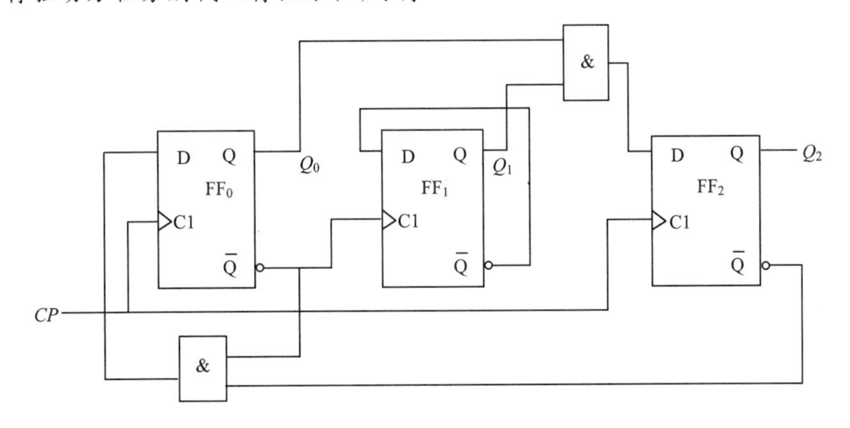

图12-17 【例12-2】的时序逻辑电路

$$Q_0^{n+1}=\overline{Q}_2^n\overline{Q}_0^n \quad (CP\text{上升沿时刻有效})$$

$$Q_1^{n+1}=\overline{Q}_1^n \quad (\overline{Q}_0\text{上升沿时刻有效})$$

$$Q_2^{n+1}=Q_1^nQ_0^n \quad (CP\text{上升沿时刻有效})$$

(3)进行计算。在依次设定电路的现态$Q_2^nQ_1^nQ_0^n$并代入状态方程式进行计算求次态时,要特别注意每一个方程式有效的时钟条件,只有当其时钟条件具备时,触发器才会按照方程式的规定更新状态,否则只会保持原来的状态不变。如在式$Q_1^{n+1}=\overline{Q}_1^n$中,其有效的时钟条件是$\overline{Q}_0$的上升沿,也就是说,在电路状态转换过程中,凡是$\overline{Q}_0$出现上升沿,触发器$FF_1$就翻转。状态表见表12-7。

表12-7 【例12-2】的状态表

现态			次态			备注		
Q_2^n	Q_1^n	Q_0^n	Q_2^{n+1}	Q_1^{n+1}	Q_0^{n+1}	时钟条件		
0	0	0	0	0	1	CP_0		CP_2
0	0	1	0	1	0	CP_0	CP_1	CP_2
0	1	0	0	1	1	CP_0		CP_2

续表

现态			次态			备注		
Q_2^n	Q_1^n	Q_0^n	Q_2^{n+1}	Q_1^{n+1}	Q_0^{n+1}	时钟条件		
0	1	1	1	0	0	CP_0	CP_1	CP_2
1	0	0	0	0	0	CP_0		CP_2
1	0	1	0	1	0	CP_0	CP_1	CP_2
1	1	0	0	1	0	CP_0		CP_2
1	1	1	1	0	0	CP_0	CP_1	CP_2

(4)画出状态图和时序图。

①状态图如图 12-18 所示，排列顺序为 $Q_2^nQ_1^nQ_0^n$。虽然有三个无效状态 101、110、111，但是电路能够自启动。

注意：画时序逻辑电路的状态图时，无效状态也一并画出。

②时序图如图 12-19 所示。

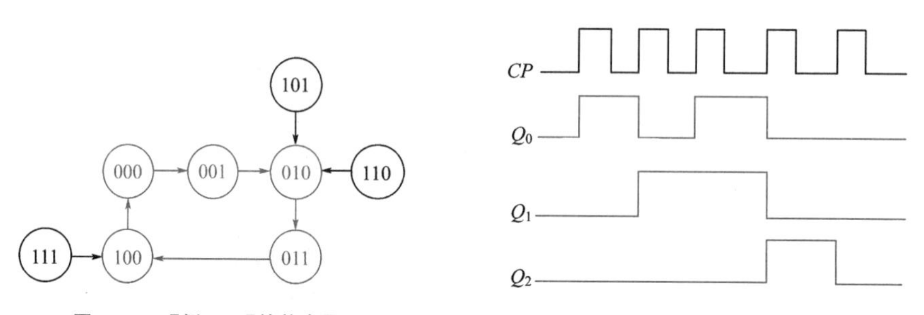

图 12-18 【例 12-2】的状态图

图 12-19 【例 12-2】的时序图

注意：画时序逻辑电路的时序图时，无效状态一般不画出来。

该电路是一个能自启动的五进制计数器。

12.3 寄存器

可以寄存二进制码的器件称为寄存器。

一、数据寄存器

根据 D 触发器的逻辑功能可知，寄存器可以由 D 触发器组成，图 12-20 所示为四位寄存器 74LS75 的逻辑电路及符号。

图 12-20(a)所示电路的工作原理是：在 CP 脉冲信号的驱动下，寄存器将输入的数据

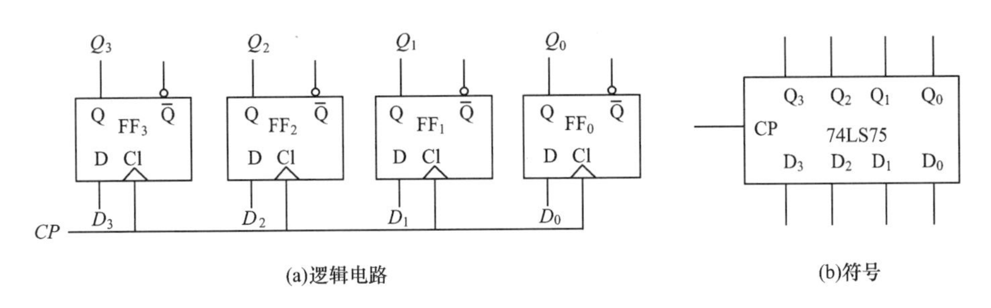

图 12-20 四位寄存器 74*LS*75 的逻辑图及符号

$D_3D_2D_1D_0$ 记住，寄存器的输出 $Q_3Q_2Q_1Q_0=D_3D_2D_1D_0$。

为了提高使用的灵活性，在寄存器的集成电路中都有附加的控制信号输入端，这些控制信号输入端主要有异步置 0、输出三态控制和移位等功能。

二、移位寄存器

具有移位功能的寄存器称为移位寄存器。移位寄存器的逻辑电路如图 12-21 所示。

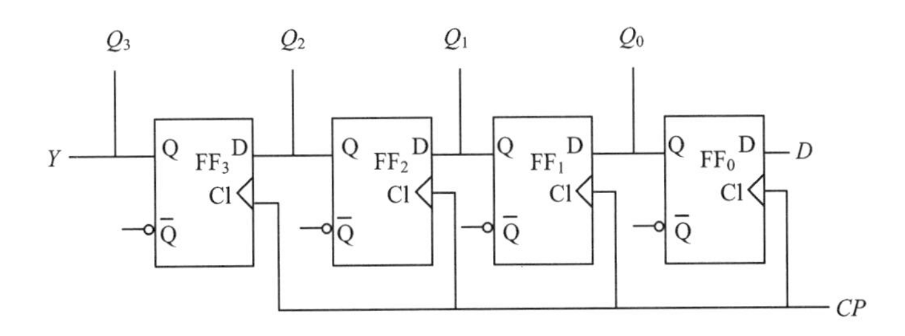

图 12-21 移位寄存器的逻辑电路

移位寄存器除了可以实现寄存数据的功能外，还可实现串、并行数据的转换。例如，将一列串行数据 1101 从移位寄存器的数据信号输入端 D 输入，在触发脉冲的作用下，串行数据逐个输入移位寄存器，经四个触发脉冲以后，四位串行数据全部输入移位寄存器，移位寄存器内四个触发器 FF_3、FF_2、FF_1、FF_0 的状态信号输出端的信号 $Q_3Q_2Q_1Q_0=1101$，是一个并行的输出数据。再输出四个触发脉冲，并行数据 1101 又从移位寄存器的数据信号输出端 Y 以串行数据的形式输出。移位寄存器串行数据转并行数据的时序图如图12-22 所示。

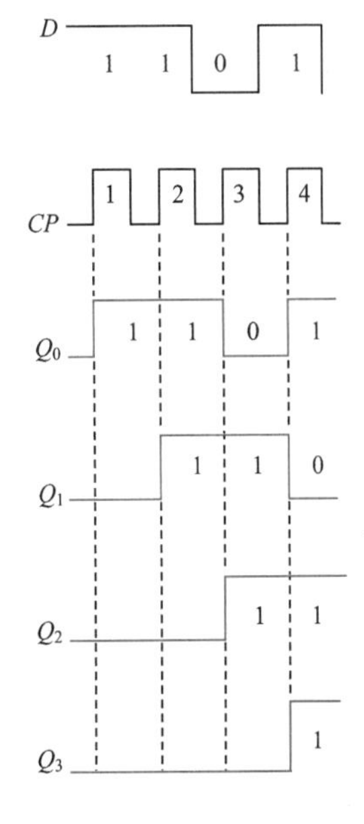

图 12-22 移位寄存器串行数据转并行数据的时序图

根据图 12-21 可以详细说明串行数据转并行数据的过程。四个触发器的现态都是 0。在第一个触发脉冲作用下，FF_0 接收输入的数据 1，其余的触发器接收的数据都是 0，移位寄存器各触发器输出的数据为 0001；在第二个触发脉冲作用下，FF_0 接收输入的数据 1，FF_1 接收 Q_0 的输出数据 1，其余的触发器接收的数据都是 0，移位寄存器各触发器输出的数据为 0011；在第三个触发脉冲作用下，FF_0 接收输入的数据 0，FF_1 接收 Q_0 的输出数据 1，FF_2 接收 Q_1 的输出数据 1，FF_3 接收 Q_2 的输出数据 0，移位寄存器各触发器输出的数据为 0110；在第四个触发脉冲作用下，FF_0 接收输入的数据 1，FF_1 接收 Q_0 的输出数据 0，FF_2 接收 Q_1 的输出数据 1，FF_3 接收 Q_2 的输出数据 1，移位寄存器各触发器输出的数据为 1101。

三、集成寄存器

为了便于扩展移位寄存器的功能和提高使用的灵活性，集成电路的移位寄存器产品通常附加有左、右移位控制，并行数据输入，保持和复位等功能控制输入端。图 12-23 是四位双向移位寄存器 74LS194 的符号。正确使用 74LS194 的关键是了解 74LS194 器件的功能表，74LS194 的功能表见表 12-8。74LS194 是双向四位 TTL 型集成移位寄存器，具有双向移位、并行输入、保持数据和清除数据等功能。$\overline{R}$ 为异步清零端，优先级别最高；S_1、S_0 控制寄存器的功能；D_{RI} 为右移数据输入端，D_{IL} 为左移数据输入端。

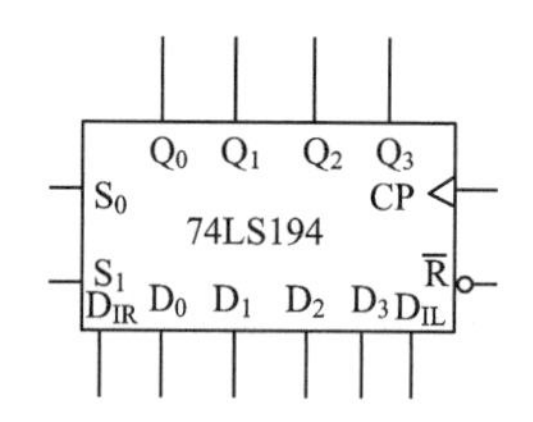

图 12-23 四位双向移位寄存器 74LS194 的符号

双向移位寄存器工作原理

表 12-8 74LS194 的功能表

$\overline{R}$	S_1	S_0	工作状态
0	×	×	置零
1	0	0	保持
1	0	1	右移
1	1	0	左移
1	1	1	并行输入

12.4 计算器

计数器是计算机和数字逻辑系统中重要的基本部件，应用十分广泛。它不仅可用来计数，还可用作数字系统中的定时电路和执行数字运算等。计数器的种类很多，按计数脉冲是否同时加在各触发器的时钟脉冲输入端可分为同步、异步计数器；按计数过程中数是增加还是减少可分为加法、减法和可逆计数器；按计数器中数的编码方式可分为二进制、十进制和 N 进制计数器。

一、二进制计数器

一个触发器可以表示一位二进制数，常用的二进制计数器是由四个触发器组成的，表示四位二进制数，有 16 种状态。下面通过图 12-24 所示由 JK 触发器组成的异步二进制加法计数器来说明二进制计数器的工作情况。

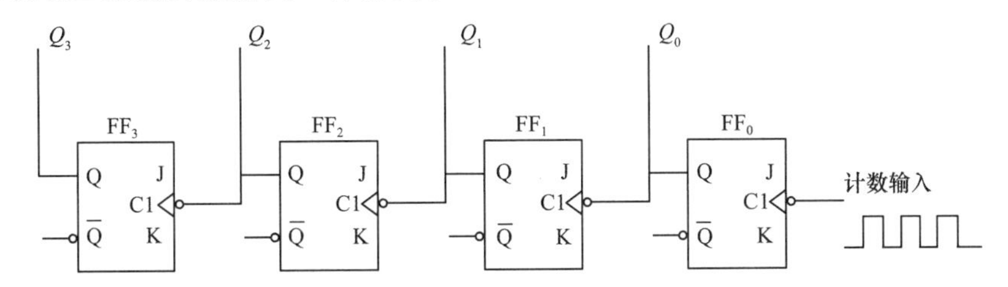

图 12-24 由 JK 触发器组成的异步二进制加法计数器

由 JK 触发器构成加法计数器

将 JK 触发器的输入端悬空，相当于 $J=K=1$，计数输入端每接收到一个时钟脉冲，触发器就翻转一次；低位触发器每翻转两次，高位触发器翻转一次，即计两个数就产生一个进位脉冲。设四个 JK 触发器的初态均为 0，计数器状态为 0000。第一个计数脉冲下降沿到来时，触发器 FF_0 翻转为 1，其输出端 Q_0 由低电平变为高电平，因而触发器 FF_1 不会翻转，计数器状态为 0001。第二个计数脉冲下降沿到来时，FF_0 翻转为 0，Q_0 输出的负跳变(由 1 变 0)使 FF_1 翻转为 1，Q_1 由低电平变成高电平，不会引起触发器 FF_2 翻转，触发器 FF_3 也不会翻转，计数器状态为 0010。第三个计数脉冲下降沿到来时，FF_0 翻转为 1，FF_1、FF_2、FF_3 都不翻转，计数器状态为 0011。第四个计数脉冲下降沿到来时，FF_0 翻转为 0，使 FF_1 也翻转，FF_1 翻转成 0 后又使 FF_2 翻转成 1，FF_3 不翻转，计数器状态为 0100。

如此继续下去，可画出如图 12-25 所示的工作波形图。由工作波形图可看出，第一位 Q_0 每累计一个数，状态变一次；第二位 Q_1 每累计两个数，状态变一次；第三位 Q_2 每累计四个数，状态变一次；第四位 Q_3 每累计八个数，状态变一次。因此，四位二进制计数器累计总数为$2^4=16$。

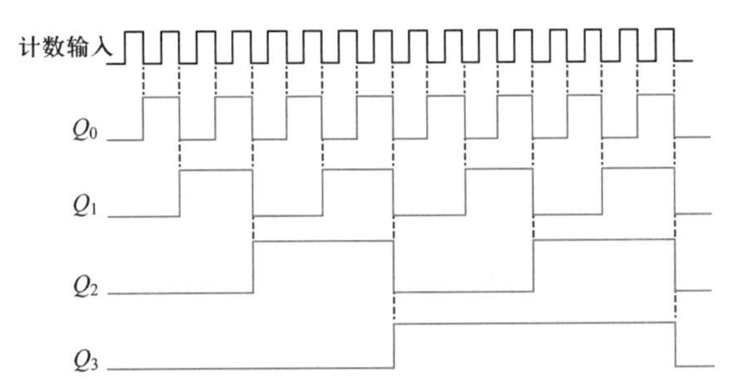

图 12-25 四位二进制加法计数器的工作波形图

二、十进制计数器

在数字式仪表中，为了显示读数直观方便，必须采用十进制计数器。在小型控制机或一些定时系统中，也常需要十进制计数器。

图 12-26 是由 JK 触发器组成的 8421BCD 码十进制加法计数器的逻辑电路图。它包含四个 JK 触发器，各触发器的电路特点如下：

(1)第一位触发器 $J=K=1$，FF_0 翻转受输入的计数脉冲控制。

(2)第二位触发器 $J=\overline{Q}_3$，$K=1$，FF_1 翻转受 FF_3 控制。

(3)第三位触发器 $J=K=1$，FF_2 翻转受 FF_1 控制。

(4)第四位触发器 $J=Q_1Q_2$，$K=1$，$C1=Q_0$。仅当 $Q_1=Q_2=1$ 且 Q_0 由 1→0 时，FF_3 才能翻转。而 $Q_2=Q_1=Q_0=1$ 是第七个脉冲状态，当第八个脉冲下降沿到来时，Q_0 由 1→0，这时 FF_3 翻转，由 0→1。

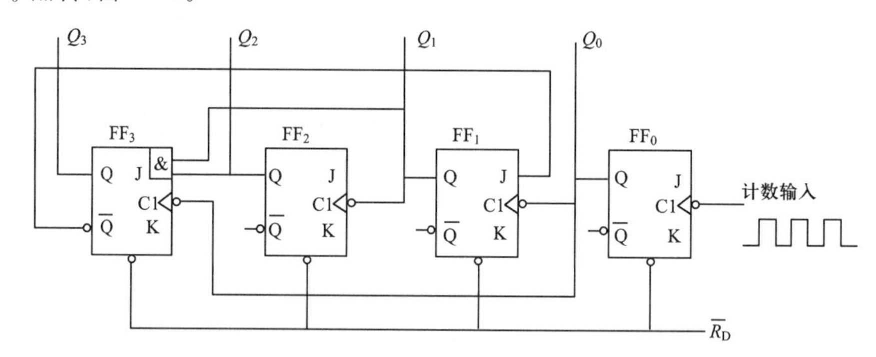

图 12-26 由 JK 触发器组成的 8421BCD 码十进制加法计数器的逻辑电路图

下面分析工作原理：计数之前先清零，即 $Q_3Q_2Q_1Q_0=0000$。在 FF_3 翻转之前(即计数到 8 以前)，前(低位的)三级触发器都处于计数触发状态，其工作原理与二进制计数器完全相同。也就是说，前三级触发器组成三位二进制计数器。

当第八个脉冲到来后，FF_0 的输出由 1→0，Q_0 的负跳变使 FF_1 的输出由 1→0，Q_1 的负跳变又使 Q_2 也由 1→0，同时，由于第七个脉冲已经使第四位触发器的 $J=Q_2Q_1=1$，故 Q_0 输出的负跳变也使 FF_3 翻转，Q_3 由 0→1，这时计数器变成 1000 状态。

第九个脉冲使 FF_0 翻转，计数器为 1001 状态。第十个脉冲输入后，FF_0 翻回 0 状态，并送给 FF_1、FF_3 的 $C1$ 端一个负跳变。因第二位触发器的 $J=0$，故 FF_1 维持 0 状态不变，FF_3 则因 $K=1$，$J=0$ 而翻回到 0 状态。于是计数器由 1001 回到 0000 状态，实现了十进制的计数。

三、集成计数器

集成计数器使用方便、灵活，下面介绍常用集成计数器的功能及应用。

1. 集成二进制计数器 74LS161、74LS163

74LS161 是四位二进制同步加法计数器。其符号如图 12-27 所示。

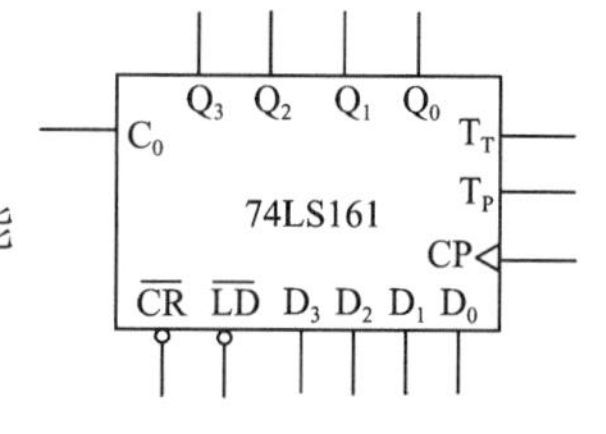

图 12-27 74LS161 的符号

其中$\overline{CR}$是异步清零端；$\overline{LD}$是同步预置数控制端；D_3、D_2、D_1、D_0 是预置数据输入端；T_T、T_P 是计数使能端；C_0 是进位输出端。表 12-9 是 74LS161 的功能表。

异步清零：当$\overline{CR}=0$ 时，不管其他输入端的状态如何，计数器的输出将被直接置零($Q_3Q_2Q_1Q_0=0000$)，时钟脉冲 CP 不起作用。

同步并行置数：当$\overline{CR}=1$，$\overline{LD}=0$时，在CP的上升沿作用下，预置好的数据$D_3D_2D_1D_0$被并行送到输出端，此时$Q_3Q_2Q_1Q_0=D_3D_2D_1D_0$。保持：当$\overline{CR}=1$，$\overline{LD}=1$时，只要$T_T\cdot T_P=0$，即两个使能端中有0时，则计数器保持原来状态不变。

集成二进制计数器

计数：当$\overline{CR}=1$，$\overline{LD}=1$时，只要$T_T\cdot T_P=1$，在CP脉冲的上升沿作用下，计数器进行二进制加法计数。当计到$Q_3Q_2Q_1Q_0$为1111时，C_0变为1，$C_0=1$的时间是从$Q_3Q_2Q_1Q_0$为1111时起，到$Q_3Q_2Q_1Q_0$的状态变化时止。

表 12-9　　74LS161 的功能表

输入									输出	功能说明
$\overline{CR}$	$\overline{LD}$	T_T	T_P	CP	D_3	D_2	D_1	D_0	Q_3 Q_2 Q_1 Q_0	
0	×	×	×	×	×	×	×	×	0 0 0 0	异步清零
1	0	×	×	↑	d_3	d_2	d_1	d_0	D_3 D_2 D_1 D_0	同步并行置数
1	1	0	×	×	×	×	×	×	保持	保持
1	1	×	0	×	×	×	×	×	保持	
1	1	1	1	↑	×	×	×	×	当计到1111时，$C_0=1$	计数

74LS163是四位二进制同步加法计数器，外形及引脚与74LS161相同，所不同的是74LS163是同步清零。当$\overline{CR}=0$时，在CP脉冲的上升沿到来时，$Q_3Q_2Q_1Q_0=0000$，即同步清零。其余功能与74LS161相同。

2. 集成十进制计数器 74LS160

74LS160计数为十进制，当计到$Q_3Q_2Q_1Q_0$为1001时，$C_0=1$，其他功能都与二进制同步加法计数器74LS161一样，其逻辑电路图和引脚图也与74LS161相同。

集成十进制计数器74LS160

3. 二-五-十进制异步加法计数器 74LS290

74LS290可分别实现二进制、五进制和十进制计数，具有清零、置数和计数功能。其符号如图12-28所示，功能表见表12-10。

图 12-28　74LS290 的符号

表 12-10　　74LS290 的功能表

输入				输出			
$R_{0(1)}$	$R_{0(2)}$	$S_{9(1)}$	$S_{9(2)}$	Q_D	Q_C	Q_B	Q_A
1	1	0	×	0	0	0	0
1	1	×	0	0	0	0	0
×	×	1	1	1	0	0	1
×	0	×	0	计数			
0	×	0	×				
0	×	×	0				
×	0	0	×				

异步置9：当$S_{9(1)}=S_{9(2)}=1$时，电路输出$Q_DQ_CQ_BQ_A=1001$。

异步清零：当 $S_{9(1)} \cdot S_{9(2)}=0$ 时，若 $R_{0(1)} \cdot R_{0(2)}=1$，则电路输出全部为 0。

计数：当 $S_{9(1)} \cdot S_{9(2)}=0$，且 $R_{0(1)}=R_{0(2)}=0$ 时，电路为计数状态。计数方式有以下三种：

二-五-十进制异步加法计数器 74LS290

二进制计数，CP_A 为二进制计数脉冲输入端，Q_A 为二进制计数状态输出端。

五进制计数，CP_B 为五进制计数脉冲输入端，Q_D、Q_C、Q_B 为五进制计数状态输出端。

十进制计数，分两种情况：若计数脉冲从 CP_A 端输入，将 Q_A 与 CP_B 端相连接，输出按 8421BCD 码计数，从高位到低位依次是 Q_D、Q_C、Q_B、Q_A；若计数脉冲从 CP_B 端输入，将 Q_D 与 CP_A 端相连接，输出按 5421BCD 码计数，从高位到低位依次是 Q_A、Q_B、Q_C、Q_D。

4. 集成计数器的应用

利用二进制或十进制计数器，外加适当的门电路可以组成任意进制计数器。常用的方法有清零法或预置数法。

(1)清零法

清零法主要有异步清零法和同步清零法两种。

①异步清零法

异步清零法

异步清零法适用于具有异步清零端的集成计数器，只要异步清零端出现清零有效信号，计数器便立即被清零。因此，在输入第 N 个计数脉冲后，通过控制电路产生一个清零信号加到异步清零端上，使计数器回零，则可获得 N 进制计数器。图 12-29 所示是七进制计数器。74LS161 具有异步清零端，当 74LS161 从 0000 状态开始计数，输入第 7 个计数脉冲（上升沿）时，输出 $Q_3Q_2Q_1Q_0=0111$，与非门输出端变低电平，反馈给 $\overline{CR}$ 端一个清零信号，立即使 $Q_3Q_2Q_1Q_0$ 返回 0000 状态，接着与非门输出端变高电平，$\overline{CR}$ 端清零信号随之消失，74LS161 重新从 0000 状态开始新的计数周期，可见 0111 状态仅在极短的瞬间出现，为过渡状态。该电路的有效状态是 0000～0110，共 7 个状态，所以为七进制计数器。

②同步清零法

同步清零法适用于具有同步清零端的集成计数器。与异步清零不同，同步清零端获得有效信号后，计数器并不能立即清零，只是为清零创造条件，还需要再输入一个计数脉冲 CP，计数器才能被清零。因此利用同步清零端获得 N 进制计数器时，应在输入第 $(N-1)$ 个计数脉冲 CP 时，在同步清零端获得清零信号，这样，在输入第 N 个计数脉冲 CP 时，计数器才被清零，从而实现 N 进制计数器。图 12-30 所示是七进制计数器。它是由集成计数器 74LS163 和与非门组成的。由图可知，当 74LS163 从 0000 状态开始计数，输入第 6 个计数脉冲（上升沿）时，输出 $Q_3Q_2Q_1Q_0=0110$，与非门输出端变低电平，使 $\overline{CR}$ 端有效，为清零做好准备，再输入一个脉冲，即第 7 个脉冲（上升沿）输入时，使 $Q_3Q_2Q_1Q_0$ 返回 0000 状态，同时 $\overline{CR}$ 端的有效信号消失，74LS163 重新从 0000 状态开始新的计数周期。

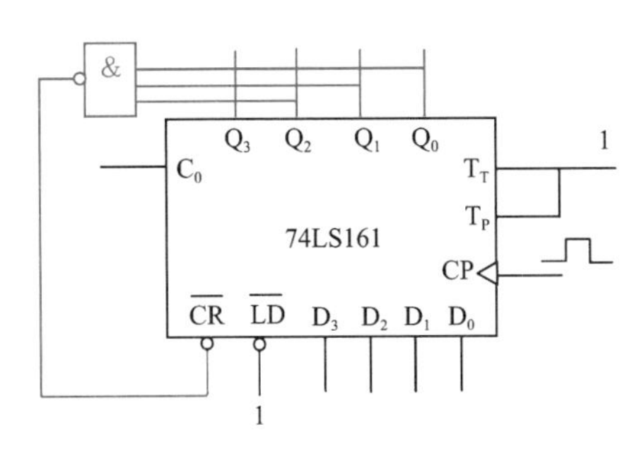

图 12-29 74LS161 异步清零法组成七进制计数器

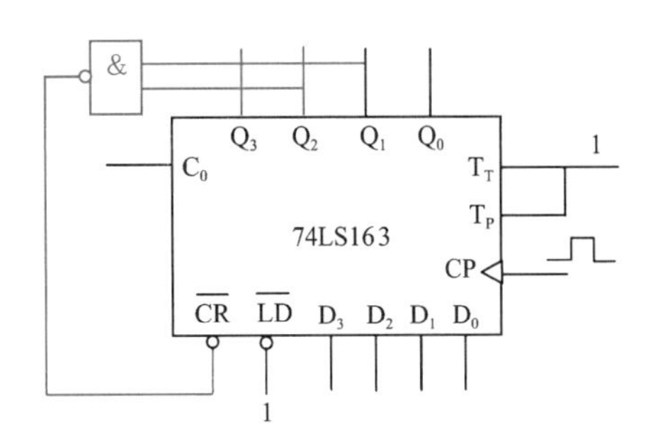

图 12-30 74LS163 同步清零法组成七进制计数器

(2)预置数法

预置数法主要有异步预置数法和同步预置数法两种

①异步预置数法

异步预置数法适用于具有异步预置数控制端的集成计数器。和异步清零一样,异步置数与时钟脉冲没有任何关系,只要异步预置数控制端出现置数有效信号时,并行输入的数据便立即被置入计数器的输出端。因此,异步预置数控制端先预置一个初始状态,在输入第 N 个计数脉冲 CP 后,通过控制电路产生一个置数信号加到异步预置数控制端上,使计数器返回到初始状态,即可实现 N 进制计数器。

②同步预置数法

同步预置数法适用于具有同步预置数控制端的集成计数器。方法与异步预置数法类似。但应在输入第($N-1$)个计数脉冲 CP 后,通过控制电路产生一个置数信号,使同步预置数控制端有效。然后再输入一个(第 N 个)计数脉冲 CP 时,计数器执行预置操作,重新将预置状态置入计数器,从而实现 N 进制计数器。图 12-31 所示是集成计数器 74LS160 和与非门组成的七进制计数器。由图可知,电路的预置数为 $D_3D_2D_1D_0=0011$,当输入第 6 个 CP 脉冲后计数到 1001 状态时,进位输出端 $C_0=1$,$\overline{LD}=0$,在第 7 个 CP 脉冲到来时,计数器执行预置操作,重新将 0011 状态置入计数器。同时使 $C_0=0$,$\overline{LD}=1$,新的计数周期又从 0011 开始。

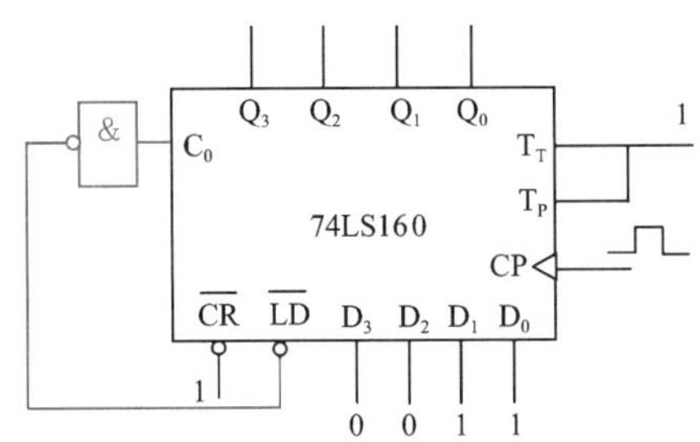

图 12-31 74LS160 同步置数法组成七进制计数器

5. 计数器的级联

对于计数值较大的计数器,例如六十进制计数器,用一块集成计数器是无法实现的,需要将集成计数器连接起来使用,这称为集成计数器的级联。

计数器的级联一般用低位芯片的输出端和高位芯片的使能端或时钟端相连来实现。计数器有同步级联和异步级联两种常用的级联方式。

同步级联:芯片共用外部时钟脉冲和清零信号。

异步级联:芯片的时钟信号不统一。

思考题与习题

1. 在如图 12-2(a)所示的基本 RS 触发器逻辑电路中,输入波形如图 12-32 所示。试画出输出端与之对应的波形。

2. 在如图 12-33(a)所示的同步 RS 触发器逻辑电路中,若输入端 R、S 的波形如图 12-32(b)所示,试画出输出端与之对应的波形(设触发器的初始状态为 0)。

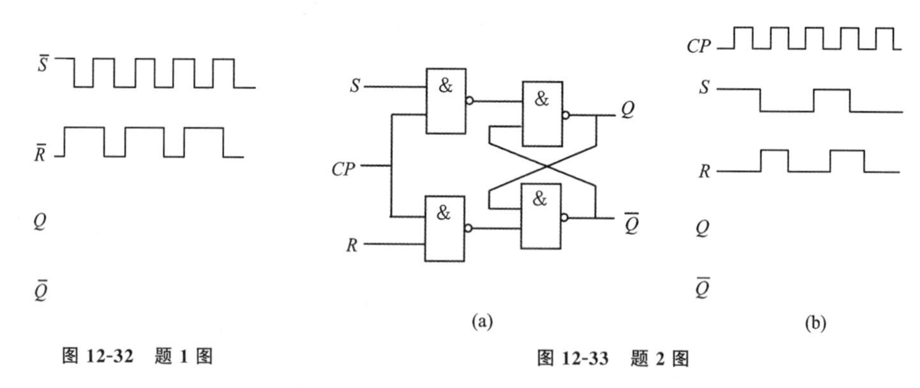

图 12-32 题 1 图　　图 12-33 题 2 图

3. 在主从 JK 触发器中,若输入端 J、K 的波形如图12-34所示 ,试画出输出端与之对应的波形(设触发器的初始状态为 0)。

4. 有一边沿触发(上升沿)的 D 触发器,设初态为 0,给定 CP、D 的波形如图 12-35 所示,画出相应 Q 端的波形。

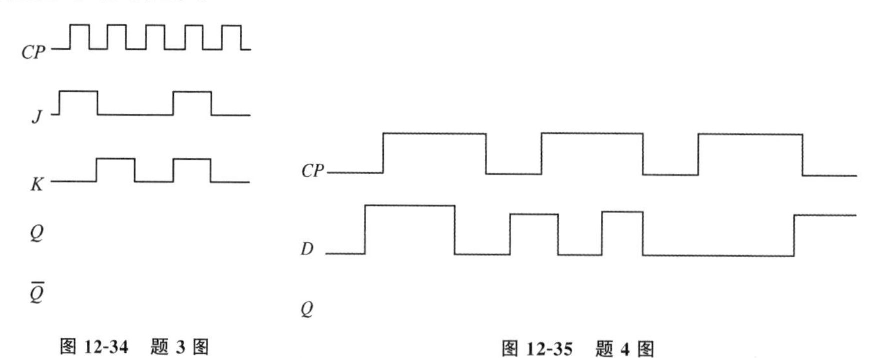

图 12-34 题 3 图　　图 12-35 题 4 图

5. 写出图 12-36 所示各触发器次态输出的逻辑表达式,并画出各触发器输出端 Q 的波形(设初态均为 0,JK 触发器为边沿触发器)。

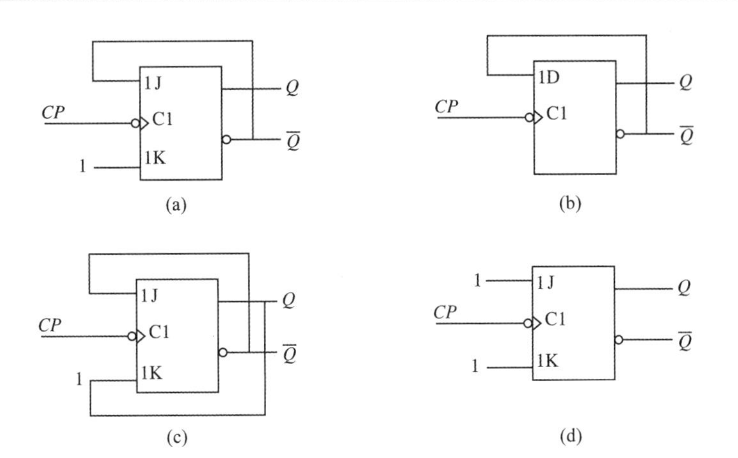

图 12-36　题 5 图

6. 画出将 JK 触发器转换为 D 触发器的逻辑电路图。

7. 分析图 12-37 所示电路的逻辑功能(JK 触发器为边沿触发器)。

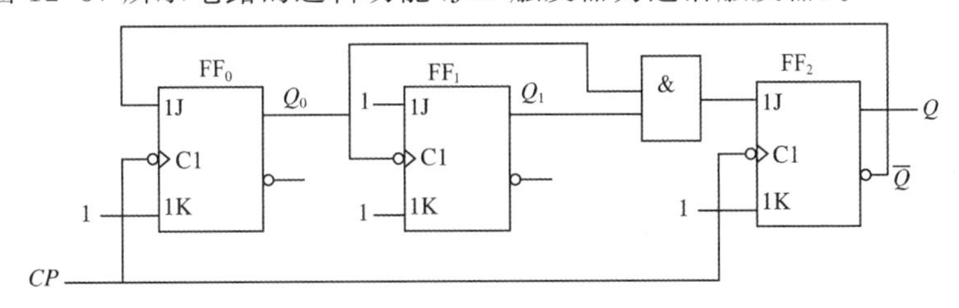

图 12-37　题 7 图

8. 试分别用下列方法设计一个六进制计数器。

(1)利用 74LS290 的异步清零功能;

(2)利用 74LS163 的同步清零功能。

9. 用 74LS161 通过清零法接成十二进制计数器。

10. 用两块 74LS160 实现一百进制计数器。

11. 用 74LS160 及 74LS161 采用异步清零法完成五十二进制计数器。

第 13 章

555集成定时器与模拟量和数字量的转换

知识目标

1. 掌握 555 集成定时器的功能和应用。
2. 了解 D/A 转换器与 A/D 转换器的原理。

技能目标

1. 能对电子电路进行初步的分析。
2. 具有一定的解决工程实际问题的能力。

素质目标

以案例——变音警笛电路导入，提高学生实践技能及故障排除能力，增强学生的创新意识和创造意识。

案例

变音警笛电路

在生活中经常会听到警车、救护车发出呜—哇—呜—哇的声音，这种鸣叫声就是变音警笛电路发出的。

1. 电路及工作过程

变音警笛电路如图 13-1 所示，两个 NE555 定时器组成多谐振荡电路。其中 NE555(1)及 R_1、R_2、C_2 组成的振荡器输出频率较低，NE555(2)及 R_3、R_4、C_4 组成的振荡器输出频率较高，当 NE555(1)输出低电平时，NE555(2)输出信号频率高，NE555(1)输出高电平时，NE555(2)输出信号频率低，这样扬声器便发出呜—哇—呜—哇的声音。

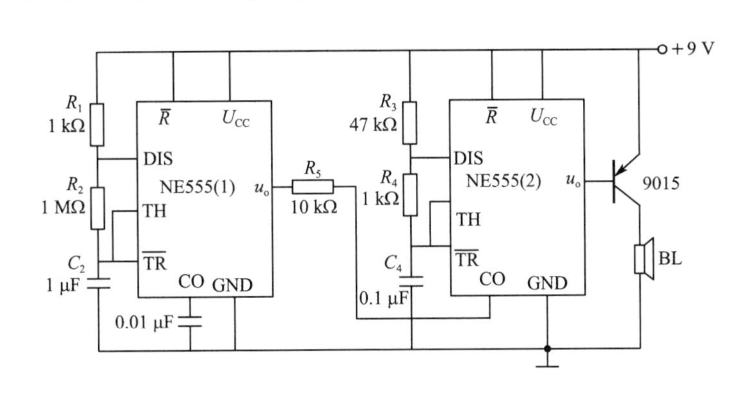

图 13-1 变音警笛电路

2. 电路元器件

NE555 两个；扬声器 8 Ω/2 W 一个；三极管 9015 一个；电阻 1 kΩ 两个；电阻 10 kΩ、47 kΩ、1 MΩ 各一个；电解电容 16 V/1 μF 一个；涤纶电容 16 V/0.01 μF、16 V/0.1 μF 各一个；9 V 直流电源；8 脚集成电路插座两个；万能板一块；连接导线若干。

3. 案例实施

(1)查阅集成电路手册，熟悉 NE555 各引脚；认真检查元器件，确保元器件完好。

(2)自己设计电路安装图，在万能板上安装元器件，并焊接。注意集成块应先焊好集成块座，再按引脚顺序插入集成块。

(3)对照电路，检查无误后，接上 9 V 电源，扬声器应发出呜—哇—呜—哇的声音。若不能正常发出声音，应查找故障，直至正常为止。

4. 案例思考

(1)改变 R_1、R_2、C_2 的大小，对扬声器发出声音的节奏有何影响？

(2)改变 R_3、R_4、C_4 的大小，对扬声器发出声音的节奏有何影响？

带着案例思考中的问题进入本章内容的学习。

555 集成定时器是一种模拟电路和数字电器相结合的器件，由它构成的单稳态触发器、多谐振荡器及施密特触发器在实际中应用较广。

能将数字量转换为模拟量的电路称为数模转换器，简称 D/A 转换器或 DAC；能将模拟量转换为数字量的电路称为模数转换器，简称 A/D 转换器或 ADC。DAC 和 ADC 是沟通模拟电路和数字电路的桥梁，也可称之为两者之间的接口。

13.1　555 集成定时器

一、555 集成定时器结构及其基本原理

555 集成定时器内部电路结构与引脚功能如图 13-2 所示。

1. 555 集成定时器电路的组成

(1)电阻分压器和电压比较器由三个等值电阻 R 和两个集成运放比较器 A_1、A_2 构成。将电源电压 U_{CC} 分压取得比较器的输入参考电压，在 CO 端无外加控制电压时，比较器 A_1 输入参考电压为 $\frac{2}{3}U_{CC}$，比较器 A_2 输入参考电压为 $\frac{1}{3}U_{CC}$；CO 端如有外加控制电压可改变参考电压值。

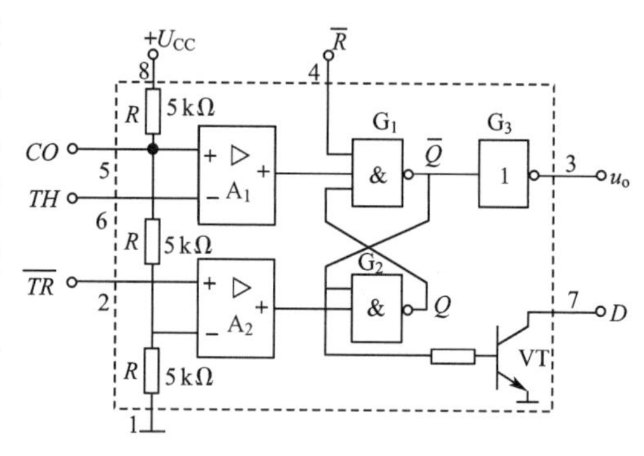

图 13-2　555 集成定时器内部电路结构与引脚功能

(2)基本 RS 触发器由两个比较器输出电位控制其状态。$\overline{R}$ 为触发器复位端，当 $\overline{R}=0$ 时，触发器反相输出 $\overline{Q}=1$，使定时器输出 $u_o=0$，同时使 VT 导通。

(3)输出缓冲器和开关管由反相器和集电极开路的三极管 VT 构成。反相器用以提高负载能力并起到隔离作用；VT 的集电极电流可达 500 mA，能驱动较大的灌电流负载。

555 集成定时器可在较宽的电源电压范围(4.5～18 V)内正常工作，但各输入端的信号电压不可超过电源电压值。

2. 555 集成定时器的基本工作原理

当 CO 端无外接控制电压时，555 集成定时器的工作状态取决于复位端 $\overline{R}$、TH 和 $\overline{TR}$ 的状态。

(1)当 $\overline{R}=0$ 时，$\overline{Q}=1$，$u_o=0$，VT 饱和导通。

(2)当 $\overline{R}=1$ 且 $V_{TH}>\frac{2}{3}U_{CC}$、$V_{\overline{TR}}>\frac{1}{3}U_{CC}$ 时，A_1 输出为 0，A_2 输出为 1，$\overline{Q}=1$，$Q=0$，$u_o=0$，VT 饱和导通。

(3)当 $\overline{R}=1$ 且 $V_{TH}<\frac{2}{3}U_{CC}$、$V_{\overline{TR}}>\frac{1}{3}U_{CC}$ 时，A_1 输出为 1，A_2 输出为 1，$\overline{Q}$、Q、u_o 不变，VT 状态不变。

(4)当 $\overline{R}=1$ 且 $V_{TH}<\frac{2}{3}U_{CC}$、$V_{\overline{TR}}<\frac{1}{3}U_{CC}$ 时，A_1 输出为 1，A_2 输出为 0，$\overline{Q}=0$，$Q=1$，$u_o=1$，VT 截止。

综上得到 555 集成定时器的逻辑功能表，见表 13-1。

表 13-1 555 集成定时器的逻辑功能表

V_{TH}	V_{TR}	$\overline{R}$	u_o	VT
×	×	0	0	导通
$>\frac{2}{3}U_{CC}$	$>\frac{1}{3}U_{CC}$	1	0	导通
$<\frac{2}{3}U_{CC}$	$>\frac{1}{3}U_{CC}$	1	保持	保持
$<\frac{2}{3}U_{CC}$	$<\frac{1}{3}U_{CC}$	1	1	截止

二、555 集成定时器的应用

1.555 集成定时器构成单稳态触发器

单稳态触发器在数字电路中一般用于定时(产生一定宽度的矩形波)、整形(把不规则的波形转换成宽度、幅度都相等的波形)及延时(把输入信号延迟一定时间后输出)等。单稳态触发器具有下列特点:

(1)电路有一个稳态和一个暂稳态。

(2)在外来触发脉冲作用下,电路由稳态翻转到暂稳态。

(3)暂稳态是一个不能长久保持的状态,经过一段时间后,电路会自动返回到稳态。暂稳态的持续时间与触发脉冲无关,仅取决于电路本身的参数。

由 555 集成定时器构成的单稳态触发器的电路如图 13-3(a)所示。接通 U_{CC} 后瞬间,U_{CC} 通过 R 对 C 充电,当 u_C 上升到 $\frac{2}{3}U_{CC}$ 时,比较器 A_1 输出为 0,将触发器置 0,$u_o=0$。这时 $\overline{Q}=1$,放电管 VT 导通,C 通过 VT 放电,电路进入稳态。

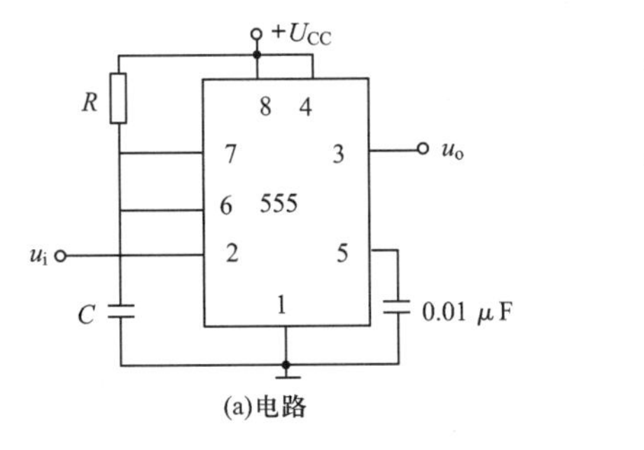

(a)电路

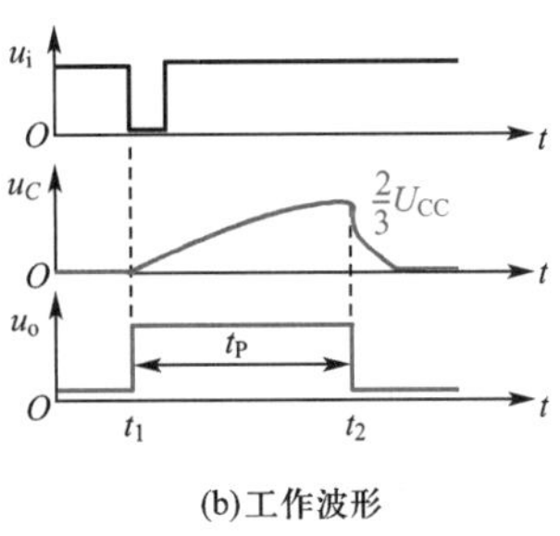

(b)工作波形

图 13-3 由 555 集成定时器构成的单稳态触发器

当 u_i 到来时,因为 $u_i<\frac{1}{3}U_{CC}$,使 A_2 输出为 0,触发器置 1,u_o 由 0 变为 1,电路进入暂稳态。由于此时 $\overline{Q}=0$,放电管 VT 截止,U_{CC} 经 R 对 C 充电。虽然此时触发脉冲已消失,比较器 A_2 的输出变为 1,但充电继续进行,直到 u_C 上升到 $\frac{2}{3}U_{CC}$ 时,比较器 A_1 输出为 0,将触发器置 0,电路输出 $u_o=0$,VT 导通,C 放电,电路恢复到稳定状态。此时输出脉冲宽度 $t_P\approx1.1RC$,暂稳态的持续时间即脉冲宽度,由电路的阻容元件决定。工作波形如图 13-3(b)所示。

单稳态触发器的特性可以用于实现脉冲整形、脉冲定时等功能。

(1)脉冲整形

利用单稳态触发器能产生一定宽度的脉冲这一特性,可以将过窄的输入脉冲整形成固定宽度的脉冲输出。

(2)脉冲定时

同样,利用单稳态触发器能产生一个固定宽度脉冲的特性,可以实现定时功能。将单稳态触发器的输出 u_o' 接至与门的一个输入脚,与门的另一个输入脚输入高频脉冲序列 u_A,电路如图 13-4(a)所示。单稳态触发器在输入负向窄脉冲到来时开始翻转,与门开启,允许高频脉冲序列通过与门从其输出端 u_o 输出。经过 t_P 定时时间后,单稳态触发器恢复稳态,与门关闭,禁止高频脉冲序列输出。由此实现了高频脉冲序列的定时选通功能,其工作波形如图 13-4(b)所示。

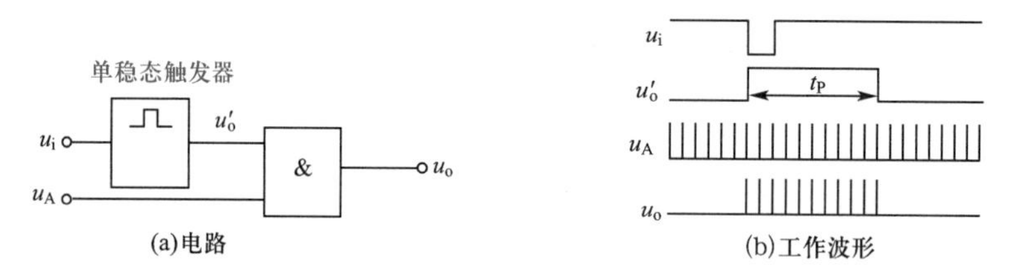

图 13-4 脉冲定时电路及其工作波形

2. 555 集成定时器构成多谐振荡器

多谐振荡器是一种能产生矩形脉冲波的自激振荡器,所以也称为矩形波发生器。"多谐"意指矩形波中除了基波成分外,还含有丰富的高次谐波成分。多谐振荡器没有稳态,但有两个暂稳态。多谐振荡器工作时,电路的状态在这两个暂稳态之间自动地交替变换,由此产生矩形波脉冲信号。所以,多谐振荡器又称为无稳态电路。

由 555 集成定时器构成的多谐振荡器电路如图 13-5(a)所示。图中电容 C、电阻 R_1 和 R_2 作为振荡器的定时元件,决定着输出矩形波正、负脉冲的宽度。定时器的触发输入端(2 脚)及阈值输入端(6 脚)与电容 C 的非接地端相连;集电极开路输出端(7 脚)接 R_1、R_2 相连处,用以控制电容 C 的充、放电;外接控制输入端(5 脚)不用时,通过 0.01 μF 的电容接地。

多谐振荡器的工作波形如图 13-5(b)所示。电路接通电源的瞬间,由于电容 C 来不及充电,$u_C=0$ V,上限阈值电压为 U_{T+},下限阈值电压为 U_{T-},555 集成定时器状态为 1,输出 u_o 为高电位。与此同时,由于集电极开路输出端(7 脚)对地断开,电源 U_{CC} 通过 R_1、R_2 开始向电容 C 充电,电路进入暂稳态Ⅰ阶段。此后,电路按下列四个阶段周而复始地循环,从而产生周期性的输出脉冲。

(1)暂稳态Ⅰ阶段:电源 U_{CC} 通过 R_1、R_2 向电容 C 充电,u_C 按指数规律上升,在 u_C 高于上限阈值电压 U_{T+}($\frac{2}{3}U_{CC}$)之前,定时器暂时仍维持 1 状态,输出 u_o 为高电位。

(2)翻转Ⅰ阶段:电容 C 继续充电,当 u_C 高于上限阈值电压 U_{T+}($\frac{2}{3}U_{CC}$)后,定时器翻转为 0 状态,输出 u_o 变为低电位。此时,集电极开路输出端(7 脚)由对地断开变为对地导通。

(3)暂稳态Ⅱ阶段:电容 C 开始经 R_2 对地放电,u_C 按指数规律下降,在 u_C 低于下限阈

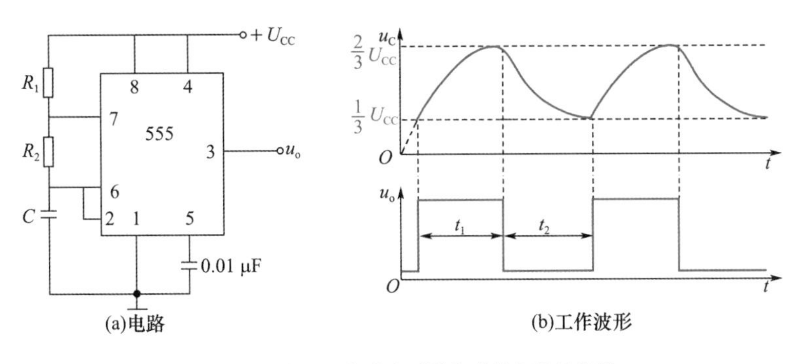

(a)电路　　(b)工作波形

图 13-5　由 555 集成定时器构成的多谐振荡器

值电压 U_{T-}（$\frac{1}{3}U_{CC}$）之前，定时器暂时仍维持 0 状态，输出 u_o 为低电位。

(4)翻转Ⅱ阶段：电容 C 继续放电，当 u_C 低于下限阈值电压 U_{T-}（$\frac{1}{3}U_{CC}$）后，定时器翻转为 1 状态，输出 u_o 变为高电位。此时，集电极开路输出端(7 脚)由对地导通变为对地断开。此后，振荡器又回复到暂稳态Ⅰ阶段。

多谐振荡器两个暂稳态的维持时间取决于 RC 充、放电回路的参数。暂稳态Ⅰ阶段的维持时间，即输出 u_o 的正向脉冲宽度为

$$t_1=0.7(R_1+R_2)C$$

暂稳态Ⅱ阶段的维持时间，即输出 u_o 的负向脉冲宽度为

$$t_2=0.7R_2C$$

因此，振荡周期为

$$T=t_1+t_2=0.7(R_1+2R_2)C$$

振荡频率 $f=1/T$。正向脉冲宽度 t_1 与振荡周期 T 之比称为矩形波的占空比 q，由上述条件可得

$$q=t_1/(t_1+t_2)=(R_1+R_2)/(R_1+2R_2)$$

由此可见，只要适当选取 C 的大小，即可通过调节 R_1、R_2 的值达到调节振荡器输出信号频率及占空比的目的。若使 $R_2 \gg R_1$，则 $q=0.5$，也即输出信号的正、负向脉冲宽度接近相等。

由 555 集成定时器构成的多谐振荡器中，若定时器控制输入端不经电容接地，而是外加一个可变的电压源，则通过调节该电压源的值，可以改变定时器触发电位和阈值电位的大小。外加电压越大，多谐振荡器输出脉冲周期越大，即频率越低；外加电压越小，多谐振荡器输出脉冲周期越小，即频率越高。这样，多谐振荡器就实现了将输入电压大小转换成输出频率高低的电压-频率转换器的功能。

3. 555 集成定时器构成施密特触发器

施密特触发器是一种能够把输入波形整形成为适合于数字电路需要的矩形脉冲的电路，如图 13-6(a)所示。若 U_{CO} 通过 0.01 μF 的电容接地，则工作原理如下：

(1)当 $u_i=0$ 时，由于比较器 A_1 输出为 1，A_2 输出为 0，触发器置 1，即 $Q=1$，$\overline{Q}=0$，$u_{o1}=u_o=1$。u_i 升高时，在未到达 $\frac{2}{3}U_{CC}$ 以前，$u_{o1}=u_o=1$ 的状态不会改变。

(2)当 u_i 升高到$\frac{2}{3}U_{CC}$时,比较器 A_1 输出为 0,A_2 输出为 1,触发器置 0,即 $Q=0$,$\overline{Q}=1$,$u_{o1}=u_o=0$。此后,u_i 上升到 U_{CC},然后再降低,但在未到达$\frac{1}{3}U_{CC}$以前,$u_{o1}=u_o=0$ 的状态不会改变。

(3)当 u_i 下降到$\frac{1}{3}U_{CC}$时,比较器 A_1 输出为 1,A_2 输出为 0,触发器置 1,即 $Q=1$,$\overline{Q}=0$,$u_{o1}=u_o=1$。此后,u_i 继续下降到 0,但 $u_{o1}=u_o=1$ 的状态不会改变。工作波形如图 13-6(b)所示。

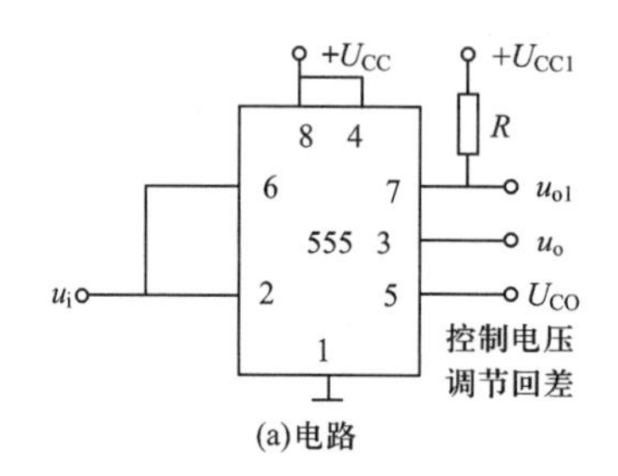

(a)电路

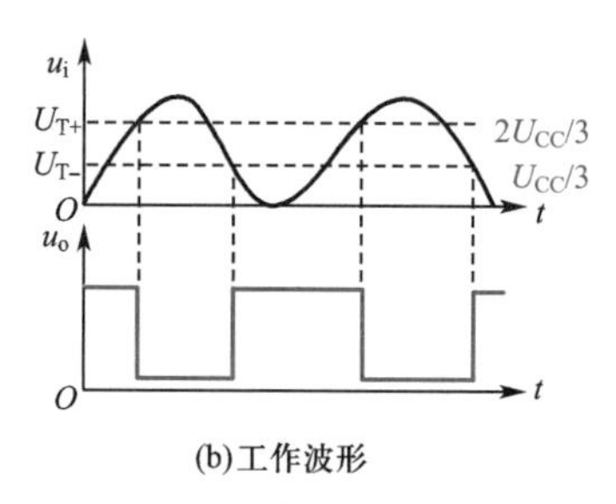

(b)工作波形

图 13-6 由 555 集成定时器构成的施密特触发器

显然,改变控制电压 U_{CO}的大小,就可以改变下限阈值电压 U_{T-} 和上限阈值电压 U_{T+} 的大小。

回差电压(滞后电压):$\Delta U_T = U_{T+} - U_{T-}$

由于回差电压的存在,该电路具有滞回特性,所以抗干扰能力也很强,可以实现波形变换、波形整形、幅度鉴别等功能。

13.2 模拟量和数字量的转换

一、D/A 转换器

1. D/A 转换器的基本原理及主要技术指标

如图 13-7 所示为 D/A 转换原理图,将输入的每一位二进制码按其权的大小转换成相应的模拟量,然后将代表各位的模拟量相加,所得的总模拟量就与数字量成正比,这样便实现了从数字量到模拟量的转换。

D/A 转换器的转换特性是指其输出模拟量和输入数字量之间的转换关系。如图13-8所示是输入为三位二进制数时的 D/A 转换器的转换特性。理想 D/A 转换器的转换特性应是输出模拟量与输入数字量成正比,即输出模拟电压 $u_o=K_u\times D$ 或输出模拟电流 $i_o=K_i\times D$。其中 K_u 和 K_i 为电压和电流转换比例系数,D 为输入二进制数所代表的十进制数。如果输入为 n 位二进制数 $d_{n-1}d_{n-2}\cdots d_1d_0$,则输出模拟电压为

$$u_o=K_u(d_{n-1}\cdot 2^{n-1}+d_{n-2}\cdot 2^{n-2}+\cdots+d_1\cdot 2^1+d_0\cdot 2^0)$$

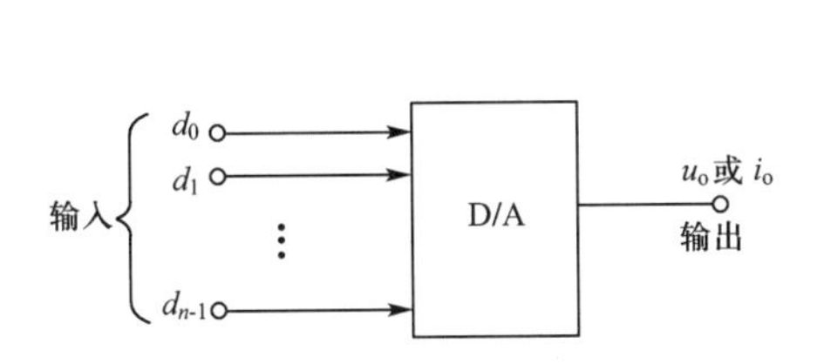

图 13-7　D/A 转换原理图

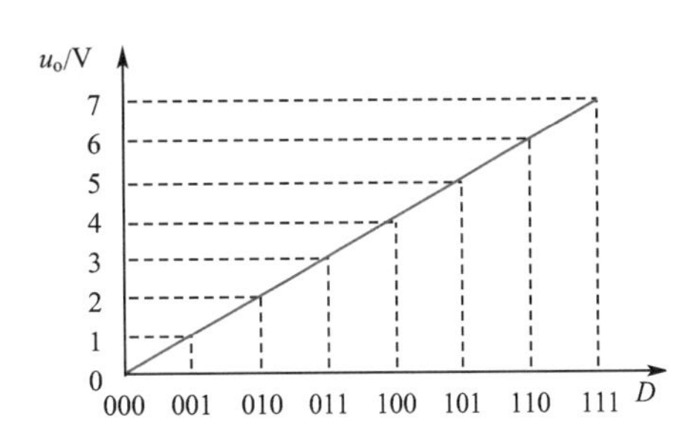

图 13-8　D/A 转换器的转换特性

D/A 转换器的主要技术指标有分辨率、转换精度、输出建立时间

分辨率用输入二进制数的有效位数表示。在分辨率为 n 位的 D/A 转换器中，输出电压能区分 2^n 个不同输入二进制码的状态，能给出 2^n 个不同等级的输出模拟电压。分辨率也可以用 D/A 转换器的最小输出电压（对应的输入数字量只有最低有效位为 1）与最大输出电压（对应的输入数字量所有有效位全为 1）的比值来表示。十位 D/A 转换器的分辨率为

$$\frac{1}{2^{10}-1}=\frac{1}{1023}\approx 0.001$$

D/A 转换器的转换精度是指输出模拟电压的实际值与理想值之差，即最大静态转换误差。

从输入数字信号起，到输出电压或电流到达稳定值时所需要的时间，称为输出建立时间。

2. D/A 转换器的构成

(1)二进制权电阻网络 D/A 转换器

二进制权电阻网络 D/A 转换器如图 13-9 所示，不论模拟开关接到集成运算放大器的反相输入端（虚地）还是接到地，也就是不论输入数字信号是 1 还是 0，各支路的电流不变。

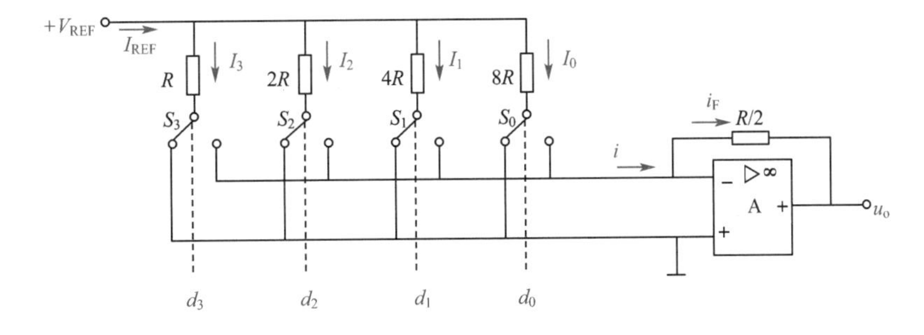

图 13-9　二进制权电阻网络 D/A 转换器

各支路电流分别为

$$I_0=\frac{V_{REF}}{8R}, I_1=\frac{V_{REF}}{4R}, I_2=\frac{V_{REF}}{2R}, I_3=\frac{V_{REF}}{R}$$

则电路中电流 i 的大小取决于电路中开关（数字信号）的状态，其合成电流为

$$i=I_0d_0+I_1d_1+I_2d_2+I_3d_3=\frac{V_{REF}}{8R}d_0+\frac{V_{REF}}{4R}d_1+\frac{V_{REF}}{2R}d_2+\frac{V_{REF}}{R}d_3=$$

$$\frac{V_{REF}}{2^3R}(d_3\cdot 2^3+d_2\cdot 2^2+d_1\cdot 2^1+d_0\cdot 2^0)$$

集成运算放大器的输出电压 u_o 为

$$u_o=-R_F i_F=-\frac{R}{2}\cdot i=-\frac{V_{REF}}{2^4}(d_3\cdot 2^3+d_2\cdot 2^2+d_1\cdot 2^1+d_0\cdot 2^0)$$

显然,输出电压的大小与输入数字量的状态和参考电压的大小有关。

(2)T 型电阻网络 D/A 转换器

T 型电阻网络 D/A 转换器如图 13-10 所示,分别从虚线 A、B、C、D 处向右看的二端网络等效电阻都是 R,则从参考电压端输入的电流为

$$I_{REF}=\frac{V_{REF}}{R}$$

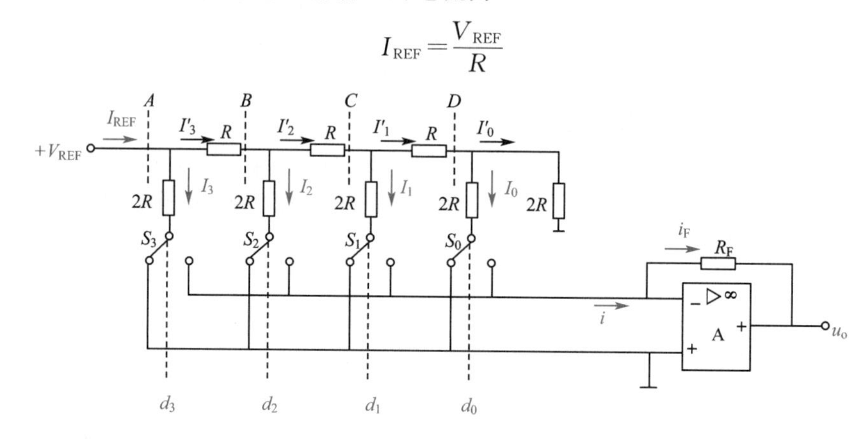

图 13-10 T 型电阻网络 D/A 转换器

不论模拟开关接到集成运算放大器的反相输入端(虚地)还是接到地,也就是不论输入数字信号是 1 还是 0,各支路的电流不变。各支路的电流分别为

$$I_3=\frac{1}{2}I_{REF}=\frac{V_{REF}}{2R},I_2=\frac{1}{4}I_{REF}=\frac{V_{REF}}{4R},I_1=\frac{1}{8}I_{REF}=\frac{V_{REF}}{8R},I_0=\frac{1}{16}I_{REF}=\frac{V_{REF}}{16R}$$

则电路中电流 i 的大小取决于电路中开关(数字信号)的状态,其合成电流为

$$i=I_0d_0+I_1d_1+I_2d_2+I_3d_3=\left(\frac{1}{16}d_0+\frac{1}{8}d_1+\frac{1}{4}d_2+\frac{1}{2}d_3\right)\frac{V_{REF}}{R}=$$

$$\frac{V_{REF}}{2^4R}(d_3\cdot 2^3+d_2\cdot 2^2+d_1\cdot 2^1+d_0\cdot 2^0)$$

集成运算放大器的输出电压 u_o 为

$$u_o=-R_F i_F=-R_F i=-\frac{V_{REF}R_F}{2^4R}(d_3\cdot 2^3+d_2\cdot 2^2+d_1\cdot 2^1+d_0\cdot 2^0)$$

显然,输出电压的大小与输入数字量的状态和参考电压的大小有关。

3. DAC0832

DAC0832 是美国国家半导体公司(NSC)的产品,是一种具有两个输入数据寄存器的八位 D/A 转换器,它能直接与 MCS-51 单片机相连,不需要附加任何其他 I/O 接口芯片。其主要技术指标有:分辨率 8 位;电流稳定时间 1 μs;可双缓冲、单缓冲或直接数字输入;只需在满量程下调整其线性度;单一电源供电(+5~+15 V);低功耗(20 mW)。

DAC0832 是 DAC0830 系列产品的一种,其他产品有 DAC0830、DAC0831 等,它们都是八位 D/A 转换器,完全可以相互代换。

DAC0832 采用 CMOS 工艺,是具有 20 个引脚的双列直插式单片八位 D/A 转换器,其

结构如图 13-11 所示。

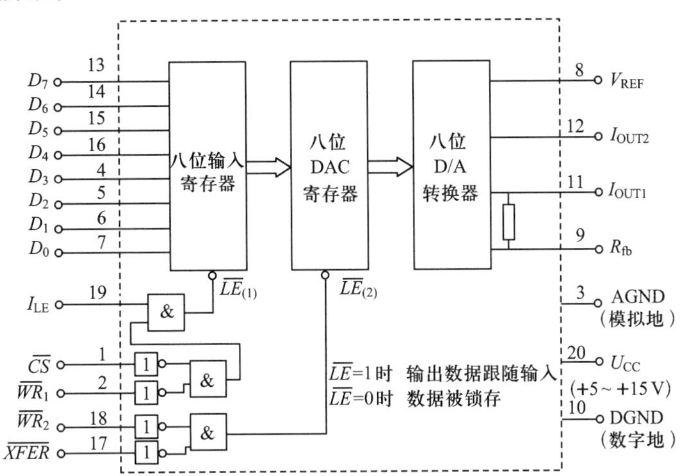

图 13-11 DAC0832 的结构框图

DAC0832 由三大部分组成：一个八位输入寄存器、一个八位 DAC 寄存器和一个八位 D/A 转换器。在 D/A 转换器中采用的是 T 型 R-2R 电阻网络。DAC0832 器件由于有两个可以分别控制的数据寄存器，使用时有较大的灵活性，可以根据需要接成多种工作方式。它的工作原理简述如下：

在图 13-11 中，$\overline{LE}$为寄命令。当$\overline{LE}=1$ 时，寄存器的输出随输入变化；当$\overline{LE}=0$ 时，数据锁存在寄存器中，不随输入数据的变化而变化，其逻辑表达式为

$$\overline{LE}_{(1)}=I_{LE}\cdot\overline{\overline{CS}}\cdot\overline{\overline{WR}_1}$$

由此可见，当 $I_{LE}=1$，$\overline{CS}=\overline{WR}_1=0$ 时，$\overline{LE}_{(1)}=1$，允许数据输入。而当$\overline{WR}_1=1$ 时，$\overline{LE}_{(1)}=0$，数据被锁存。能否进行 D/A 转换，除了取决于$\overline{LE}_{(1)}$以外，还要依赖于$\overline{LE}_{(2)}$。由图 13-11 可知，当$\overline{WR}_2$ 和$\overline{XFER}$均为低电平时，$\overline{LE}_{(2)}=1$，此时允许 D/A 转换，否则$\overline{LE}_{(2)}=0$，将停止 D/A 转换。在使用时可以采用双缓冲方式（两级输入锁存），也可以采用单缓冲方式（只用一级输入锁存，另一级始终直通），或者接成完全直通的形式。因此，这种转换器使用起来非常灵活方便。

DAC0832 的引脚排列如图 13-12 所示，各引脚的功能如下：

$\overline{CS}$：片选信号（低电平有效）。

I_{LE}：输入锁存允许信号（高电平有效）。

$\overline{WR}_1$：写 1（低电平有效）。当$\overline{WR}_1$ 为低电平时，用来将输入数据传送到输入锁存器；当$\overline{WR}_1$ 为高电平时，输入锁存器中的数据被锁存。

当 I_{LE}为高电平，且$\overline{CS}$和$\overline{WR}_1$ 同时为低电平时，才能将锁存器中的数据进行更新。以上三个控制信号构成第一级输入锁存。

$\overline{WR}_2$：写 2（低电平有效）。该信号与$\overline{XFER}$配合，可使

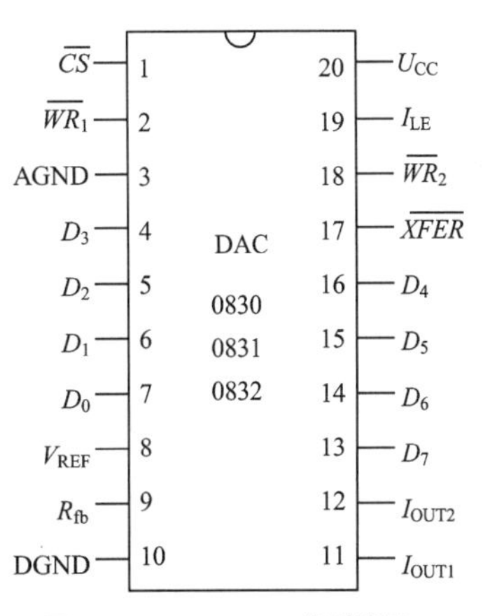

图 13-12 DAC0832 的引脚图

锁存器中的数据传送到 DAC 寄存器中进行转换。

$\overline{XFER}$:传送控制信号(低电平有效)。$\overline{XFER}$将与$\overline{WR_2}$配合使用,构成第二级锁存。

$D_0 \sim D_7$:数字输入量。D_0 是最低位(LSB),D_7 是最高位(MSB)。

I_{OUT1}:DAC 电流输出 1。当 DAC 寄存器为全 1 时,表示 I_{OUT1} 为最大值;当 DAC 寄存器为全 0 时,表示 I_{OUT1} 为 0。

I_{OUT2}:DAC 电流输出 2。I_{OUT2} 为常数减去 I_{OUT1},或者 $I_{OUT1}+I_{OUT2}=$常数。在单级性输出时,I_{OUT2} 通常接地。

R_{fb}:反馈电阻,为外部集成运算放大器提供一个反馈电压。R_{fb} 可由内部提供,也可由外部提供。

V_{REF}:参考电压输入,要求外部接一个精密的电源。当 V_{REF} 为±10 V(或±5 V)时,可获得满量程四象限的可乘操作。

U_{CC}:数字电路供电电压,一般为+5~+15 V。

AGND:模拟地。

DGND:数字地。

AGND 和 DGND 是两种不同的地,但在一般情况下,这两个地最后总有一点接在一起,以便提高抗干扰能力。

二、A/D 转换器

1. A/D 转换器的基本原理及主要技术指标

如图 13-13 所示,模拟电子开关 S 在采样脉冲 CP_S 的控制下重复接通、断开。S 接通时,$u_i(t)$对 C 充电,为采样过程;S 断开时,C 上的电压保持不变,为保持过程。在保持过程中,采样的模拟电压经数字化编码电路转换成一组 n 位的二进制数输出。

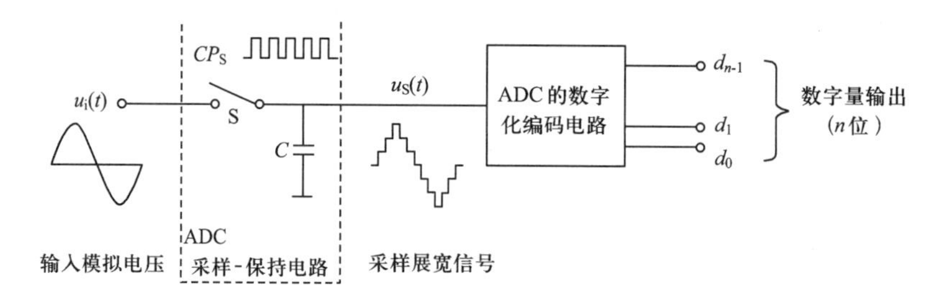

图 13-13 A/D 转换器的转换过程

采样-保持电路如图 13-14(a)所示,t_0 时刻 S 闭合,C_H 被迅速充电,电路处于采样阶段。由于两个放大器的增益都为 1,因此这一阶段 u_o 跟随 u_i 变化,即 $u_o=u_i$。t_1 时刻采样阶段结束,S 断开,电路处于保持阶段。若 A_2 的输入阻抗为无穷大,S 为理想开关,则 C_H 没有放电回路,两端保持充电时的最终电压值不变,从而保证电路输出端的电压 u_o 维持不变。输出电压波形如图 13-14(b)所示。

A/D 转换器的主要技术指标有分辨率、相对精度、转换速度。

A/D 转换器的分辨率用输出二进制数的位数表示,位数越多,误差越小,转换精度越高。例如,输入模拟电压的变化范围为 0~5 V,输出八位二进制数可以分辨的最小模拟电压为

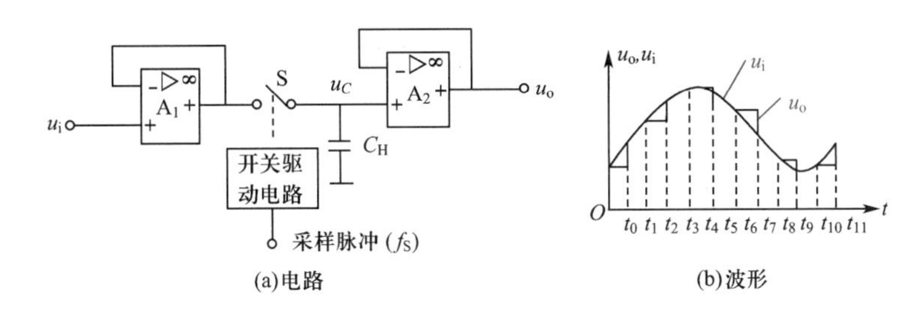

图 13-14 采样-保持电路

$(5/2^8)$V≈20 mV,输出十二位二进制数可以分辨的最小模拟电压为$(5/2^{12})$V≈1.22 mV。

相对精度是指实际的各个转换点偏离理想特性的误差。在理想情况下,所有的转换点应当在一条直线上。

转换速度是指完成一次转换所需的时间。转换时间是指从接到转换控制信号开始,到输出端得到稳定的数字输出信号所经过的这段时间。

2. 逐次逼近型 A/D 转换器

逐次逼近型 A/D 转换器的结构框图如图 13-15 所示。转换开始前先将所有寄存器清零。开始转换以后,时钟脉冲首先将寄存器最高位置成 1,使输出数字为 100…0。这个数码被 D/A 转换器转换成相应的模拟电压 u_o,送到比较器中与 u_i 进行比较。若 $u_i > u_o$,说明数字过大了,故将最高位的 1 清除;若 $u_i < u_o$,说明数字还不够大,应将这一位保留。然后,再按同样的方式将次高位置成 1,并且经过比较后确定这个 1 是否应该保留。这样逐位比较下去,一直到最低位为止。比较完毕后,寄存器中的状态就是所要求的数字量输出。

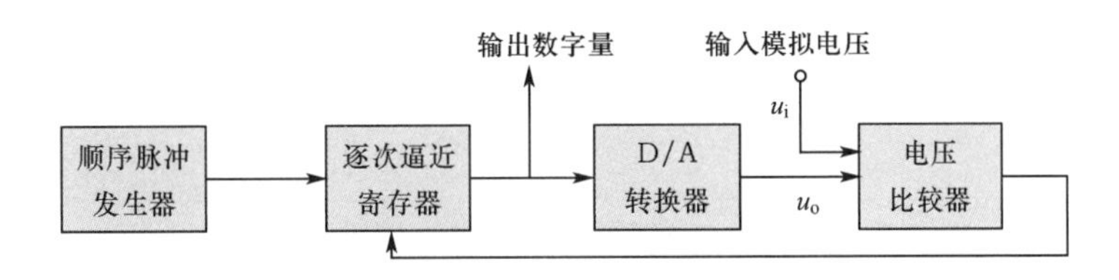

图 13-15 逐次逼近型 A/D 转换器的结构框图

3. ADC0808、ADC0809

ADC0808、ADC0809 的分辨率为八位,总的不可调误差在±(1/2) LSB 和±1 LSB 范围内,转换时间为 100 μs,具有锁存控制的多路开关和三态缓冲输出控制,单一+5 V 供电,输入范围为 0~5 V,输出与 TTL 兼容,工作温度范围为-40~85 ℃。

(1)ADC0808、ADC0809 的组成及工作原理

如图 13-16 所示,ADC0808、ADC0809 由两部分组成,第一部分为八通道多路模拟开关及相应的地址锁存与译码电路,可以实现八路模拟信号的分时采集,其八路模拟输入通道寻址表见表 13-2。三个地址信号 *ADDA*、*ADDB* 和 *ADDC* 决定了是哪一路模拟信号被选中并送到内部 A/D 转换器中进行转换。

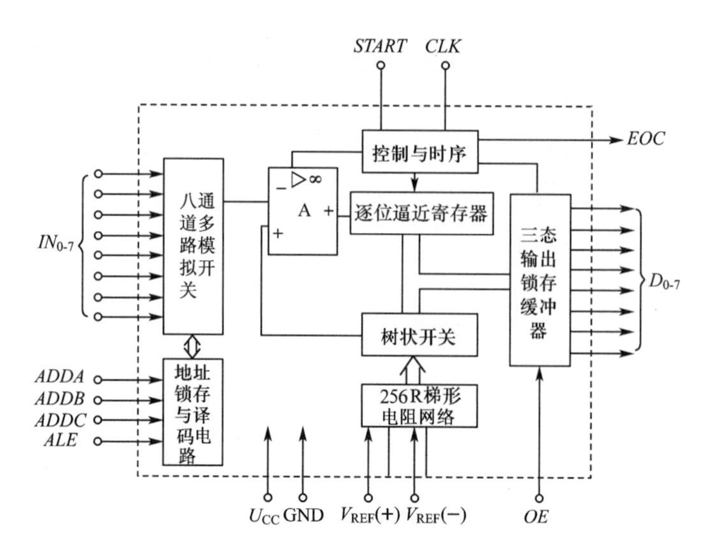

图 13-16 ADC0808、ADC0809 的结构框图

表 13-2 八路模拟输入通道寻址表

ADDC	*ADDB*	*ADDA*	输入通道
0	0	0	IN_0
0	0	1	IN_1
0	1	0	IN_2
0	1	1	IN_3
1	0	0	IN_4
1	0	1	IN_5
1	1	0	IN_6
1	1	1	IN_7

第二部分为一个逐位逼近式 A/D 转换器，它由比较器、控制与时序、三态输出锁存缓冲器、逐位逼近寄存器、树状开关和 256R 梯形电阻网络组成。其中，由树状开关和 256R 梯形电阻网络构成 D/A 转换器。

控制逻辑用来控制逐位逼近寄存器从高位至低位逐位取 1，然后将此数字量进行D/A转换，输出一个模拟电压 V_s。V_s 与输入模拟量 V_x 在比较器中进行比较，当 $V_s>V_x$ 时，该位 $D_i=0$；当 $V_s\leqslant V_x$ 时，该位 $D_i=1$。因此从 D_7 至 D_0 逐位逼近并比较八次，逐位逼近寄存器中的数字量即为与模拟量 V_x 所对应的数字量。将此数字量送入输出锁存器，并同时发出转换结束信号 *EOC*(高电平有效，经反相器后，可向 CPU 发中断请求)，表示一次转换结束。此时，CPU 发出一个输出允许命令 *OE*(高电平有效)，即可读取数据。

(2)ADC0809 的引脚

ADC0809 的引脚排列如图 13-17 所示。各引脚功能如下：

$IN_0\sim IN_7$：八个模拟量输入端。

START：启动 A/D 转换信号，当 *START* 为高电平时，A/D 开始转换。

EOC：转换结束信号。此信号可用作 A/D 转换是否完成的查询信号或向 CPU 请求中断的信号。

OE:输出允许信号,或称为 A/D 数据读信号。当此信号为高电平时,可从 A/D 转换器中读取数据。此信号可作为系统中的片选信号。

CLK:实时时钟,最高允许值为 640 kHz,可通过外接电路提供频率信号,也可用系统 *ALE* 分频获得。

ALE:通道地址锁存允许信号,高电平有效。当 *ALE* 为高电平时,允许 *ADDC*、*ADDB*、*ADDA* 锁存到通道地址锁存器,并选择对应通道的模拟输入送到 A/D 转换器。

ADDA、*ADDB*、*ADDC*:通道地址输入,*ADDC* 为最高,*ADDA* 为最低。

$D_0 \sim D_7$:数字量输出端。

$V_{REF}(+)$、$V_{REF}(-)$:正负参考电压,用来提供 D/A 转换器的基准参考电压。一般 $V_{REF}(+)$接+5 V,$V_{REF}(-)$接地。

U_{CC}、GND:电源电压 U_{CC}接+5 V,GND 为地。

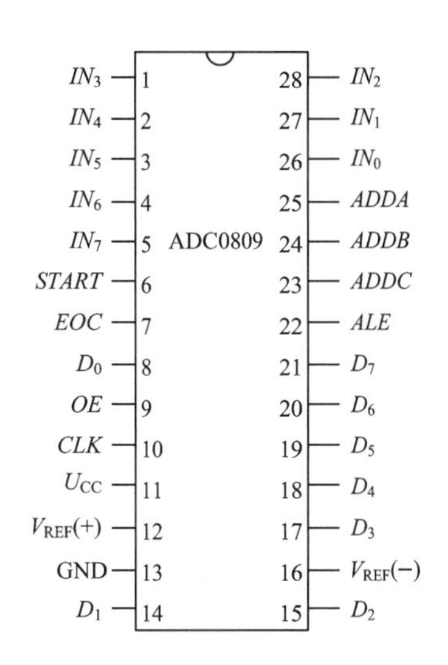

图 13-17 ADC0809 的引脚图

思考题与习题

1. 555 集成定时器由哪几部分组成?各部分的功能是什么?

2. 由 555 集成定时器组成的施密特触发器具有滞回特性,回差电压 ΔU_T 的大小对电路有何影响?怎样调节?当 $U_{CC}=12$ V 时,U_{CO}通过 0.01 μF 电容接地,U_{T+}、U_{T-}、ΔU_T 各为多少?当控制端 U_{CO}外接 8 V 电压时,U_{T+}、U_{T-}、ΔU_T 各为多少?

3. 电路如图 13-18(a)所示,若输入信号 u_i 如图 13-18(b)所示,试画出 u_o 的波形。

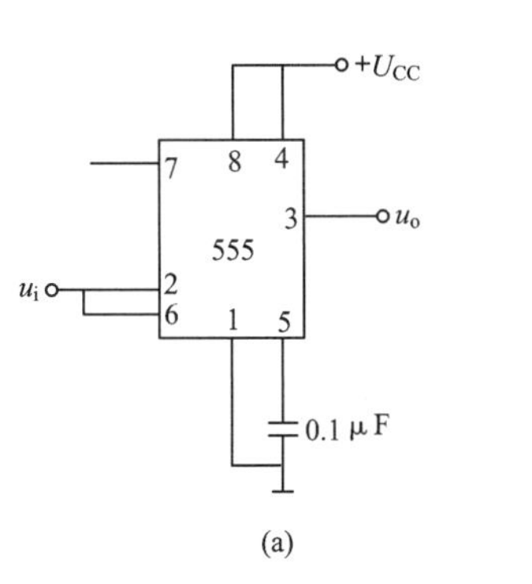

(a)

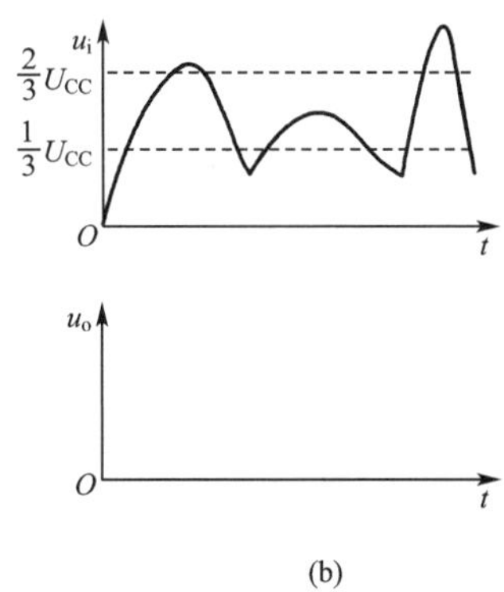

(b)

图 13-18 题 3 图

4. 由 555 集成定时器构成的多谐振荡器电路如图 13-5(a)所示,若 $U_{CC}=9$ V,$R_1=10$ kΩ,$R_2=2$ kΩ,$C=0.3$ μF,计算电路的振荡频率及占空比。

5. 如果要改变由 555 集成定时器组成的单稳态触发器的脉宽，可以采取哪些方法？

6. 由 555 集成定时器构成的单稳态触发器电路如图 13-3(a)所示，若 $U_{CC}=12$ V，$R=10$ kΩ，$C=0.1$ μF，试求脉冲宽度 t_P。

7. 如图 13-19 所示，这是一个根据周围光线强弱可自动控制 LED 亮、灭的电路，其中 VT 是光敏三极管，有光照时导通，有较大的集电极电流，光暗时截止。试分析该电路的工作原理。

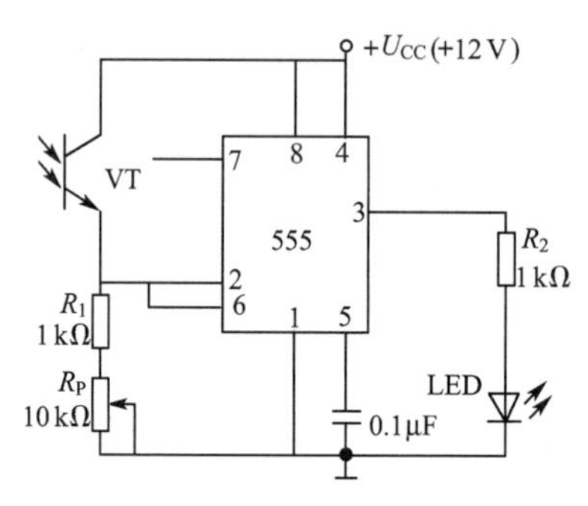

图 13-19　题 7 图

8. 如图 13-20 所示是由 555 定时器组成的监控水位的报警电路，正常时水位应超过监测点，分析该电路的工作原理。

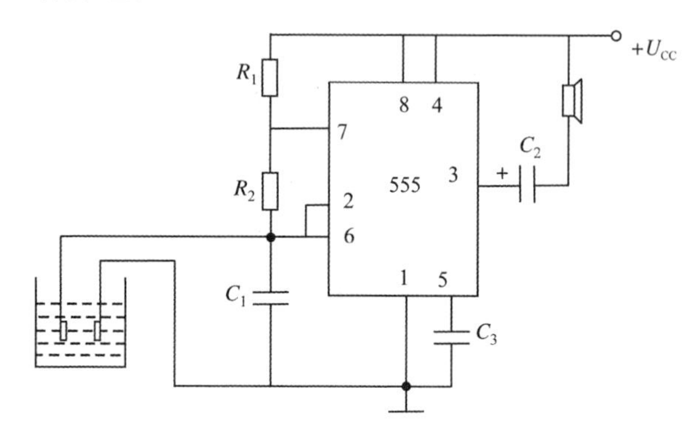

图 13-20　题 8 图

9. 在 8 位 T 型电阻网络 DAC 中，已知 $R_F=R$，$V_{REF}=10$ V，试求输入数字量分别为 10011000 和 01111101 时的输出模拟电压 u_o。

10. 已知某 8 位 DAC 电路的满值输出电压为 10 V，试求如下输入时的输出电压值：(1)各位全为 1；(2)仅最高位为 1；(3)仅最低位为 1。

11. 已知某 DAC 电路的最小分辨电压为 5 mV，最大满值输出电压为 10 V，试求该电路输入数字量的位数。

12. 已知某 12 位 ADC 电路的满值输入电压为 16 V，当输入电压分别为 72.9 mV、6.93 V、13.7 V 时，输出数字量是多少？

参 考 文 献

[1] 宁慧英,郭宏岩.电工电子技术[M].北京:机械工业出版社,2023.

[2] 张晶,郑立平,王文一.电机与拖动技术(基础篇)[M].6版.大连:大连理工大学出版社,2022.

[3] 荆轲,段波.电路基础与实践[M].4版.大连:大连理工大学出版社,2022.

[4] 王永成.模拟电子技术[M].3版.大连:大连理工大学出版社,2021.

[5] 邢迎春,葛廷友.电工基础[M].5版.北京:北京航空航天大学出版社,2021.

[6] 陈宝玲,何强,王治学.电气控制技术[M].4版.大连:大连理工大学出版社,2019.

[7] 刘永华.电气控制与PLC应用技术[M].4版.北京:北京航空航天大学出版社,2019.

[8] 孙晓明.模拟电子技术项目式教程[M].北京:机械工业出版社,2018.

[9] 李妍,李海凤.数字电子技术[M].5版.大连:大连理工大学出版社,2018.

[10] 邢迎春.模拟电子技术基础[M].上海:同济大学出版社,2017.

[11] 罗厚军,董英英.电工电子技术(少学时)[M].3版.北京:机械工业出版社,2016.

[12] 何东钢,李响.模拟电子技术实训教程[M].北京:中国电力出版社,2016.

附录

实验课题

附录1　常用测量仪器的使用

1. 实验目的

(1)认识常用测量仪器,了解其功能、面板标志、换挡开关与显示。

(2)通过简单的测量练习,了解仪器的操作要领与注意事项。

2. 预习要求

预习本实验,初步认识测量仪器的功能、接线方法、换挡开关的操作,如有条件最好能阅读仪器的说明书。

3. 实验内容(可选做)

(1)教师介绍实验室各种测量仪器(外观、型号、功能、面板标志、参数、特性、仪器接线和测量方法、使用注意事项等)。

(2)用万用表(数字式或指针式)测量直流电压、交流电压、直流电流、电阻。

(3)用示波器测量低频信号源的信号波形,初步掌握示波器的使用方法,调出3～5个周期完整、幅度适中的稳定波形,估测信号的频率和幅度,详细记录操作过程和可能出现的问题。

(4)用兆欧表测量绝缘电阻。

(5)用钳形电流表测量交流电路的电流。

(6)用直流单臂电桥测量中值电阻。

(7)具体测量内容,根据实训条件自行选择。

4. 实验习题

(1)常用测量仪器有哪些种类?

(2)测量仪器的型号与标志符号有哪些?

(3)测量仪器盘面的符号有哪些? 含义是什么?

(4)功率如何测量? 测量原理是什么?

(5)测量仪器对被测电路的影响有哪些?

(6)测量误差和仪器准确程度等级的含义是什么?

附录 2 基尔霍夫定律和叠加定理实验

1. 实验目的

(1)掌握电路中电压、电流及电位的测量方法。

(2)理解电位与电压的异同点。

(3)通过实验加深对基尔霍夫电压、电流定律及叠加定理的理解。

(4)进一步熟悉稳压电源和万用表的使用。

2. 预习要求

(1)复习教材中基尔霍夫电压、电流定律及叠加定理的有关内容,预习本实验,熟悉稳压电源和万用表的使用方法。

(2)根据实验电路图和实际元器件参数,计算电路中的有关数据。

3. 实验电路与测量原理

(1)电流的测量

实验电路如附图 1 所示,$R_1=510\ \Omega$,$R_2=1\ k\Omega$,$R_3=510\ \Omega$,$R_4=510\ \Omega$,$R_5=330\ \Omega$。图中标注出了各支路电流的参考方向。每条支路都有一个断开的位置,要测量该支路电流时,把万用表转换开关转到直流电流挡,并选择合适的量程,用万用表的两个表笔分别与断开的两个接头相接,电流表串联在被测电路中,电流从正表笔流入,负表笔流出。若按参考方向串接表笔,表针正偏,读数为正;若表针反偏,则应调换两个表笔使表针正偏,此时电流值为负。

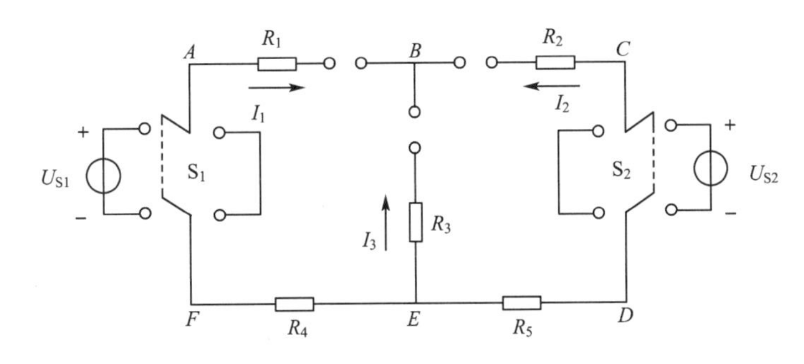

附图 1 基尔霍夫定律和叠加定理实验电路

(2)电位与电压的测量

电位是电路中某一点到参考点的电压,是相对的;电压是某两点的电位差,是绝对的。电位的测量需要选定一个零电位参考点,选择不同的参考点,同一点的电位值不同。电位有正有负,测量时用万用表负表笔接参考点,用正表笔接被测点,若指针正偏,该点电位为正;若指针反偏,调换两个表笔测量,该点电位为负,记录时应带负号。

电压测量时按参考方向连接,指针正偏,电压为正;若指针反偏,再调换万用表表笔进行测量,与参考方向相反的电压应以负值记录。

4. 实验内容

(1)将两路稳压电源调至 $U_{S1}=12\ V$,$U_{S2}=6\ V$,按附图 1 接线。

(2)以 A 点为电位参考点，用万用表直流电压挡测量 V_B、V_C、V_D、V_E、V_F 值，将数据记入附表 1(注意正、负)。再以 E 点为电位参考点，分别测量 V_A、V_B、V_C、V_D、V_F 值，将数据记入附表 1。

附表 1　　电位测量数据

参考点	电位测量值						由电位计算的电压值						$\sum U$
	V_A	V_B	V_C	V_D	V_E	V_F	U_{AB}	U_{BC}	U_{CD}	U_{DE}	U_{EF}	U_{FA}	
A													
E													

(3)U_{S1}、U_{S2} 同时作用(将开关 S_1 投向 U_{S1} 侧，开关 S_2 投向 U_{S2} 侧)，用万用表直流电流挡分别测量三条支路中的电流，并将 I_1、I_2、I_3 值记入附表 2。用万用表直流电压挡分别测量附表 2 中各电压值，并记入附表 2。

附表 2　　电流、电压测量数据

U_{S1}、U_{S2} 同时作用		U_{S1} 单独作用		U_{S2} 单独作用		叠加结果	
U_{AB}		U'_{AB}		U''_{AB}		$U'_{AB}+U''_{AB}$	
U_{DE}		U'_{DE}		U''_{DE}		$U'_{DE}+U''_{DE}$	
U_{AD}		U'_{AD}		U''_{AD}		$U'_{AD}+U''_{AD}$	
I_1		I'_1		I''_1		$I'_1+I''_1$	
I_2		I'_2		I''_2		$I'_2+I''_2$	
I_3		I'_3		I''_3		$I'_3+I''_3$	
$\sum I$		$\sum I'$		$\sum I''$			

(4)U_{S1} 单独作用(将开关 S_1 投向 U_{S1} 侧，开关 S_2 投向短路侧)，重复实验内容(3)的测量并记入附表 2。

(5)U_{S2} 单独作用(将开关 S_1 投向短路侧，开关 S_2 投向 U_{S2} 侧)，重复实验内容(3)的测量并记入附表 2。

5. 实验报告要求

(1)填写实验报告，根据测量数据写出结论。

(2)根据测量结果分析误差原因。

6. 实验习题

(1)总结电位相对性和电压绝对性的原理。

(2)按实验电路参数，计算出各点电位、电压及电流数值，并与实验结果比较。

(3)根据测量数据，分析电阻上的功率是否符合叠加定理？

(4)实验中，当电源 U_{S1}、U_{S2} 单独作用时，可否将不起作用的电压源短接？

附录 3　戴维南定理及功率传输最大条件的研究实验

1. 实验目的

(1)验证戴维南定理，加深对该定理的理解。

(2)学会有源二端网络开路电压和等效电阻的测定方法。

(3)分析负载获得最大功率的条件，学会负载功率曲线的测绘。

2. 预习要求

(1)复习戴维南定理的内容,预习本实验内容,进一步熟悉万用表的使用。

(2)根据实验电路图和实际元器件参数,计算有源二端网络的开路电压和等效电阻。

(3)根据实验要求设计实验表格,供实验时记录数据用。

3. 实验电路与测量原理

(1)戴维南定理内容

任何一个有源线性二端网络,对其外部电路而言,都可以用电压源与电阻串联组合等效代替。该电压源的电压等于二端网络的开路电压,该电阻等于二端网络内部所有独立源作用为零时的等效电阻。

(2)有源二端网络等效参数的测量方法

①开路电压 U_{OC} 的测量分为直接测量法和零示法。

● 直接测量法:用万用表直流电压挡直接测量有源二端网络的开路电压。

● 零示法:用一低内阻的稳压电源与被测有源二端网络进行比较,当稳压电源与有源二端网络的开路电压相等时,电流表的读数将为零,然后将电路断开,测量此时稳压电源的输出电压,即为被测有源二端网络的开路电压,如附图 2 所示。

②等效电阻 R_O 的测量分为直接测量法、短路电流法、伏安法、外特性法。

● 直接测量法:将有源二端网络中所有独立源的作用变为零(去掉电压源,用短路线代替,电流源断路),用万用表电阻挡直接测量有源二端网络的等效电阻。

● 短路电流法:测量有源二端网络的开路电压和短路电流,根据公式 $R_O=\dfrac{U_{OC}}{I_{SC}}$,计算出等效电阻。

● 伏安法:将有源二端网络中所有独立源的作用变为零,变成无源二端网络,给网络加一电压 U,测其电流 I,则等效电阻 $R_O=\dfrac{U}{I}$。

● 外特性法:用电压表、电流表测出有源二端网络的外特性曲线,如附图 3 所示,则等效电阻 $R_O=\dfrac{U_{OC}-U_1}{I_1}$。实验电路如附图 4 所示。

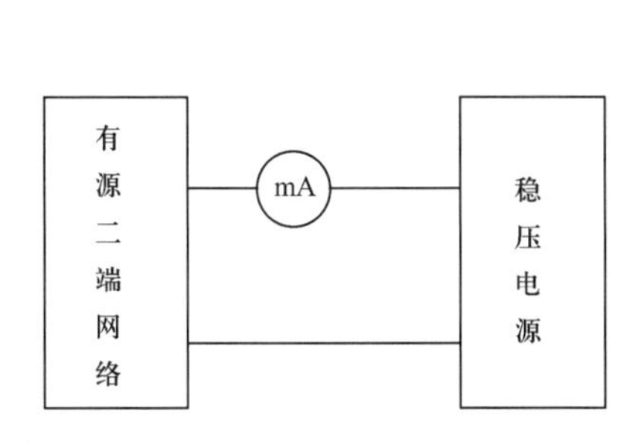

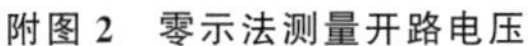
附图 2 零示法测量开路电压

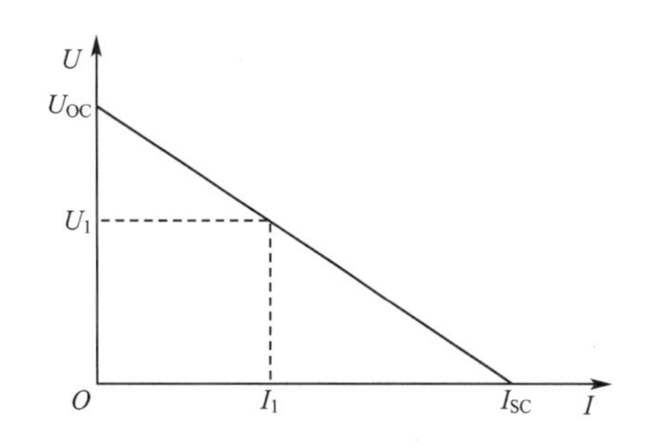

附图 3 外特性法测量等效电阻

4. 实验内容

(1)按附图 4 接线,测量图中负载电阻 R_L 断开时的开路电压和等效电阻。

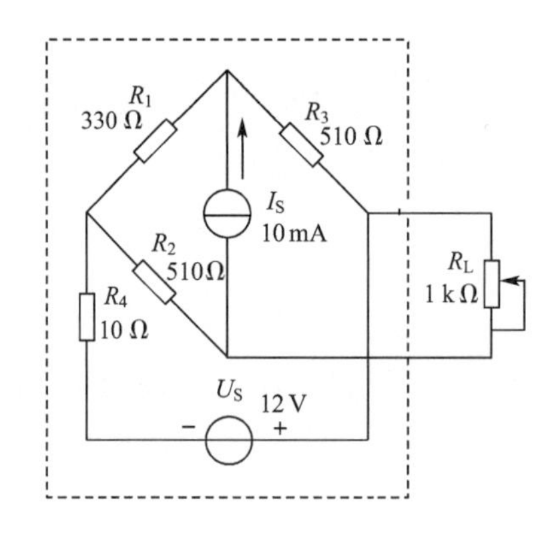

附图 4　戴维南定理实验电路

(2)改变附图 4 中 R_L 数值,用电压表、电流表测量 R_L 两端电压及流过的电流,将数据记入附表 3。

附表 3　　R_L 两端电压及流过的电流

R_L								
U/V								
I/mA								

(3)将一可调电位器的阻值调为实验内容(1)所测得的等效电阻值,然后令其与一低内阻直流稳压电源相串联,稳压电源电压调到实验内容(1)所测得的开路电压值。如附图 5 所示,按实验内容(2)改变 R_L 数值,并测量 R_L 两端电压及流过的电流,将数据记录在自己设计的表格中。

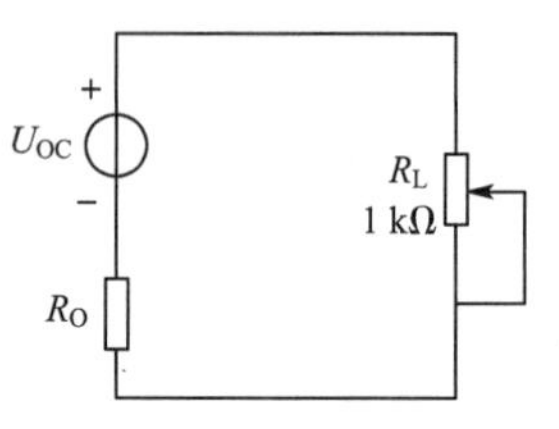

附图 5　戴维南等效电路

(4)功率传输最大条件的研究:将一 510 Ω 电阻与稳压电源串联,稳压电源电压调至10 V。用一可调电位器作为负载,组成如附图 5 所示的电路。调节电位器阻值,分别测量不同阻值时通过负载的电流,并计算功率,将数据记录下来。注意 510 Ω 左右的阻值可选密些。

5. 实验报告要求

(1)整理实验数据,完成实验报告,并根据测量数据得出结论。

(2)将测量结果与计算结果进行比较,是否有误差?如有,分析误差原因。

6. 实验习题

(1)测量有源二端网络的等效电阻还有什么方法?

(2)根据实验内容(2)、(3)的测量数据,得出什么结论?

(3)根据实验内容(4)的测量数据绘出 P-R 曲线,能得出什么结论?

附录 4　日光灯电路及功率因数提高实验

1. 实验目的

(1)了解日光灯的组成和工作原理。

(2)掌握提高功率因数的方法及其意义。

(3)学会使用功率表测量功率。

2. 预习要求

(1)学习日光灯电路的接线电路图,了解电路的组成及电路元件的作用。

(2)了解日光灯电路启动的条件及镇流器电路的各种形式。

(3)复习功率因数的概念与计算方法,掌握提高功率因数的方法,学习补偿电容的计算方法。

3. 实验电路与测量原理

(1)日光灯的组成及工作原理

日光灯由灯管、启辉器、镇流器等组成,如附图 6 所示。

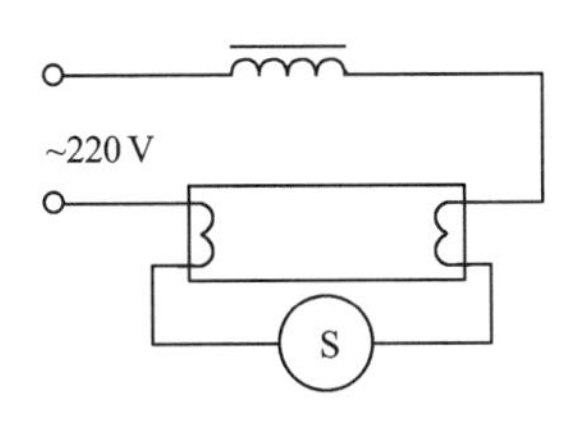

附图 6　日光灯电路

工作原理:日光灯的灯管内壁上涂有荧光物质,管内抽成真空,并允许有少量的水银蒸气。灯管的两端各有一灯丝串联在电路中,灯管的启辉电压在 400～500 V 之间,启辉后管压降约为 110 V(40 W 日光灯的管压降),所以日光灯不能直接接在 220 V 的电压上使用。启辉器相当于一个自动开关,它有两个电极,靠得很近,其中一个电极由双金属片制成,使用电源时,两电极之间会产生放电,双金属片电极热膨胀后使两电极接通,此时灯丝也被通电加热。当两电极接通后,两电极放电现象消失,双金属片降温后收缩,两极分开。在两极断开的瞬间,镇流器将产生很高的自感电压,该自感电压和电源电压一起加到灯管两端,使灯管两端灯丝被加热,产生紫外线,涂在管壁上的荧光粉发出可见的光。当灯管启辉后,镇流器又起降压限流的作用。

(2)功率因数的提高

日光灯电路功率因数较低,采用并联电容的方法可以提高整个电路的功率因数,从而使电源得到充分利用,还可以降低线路的损耗,从而提高传输效率。

4. 实验内容

(1)按附图 7 接线,正确选择测量仪器的量程与接线极性。对于功率表电压线圈与电流线圈要特别注意。

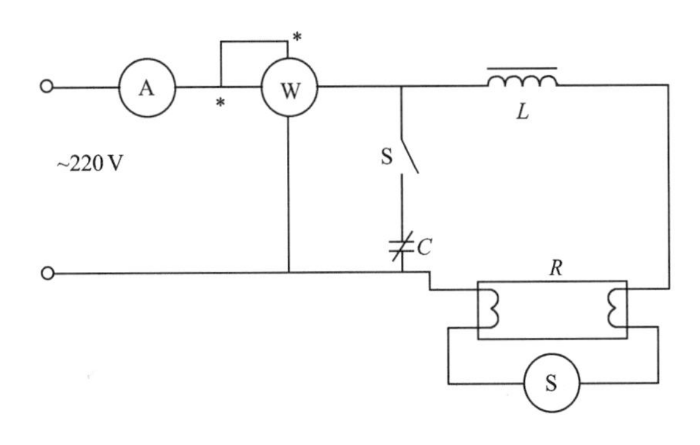

附图 7　日光灯功率因数提高实验图

(2)接通电源,断开电容,记下此时的功率 P 及电流 I 值,并用万用表测量 U_R、U_L、U_C、U,记入附表 4。

(3)接通电容,逐渐增大电容分别为 1 μF、2 μF、3 μF、4 μF 时,测量并联不同电容值时的电流 I 与功率 P 值。同样用万用表测量不同电容时的 U_R、U_L、U_C、U 值。

(4)对测量数据的科学性与准确性进行分析,对有异议的数据进行重新测量。

附表 4　　功率因数测量数据

电容 C/μF	测量值						计算
	U/V	I/A	U_R/V	U_L/V	U_C/V	P/W	$\cos\varphi$
0							
1							
2							
3							
4							

5. 实验报告要求

(1)计算并入及未并入电容时的功率因数,填入附表 4 中。

(2)观察数据,说明提高功率因数有何意义。

(3)绘制 $I=f(C)$ 曲线,并说明电容是否并得越多越好? 为什么?

(4)实验过程中出现了哪些故障? 你是如何处理的? 分析故障产生的原因。

6. 实验习题

(1)日光灯电路在启动时和正常工作时测量应注意哪些问题?

(2)功率因数提高了,电路的有功功率提高了吗? 为什么?

(3)功率因数提高了,电路的视在功率如何变化? 是节约电能还是浪费电能?

(4)日光灯灯管正常工作时两端的电压为多少?

(5)根据测量的数据,计算镇流器消耗的有功功率,并比较与镇流器铭牌上标注的功率值是否相等。

附录 5　三相交流电路测量实验

1. 实验目的

(1)学会三相负载星形和三角形连接。

(2)理解对称三相负载星形和三角形连接电路中线电压和相电压的关系、线电流和相电流的关系。

(3)理解三相四线供电系统中中线的作用。

(4)观察三相负载的故障现象,学习故障判断方法。

2. 预习要求

(1)复习三相负载星形和三角形连接。

(2)复习负载星形和三角形连接电路中线电流与相电流、线电压与相电压之间的关系。

3. 实验电路与测量原理

三相负载有星形和三角形两种接法:当三相负载的额定电压与电源的线电压相同时,应接成三角形;当三相负载的额定电压等于相电压时,应接成星形。在星形连接中,分有中线和无中线两种情况。

(1)负载星形连接

- 对称负载:$U_L=\sqrt{3}U_P$,$I_L=I_P$,$I_N=0$。

● 不对称负载：如果有中线，各相负载的相电压不变，但相电流将不再对称，中线上有电流通过。如果没有中线，负载不对称将使各相电压发生变化，严重时能损坏设备。

● 一相负载断路：如果有中线，只有断路的一相负载不能工作，其他两相负载不受影响，如果没有中线，各相电压将受到影响。这时线电压加在串联的两相负载上。

● 一相负载短路：有中线时，如果一相负载发生短路，这时保险设备将切断该相负载，其他两相负载照常工作。没有中线时，若发生一相负载短路，则其他两相负载将接入线电压，电压升高$\sqrt{3}$倍，从而超过设备的额定电压，这必然会损坏设备。

(2)负载三角形连接

● 对称负载：$U_L = U_P$，$I_L = \sqrt{3} I_P$。

● 不对称负载：$I_L \neq \sqrt{3} I_P$。

● 一相负载断路：断路的一相负载不能工作，其他两相负载不受影响。

● 一相火线断路：不与该火线相连的一相负载能正常工作。

本实验采用灯泡作为负载。实验电路如附图 8 所示。

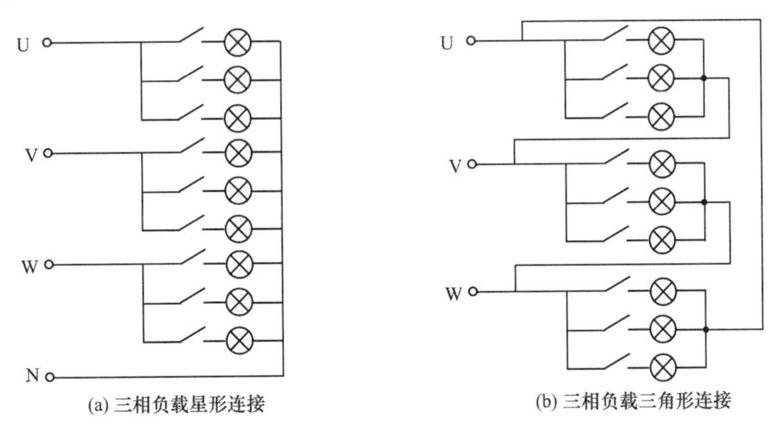

(a) 三相负载星形连接　　(b) 三相负载三角形连接

附图 8　三相负载的连接

4. 实验内容

实验采用三相交流电，线电压为 380 V，实验时要注意人身安全，不可触及导电部件。每次接线完毕后，由指导教师检查，接线无误后方可接通电源。实验中应先接线，后通电；先断电，后拆线。

(1)按附图 8(a)连接实验电路，分别测试有中线负载对称、无中线负载对称、有中线负载不对称(U 相 1 盏灯、V 相 2 盏灯、W 相 3 盏灯)、无中线负载不对称(U 相 1 盏灯、V 相 2 盏灯、W 相 3 盏灯)、有中线 V 相断、无中线 V 相断几种情况下电路的相电压、线电压、线电流及中线电流。将所测得的数据记入自己设计的表格。

(2)按附图 8(b)连接实验电路，调节调压器，使输出线电压为 220 V，分别测试负载对称、负载不对称(U 相 1 盏灯、V 相 2 盏灯、W 相 3 盏灯)、V 相断、V 线断几种情况下电路的线电压、线电流及相电流。将所测得的数据记入自己设计的表格。

5. 实验报告要求

(1)用实验测得的数据验证对称三相电路中的$\sqrt{3}$倍关系。

(2)实验中若出现故障，如何处理？分析故障原因。

6. 实验习题

(1)三相负载根据什么条件做星形或三角形连接?

(2)用实验数据和观察到的现象,总结三相四线供电系统中中线的作用。

(3)三相负载三角形连接测量时,为什么要通过三相调压器将 380 V 的线电压降为 220 V 的线电压使用?

附录 6　三相异步电动机的点动控制和单向运转控制实验

1. 实验目的

(1)掌握三相异步电动机的点动控制和单向运转控制的特点及接线。

(2)通过控制电路的安装学习,培养电气原理图转换成电气安装图的能力。

2. 预习要求

(1)复习交流接触器及按钮的结构、工作原理及接线。

(2)熟悉三相异步电动机的点动控制和单向运转控制工作原理。

3. 实验电路

点动控制和单向运转控制的电路分别如附图 9、附图 10 所示。

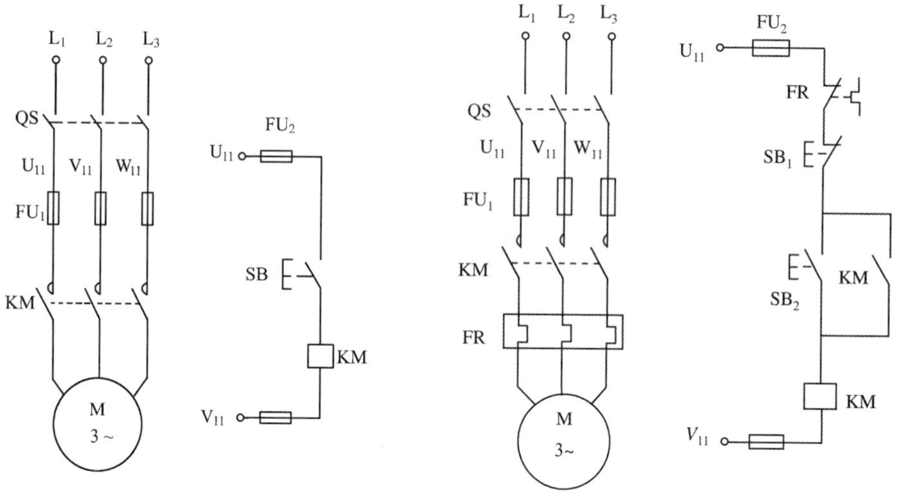

附图 9　点动控制电路图　　附图 10　单向运转控制电路图

4. 实验内容

(1)根据实验电路选择元器件,并检查各电器是否符合本实验要求。

(2)根据电路要求选择需要的连接导线,在接线板上安装附图 9 所示除电动机外的控制电路。电动机、按钮及电源要经过接线端子进行接线。

(3)检查所连接电路的正确性与合理性,并接受指导教师的检查。要在指导教师检查指导后进行通电实验。

(4)在不接入电动机的情况下,通电运行并检查电路正常情况与工作状态。

(5)接入电动机,观察电器的动作情况,体会点动动作情况。

(6)切断电源,在原电路基础上按照附图 10 接线。

(7)接通电源,体会自锁控制情况。

5. 实验报告要求

(1)比较点动控制与单向运转控制在电路结构上的主要区别。

(2)总结电路接线、检查、故障排除步骤,写出本次实验的收获和体会。

6. 实验习题

(1)分析附图 10 电路动作过程,并说明自锁作用。

(2)附图 10 电路接好后,接通电源,尚未启动任何器件,电动机就开始转动,分析此时控制电路的何处出现了故障。

附录 7 三相异步电动机的正反转控制实验

1. 实验目的

(1)掌握用交流接触器控制的正反转控制电路的工作原理及接线方法。

(2)熟悉三联按钮的使用和正确接线方法。

(3)培养学生对控制电路的故障排除能力。

2. 预习要求

(1)熟悉交流接触器、按钮及热继电器的结构、工作原理及接线。

(2)复习正反转控制电路的工作原理及接线。

3. 实验电路

三相异步电动机的正反转控制电路如附图 11 所示。

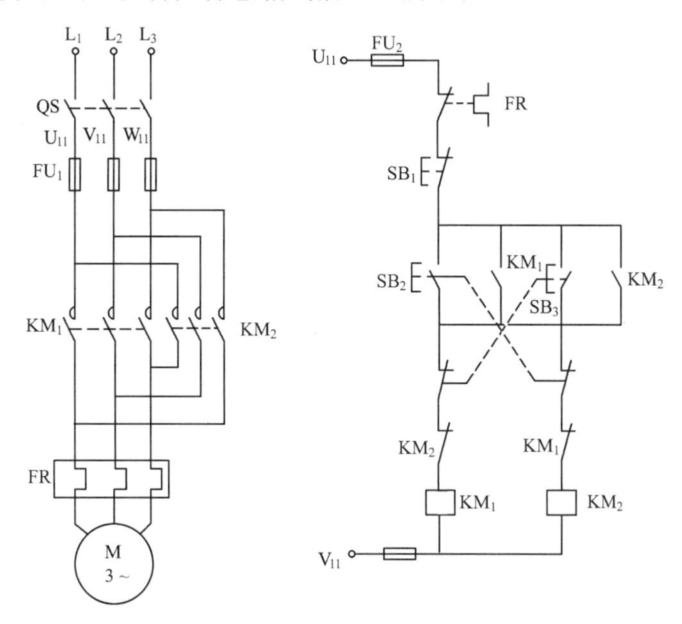

附图 11 三相异步电动机的正反转控制电路

4. 实验内容

(1)根据实验电路选择元器件,并检查各电器是否符合本实验要求。

(2)根据电路要求选择需要的连接导线,在接线板上安装附图 11 所示除电动机外的控制电路。电动机、按钮及电源要经过接线端子进行接线。

(3)检查所连接电路的正确性与合理性,并接受指导教师的检查。要在指导教师检查指导后进行通电实验。

(4)在不接入电动机的情况下,通电运行并检查电路正常情况与工作状态。

(5)接入电动机,观察电器的动作情况。

(6)切除电源,人为设置故障,观察故障现象,分析原因并排除故障(分组交叉进行)。

5. 实验报告要求

(1)分析三相异步电动机的正反转控制电路的动作过程。

(2)分析实验过程中出现的故障现象的原因。

6. 实验习题

(1)自锁触点和连锁触点的功能有何不同?

(2)分析三相异步电动机的正反转控制电路的短路保护、欠压保护和过载保护原理。

附录8　半导体二极管、三极管检测实验

1. 实验目的

(1)会用万用表判别二极管的极性和三极管的引脚 。

(2)会用万用表判别二极管和三极管的质量。

2. 预习要求

(1)复习二极管的单向导电性知识和三极管的结构特点。

(2)了解用万用表判别二极管的极性和三极管的引脚的原理。

3. 实验电路与测量原理

(1)二极管测量原理

二极管内部是一个 PN 结,外加正向电压,二极管导通,呈低电阻状态;外加反向电压,二极管截止,呈高电阻状态。因此可用万用表的电阻挡判别二极管的极性及其质量。用万用表分别测量二极管的正、反向电阻,测得电阻值相差越大,说明单相导电性越好。电阻小时,黑表笔接的是二极管阳极,红表笔接的是二极管的阴极。

用万用表测量时一般使用电阻挡 $R\times100\ \Omega$ 或 $R\times1\ \text{k}\Omega$ 挡,以免损坏管子。

若测量二极管的正、反向电阻均为无穷大,则表明其内部断路;若测量二极管的正、反向电阻均为零,则表明其内部短路;若测量二极管的正、反向电阻相差不多,则表明其性能变差。

(2)三极管测量原理

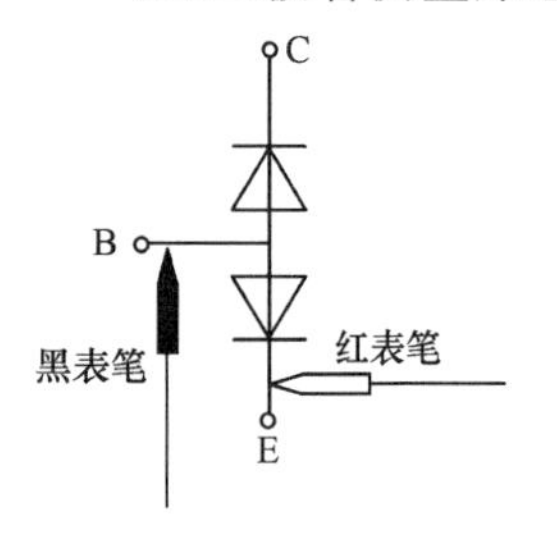

附图 12　用万用表判别三极管引脚和管型

基极判别:三极管内部有两个 PN 结,即集电结和发射结,可看成背靠背连接。如附图 12 所示为 NPN 型三极管。测试时,先假设三个电极中的一个为基极,万用表的黑表笔与基极相接,红表笔与其他任一极相接,则在正、反两次测量时总是一次阻值大、一次阻值小;若万用表的两个表笔接的是发射极和集电极,则在正、反两次测量时阻值都很大。调换表笔到符合上述测量结果时,可判断出基极。

管型判别:用万用表的黑表笔接基极时,用红表笔分别接另外两极。若两次测得阻值都很大,为 PNP 型三极管;若两次测得阻值都很小,为 NPN 型三极管。

集电极和发射极判别：假设另两个电极中的一个为集电极，如附图 13(a)所示电路，基极与集电极之间接上 100 kΩ 电阻时(可用手短接基极和集电极)，用黑、红表笔测集电极与发射极间电阻，记下数值；将假设的集电极和发射极互换，按附图 13(b)接线，用黑、红表笔再测集电极与发射极间电阻，记下数值；两次结果比较，数值小的一次，黑表笔接的是集电极，因此可以判别出集电极和发射极。若管型是 PNP 型，则用红表笔与假设的集电极相接，数值小的一次，红表笔接的是集电极。

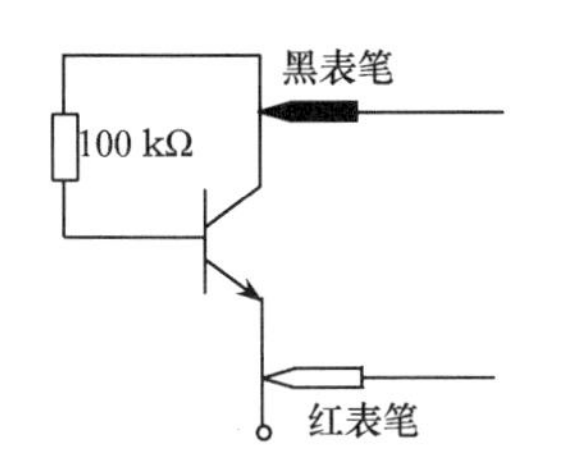

(a) 100 kΩ电阻接在基极和集电极之间

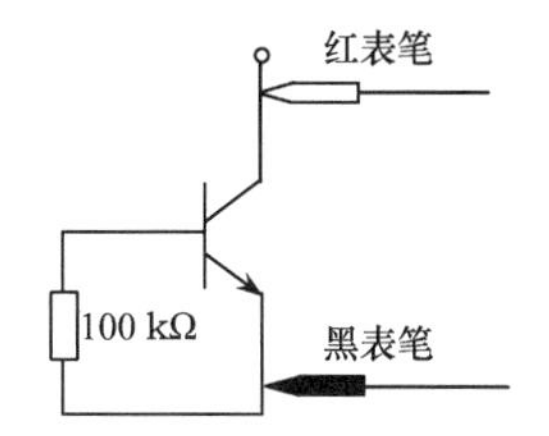

(b) 100 kΩ电阻接在基极和发射极之间

附图 13　用万用表判别三极管集电极和发射极

穿透电流及电流放大系数的测量：穿透电流的大小是衡量三极管质量的一个重要指标，越小越好。测试时用万用表电阻挡测量集电极与发射极间电阻，此时基极开路，通常一般小功率三极管，测得集电极与发射极间电阻应在几十千欧以上，如果阻值太小，表示穿透电流很大。测试电流放大系数时将万用表调至 h_{FE} 挡，把三极管插入对应的电极插孔，即可读出 β 值。

4. 实验内容

(1)取几种不同型号的二极管，用万用表电阻挡($R\times100\ \Omega$ 或 $R\times1\ \text{k}\Omega$ 挡)，测试二极管的正、反向电阻，判别极性，并将测得结果记入自己设计的表格。

(2)取几种不同型号的三极管，用万用表判别引脚和管型，并画出引脚排列顺序图；估计穿透电流、电流放大系数并进行质量分析。

5. 实验报告要求

(1)总结二极管、三极管测量原理。

(2)应清楚实验测试后的二极管的极性、三极管的引脚和管型。

6. 实验习题

(1) 用万用表测量二极管和三极管时一般使用电阻挡 $R\times100\ \Omega$ 或 $R\times1\ \text{k}\Omega$ 挡，为什么不用 $R\times10\ \text{k}\Omega$ 和 $R\times1\ \Omega$ 挡？

(2)能否用双手将表笔两测试端与引脚捏住进行测量？

(3)三极管断了一个引脚，能当二极管用吗？

附录 9　基本放大电路实验

1. 实验目的

(1)熟悉放大器的工作过程。

(2)掌握放大器工作点的调整与测量方法。

(3)熟悉用示波器测试交流信号波形的方法及交流毫伏表的使用方法。

(4)观察和研究静态工作点对放大电路工作的影响。

2. 预习要求

(1)课前复习教材中基本共发射极放大电路和基本共集电极放大电路的有关内容,预习本实验习题,并进一步熟悉示波器的正确使用方法。

(2)根据实验电路图和实际元器件参数,估算出电路的静态工作点。

(3)根据实验习题设计实验数据表格,供实验测试时记录数据用。

3. 实验电路与测量原理

实验电路如附图 14、附图 15 所示。

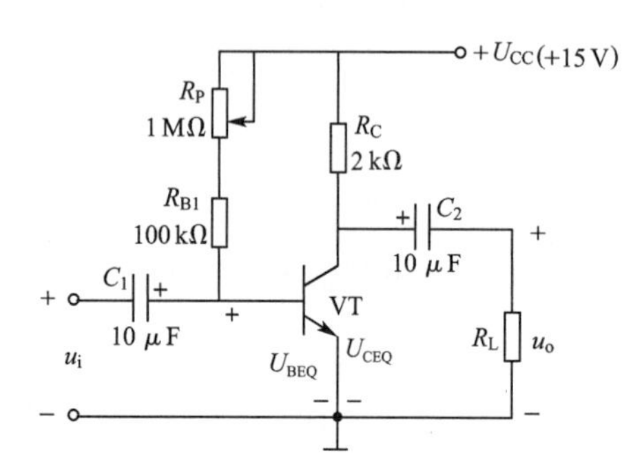

附图 14　共发射极放大电路

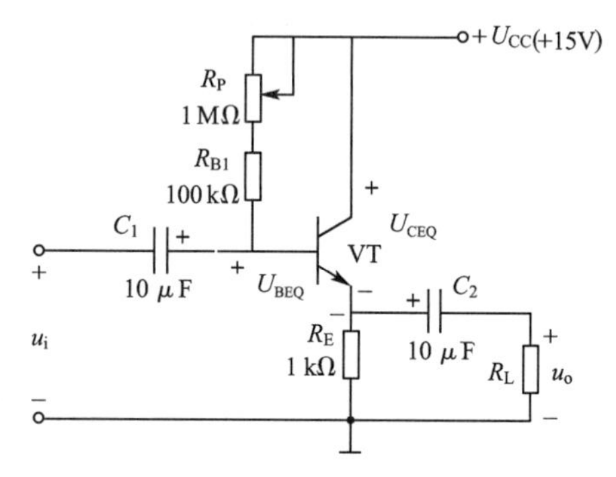

附图 15　共集电极放大电路

(1)电路参数变化对静态工作点的影响

放大器的基本任务是不失真地放大信号,实现输入变化量对输出变化量的控制作用。要使放大器正常工作,除了应保证放大器正常工作的电压,还要有合适的静态工作点。

由附图 14 可知

$$\begin{cases} I_{BQ}=\dfrac{U_{CC}-U_{BEQ}}{R_B} \\ R_B=R_{B1}+R_P \\ I_{CQ}=\beta I_{BQ} \\ U_{CEQ}=U_{CC}-I_{CQ}R_C \end{cases}$$

由附图 15 可知

$$\begin{cases} I_{BQ}=\dfrac{U_{CC}-U_{BEQ}}{R_B+(1+\beta)R_E} \\ R_B=R_{B1}+R_P \\ I_{EQ}=(1+\beta)I_{BQ} \\ U_{CEQ}=U_{CC}-I_{CE}R_E \end{cases}$$

对于硅管,$U_{BEQ}=0.6\sim0.7$ V;对于锗管,$U_{BEQ}=0.2\sim0.3$ V。

由以上两组公式可知,当管子确定以后,改变 U_{CC}、R_B、R_C(或 R_E)中任一参数值,都会使静态工作点发生变化。当电路参数确定以后,静态工作点主要通过 R_P 调整。静态工作点偏高,输出波形易产生饱和失真;静态工作点偏低,输出波形易产生截止失真。当输入信号过大时,管子将工作在非线性区域,输出波形会产生双向失真。

(2)静态工作点的测量与调整

静态工作点的测量,就是测量三极管各电极对地的直流电压 V_B、V_C 和 V_E,通过计算得到静态工作点值。

静态工作点的调整,就是当测量得到的静态工作点不合适或通过示波器测得的输出波形出现饱和失真或截止失真时，调整基极偏置电阻的大小，使静态工作点处于合适的位置。

4. 实验内容

(1)按附图14接线，用收音机作为信号源，扬声器作为负载，使用示波器测量扬声器音圈接点上的输出信号，并观察输出波形与扬声器音量之间的关系。

(2)用音频信号源在电路输入端加入频率为1 kHz的正弦信号，示波器接在电路输出端，调整输入信号幅度，使输出端得到的波形最大而不失真。在增大u_i的过程中，若输出波形出现饱和失真或截止失真，则要调整基极偏置电阻R_P，直到u_i略有增加，输出波形同时出现饱和失真和截止失真，再略减小输入信号幅度，便完成静态工作点的调整。

(3)保持静态工作点不变，撤去信号源，用万用表(直流挡)测量V_B、V_C、V_E的大小，将数据填入附表5，并与实验习题中计算好的结果相比较。

附表5　静态工作点测量数据

测量及计算数据	V_B/V	V_C/V	V_E/V	U_{BE}/V	U_{CE}/V	I_{CQ}/mA
共发射极电路						
共集电极电路						

(4)调节R_P，使$R_B=R_{B1}+R_{Pmax}=R_{Bmax}$，重复实验内容(1)～(3)。

(5)调节R_P，使$R_B=R_{B1}+R_{Pmin}=R_{Bmin}$，重复实验内容(1)～(3)。

(6)改变电源电压分别为3 V、6 V、9 V，重复实验内容(1)～(3)。

(7)用电烙铁烘烤管子，使管子温度升高，观察I_{CQ}、U_{CEQ}的变化。

(8)电路结构与元器件数值不变，更换另一只参数有差异的管子，观察I_{CQ}、U_{CEQ}的变化。

(9)用8～100 Ω电阻作为负载，音频信号源作为输入信号，观测u_o随负载电阻阻值的变化情况。

(10)将实验电路改为附图15所示的共集电极形式，重复实验内容(1)～(8)。

5. 实验报告要求

(1)整理实验数据，计算出静态工作点，填入自拟的数据表格，并与实验习题中计算的静态工作点的理论值相比较。

(2)通过实验，总结改变电路参数R_B、U_{CC}、R_C(或R_E)对静态工作点及输出波形的影响。

(3)根据实验中出现的现象或问题，写出分析报告。

6. 实验习题

(1)按实验电路图示参数，计算出各自的静态工作点，与实验结果比较。

(2)电路中R_B的作用是什么？当R_P变化时，三极管的静态工作点将会如何变化？相应的输出波形又做怎样的变化？与输入信号相比，产生了怎样的失真？如何消除？R_B开路对电路输出波形有何影响？

(3)调整R_B时，为什么要在电位器上串联一个固定电阻？如果没有这个电阻可能产生什么问题？试用简单的计算加以说明。

(4)实验中如果出现：电源电压$U_{CC}=12$ V，调整R_P时U_{CE}保持12 V不变或调整R_P时$U_{CE}=0$ V、$U_{RC}=12$ V维持不变，试分别说明原因。

(5)实验中如出现下面情况：电路中各极间电压 $U_{BE}=0.67$ V，$U_{CE}=5$ V，$U_{CC}=12$ V，$u_i=5$ mV，交流输出为零，试列举产生上述情况的可能原因，再进一步探讨如何找出真正的原因及解决办法。

(6)其他条件不变，改变电源电压(3 V、6 V、9 V、12 V)时静态工作点和输出波形将会有怎样的变化？

附录 10　两级阻容耦合放大电路实验

1. 实验目的

(1)练习两级阻容耦合放大电路静态工作点的调整方法。

(2)学习两级阻容耦合放大电路电压放大倍数的测量方法。

(3)学习放大电路频率特性的测量方法。

2. 预习要求

(1)预习三极管工作在放大状态的条件、三极管的型号与引脚识别方法。

(2)预习三极管静态工作点的计算方法及静态工作点对电路工作状态的影响。

(3)了解波形失真的原因与处理对策。

3. 实验电路

实验电路如附图 16 所示。

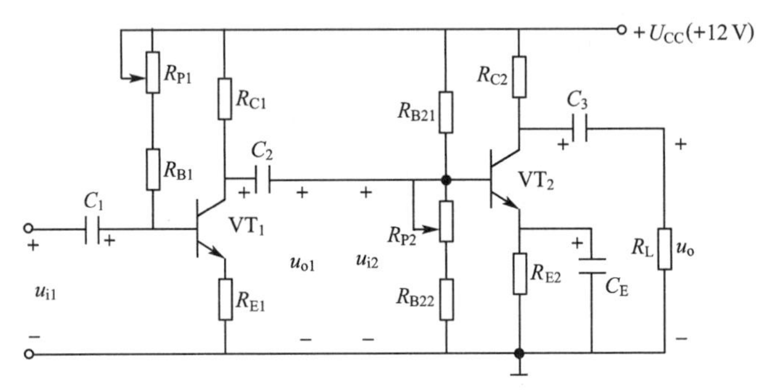

附图 16　两级阻容耦合放大电路

已知电路参数：$R_{P1}=1$ MΩ，$R_{B1}=20$ kΩ，$R_{C1}=2$ kΩ，$R_{E1}=47$ Ω，$R_{B21}=11$ kΩ，$R_{B22}=2.2$ kΩ，$R_{P2}=10$ kΩ，$R_{C2}=2$ kΩ，$R_L=2.7$ kΩ，$C_1=C_2=C_3=22$ μF，$C_E=100$ μF。

4. 实验内容

(1)按附图 16 接线。

(2)调整静态工作点。调节 R_{P1} 使 $U_{CE1}=8$ V，确定第一级静态工作点 Q_1。调节 R_{P2} 使第二级静态工作点 Q_2 在交流负载线的中点，使放大器带 R_L 工作在最大输出幅度下，测量此时 U_{CE2} 并与估算值比较。

(3)测量电压放大倍数。

①引入 $u_{i1}\leqslant 1$ mV、$f=1$ kHz 的输入信号，以 u_o 波形不失真为准分别测量 $R_L=\infty$ 和 $R_L=2.7$ kΩ 两种情况下的 u_{o1} 和 u_{o2}，并计算电压放大倍数。

②将放大电路的第一级输出同第二级输入断开，使两级放大电路变成两个彼此独立的单级放大电路，分别测量输入和输出电压，并计算每级的电压放大倍数。

(4)测量两级交流放大电路的频率特性(带上负载 $R_L=2.7\ k\Omega$)。在 $f=1\ kHz$ 时改变 u_{i1},使 u_o 的波形不失真(例如用交流毫伏表测量 u_o,使 u_o 的幅度为 1 V),然后保持 u_{i1} 值不变,只改变 f,找出对应 $u_o=0.707$ V 时的 f_H 和 f_L 值。

5. 实验报告要求

(1)总结两级放大电路级与级之间的关系和相互影响。

(2)总结影响两级放大电路上限频率和下限频率的主要因素。

6. 实验习题

(1)按实际电路参数用图解法求出 U_{CE2} 的值,并计算出 U_{C2} 的值。

(2)按预定的静态工作点以 $\beta_1=\beta_2=60$ 计算出两级电压放大倍数。

(3)如何提高上限频率?影响上限频率的主要环节是什么?如何提高下限频率?影响下限频率的主要环节是什么?

附录 11 集成运算放大电路实验

1. 实验目的

(1)学习集成运算放大器的基本使用方法。

(2)掌握集成运算放大器基本运算电路的测量方法。

2. 预习要求

(1)复习集成运算放大器的工作原理,并了解集成运算放大器主要参数的意义。

(2)复习用双踪示波器测量信号电压及相位的方法。

3. 实验电路与测量原理

集成运算放大器简称运放,是一种高放大倍数、直接耦合的多级直流放大器。它具有很高的开环电压增益、高输入电阻、低输出电阻,并具有较宽的通频带,因此在电子技术领域里得到广泛的应用。本实验介绍由通用型集成运放 LM741 组成的一些基本运算电路及其测量方法。LM741 的符号及引脚图如附图 17 所示,图中调零电位器接在 1、5 两脚之间,调零电源为负电源。实验电路如附图 18 所示。

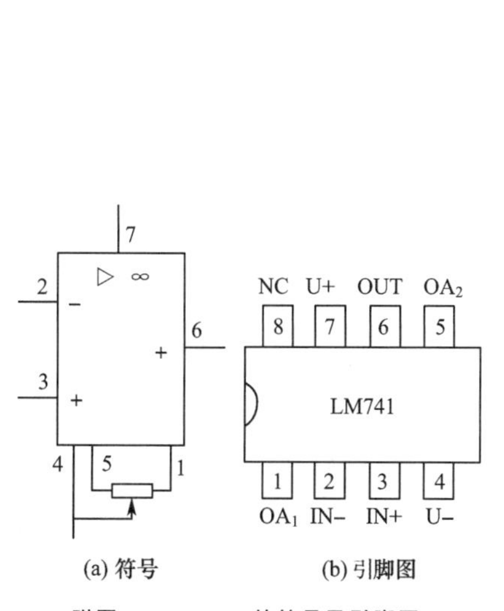

附图 17 LM741 的符号及引脚图

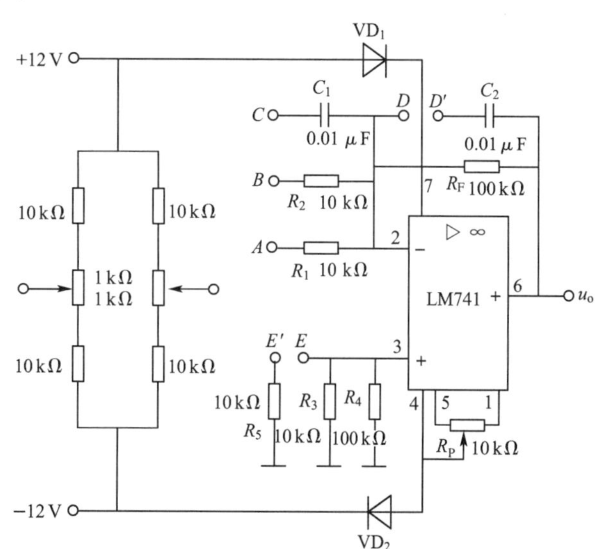

附图 18 集成运算放大电路实验电路

(1)比例放大器

只要将输入信号从 A 或 B 端输入,反馈信号由电阻 R_F 从输出端引到反相端,其余各端不变,这样就构成一个比例放大器,输出、输入之间的关系为 $u_o/u_i=-R_F/R_1$。由此可以看出,输出与输入电压的比例关系仅与 R_F、R_1 有关,而与运放本身参数无关。电阻 R_3、R_4 称为平衡电阻,用以避免由于电路的不平衡而产生误差电压。

在测量时,通常在反相输入端加上直流小信号(或正弦信号),测出输入、输出电压的大小,就可求出比例放大器的比例系数。在本次实验中,输入信号是由附图 18 所示的分压电路产生的。由图可以看出,它是利用电阻分压原理而构成的简单直流信号源,可输出两路直流小信号。当电位器的动点处于中间位置时,输出电压为零;当电位器的动点上移时,输出正电压信号,反之输出负电压信号。因此,在实验中,只要适当调节电位器,就可获得所需要的直流小信号。

(2)加法器电路

加法运算的两个输入信号分别从 A 和 B 端输入,反馈信号依然由反馈电阻 R_F 引入。根据“虚短”和“虚断”的概念,可得出

$$u_o=-R_F(u_1/R_1+u_2/R_2)$$

因电路中 $R_1=R_2=10\ \text{k}\Omega$,故有

$$u_o=-10(u_1+u_2)$$

这实际上是一个反相比例加法器。

在此电路中,应将实验电路中的 E、E' 两点短接,以保证电路中集成运放两输入端的电阻平衡,减小其输出误差。

(3)积分器电路

输入信号从电路中的 A 或 B 端输入,并将电路中的 D、D' 两点短接,此时引入的电容 C_2 为反馈元件,这样就构成一个积分器。根据前述的两个重要结论,便可得到

$$u_o=-\frac{1}{R_1C_2}\int u_i\,\mathrm{d}t$$

当输入信号为一恒定不变的电压时,有

$$u_o=-\frac{u_i}{R_1C_2}t$$

可见,当输入信号为一恒定电压时,输出电压的绝对值将随时间 t 线性地增大。因此在这里应该注意到,由于实际运放存在失调电压和电流,这个直流分量将给电容 C_2 持续充电。若时间足够长,就会造成输入信号 u_i 为零时输出不为零,并且有可能误差很大。为了克服这一缺点,往往在反馈电容 C_2 两端并接一个阻值较大的电阻。在此电路中,没有把电阻 R_F 从电路中断开,其原因就在于此。

(4)微分器电路

输入信号 u_i 从电路中的 C 端输入,并将电路中的 D、D' 两点短接,这样就组成一个微分器。由于集成运放的反相端“虚地”,对其取节点电流方程,即有

$$u_o=-R_FC_1\frac{\mathrm{d}u_i}{\mathrm{d}t}$$

若有输入信号 $u_i=U_m\sin(\omega t)$,则 $u_o=-R_FC_1\omega U_m\cos(\omega t)$。由此可以看出,输出电压的幅值将随输入信号频率的增高而增大。因此微分器电路对高频噪声特别敏感,以致有可能

使输出的噪声淹没有用信号。为了解决这个问题，往往在 R_F 两端并接一个电容。在此电路中将电容 C_2 接入电路，目的就是将高频噪声旁路掉。

4. 实验内容

实验电路如附图 18 所示，电路中的两只二极管 VD_1 和 VD_2 是为了避免电源的极性接错损坏器件而接入的保护二极管。熟悉实验板后，引入±12 V 双路电源。首先对集成运算放大电路进行调零，然后完成以下测量内容。

(1)比例运算电路的测量

分别输入 0.2 V、0.4 V 直流信号，测量相应的输出电压，并将测量值与理论计算值填入附表 6。

附表 6　　比例运算电路的测量数据

输入信号 u_i/V	输出信号 u_o/V	u_o/u_i	理论计算值(比例系数)

(2)加法运算电路的测量

输入三组直流信号(+0.2 V、−0.1 V，−0.2 V、+0.1 V，+0.2 V、−0.2 V)，分别测量出它们的输出电压，并将测量值与理论计算值填入附表 7。

附表 7　　加法运算电路的测量数据

输入信号 u_i/V		输出信号 u_o/V	理论计算值 u_o/V

(3)积分运算电路的测量

①输入信号为 1 kHz 的正弦信号，其 $U_{p-p}=1$ V。用示波器观察并记录输入与输出信号的波形、相位关系及输出信号的 U_{op-p}。

②输入信号为 1 kHz 的方波信号，其 $U_{p-p}=1$ V。用示波器观察并记录输入、输出信号的波形及输出信号的 U_{op-p}。

(4)微分运算电路的测量

输入信号为 1 kHz 的方波信号，其 $U_{p-p}=1$ V。用示波器观察并记录输入、输出信号的波形。

5. 实验报告要求

(1)整理实验数据并记录有关波形。

(2)将理论计算值与实验测得值相比较，分析产生误差的主要原因。

(3)根据实验中出现的现象或问题，写出分析报告。

6. 实验习题

为何在使用运放时首先要进行调零？总结对运放进行调零的操作步骤。

附录 12　集成稳压电源实验

1. 实验目的

(1)了解三端集成稳压器的工作原理。

(2)熟悉常用三端集成稳压器件,掌握其典型的应用方法。

(3)掌握三端集成稳压电源特性的测试方法。

2. 预习要求

(1)复习教材中有关集成稳压电源的基本内容,了解查阅三端集成稳压器 CW7805、CW317 等的技术参数和使用方法。

(2)阅读本实验全部内容,完成本实验习题。

(3)按给定实验电路图和实际元件参数,估算稳压电路输出电压的可调范围。

(4)根据实验内容和要求,设计实验数据记录表格,供实验测量时使用。

3. 实验电路与测量原理

采用集成工艺,将调整管、基准电压、取样电路、误差放大和保护电路等集成在一块芯片上,就构成了集成稳压电源。集成稳压器按工作方式可分为并联型、串联型和开关型;按输出电压可分为固定式和可调式两种。

(1)三端固定输出集成稳压器

此类稳压器有三个引出端:输入端、输出端和公共端。根据其输出电压极性可分为固定正输出集成稳压器(CW78 系列)和固定负输出集成稳压器(CW79 系列)。CW78×× 型集成稳压器的基本应用电路如附图 19 所示。

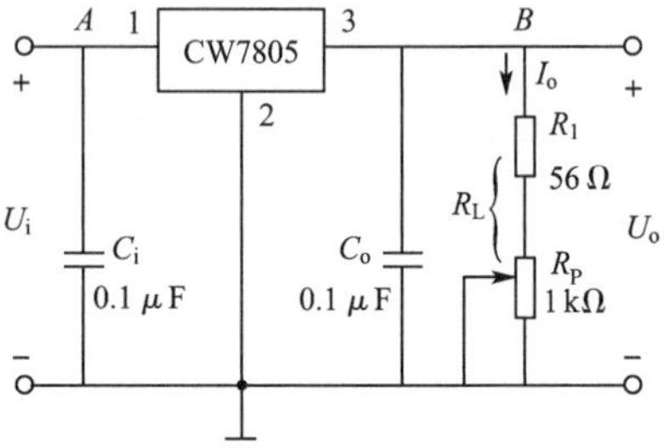

附图 19　CW78××型集成稳压器的基本应用电路

对三端固定输出集成稳压器,其输入电压的选取原则为

$$U_o+(U_i-U_o)_{min}<U_i<U_{imax}$$

式中,U_o 为集成稳压器的固定输出电压值;U_{imax} 为集成稳压器规定的最大允许输入电压值;$(U_i-U_o)_{min}$ 为集成稳压器规定允许的最小输入、输出电压差,一般为 2 V。

(2)三端可调输出集成稳压器

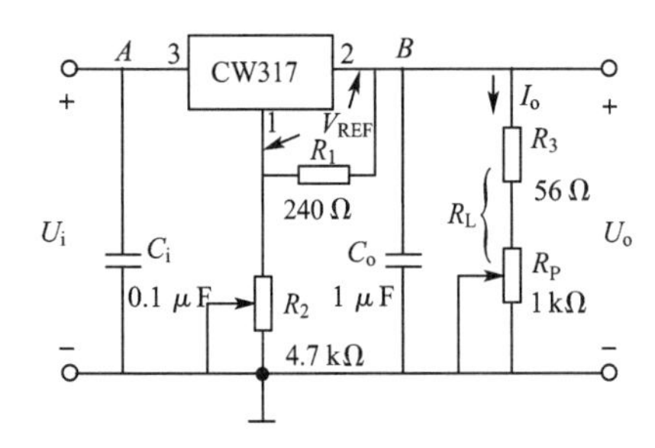

附图 20　三端可调输出集成稳压电路

三端可调输出集成稳压器分为正可调输出集成稳压器(如 CW117/CW217/CW317)和负可调输出集成稳压器(如 CW137/CW237/CW337),正可调输出集成稳压器的输出电压范围为 1.2～37 V,输出电流可调范围为0.1～1.5 A。它同样有三个端子,即输入端、输出端和调整端,在输出端与调整端之间为 $V_{REF}=1.25$ V的基准电压,从调整端流出电流。常用基本三端可调输出集成稳压电路如附图 20 所示。

为保证稳压器空载时也能正常工作,要求流过 R_1 的电流不能太小,一般可取$I_{R1}=5\sim10$ mA,故 $R_1=V_{REF}/I_{R1}\approx120\sim240$ Ω。输出电压的表达式为 $U_o=1.25(1+R_2/R_1)$,调节 R_2 可改变输出电压的大小。

4. 实验内容

（1）三端固定输出集成稳压器

按附图 19 所示电路接线，经检查无误后接通工作电源。

①调整附图 19 中的输入信号源，使 $U_i=12$ V，用万用表测量输出电压 U_o 的大小。

②用差值测量法测量电路的电压稳定系数 S_r，将测量数据填入附表 8。

附表 8　　测量电压稳定系数（测量条件 $R_L=470\ \Omega$）

输入电压 U_i/V	U_o/V	ΔU_o/V	$S_r=\Delta U_o/U_o(100\%)$
12			
15			
9			

③保持输入电压 $U_i=12$ V，改变负载电阻 R_L 大小，按附表 9 中内容测量，记录数据，计算输出电阻 r_o 值。

附表 9　　测量输出电阻（测量条件 $U_i=12$ V）

I_o/mA	10	20	40	60	80
U_o/V					
r_o/Ω					

④用示波器测量 $U_o=5$ V、$I_o=50$ mA 时纹波电压的大小和波形，记录结果。

（2）三端可调输出集成稳压器

按附图 20 所示电路接线，经检查无误后接通工作电源。

①在附图 20 所示电路中，加入 $U_i=20$ V 的直流电压信号，分别测 A 点（稳压电路输入）和 B 点（稳压电路输出）的直流电压值，调节 R_2，观察输出电压 U_o 的变化情况，若有变化则说明电路工作正常。

②通过调节 R_2，分别测量稳压电路的最大、最小输出电压值及与之对应的输入电压值，验证公式 $U_o=1.25(1+R_2/R_1)$。

③调整 R_2 大小，使输出电压为 12 V，改变输入电压 U_i 值，使其在 $\pm10\%$ 的范围内变化，测出相应的 U_i、U_o 及 ΔU_i、ΔU_o 值的大小，将数据记录在自拟的实验数据表格中，并计算出电压调整率。

④改变负载电阻 R_L，测出对应的 ΔU_o 大小，计算出输出电阻 r_o 值。

⑤用示波器分别测量 U_i、U_o 纹波电压的大小和波形，记录结果。

5. 实验报告要求

（1）整理实验数据，根据实验结果验证相对应的公式。

（2）列表比较实验内容中几种稳压电路的特点及主要性能指标。

（3）总结实验过程中出现的问题及解决办法。

6. 实验习题

（1）集成稳压器输入、输出端接电容 C_i、C_o 的作用是什么？对它们的取值有何要求？通过实验验证你的结论。

（2）对三端集成稳压器，一般要求输入、输出间的电压差至少为多少才能正常工作？通过实验验证你的结论。

(3)在附图 19 所示电路中,如何扩大其输出电流?画出原理图,并简述其工作原理。

(4)在附图 20 所示电路中,对负载电阻 R_L 的选择有无特殊要求?为什么?

(5)如何扩展三端固定输出集成稳压器的输出电压?通过实验验证。

(6)对三端集成稳压器,在使用过程中应注意什么问题?如果输入、输出端反接,将会出现什么问题?在电路中如何增加输入短路保护电路?说明其工作原理。

(7)在附图 20 所示电路中,可否靠增大 R_2 值而不断提高电路的输出电压值?

附录 13　TTL 与非门电路的参数和特性测试实验

1. 实验目的

(1)熟悉 TTL 与非门 74LS00 的引脚。

(2)掌握 TTL 与非门的主要参数和特性测试方法,并加深对各参数意义的理解。

2. 预习要求

(1)预习 TTL 与非门电路的逻辑关系及芯片引脚排列次序、工作电压等参数。

(2)查阅相关资料,进一步掌握集成电路性能参数的含义。

3. 实验内容

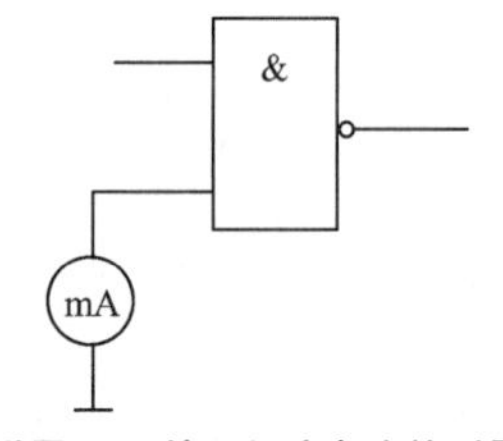

附图 21　输入短路电流的测量

(1)输入短路电流 I_{is}

输入短路电流 I_{is} 是指当某输入端接地,而其他输入端开路或接高电平时,流过该接地输入端的电流。输入短路电流 I_{is} 与输入低电平电流 I_{iL} 相差不多,一般不加以区分。按附图 21 所示方法,在输出端空载时,依次将输入端经毫安表接地,测得各输入端的输入短路电流,并填入附表 10。

附表 10　输入短路电流的测量数据

输入端	1	2	4	5	9	10	12	13
I_{is}/mA								

(2)静态功耗

按附图 22 接好电路,分别测量输出低电平和高电平时的电源电流 I_{CCL} 及 I_{CCH}。于是有

$$P_o=\frac{I_{CCL}+I_{CCH}}{2}\times U_{CC}$$

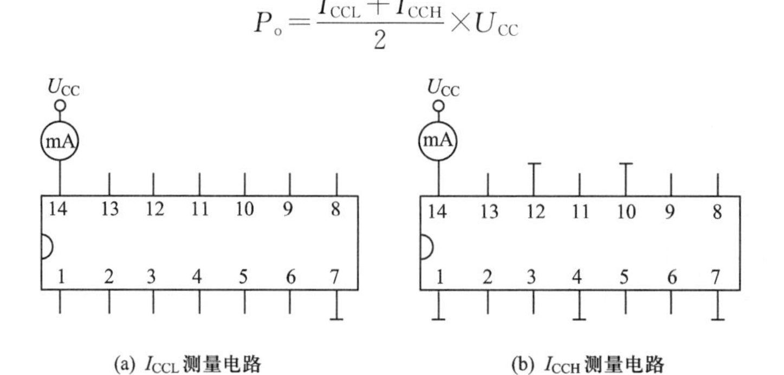

(a) I_{CCL} 测量电路　(b) I_{CCH} 测量电路

附图 22　静态功耗测量电路

注意:74LS00 为四 2 与非门,测量 I_{CCL}、I_{CCH} 时,四个门的状态应相同,附图 22(a)所示为 I_{CCL} 测量电路。测量 I_{CCH} 时,为使每一个门都输出高电平,可按附图 22(b)接线。P_o 应除

以 4 得出一个门的静态功耗。

(3)电压传输特性的测试

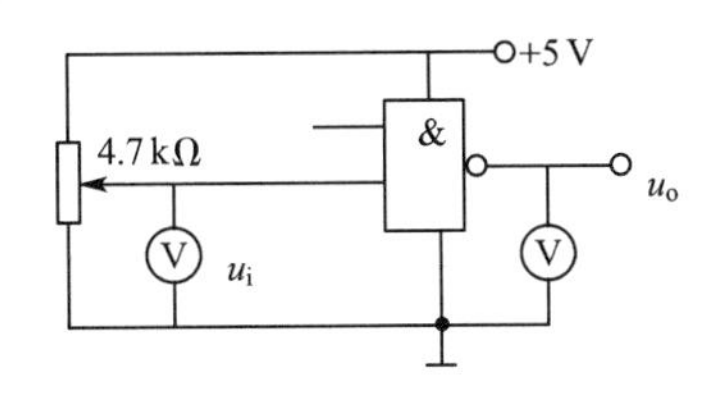

附图 23 电压传输特性测试电路

电压传输特性描述的是与非门的输出电压 u_o 随输入电压 u_i 的变化情况，即 $u_o=f(u_i)$。

按附图 23 接好电路，调节电位器，使输入电压、输出电压分别按附表 11 中给定的各值变化，测出此时对应的输出电压或输入电压值填入附表 11。根据测得的数据，画出电压传输特性曲线。

附表 11 电压传输特性测试数据

u_i/V	0	0.4	0.8			2.0	2.4
u_o/V				2.4	0.4		

(4)最大灌电流 I_{OLmax} 的测量

按附图 24 接好电路，调整 R_w，用电压表监测输出电压 u_o，当 $U_o=0.4$ V 时，停止改变 R_w，将 A、B 两点从电路中断开，用万用表的电阻挡测量 R_w，利用公式 $I_{OLmax}=\dfrac{U_{CC}-0.4}{R+R_w}$ 计算 I_{OLmax}，然后计算扇出系数 $N=\dfrac{I_{OLmax}}{I_{is}}$。

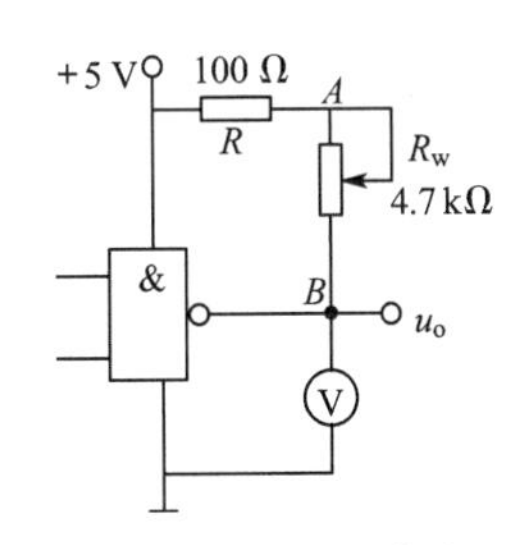

附图 24 I_{OLmax} 测量电路

4. 实验报告要求

(1)整理实验数据，分析输入电压的变化对输出电压的影响，写出低电平输入电压范围、高电平输入电压范围及输出高电压与输出低电压的数值。

(2)实验时，多余的输入端应如何处理？对电路逻辑关系有无影响？

(3)根据实验中出现的现象或问题，写出分析报告。

5. 实验习题

(1)对实验中多余的输入端应如何处理？

(2)芯片工作电压对输入、输出的高、低电平有影响吗？

附录 14 译码器与数码显示器实验

1. 实验目的

(1)测试 74138 型 3 线-8 线译码器的逻辑功能。

(2)学习使用数码显示器。

2. 预习要求

(1)预习 74138 的译码功能与逻辑功能表。

(2)学习数码显示器的电路形式与发光条件，掌握编码形式。

(3)预习 74138 集成电路的驱动能力及与数码显示器的连接形式。

3. 实验内容

(1)74138 逻辑功能测试

如附图 25 所示接线，进行逻辑功能测试，观察数码显示器的发光情况。

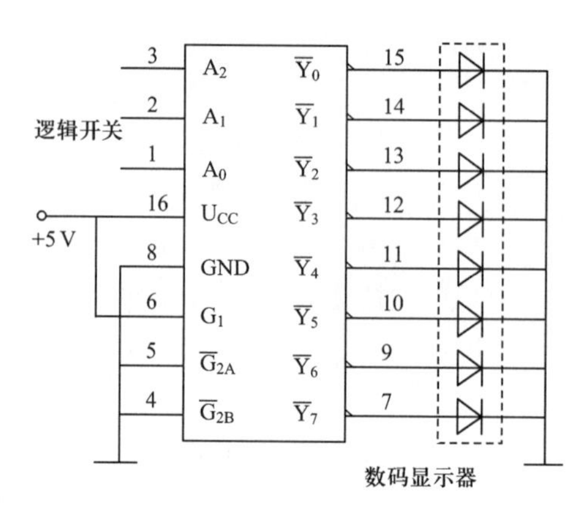

附图 25　74138 逻辑功能测试电路

(2)数码管显示验证

如附图 26 所示，在电路中采用 CC4511BCD 码锁存/7 段译码器/驱动器，驱动共阴极数码管。实验时将四组拨码开关的输出分别接至四组显示译码/驱动器 CC4511BCD 的输入端 A、B、C、D，其他引脚连接如附图 26 所示。验证拨码盘上的四位数与 LED 数码显示器的对应显示数字是否一致，即译码显示是否正常。

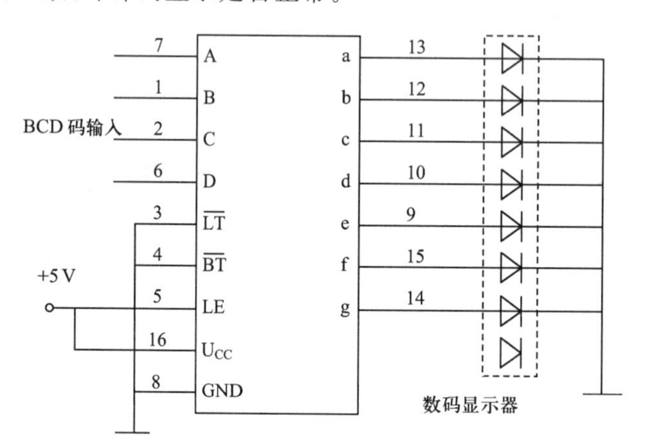

附图 26　CC4511BCD 码锁存/7 段译码器/驱动器

4. 实验报告要求

(1)分析电路的工作原理。

(2)写出拨码盘数字与显示译码器之间的对应关系。改变数码显示器的连接形式，对应关系如何变化？

(3)将共阴极数码显示器改为共阳极数码显示器，重复上述实验。

5. 实验习题

(1)共阴极数码显示器与共阳极数码显示器的显示编码有何不同？

(2)改变 CC4511BCD 的输入端 A、B、C、D 的次序，会改变显示的内容吗？

(3)数码显示器的最小发光电流和最大工作电流是多少？

附录 15 触发器实验

1. 实验目的

(1)学会测试触发器逻辑功能的方法。

(2)进一步熟悉基本 RS 触发器、集成 JK 触发器和 D 触发器的逻辑功能及触发方式。

2. 预习要求

(1)查阅资料,掌握集成 JK 触发器 74LS76 的引脚功能和 D 触发器 74LS74 的引脚功能。

(2)思考如何用二踪示波器按时间对应关系同时显示两个信号。

(3)74 系列产品抗干扰能力很差,不用的输入控制端不可悬空,要接固定高电平。可通过一个几千欧电阻接+5 V 电源。

3. 实验内容

(1)基本 RS 触发器逻辑功能测试

测试由与非门组成的基本 RS 触发器的逻辑功能,将测试结果记录在附表 12 中。

附表 12 基本 **RS** 触发器的逻辑功能测试

序号	$\overline{R}$	$\overline{S}$	Q	$\overline{Q}$	功能	备注
1	0	0				
2	0	1				
3	1	1				
4	1	0				
5	1	1				

(2)集成 JK 触发器 74LS76 逻辑功能测试

直接置 0 和置 1 端的功能测试:按附表 13 的要求改变 $\overline{S}$ 和 $\overline{R}$(J、K 及 CP 处于任意状态),在 $\overline{S}=0$ 或 $\overline{R}=0$ 期间任意改变 J、K 及 CP 的状态,观察对结果有无影响?观察和记录 Q 及 $\overline{Q}$ 的状态。

附表 13 集成 **JK** 触发器直接置 **0** 和置 **1** 端的功能测试

<table>
<tr><th>序号</th><th>CP</th><th>J</th><th>K</th><th>$\overline{S}$</th><th>$\overline{R}$</th><th colspan="2">Q</th><th colspan="2">$\overline{Q}$</th><th>备注</th></tr>
<tr><td>0</td><td colspan="3" rowspan="7">×</td><td>1</td><td>1</td><td>0</td><td>1</td><td>1</td><td>0</td><td></td></tr>
<tr><td>1</td><td>1</td><td>1→0</td><td></td><td></td><td></td><td></td><td></td></tr>
<tr><td>2</td><td>1</td><td>0→1</td><td></td><td></td><td></td><td></td><td></td></tr>
<tr><td>3</td><td>1→0</td><td>1</td><td></td><td></td><td></td><td></td><td></td></tr>
<tr><td>4</td><td>0→1</td><td>1</td><td></td><td></td><td></td><td></td><td></td></tr>
<tr><td>5</td><td colspan="2">1→0</td><td></td><td></td><td></td><td></td><td rowspan="2">$\overline{S}$、$\overline{R}$ 用同一逻辑开关</td></tr>
<tr><td>6</td><td colspan="2">0→1</td><td></td><td></td><td></td><td></td></tr>
</table>

集成 JK 触发器逻辑功能测试:按附表 14 测试并记录集成 JK 触发器的逻辑功能(表中 CP 信号由实验箱操作板上的单次脉冲发生器 P+提供,手按下产生 0→1,手松开产生1→0)。

附表 14　　集成 JK 触发器逻辑功能测试

序号	$\overline{R}$	$\overline{S}$	J	K	CP	Q^{n+1}	
						$Q^n=0$	$Q^n=1$
1	1		0	0	0→1		
2					1→0		
3			0	1	0→1		
4					1→0		
5			1	0	0→1		
6					1→0		
7			1	1	0→1		
8					1→0		

集成 JK 触发器计数功能测试：使触发器处于计数状态（$J=K=1$），$\overline{S}=\overline{R}=1$，$CP$ 信号由连续脉冲（矩形波）发生器提供，可分别用低频（$f=1\sim10$ Hz）和高频（$f=20\sim150$ kHz）两挡进行输入，同时用 LED 电平显示器和二踪示波器观察工作情况，记入附表 15。高频输入时，记录 CP 与 Q 的工作波形，并回答：Q 状态更新发生在 CP 的哪个边沿？Q 和 CP 信号的周期有何关系？若 $\overline{R}=0$ 会怎样？

附表 15　　用 LED 电平显示器和二踪示波器观察工作情况

序号	用 LED 电平显示器观察的工作情况	用二踪示波器观察的工作情况
低频		
高频		

（3）D 触发器 74LS74 逻辑功能测试

D 触发器逻辑功能测试：按附表 16 测试并记录 D 触发器的逻辑功能（表中 CP 信号由实验箱操作板上的单次脉冲发生器 P+提供）。

附表 16　　D 触发器逻辑功能测试

序号	$\overline{R}$	$\overline{S}$	D	CP	Q^{n+1}	
					$Q^n=0$	$Q^n=1$
1	1		0	0→1		
2				1→0		
3			1	0→1		
4				1→0		

D 触发器计数功能测试：使触发器处于计数状态（$D=\overline{Q}$），$\overline{S}=\overline{R}=1$，$CP$ 端由连续脉冲（矩形波）发生器提供，可分别用低频（$f=1\sim10$ Hz）和高频（$f=20\sim150$ kHz）两挡进行输入，分别用实验箱上的 LED 电平显示器和二踪示波器观察工作情况，记录 CP 与 Q 的工作波形，并回答：Q 状态更新发生在 CP 的哪个边沿？Q 和 CP 信号的周期有何关系？若 $\overline{S}=0$ 会怎样？

4. 实验报告要求

（1）画出实验测试电路，整理实验测试结果，列表说明，回答所提问题，画出工作波形图。

（2）比较各种触发器的逻辑功能及触发方式。

5. 实验习题

（1）一个带直接置 0/1 端的集成 JK 触发器置为 0 或 1 有哪几种方法？

（2）一个带直接置 0/1 端的 D 触发器置为 0 或 1 有哪几种方法？

附录 16 计数器实验

1. 实验目的

(1)学习用触发器构成二进制加、减法计数器。

(2)学习用触发器构成十进制加法计数器。

(3)学会用集成计数器构成任意进制计数器。

2. 预习要求

(1)分析三位二进制异步加法计数器，画出状态图和时序图。

(2)分析三位二进制同步减法计数器，画出状态图和时序图。

(3)分析异步十进制加法计数器，画出状态图和时序图。

(4)复习集成计数器 74LS160、74LS161、74LS163、74LS290 的功能。

3. 实验内容

(1)由上升沿触发的 D 触发器构成的三位二进制异步加法计数器

选用 D 触发器搭接电路，如附图 27 所示，测试完成状态转换表，用示波器观察并记录 Q_0、Q_1、Q_2 的波形。

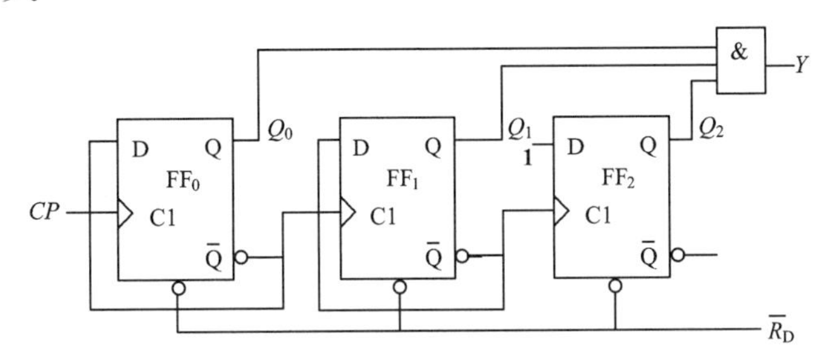

附图 27 三位二进制异步加法计数器

(2)由下降沿触发的 JK 触发器构成的三位二进制同步减法计数器(并行借位)

如附图 28 所示为三位二进制同步减法计数器，选用 JK 触发器搭接电路，完成状态转换表，用示波器观察并记录 Q_0、Q_1、Q_2 的波形。

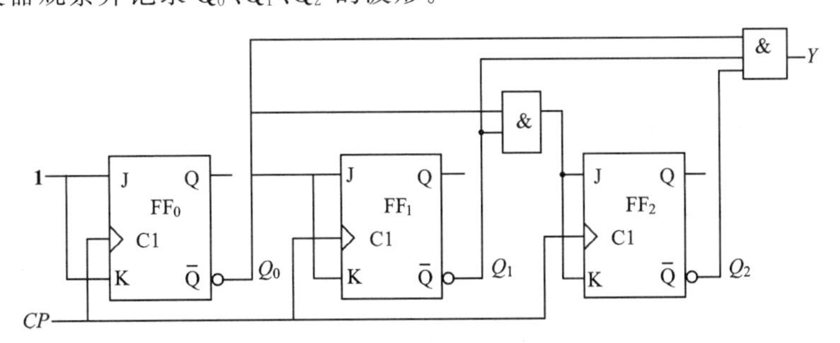

附图 28 三位二进制同步减法计数器

(3)由 JK 触发器构成的异步十进制加法计数器

如附图 29 所示为异步十进制加法计数器。用 JK 触发器搭接电路，测试完成状态转换表，用示波器观察并记录 Q_0、Q_1、Q_2、Q_3 的波形。

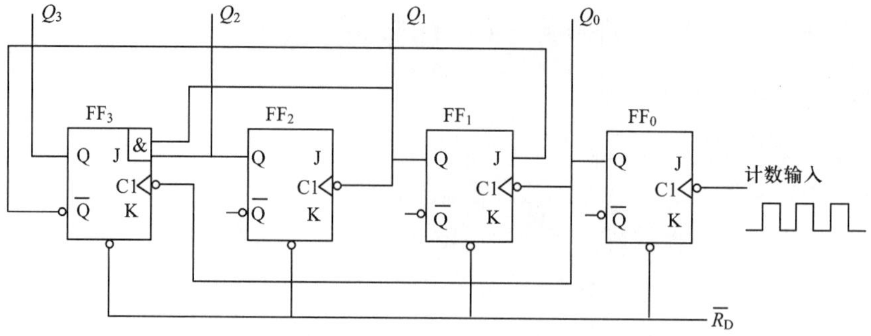

附图 29 异步十进制加法计数器

(4)集成计算器功能测试及应用

测试 74LS290 的十进制计数功能，观测、记录 CP 及输出状态，并通过显示译码器和数字显示器将数字显示出来。

采用清零法用 74LS161 实现七进制计数器，观测、记录 CP 及输出状态，并通过显示译码器和数字显示器将数字显示出来。

4. 实验报告要求

(1)写出计数器的状态转换表，判断三种计数器电路是否具有自启动功能。

(2)你是如何选择具体集成芯片的？选择了哪些具体集成芯片？

(3)分析实验过程中出现的问题，你是如何解决的？

5. 实验习题

(1)在选择集成芯片过程中你学到了哪些知识？

(2)如何用 74LS160、74LS163 实现七进制计数器？

附录 17 555 集成定时器应用实验

1. 实验目的

(1)熟悉 555 集成定时器的功能及应用。

(2)掌握单稳态触发器和多谐振荡器的工作原理和特点。

(3)熟悉电路元器件的参数计算，进一步学习用示波器对波形进行定量分析及测量波形的周期、脉宽和幅值等。

(4)了解压控振荡器、叮咚电路等的工作原理。

2. 预习要求

(1)了解 555 集成定时器是中规模的集成电路，利用它可以方便地构成脉冲产生和整形电路。集成定时器的产品主要有双极型和 CMOS 型两类，按集成电路内部定时器的个数又可分为单定时器和双定时器。双极型单定时器电路的型号为 555，双定时器电路的型号为 556，其电源电压的范围为 5～18 V；CMOS 型单定时器电路的型号为 7555，双定时器电路的型号为 7556，其电源电压的范围为 2～18 V。CMOS 型定时器的最大负载电流要比双极型的小，它们的功能和外引脚排列完全相同，附图 30 是 555 和 556 集成定时器的引脚图。

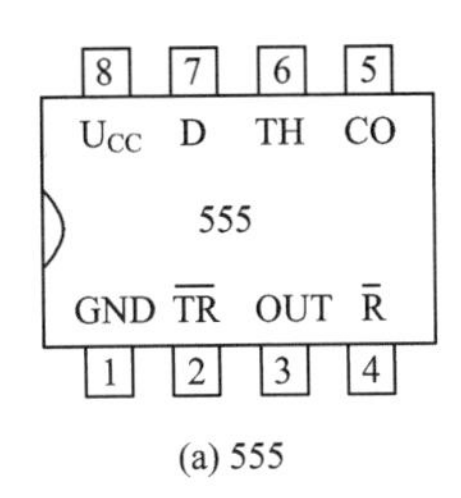

(a) 555

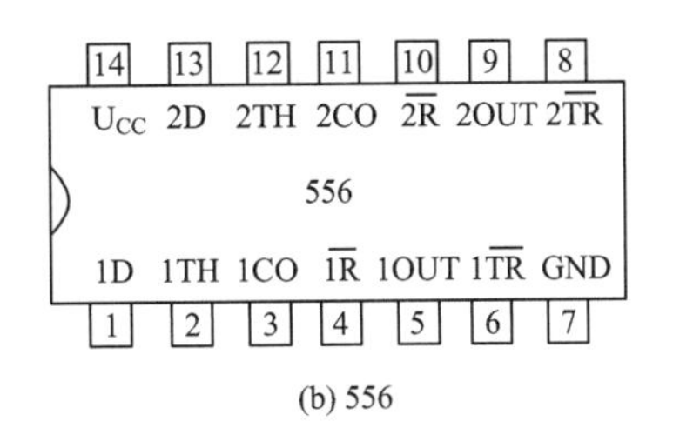

(b) 556

附图 30　555 和 556 集成定时器的引脚图

(2)熟悉 555 集成定时器逻辑功能表。

3. 实验电路与测量原理

(1)单稳态触发器

由 555 集成定时器构成的单稳态触发器电路如附图 31 所示。R、C 是定时器件，C_1 是旁路电容。输入脉冲信号 u_i 加于$\overline{TR}$端（2 脚）；输出脉冲由 OUT 端（3 脚）输出。输出脉冲的宽度为 $t_w \approx 1.1RC$。

该电路工作正常时，要求输入脉冲宽度一定要小于 t_w，如果 u_i 的脉宽大于 t_w，可在输入端加 RC 微分电路。

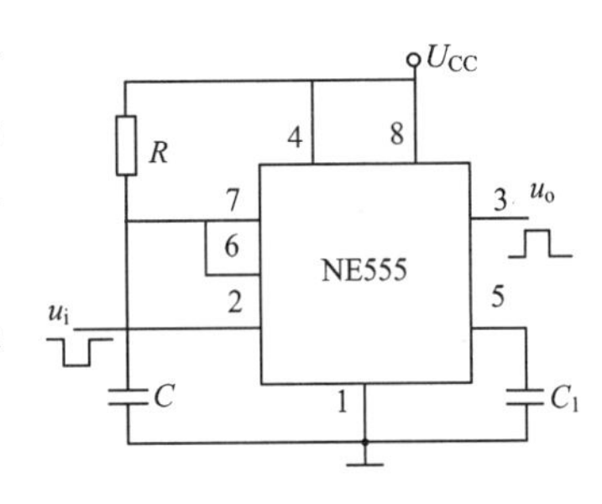

附图 31　单稳态触发器电路

(2)多谐振荡器

由 555 集成定时器构成的多谐振荡器电路如附图 32 所示。根据电容的过渡过程可得到振荡周期的估算公式为

$$T = t_{w1} + t_{w2}$$

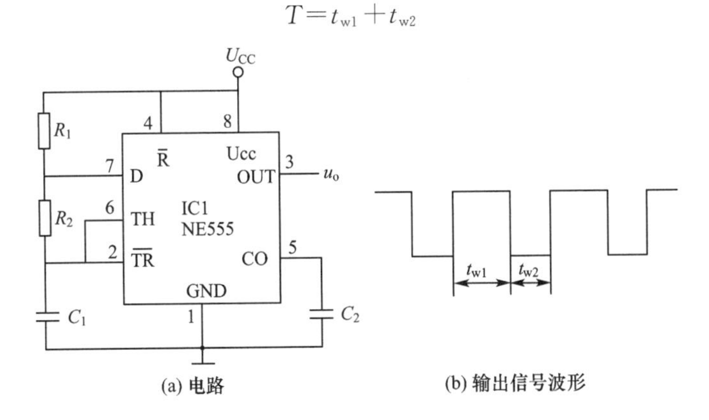

(a) 电路　　(b) 输出信号波形

附图 32　多谐振荡器电路

t_{w1}与电容充电过程有关，充电时间常数为$(R_1+R_2)C_1$；t_{w2}与电容放电过程有关，放电时间常数为 R_2C_1。其中，$t_{w1} \approx 0.7(R_1+R_2)C_1$，$t_{w2} \approx 0.7R_2C_1$，所以 $T \approx 0.7(R_1+2R_2)C_1$。

改变 R_1、R_2、C 的值可改变振荡频率

$$f \approx \frac{1}{0.7(R_1+2R_2)C_1}$$

脉冲的占空比 $q = \frac{t_{w1}}{T} = \frac{R_1+R_2}{R_1+2R_2}$，说明占空比 q 总是大于 50%的。

(3)压控振荡器

附图 33 所示为由 555 集成定时器构成的压控振荡器电路。这种振荡器可以用电压 U 控制输出脉冲频率,电压 U 的变化将影响电容 C 的充、放电速度,从而改变振荡周期。电压 U 可在 5~20 V 内改变。

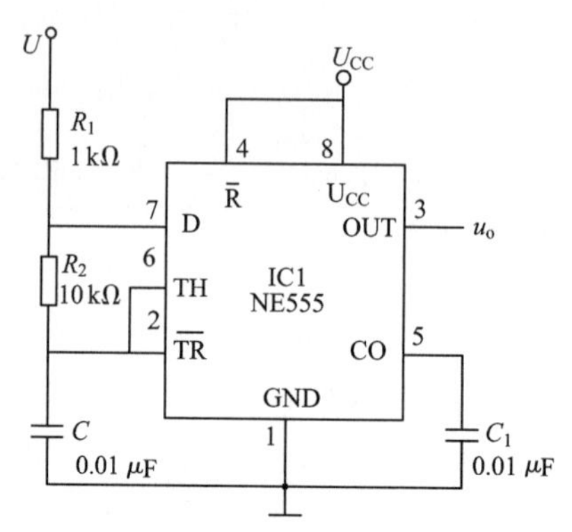

附图 33 压控振荡器电路

4. 实验内容

(1)用 555 集成定时器构成多谐振荡器电路。

电路的振荡频率为 1 kHz,占空比为 70%,已知定时电容为 0.01 μF,求定时电阻。

(2)用 555 集成定时器构成单稳态触发器电路。

单稳态触发器的脉宽为 0.7 ms,已知定时电容为0.01 μF,求定时电阻。

要求用示波器观察其输出脉冲的波形,测出其周期、频率、占空比及幅值。

(3)用 555 集成定时器构成压控振荡器电路。

要求用示波器观察其输出脉冲的波形,测出其周期、频率、占空比及幅值随输入电压的变化情况。

5. 实验报告要求

(1)汇总实验数据,将实验数据与理论数据相比较,分析误差原因。

(2)若要求设计占空比可调的多谐振荡器,电路应如何改进?

(3)实验过程中出现了什么故障?如何解决?

6. 实验习题

(1)555 与 556 集成定时器有何区别?

(2)改变电路中的电阻、电容、电压等参数对测量结果有何影响?

(3)理论计算结果与实际测量结果有何不同?简单分析。

(4)举出 555 集成定时器的其他应用实例,并加以说明。